"十四五"职业教育国家规划教材

高职高专土建专业"互联网+"创新规划教材

第四版

安装工程计量与计价

主 编◎冯 钢

副主编◎魏 磊 王晓梅 成春燕

参 编◎郑 枫 邵兰云

主 审◎蒋 波

北京大学出版社
PEKING UNIVERSITY PRESS

内 容 简 介

本书共包括8个教学项目，其中项目1主要介绍编制安装工程造价所需要的定额和清单规范；项目2至项目7以实际工程任务为导向，按照工程识图→计算工程量→编制工程量清单的工作顺序，分别介绍了给排水、采暖与刷油绝热、建筑电气、建筑消防、通风空调、工业管道等常用安装工程的计量；项目8在前面工程计量的基础上，详细介绍了安装工程费用项目组成和计算规则，以及工程量清单计价方法。

本书可作为高职高专工程造价、建设工程管理、建筑经济、建设设备安装等专业的教材，也可作为安装工程造价员的培训参考教材。

图书在版编目(CIP)数据

安装工程计量与计价/冯钢主编．—4版．—北京：北京大学出版社，2018.1
(高职高专土建专业“互联网+”创新规划教材)
ISBN 978-7-301-16737-3

Ⅰ．①安…　Ⅱ．①冯…　Ⅲ．①建筑安装—工程造价—高等职业教育—教材
Ⅳ．①TU723.3

中国版本图书馆CIP数据核字(2017)第328938号

书　　名　安装工程计量与计价（第四版）
　　　　　ANZHUANG GONGCHENG JILIANG YU JIJIA
著作责任者　冯　钢　主编
策 划 编 辑　杨星璐
责 任 编 辑　伍大维
数 字 编 辑　贾新越
标 准 书 号　ISBN 978-7-301-16737-3
出 版 发 行　北京大学出版社
地　　址　北京市海淀区成府路205号　100871
网　　址　http://www.pup.cn　新浪微博：@北京大学出版社
电 子 邮 箱　编辑部 pup6@pup.cn　总编室 zpup@pup.cn
电　　话　邮购部 010-62752015　发行部 010-62750672　编辑部 010-62750667
印 刷 者　三河市北燕印装有限公司
经 销 者　新华书店
　　　　　787毫米×1092毫米　16开本　25印张　573千字
　　　　　2009年8月第1版　2013年3月第2版　2014年8月第3版
　　　　　2018年1月第4版
　　　　　2023年8月修订　2024年1月第18次印刷（总第47次印刷）
定　　价　59.00元

《安装工程计量与计价》自2009年出版以来，受到了广大教师和学生的欢迎。本书是在前三版基础上进行的修订，内容修改较多，主要体现在以下几个方面。

（1）本书在修订过程中，融入党的二十大精神，突出职业素养的培养。

（2）按照项目化教学模式编列章节，每个项目以一个工作任务为驱动，任务明确，条理清晰。

（3）将“计量”与“计价”内容分开，项目1首先介绍了编制安装工程造价所需要的定额和清单规范，为后面学习做好铺垫；项目2至项目7以实际工程案例为导向，按照工程识图→计算工程量→编制工程量清单的工作顺序，分别介绍给排水、采暖与刷油绝热、建筑电气、建筑消防、通风空调、工业管道等常用安装工程的计量方法；项目8在项目3采暖工程计量工作任务的基础上，以编制一套完整的招标控制价文件为工作任务，详细介绍了安装工程费用项目组成和计算规则，以及工程量清单计价方法。删掉了前三版教材中每个案例都编制分部分项工程费的重复内容，使内容更加精练清晰。

（4）以2017年开始使用的《山东省安装工程消耗量定额》（SD 02—31—2016）为本书工程案例计量的主要依据，内容与建筑市场同步，实用性强。

（5）根据财政部和国家税务总局《关于全面推开营业税改征增值税试点的通知》（财税〔2016〕36号）的精神，建筑业自2016年5月1日起纳入营业税改征增值税试点范围。本次修订增加了“营改增”相应内容，并按照“营改增”后的计税方法编制工程案例的计价文价。

（6）采用“互联网+”的模式，增加了大量安装工程施工现场视频、仿真动漫、文本、图片等专业知识链接，可以通过扫描书中二维码的方式进行查看；同时，《山东省安装工程消耗量定额》（SD 02—31—2016）和《山东省安装工程价目表》（2017版）也可以通过扫描二维码进行下载，从而使本书不拘泥于书上现有的内容，大大拓展了读者的知识面。

（7）与前三版相比，以图文并茂的形式，增加了必要的识图基本知识和新材料设备的介绍，更加便于读者理解工程项目图纸。

（8）增加了全部自测练习的参考答案，可通过扫描二维码查看。

【资料索引】

（9）修正了前三版中的错误，替换了给排水工程、电气工程等章节的案例。

本书由济南工程职业技术学院冯钢担任主编，济南工程职业技术学院王晓梅、魏磊、成春燕担任副主编，山东职业学院郑枫、山东建筑大学邵兰云参加了部分章节的编写。具体编写分工如下：冯钢编写项目1，项目2的2.1节、2.2节，项目7，项目8的8.1节；魏磊编写项目4的4.2节、4.3节；王晓梅编写项目6；郑枫编写项目2的2.3节；成春燕编写项目3，项目5，项目8的8.2节、8.3节；邵兰云编写项目4的4.1节。济南建设工程标准定额站蒋波对本书进行了审阅，在此深表感谢！

由于编者水平有限，书中难免有不当之处，欢迎大家批评指正。

编　者

第三版

《安装工程计量与计价》自2009年出版以来，受到了广大教师和学生的欢迎。2013年，结合教学中的经验和实践，以及广大读者反馈的意见，依据现行的山东省安装工程定额与价目表（2011年版）、《山东省建设工程费用项目构成与计算规则》（2011年版），修订出版了《安装工程计量与计价（第2版）》，受到了广大读者良好的反馈和热烈的欢迎。随着《建设工程工程量清单计价规范》（GB 50500—2013）和《通用安装工程工程量技术规范》（GB 50856—2013）等新的规范出台，在第2版的基础上，我们修订出版了本书。

本书在第2版的基础上，根据现行安装工程计量与计价模式，设置了“定额计价”和“清单计价”两种学习情境。形式上，以工作任务的形式进行编写，按照“布置工作任务、相关知识学习、工作任务实施、总结检查评估”四个环节进行，以任务驱动带动新知识的学习，目标明确，目的性强。同一个工程案例，在两种学习情境中，用新旧两种计价方式进行计算，前后进行比较，内容相互对称，便于学生学习。更新了部分工程案例，使其与实际工程更加接近。同时，每个工作任务后面，均设置了与例题相近的案例作为课后作业，便于学生自我检查评估。

本书结合新的法律法规，对第2版中的工作任务10、工作任务12～工作任务16进行了全面的修订，并增加了工作任务17刷油、防腐蚀、绝热工程的工程量清单的编制与清单计价。同时依据教学中发现的问题以及广大读者反馈的意见，对其他工作任务的内容也进行了完善和修正，使之更加适合读者学习。

全书共分17个工作任务，包括：安装工程定额的学习；定额计价模式下安装工程费用项目组成及计算程序；给排水工程的工程量计算与定额计价；采暖工程的工程量计算与定额计价；消防工程的工程量计算与定额计价；工业管道工程的工程量计算与定额计价，通风空调工程的工程量计算与定额计价，刷油、绝热工程的工程量计算与定额计价；电气设备工程的工程量计算与定额计价；安装工程工程清单计价规范的学习；清单计价模式下安装工程费用项目的组成及计算程序；给排水、采暖工程的工程量清单编制与清单计价；消防工程的工程量清单编制与清单计价；工业管道工程的工程量清单编制与清单计价；通风空调工程的工程量清单编制与清单计价；电气设备安装工程的工程量清单编制与清单计价；刷油、防腐蚀、绝热工程的工程量清单的编制与清单计价。

此外，结合安装工程计量与计价的实践性教学特点，针对培养学生实用性技能的要求，我们组织编写了本书的配套实训教材《安装工程计量与计价综合实训》（成春燕主编），该书理论联系实际，突出案例法教学，采用真题实做、任务驱动模式，以提高学生的实际应用能力，与本书相辅相成，帮助读者更好地掌握安装工程计量与计价的实践技能。

本书由济南工程职业技术学院冯钢和湖北城市建设职业技术学院景巧玲任主编，济南工程职业技术学院的成春燕、山东职业学院的张风琴、山东建筑大学的邵兰云和山东职业学院的郑枫任副主编。山东建筑大学设计研究院的赵秀刚为本书提供了部分案例图纸；济南工程职业技术学院的魏磊和湖北建设工程造价管理总站的李志欣也参与了本书的修订工作；济南建设工程标准定额站高级工程师、注册造价师蒋波对本书进行了认真审阅，提出了许多宝贵意见，在此深表谢意。

由于编者水平有限，编写时间仓促，书中难免有不当之处，欢迎读者批评指正。

编　者

第二版前言

本书是在“21世纪全国高职高专土建系列技能型规划教材”《安装工程计量与计价》一书的基础上，修订改编而成的。本次改版较第1版做了较大变动，主要表现在以下几点。

(1) 根据现行安装工程计量与计价模式，设置了“定额计价”和“清单计价”两种学习情境。每个学习情境一改过去的章节形式，都是以工作任务的形式进行编写的，按照“布置工作任务—相关知识学习—工作任务实施—总结检查评估”四个环节进行，以任务驱动带动新知识的学习，目标明确，目的性强。

(2) 同一个工程案例，在两种学习情境中，采用两种计价方式进行计算，前后进行比较，内容相互对称，便于学生学习。

(3) 更新了部分工程案例，使其与实际工程更加接近。同时，每个工作任务后面均设置了与例题相近的案例作为课后作业，便于学生自我检查评估。

(4) 以山东省最新的安装工程定额与价目表（2011年版）、《山东省建设工程费用项目构成与计算规则》（2011年版）、最新的《山东省建设工程清单计价规则》等文件为主要编写依据，更具有实用性。

(5) 增补了部分插图和文字，使内容更加图文并茂，通俗易懂。

本书由济南工程职业技术学院冯钢和湖北城市建设职业技术学院景巧玲任主编，冯钢编写了工作任务1～11的主要内容；景巧玲编写了本书部分习题，并对全书进行了校对和审核；济南工程职业技术学院的成春燕编写了工作任务5和工作任务6的案例和工作任务12～16中的文字说明；工作任务12～16中的工程量清单计价案例计算由山东职业学院的张凤琴用鲁班工程造价计价软件完成；山东建筑大学的邵兰云编写了工作任务9中的部分案例；山东职业学院的郑枫绘制了本书部分插图；山东建筑大学设计研究院的赵秀刚为本书提供了部分案例图纸；济南工程职业技术学院的魏磊和湖北建设工程造价管理总站的李志欣也参与了本书的修订工作；济南建设工程标准定额站高级工程师、注册造价师蒋波对本书进行了认真审阅，提出了许多宝贵意见。

由于编制水平有限、编写时间仓促，书中难免有不当之处，欢迎读者批评指正。

编　者

本书是21世纪全国高职高专土建系列技能型规划教材之一。本书注重体现“技能型”特点，以《山东省安装工程消耗量定额》《建设工程工程量清单计价规范》(GB 50500—2008)、《山东省安装工程工程量清单计价办法》为编写依据，对目前安装工程定额和清单两种计量与计价方法做了较详细的叙述，重点介绍了给排水、消防、采暖、燃气、通风空调、刷油绝热、电气安装等常用的安装工程计量与计价的编制办法。针对规范条文内容，配有许多相应的工程示例进行讲解，并且定额和清单两种计价方式采用对应的同一个例题，便于学生学习比较。在编写过程中，时逢住房和城乡建设部推行“08新的计价规范”的宣传和实施，因此本书清单计价部分的相应内容是按照新的计价规范来编写的，更具有实用性。

本书建议教学课时安排如下：

章次	章节名称	课时数		
		讲课	实验	小计
1	安装工程计量与计价概述	4		4
2	安装工程费用项目组成及计算程序	4	2	6
3	安装工程定额	4	2	6
4	安装工程施工图预算的编制	4		4
5	电气设备安装工程定额与预算	8	2	10
6	工业管道工程定额与预算	8	2	10
7	给排水、采暖、燃气工程定额与预算	16	4	20
8	消防及安全防范设备安装工程定额与预算	8	2	10
9	通风空调工程定额与预算	8	2	10
10	刷油、防腐蚀、绝热工程定额与预算	2	2	4
11	安装工程工程量清单计价	10		10
12	安装工程分部分项工程量清单计价	22	8	30
合计		98	26	124

本书的第1、2、3、7、9、10、11章由济南工程职业技术学院冯钢编写；第4章和第8章的计算示例由山东建筑大学设计研究院赵秀刚编写；第5章由山东建筑大学邵兰云编写；第6、8章由济南工程职业技术学院成春燕编写；第12章由上述4位老师共同编写。济南工程职业技术学院的魏磊

参与了第 5 章的编写工作，湖北建筑职业技术学院的景巧玲和湖北建设工程造价管理总站李志欣对全书进行校对和修改，并编写了各章习题。

济南建设工程标准定额站高级工程师、注册造价师蒋波对本书进行了认真的审阅，提出了许多宝贵意见，广联达工程造价软件公司为本书例题提供了软件支持，南充职业技术学院孔维勇老师对本书也提出了很多宝贵意见，在此一并表示诚挚的感谢。

由于编者水平有限，编写时间仓促，书中难免有不当之处，欢迎读者批评指正。

编　者

本书课程思政元素

本书课程思政元素从“格物、致知、诚意、正心、修身、齐家、治国、平天下”中国传统文化角度着眼，再结合社会主义核心价值观“富强、民主、文明、和谐、自由、平等、公正、法治、爱国、敬业、诚信、友善”设计出课程思政的主题。然后紧紧围绕“价值塑造、能力培养、知识传授”三位一体的课程建设目标，在课程内容中寻找相关的落脚点，通过案例、知识点等教学素材的设计运用，以润物细无声的方式将正确的价值追求有效地传递给读者。

本书的课程思政元素设计以“习近平新时代中国特色社会主义思想”为指导，运用可以培养大学生理想信念、价值取向、政治信仰、社会责任的题材与内容，全面提高大学生缘事析理、明辨是非的能力，把学生培养成为德才兼备、全面发展的人才。

每个思政元素的教学活动过程都包括内容导引、展开研讨、总结分析等环节。在课程思政教学过程，老师和学生共同参与其中，在课堂教学中教师可结合下表中的内容导引，针对相关的知识点或案例，引导学生进行思考或展开讨论。

页码	内容导引	思考问题	课程思政元素
19	规费	国家法律、法规规定的施工企业必须缴纳的规费体现了什么？	社会公平 制度自信
19	税金	了解企业应缴纳税金的具体内容有什么？有什么意义？	社会责任 法律意识
119	防雷接地装置	思考防雷接地装置对建筑物的重要性。	安全意识 细节与专业重要性
175	建筑消防火灾自动报警系统	思考消防系统对建筑物的重要性。	安全意识 细节与专业重要性
272	工业管道	思考石油化工、冶金工业于我国的工业现代化有什么重要作用？	大国重器 工业化 现代化
302	津贴、加班工资、特殊工资	企业在与员工的雇佣关系上应承担什么样的社会与法律责任？	社会责任 法律意识
308	环境保护	建筑施工对环境有社么影响？应该如何做到绿色施工？	环保意识 可持续发展

注：教师版课程思政设计内容可联系出版社索取。

目录

项目1 安装工程定额与清单

学习目标

1. 熟悉安装工程计量与计价的概念。

2. 熟悉安装工程预算的分类，掌握安装工程预算定额消耗量指标、预算定额单价、预算定额基价、预算定额未计价材料等内容的确定。

3. 熟悉《通用安装工程量计算规范》(GB 50856—2013) 的主要内容。

教学活动设计

1. 通过多媒体等信息化教学手段和定额实务，讲解安装工程定额分类及消耗量定额消耗量指标；通过举例讲解基价、未计价材料、计价材料等概念。

2. 通过多媒体等信息化教学手段及《通用安装工程量计算规范》(GB 50856—2013) 实务，讲解其主要内容。

安装工程是指按照工程建设施工图纸和施工规范的规定，把各种设备放置并固定在一定地方，或将工程原材料经过加工、安置并装配而形成具有功能价值产品的工作过程。

安装工程所包括的内容广泛，涉及多个不同种类的工程专业。在建筑行业常见的安装工程有：电气设备安装工程，给排水、采暖、燃气工程，消防及安全防范设备安装，通风空调工程，工业管道工程，刷油、防腐蚀及绝热工程等。这些安装工程按建设项目的划分原则，均属单位工程，它们具有单独的施工设计文件，并有独立的施工条件，是工程造价计算的完整对象。

安装工程造价是反映拟建工程经济效果的一种技术经济文件。它一般从两个方面计算工程经济效果：一方面为“计量”，也就是计算消耗在工程中的人工、材料、机械台班数量等；另一方面为“计价”，也就是用货币形式反映工程成本。

1.1 安装工程预算定额概述

1.1.1 安装工程消耗量定额

1. 安装工程消耗量定额的定义

安装工程消耗量定额是指完成合格的规定计量单位分部分项安装工程所需要的人工、材料、施工机械台班的消耗量标准。

2. 构成消耗量定额的三要素

消耗量定额应体现人工消耗量、材料消耗量和机械台班消耗量三个要素。

1）人工消耗量（劳动定额）

劳动定额有以下两种表现形式。

（1）时间定额。

在正常施工条件下，在合理的劳动组织、合理的材料使用与合理的机械配合条件下，规定某种技术等级的工人小组或个人完成某一质量合格的单位产品所需消耗的劳动时间，包括准备时间、结束时间、基本生产时间、辅助生产时间、不可避免的中断时间以及工人必需的休息时间。

时间定额的单位是工日，每工日按 8 小时计算。

（2）产量定额。

产量定额也称“每工产量”，是指在正常条件下，在合理的材料使用、合理的机械配合条件下，规定某种专业技术等级的工人小组或个人，在单位时间（工日）内完成的合格产品的数量。

$$时间定额=\frac{1}{产量定额}$$

$$产量定额=\frac{1}{时间定额}$$

2）材料消耗量

（1）材料消耗量的定义。

材料消耗定额是指在正常施工条件下，合理使用材料的情况下，完成每单位合格产品所必须消耗的各种材料、成品、半成品的数量标准。

（2）安装工程的材料的分类。

① 主要材料：构成安装工程主体的材料，称为主要材料（简称主材），在消耗量定额中，以“（　）”标明。

② 辅助材料：完成该分部分项工程不可缺少的次要材料，称为辅助材料（简称辅材）。

（3）关于主要材料的损耗量。

$$子目材料消耗量=材料净用量+损耗量=材料净用量\times(1+损耗率)$$

材料净用量是构成工程子目实体必须占有的材料。

材料损耗量包括从工地仓库、现场集中堆放地点或现场加工地点到操作或安装地点的运输损耗、施工操作损耗、施工现场堆放损耗等。

用量很少的零星材料，计列入其他材料费内，并以占该定额项目的辅助材料的百分比表示。

3）机械台班消耗量

（1）机械消耗量的定义。

机械消耗量是指施工机械在正常施工条件下，合理地组织劳动和使用机械，完成单位合格产品（或某项工作）所必需的工作时间。

（2）机械台班定额的分类。

① 时间定额：单位产品时间定额即生产质量合格产品所必须消耗的时间。计量单位为“台班”。

② 产量定额：台班产量定额就是每台班时间内生产的质量合格的单位产品的数量。

构成定额的三要素在消耗量定额表中的体现［以《山东省安装工程消耗量定额》（SD 02—31—2016）为例］，见表1-1。

表1-1 山东省安装工程消耗量定额（SD 02—31—2016）举例（室内给水镀锌钢管螺纹连接）

工作内容：调直、切管、套丝、组对、连接，管道及管件安装，丝口刷漆，水压试验及水冲洗。

计量单位：10m

定额编号			10-1-12	10-1-13	10-1-14	10-1-15	1-1-16	10-1-17
项目名称			公称直径（mm以内）					
			15	20	25	32	40	50
名称		单位	消耗量					
人工	综合工日	工日	1.662	1.739	2.091	2.261	2.309	2.479
材料	镀锌钢管	m	(9.910)	(9.910)	(9.910)	(9.910)	(10.20)	(10.020)
	给水室内镀锌钢管螺纹管件	个	(14.490)	(12.100)	(11.400)	(9.830)	(7.860)	(6.610)
	锯条（各种规格）	根	0.778	0.792	0.815	0.821	0.834	0.839
	尼龙砂轮片 ϕ400	片	0.033	0.035	0.086	0.117	0.120	0.125
	机油	kg	0.158	0.170	0.203	0.206	0.209	0.213
	聚四氟乙烯生料带宽20	m	10.980	13.040	15.500	16.020	16.190	16.580
	镀锌低碳钢丝 ϕ2.8～4.0	kg	0.040	0.045	0.068	0.075	0.079	0.083
	破布	kg	0.080	0.090	0.150	0.167	0.187	0.213
	热轧厚钢板 δ8.0～15.0	kg	0.030	0.032	0.034	0.037	0.039	0.042
	氧气	m^3	0.003	0.003	0.003	0.006	0.006	0.006
	乙炔气	kg	0.001	0.001	0.001	0.002	0.002	0.002

（续）

定额编号			10－1－12	10－1－13	10－1－14	10－1－15	1－1－16	10－1－17
项目名称			公称直径（mm 以内）					
			15	20	25	32	40	50
名　称		单位	消　耗　量					
材料	低碳钢焊条 J422 ϕ3.2	kg	0.002	0.002	0.002	0.002	0.002	0.002
	水	m^3	0.008	0.014	0.023	0.040	0.053	0.088
	橡胶板 δ1～3	kg	0.007	0.008	0.008	0.009	0.010	0.010
	六角螺栓	kg	0.004	0.004	0.004	0.006	0.005	0.005
	螺纹阀门 *DN*20	个	0.004	0.004	0.005	0.005	0.005	0.005
	焊接钢管 *DN*20	m	0.013	0，014	0.015	0.016	0.016	0.017
	橡胶软管 *DN*20	m	0.006	0.006	0.007	0.007	0.007	0.008
	弹簧压力表 Y－100 0～1.6MPa	块	0.002	0.002	0.002	0.002	0.002	0.003
	压力表弯管 *DN*15	个	0.002	0.002	0.002	0.002	0.002	0.003
	其他材料费	%	2.000	2.000	2.000	2.000	2.000	2.000
机械	载重汽车 5t	台班	—	—	—	—	—	0.003
	汽车式起重机 8t	台班	—	—	—	—	—	0.003
	砂轮切割机 ϕ400	台班	0.008	0.010	0.022	0.026	0.028	0.030
	管子切断套丝机 159mm	台班	0.067	0.079	0.196	0.261	0.284	0.293
	电焊机（综合）	台班	0.001	0.001	0.001	0.001	0.002	0.002
	试压泵 3MPa	台班	0.001	0.001	0.001	0.002	0.002	0.002
	电动单级离心清水泵 100mm	台班	0.001	0.001	0.001	0.001	0.001	0.001

表 1－1 为《山东省安装工程消耗量定额》（SD 02—31—2016）第十册第一章“给排水管道”中的“室内镀锌钢管（螺纹连接）”的部分定额，现在提出如下问题：安装 10m 螺纹连接的 *DN*25 的室内给水镀锌钢管（即规定计量单位的分部分项工程），需要消耗多少人工、材料和机械台班呢？

从该消耗量定额表中，我们可以清楚地知道，安装 10m 螺纹连接的 *DN*25 的室内给水镀锌钢管，需要消耗人工 2.091 个工日；消耗主要材料（9.910m 的 *DN*25 的镀锌钢管和 11.400 个室内镀锌钢管螺纹管件）、辅助材料（如 0.815 根锯条、0.086 片尼龙砂轮片、0.203kg 机油等）；机械台班消耗量有五项，分别是 0.022 个台班的 ϕ400 的砂轮切割机、0.196 个台班的套丝机、0.001 个台班的电焊机、0.001 个台班的试压泵和 0.001 个台班的电动单级离心清洗泵。

同学们可以自己再翻阅一下消耗量定额的其他项目，组成形式都是如此。

备注：

管道主材的消耗量按如下公式计算：

每 10m 管道主材用量＝(10m－10m 管道中管件、阀门、附件所占长度)×(1＋损耗率)

3.《山东省安装工程消耗量定额》简介

1）定额的主要内容

山东省结合当地经济发展的情况，根据安装工程的专业特征和全国统一安装工程预算定额的结构设置以及多年来的传统习惯做法，山东省住房与城乡建设厅于 2002 年颁发了 2002 版消耗量定额，共十三册。随着建筑行业的不断发展，2016 年又组织编写了 2016 版消耗量定额，共十二册。根据“鲁建标字〔2016〕39”号文件，2016 版定额自 2017 年 3 月 1 日起施行，原 2002 版定额同时停止使用；2017 年 3 月 1 日前已签订合同的工程，仍按原合同和有关规定执行。

《山东省安装工程消耗量定额》2002 版和 2016 版内容比较见表 1－2。

表 1－2 《山东省安装工程消耗量定额》2002 版和 2016 版内容比较

2002 版定额的内容	2016 版定额的内容
第一册 机械设备安装工程	第一册 机械设备安装工程
第二册 电气设备安装工程	第二册 热力设备安装工程
第三册 热力设备安装工程	第三册 静置设备与工艺金属结构制作安装工程
第四册 炉窑砌筑工程	第四册 电气设备安装工程
第五册 静置设备与工艺金属结构制作安装工程	第五册 建筑智能化工程
第六册 工业管道工程	第六册 自动化控制仪表安装工程
第七册 消防及安全防范设备安装工程	第七册 通风空调工程
第八册 给排水、采暖、燃气工程	第八册 工业管道工程
第九册 通风空调工程	第九册 消防工程
第十册 自动化控制仪表安装工程	第十册 给排水、采暖、燃气工程
第十一册 刷油、防腐蚀、绝热工程	第十一册 通信设备及线路工程
第十二册 通信设备及线路工程	第十二册 刷油、防腐蚀、绝热工程
第十三册 建筑智能化系统设备安装工程	

2）定额的结构形式

山东省安装工程消耗量定额是由总说明、册说明、目录、各章说明及工程量计算规则、定额消耗量表和附录组成。其中，消耗量定额表是核心内容，它包括分部分项工程的工作内容、计量单位、项目名称及其各类消耗的名称、规格、数量等。其结构形式见表 1－1。

【山东省安装工程消耗量定额(第十册)前五章】

3）定额的适用范围及作用

（1）定额的适用范围。

本定额适用于山东省行政区域内新建、扩建和技术改造或整体更新改造的一般工业与民用通用安装工程。

（2）定额的作用。

① 本定额是在山东省安装工程计价活动中，统一安装工程内容的项目划分、项目名称、计量单位和计算消耗量的依据。

② 本定额是招标工程编制招标控制价的依据。

③ 本定额是编制概算定额（指标）、投资估算指标以及测算工程造价指数的依据。

④ 本定额是编制施工图预算和投标报价的基础，也可作为制定企业定额的参考。

1.1.2 安装工程价目表

1. 安装工程价目表的定义

安装工程价目表是以安装工程消耗量定额的各类消耗量为依据，计入现行的人工、材料、施工机械或仪器仪表台班单价后，形成的与安装工程消耗量定额相对应的工料单价表。价目表中的内容、工程适用范围、册章节项目名称、定额编号、计量单位及未计价材料消耗量均与安装工程消耗量定额对应一致。使用时应按照安装工程消耗量定额中的各册说明、各章说明、工作内容的相应规定执行。

2. 定额人工工资单价的确定

定额的人工工资单价，是指一个建筑安装工人在一个工作日内，在预算中应计入的全部人工费。其计算公式如下：

定额人工工资单价＝计时工资或计件工资＋奖金＋津贴、补贴＋加班加点工资＋特殊情况下支付的工资

3. 定额材料（设备）预算单价的确定

定额的材料（设备）预算单价，是指材料（包括构件、成品及半成品等）从其来源地（或交货地点）到达施工工地仓库的出库价格。其计算公式如下：

材料(设备)单价＝{[材料(设备)原价＋运杂费]×(1＋材料运输损耗率)}×(1＋采购保管费率)

4. 定额施工机具使用费（简称为机械费）单价的确定

定额施工机具使用费（简称为机械费）是指施工作业所发生的施工机械、施工仪器仪表的使用费或其租赁费。其计算公式如下：

定额施工机具使用费(简称为机械费)＝施工机械台班单价(折旧费＋检修费＋维护费＋安拆费及场外运费＋人工费＋燃料动力费＋其他费)＋施工仪器仪表台班单价(折旧费＋维护费＋校验费＋动力费)

5. 安装工程预算定额单价的组成

预算定额单价是预算定额中子目三项消耗量（人工、材料及机械）在定额编制中心地区的货币形态表现。其表达式如下：

预算分项工程的定额单价＝人工费＋材料费＋机械费

式中 $\text{人工费} = \sum(\text{定额人工消耗量} \times \text{人工工资单价})$

$\text{材料费} = \sum(\text{定额材料消耗量} \times \text{材料预算单价})$

$\text{机械费} = \sum(\text{定额机械与施工仪器仪表台班消耗量} \times \text{施工机械费单价})$

说明：上式材料费中的定额材料消耗量，是指辅助材料消耗量，不包括主要材料。主要材料费应另行计算。

知识链接——主要材料费及其计算方法

安装工程是按照一定的方法和设计图纸的规定，把设备放置并固定在一定地方的工作，或是将材料、元件经过加工并安置、装配而形成有价值功能的产品的一种工作。在计算安装所需费用时，设备安装只能计算安装费，其购置费另行计算，而材料经过现场加工并安装成产品时，不但要计算安装费，还要计算其消耗的材料价值。在定额的制定中，将消耗的辅助或次要材料价值，计入定额单价中。而构成工程实体的主要材料，因全国各地价格差异较大，如果也进入统一基价，势必增加材料价差调整难度。所以定额单价中，未计算它的价值，其价值由定额执行地区，按照当地材料单价进行计算，然后计入工程造价。

主要材料数量的计算：

某项主要材料数量＝工程量×某项主要材料定额消耗量

某项主要材料费＝某项主要材料数量×市场单价

【山东省安装工程价目表（2017版）】

现以前面的室内给水镀锌钢管螺纹连接消耗量定额表（表1－1）为例，了解一下与其配套的“室内给水管道安装之镀锌钢管螺纹连接价目表”（2017年价格），见表1－3。

表1－3 价目表内容及形式举例（室内给水镀锌钢管螺纹连接）

定额编号	项目名称	定额单位	增值税（简易计税）				增值税（一般计税）			
			单价（含税）	人工费	材料费（含税）	机械费（含税）	单价（除税）	人工费	材料费（除税）	机械费（除税）
一、镀锌钢管										
1. 室外镀锌钢管（螺纹连接）										
10－1－1	公称直径15mm以内	10m	82.64	66.64	15.21	0.59	80.18	66.64	13.01	0.53
10－1－2	公称直径20mm以内	10m	89.79	69.42	19.58	0.79	86.87	69.42	16.74	0.71
10－1－3	公称直径25mm以内	10m	95.61	72.41	21.83	1.37	92.31	72.41	18.67	1.23
10－1－4	公称直径32mm以内	10m	100.42	74.37	24.59	1.46	96.73	74.37	21.04	1.32
10－1－5	公称直径40mm以内	10m	103.92	76.32	25.88	1.72	100.01	76.32	22.15	1.54
10－1－6	公称直径50mm以内	10m	120.89	84.15	30.91	5.83	115.90	84.15	26.47	5.28
10－1－7	公称直径65mm以内	10m	149.27	91.88	49.73	7.66	141.40	91.88	42.58	6.94
10－1－8	公称直径80mm以内	10m	166.11	102.79	51.96	10.36	157.55	102.79	45.37	9.39
10－1－9	公称直径100mm以内	10m	253.77	121.44	66.87	65.46	238.46	121.44	57.34	59.68
10－1－10	公称直径125mm以内	10m	294.62	140.90	81.43	72.29	276.67	140.90	69.88	65.89
10－1－11	公称直径150mm以内	10m	335.27	151.72	96.08	87.47	313.96	151.72	82.52	79.72

（续）

定额编号	项目名称	定额单位	增值税（简易计税）				增值税（一般计税）			
			单价（含税）	人工费	材料费（含税）	机械费（含税）	单价（除税）	人工费	材料费（除税）	机械费（除税）
2. 室内镀锌钢管（螺纹连接）										
10-1-12	公称直径15mm以内	10m	242.19	171.19	68.98	2.02	231.97	171.19	58.96	1.82
10-1-13	公称直径20mm以内	10m	263.07	179.12	81.57	2.38	250.98	179.12	69.72	2.14
10-1-14	公称直径25mm以内	10m	318.78	215.37	97.79	5.62	304.01	215.37	83.59	5.05
10-1-15	公称直径32mm以内	10m	341.82	232.88	101.57	7.37	326.34	232.88	86.83	6.63
10-1-16	公称直径40mm以内	10m	348.81	237.83	102.91	8.07	333.07	237.83	87.98	7.26
10-1-17	公称直径50mm以内	10m	372.92	255.34	105.77	11.81	356.45	255.34	90.45	10.66
10-1-18	公称直径65mm以内	10m	396.43	269.14	114.28	13.01	378.65	269.14	97.75	11.76
10-1-19	公称直径80mm以内	10m	420.73	281.81	122.96	15.96	401.44	281.81	105.20	14.43
10-1-20	公称直径100mm以内	10m	419.77	321.98	133.63	24.16	458.28	321.98	114.40	21.90
10-1-21	公称直径125mm以内	10m	522.22	357.10	134.23	30.89	500.10	357.10	115.01	27.99
10-1-22	公称直径150mm以内	10m	591.90	397.27	137.11	57.52	568.01	397.27	117.58	53.16

说明：表中的人工单价是按每个工日103元计入的。

知识链接——关于增值税的简易计税和一般计税

增值税是对销售货物或者提供加工、修理修配劳务以及进口货物的单位和个人，就其实现的增值额征收的一个税种，是价外税。

1. 增值税纳税人的划分

（1）增值税一般纳税人：年应税销售额满500万元及其以上者。

（2）增值税小规模纳税人：年应税销售额未满500万元者。

2. 增值税的两种计税方法

（1）增值税一般计税方法。

一般纳税人提供应税服务适用一般计税方法，计算公式如下：

应纳税额＝当期销项税额（销售额×税率）－当期进项税额

＝当期销售额×11%－当期进项税额

增值税一般计税方法适用于交通运输、建筑服务、邮政服务、基础电信服务等行业；适用增值税税率为11%，其进项税额可以抵扣；可以自行开具增值税专用发票；可以凭取得的专用发票按规定抵扣税款。

（2）增值税简易计税方法。

小规模纳税人提供应税服务适用简易计税方法，计算公式如下：

应纳税额＝销售额×征收率

增值税简易计税法：其增值税征收率为3%，其进项税额不得抵扣；小规模纳税人不能自行开具增值税专用发票，如购买方索取时，只能到税务机关申请代开专用发票；小规模纳税人不享有税款抵扣权。

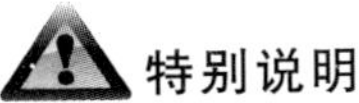
特别说明

本书所有项目均以《山东省安装工程消耗量定额》(SD 02—31—2016)为计算依据。

1.2 安装工程工程量清单概述

1.2.1 安装工程工程量清单的概念

1. 工程量清单的定义

1)工程招投标基本程序

工程招投标基本程序如图1-1所示。

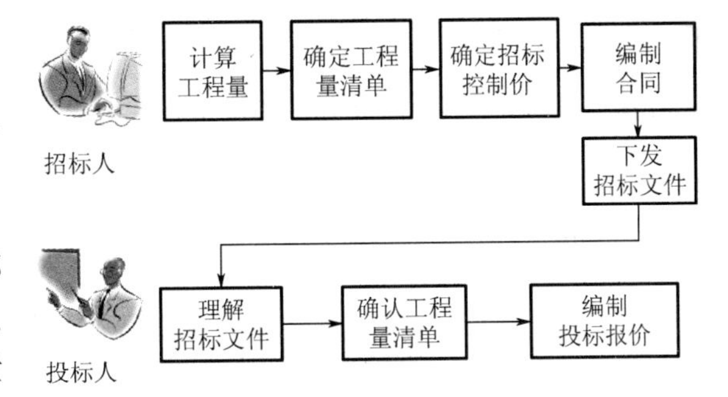

图1-1 工程招投标基本程序

2)工程量清单

工程量清单是表示建设工程的分部分项工程项目、措施项目、其他项目、规费项目和税金项目的名称和相应数量等的明细清单。它是一个工程计价中反映工程量特定内容的概念,与建设阶段无关,在不同阶段,又可分为“招标工程量清单”“已标价工程量清单”等。

(1)招标工程量清单:招标人依据国家标准、招标文件、设计文件以及施工现场实际情况编制的,随招标文件发布供投标人投标报价的工程量清单,包括其说明和表格。

(2)已标价工程量清单:构成合同文件组成部分的投标文件中已标明价格、经算术性错误修正(如有)且承包人已确认的工程量清单,包括其说明和表格。

招标工程量清单应由具有编制能力的招标人或受其委托、具有相应资质的工程造价咨询人编制。招标工程量清单必须作为招标文件的组成部分,其准确性和完整性应由招标人负责。招标工程量清单是工程量清单计价的基础,应作为编制招标控制价、投标报价、计算或调整工程量、索赔等的依据之一。

2.《通用安装工程工程量计算规范》(GB 50856—2013)简介

《通用安装工程工程量计算规范》(GB 50856—2013)包括正文和附录两大部分,二者具有同等效力。正文共四章,包括总则、术语、工程计量、工程量清单编制。附录共十一项,内容如下。

附录A 机械设备安装工程(编码:0301)

附录B 热力设备安装工程(编码:0302)

附录C 静置设备与工艺金属结构制作安装工程(编码:0303)

附录D 电气设备安装工程(编码:0304)

附录 E　建筑智能化工程（编码：0305）
附录 F　自动化控制仪表安装工程（编码：0306）
附录 G　通风空调工程（编码：0307）
附录 H　工业管道工程（编码：0308）
附录 J　消防工程（编码：0309）
附录 K　给排水、采暖、燃气工程（编码：0310）
附录 L　通信设备及线路工程（编码：0311）
附录 M　刷油、防腐蚀、绝热工程（编码：0312）
附录 N　措施项目（编码：0313）

《通用安装工程工程量计算规范》（GB 50856—2013）附录中包括项目编码、项目名称、项目特征、计量单位、工程量计算规则和工程内容，其中项目编码、项目名称、项目特征、计量单位、工程量计算规则作为五个要件的内容，要求招标人在编制工程量清单时必须执行。

1.2.2 工程量清单文件的组成

1. 封面

工程量清单封面举例如图 1－2(a)、(b) 所示。

某大厦安装 工程

工 程 量 清 单

招 标 人：大厦建设单位盖章（单位盖章）
工程造价咨询人：________（单位资质专用章）

法定代表人或其授权人：大厦建设单位法定代表人（签字或盖章）
法定代表人或其授权人：________（签字或盖章）

编 制 人：×××签字 盖造价员专用章（造价人员签字盖专用章）
复 核 人：×××签字 盖造价工程师专用章（造价工程师签字盖专用章）

编制时间：××××年×月×日
复核时间：××××年×月×日

(a) 招标人自行编制的工程量清单封面

某大厦安装 工程

工 程 量 清 单

招 标 人：大厦建设单位盖章（单位盖章）
工程造价咨询人：××工程造价咨询企业资质专用章（单位资质专用章）

法定代表人或其授权人：大厦建设单位法定代表人（签字或盖章）
法定代表人或其授权人：××工程造价咨询企业法定代表人（签字或盖章）

编 制 人：×××签字 盖造价员专用章（造价人员签字盖专用章）
复 核 人：×××签字 盖造价工程师专用章（造价工程师签字盖专用章）

编制时间：××××年×月×日
复核时间：××××年×月×日

(b) 招标人委托工程造价咨询人编制的工程量清单封面

图 1－2　工程量清单封面

其中图 1－2(a) 供招标人自行编制工程量清单时使用。招标人盖单位公章，法定代表人或其授权人签字或盖章；编制人是造价工程师的，由其签字盖执业专用章；编制人是造价员的，在编制人栏签字盖专用章，并应由造价工程师复核，并在复核人栏签字盖执业专用章。

图 1－2(b) 供招标人委托工程造价咨询人编制工程量清单时使用。工程造价咨询人盖单位资质专用章，法定代表人或其授权人签字或盖章；编制人是造价工程师的，由其签字盖执业专用章；编制人是造价员的，在编制人栏签字盖专用章，并应由造价工程师复核，并在复核人栏签字盖执业专用章。

2. 总说明

总说明的作用主要是阐明本工程的有关基本情况，其具体内容应视拟建项目实际情况而定，但就一般情况来说，应说明的内容应包括以下几部分。

(1) 工程概况：建设规模、工程特征、计划工期、施工现场实际情况、交通运输情况、自然地理条件、环境保护要求等。

(2) 工程招标和分包范围。

(3) 工程量清单的编制依据：采用的标准、施工图纸、标准图集等。

(4) 工程质量、材料、施工等的特殊要求。

(5) 招标人自行采购材料的名称、规格型号、数量等。

(6) 其他需要说明的问题。

工程量清单总说明举例见表 1－4。

表 1－4 某大厦工程工程量清单总说明

总 说 明

工程名称：某大厦安装工程　　　　第**1**页　共**1**页

1. 工程概况。本工程建设地点位于某市某路 20 号；工程由 30 层高主楼及其南侧 5 层高的裙房组成。主楼与裙房间首层设过街通道作为消防疏散通道。建筑地下部分功能主要为地下车库兼设备用房。建筑面积为 73000m^2，主楼地上 30 层、地下 3 层，裙楼地上 5 层、地下 3 层；地下三层层高 3.6m，地下二层层高 4.5m，地下一层层高 4.6m，一、二、四层层高 5.1m，其余楼层层高为 3.9m。建筑檐高：主楼 122.10m，裙楼 23.10m。结构类型：主楼为框架-剪力墙结构；裙楼为框架工程；基础为钢筋混凝土桩基础。

2. 工程招标范围。本次招标范围为施工图（图纸工号为×××××，日期为×年×月×日）范围内除消防系统、综合布线系统、门禁等分包项目以外的工程，安装分包项目的主体预埋、预留部分含在本次招标范围内。

3. 工程量清单的编制依据。

(1)《山东省安装工程消耗量定额》、相应项目设置及计算规则。

(2) 工程施工设计图纸及相关资料。

(3) 招标文件。

(4) 与建设项目相关的标准、规范、技术资料等。

4. 其他有关说明。

(1) 电气安装工程中的盘、箱、柜列为设备；给排水安装工程中的成套供水设备、水箱及水箱消毒器、水泵；空调安装工程中的泵类、分集水器、水箱、软水器、换热器、水处理器、风机、静压箱、消声弯头、风机盘管、电热空气幕、通风器、通风处理机组、油烟净化器、冷水机组等均列为设备，在招标报价中不计入以上设备的价值。

(2) 消防系统、综合布线系统等另进行专业发包。总承包人应配合专业工程承包人完成以下工作：

① 按专业工程承包人的要求提供施工工作面并对施工现场进行统一管理，对竣工资料进行统一整理汇总；

② 分包项目的主体预埋、预留由总承包人负责。

其他略。

3. 分部分项工程量清单与计价表

安装工程分部分项工程量清单是计算拟建工程项目工程数量的一种表格，见表1-5。该表将分部分项工程量清单表和分部分项工程量清单计价表两表合一，这种将工程量清单和投标人报价统一在同一个表格中的表现形式，大大地减少了投标中因两表分设而带来的出错的概率，说明这种表现形式反映了良好的交易习惯。可以认为，这种表现形式可以满足不同行业工程计价的需要。

需要特别指出的是，此表也是编制招标控制价、投标价、竣工结算的最基本的用表。

编制工程量清单时，使用本表在“工程名称”栏应填写详细具体的工程称谓，对于房屋建筑而言，习惯上并无标段划分，可不填写“标段”栏；但对于管道敷设、道路施工，则往往以标段划分，此时，应填写“标段”栏，其他各表涉及此类设置，道理相同。

表1-5　分部分项工程和单价措施项目清单与计价表

工程名称：　　　　　　　　　　　　标段：　　　　　　　　　　　　第　页共　页

序号	项目编码	项目名称	项目特征描述	计量单位	工程量	金额（元）		
						综合单价	合价	其中：暂估价
本页小计								
合　计								

注：为计取规费等的使用，可在表中增设“其中：定额人工费”。

构成一个分部分项工程量清单的五个要件是项目编码、项目名称、项目特征、计量单位和工程量，这五个要件在分部分项工程量清单的组成中缺一不可。对于这五个要件，招标人必须按规定编写，不得因具体情况不同而随意变动。

1）项目编码

项目编码是对分部分项工程量清单中每个项目的统一编号，其功能作用与概预算定额的编号一样，但又不同于定额编号。其原因有二：第一，除全国各类统一定额为统一编号外，各地区管理的定额均为各自的编号；第二，现行各级及各类定额多数为两段编号，而项目编号为五级编码。关于项目编码的组成及含义说明如下。

分部分项工程量清单项目编码，应采用十二位阿拉伯数字表示：一至九位应按“13计量规范”附录中的规定设置；十至十二位应根据拟建工程的工程量清单项目名称设置，同一招标过程的项目编码不得有重复。综上所述，项目编码因专业不同而不同，以工业管道工程为例，其各级编码含义说明如图1-3所示。

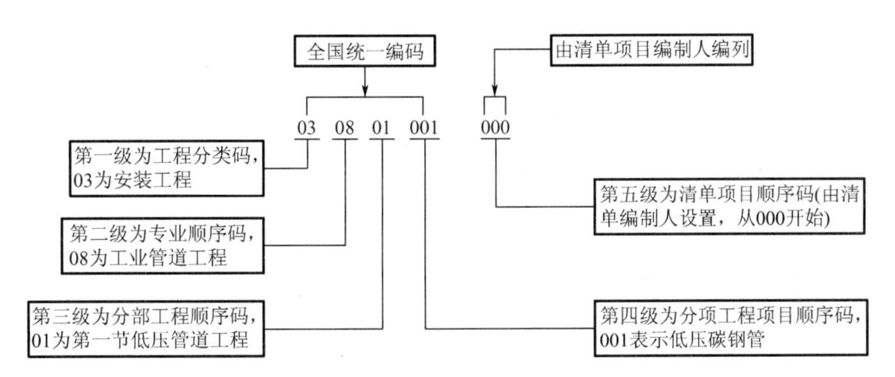

图1-3 工程量清单编码含义

2）项目名称

安装工程分部分项工程量清单的“项目名称”应按《通用安装工程工程量计算规范》(GB 50856—2013）规定，结合拟建工程项目的实际填写。

3）项目特征

项目特征构成分部分项工程量清单项目、措施项目自身价值的本质特征。安装工程分部分项工程量清单的“项目特征”应按《通用安装工程工程量计算规范》（GB 50856—2013）规定，结合拟建工程项目的实际予以描述。

（1）工程量清单项目特征描述的重要意义。

① 项目特征是区分清单项目的依据。工程量清单项目特征是用来表述分部分项清单目的实质内容，用于区分计价规范中同一清单条目下各个具体的清单项目。没有项目特征的准确描述，对于相同或相似的清单项目名称，就无从区分。

② 项目特征是确定综合单价的前提。由于工程量清单项目的特征决定了工程实体的实质内容，必然直接决定了工程实体的自身价值。因此，工程量清单项目特征描述得准确与否，直接关系到工程量清单项目综合单价的准确确定。

③ 项目特征是履行合同义务的基础。实行工程量清单计价，工程量清单及其综合单价是施工合同的组成部分，因此，如果工程量清单项目特征的描述不清楚甚至漏项、错误，从而引起在施工过程中的更改，都会引起分歧，导致纠纷。

（2）在进行项目特征描述时应掌握的要点。

① 对于涉及正确计量的内容、涉及结构要求的内容、涉及材质要求的内容和涉及安装方式的内容，必须进行描述。

② 对于对计量计价没有实质影响的内容、对于应由投标人根据施工方案确定的内容、对于应由投标人根据当地材料和施工要求确定的内容，以及对于应由施工措施解决的内容，可不进行描述。

③ 对于无法准确描述的内容、对于施工图纸和标准图集标注明确的内容等，可不进行详细描述。

4）计量单位

安装工程分部分项工程量清单的“计量单位”应按《通用安装工程工程量计算规范》（GB 50856—2013）的规定确定。当计量单位有两个或两个以上时，应根据所编工程量清单项目的特征要求，选择最适宜表现项目特征并方便计量的单位。

工程数量的计量单位应按规定采用法定单位或自然单位，除各专业另有特殊规定外，均按以下单位计量，并应遵守有效位数的规定。

（1）以质量计算的项目为 t 或 kg，应保留小数点后三位数字，第四位四舍五入。

（2）以体积计算的项目为 m^3，应保留小数点后两位数字，第三位四舍五入。

（3）以面积计算的项目为 m^2，应保留小数点后两位数字，第三位四舍五入。

（4）以长度计算的项目为 m，应保留小数点后两位数字，第三位四舍五入。

（5）以自然计量单位计算的项目为个、套、块、樘、组、台等，应取整数。

（6）没有具体数量的项目为系统、项等，应取整数。

5）工程内容

工程内容是指完成该清单项目可能发生的具体工程操作，它来源于原预算定额，定额中均有具体规定，无需像“项目特征”那样必须进行描述。“工程内容”的功能作用是可供招标人确定清单项目和投标人投标报价参考。

6）分部分项工程量计算规则

清单中各分项工程数量主要是通过工程量计算规则与施工图纸内容相结合计算确定的。工程量计算规则是指对清单项目各分项工程量计算的具体规定。除另有说明外，所有清单项目的工程量应以实体工程量为准，并以完成后的净值计算；投标人报价时，应在综合单价中考虑施工中的各种损耗和需要增加的工程数量。

4. 措施项目清单与计价表

【通用安装工程工程量计算规范】

措施项目是指为完成工程项目施工，发生于该工程施工准备和施工过程中的技术、生活、安全、环境保护等方面的项目。

安装工程措施项目确定必须根据现行的《通用安装工程工程量计算规范》（GB 50856—2013）的规定编制，所有的措施项目均以清单形式列项。

对于能计算工程量的措施项目，采用单价项目的方式，列出项目编码、项目名称、项目特征、计量单位和工程量计算规则，填写“分部分项工程和单价措施项目清单与计价表”（表 1－5）。

对于不能计算出工程量的措施项目，则采用总价项目的方式，按照《通用安装工程工程量计算规范》（GB 50856—2013）附录 N 规定的项目编码、项目名称确定清单项目，不必描述项目特征和确定计量单位。措施项目编码与名称见表1-6和表1-7。

总价措施项目清单与计价表见表1-8。

表1-6 专业措施项目编码、名称一览表

项目编码	项目名称	项目编码	项目名称	项目编码	项目名称
031301001	吊装加固	031301007	胎（模）具制作、安装、拆除	031301013	设备、管道施工的安全、防冻和焊接保护
031301002	金属抱杆安装、拆除、位移	031301008	防护棚制作安装拆除	031301014	焦炉烘炉、热态工程
031301003	平台铺设、拆除	031301009	特殊地区施工增加	031301015	管道安拆后的充气保护
031301004	顶升、提升装置	031301010	安装与生产同时施工增加	031301016	隧道内施工的通风、供水、供气、供电、照明及通信设施
031301005	大型设备专用机具	031301011	在有害身体健康环境中施工增加	031301017	脚手架搭拆
031301006	焊接工艺评定	031301012	工程系统检测、检验	031301018	其他措施

注：1. 由国家或地方检测部门进行的各种检测，指安装工程不包括的金属经营服务性项目，如通电测试、防雷装置检测、安全、消防工程检测、室内空气质量检测等。
2. 脚手架按各附录分别列项。
3. 其他措施项目必须根据实际措施项目名称确定项目名称，明确描述工作内容及所包含的范围。

表1-7 安全文明施工及其他措施项目编码、名称一览表

项目编码	项目名称	项目编码	项目名称	项目编码	项目名称
031302001	安全文明施工	031302004	二次搬运	03130207	高层建筑增加
031302002	夜间施工增加	031302005	冬雨季施工增加		
031302003	非夜间施工增加	031302006	已完工程及设备保护		

注：1. 本表所列项目应根据工程实际情况计算措施项目费，需分摊的应合理计算摊销费用。
2. 施工排水是指为保证工程在正常条件下施工而采取的排水措施所发生的费用。
3. 施工降水是指为保证工程在正常条件下施工而采取的降低地下水位的措施所发生的费用。
4. 高层建筑增加：
(1) 单层建筑物檐口高度超过20m，多层建筑物超过6层时，按各附录分别列项；
(2) 突出主体建筑物顶的电梯机房、楼梯出口间、水箱间、瞭望塔、排烟机房等不计入檐口高度。计算层数时，地下室不计入层数。

表 1-8 总价措施项目清单与计价表

工程名称： 标段： 第 页 共 页

序号	项目编码	项目名称	计算基础	费率（%）	金额（元）	调整费率（%）	调整后金额（元）	备注
1		安全文明施工费						
2		夜间施工费						
3		二次搬运费						
4		冬雨季施工增加费						
5		大型机械设备进出场及安拆费						
6		施工排水、施工降水						
7		地上、地下设施、建筑物的临时保护设施						
8		已完工程及设备保护						
9		有关专业工程的措施项目						
合计								

注：1.“计算基础”中安全文明施工费可为“定额基价”“定额人工费”或“定额人工费＋定额机械费”，其他项目可为“定额人工费”或“定额人工费＋定额机械费”。

2. 按施工方案计算的措施费，若无“计算基础”和“费率”的数值，也可只填“金额”数值，但应在备注栏内注明施工方案出处（或计算办法）。

3.《山东省建设工程费用项目组成及计算规则》将“安全文明施工费”放在“规费”内计取。

5. 其他项目清单与计价汇总表

其他项目清单是指“分部分项工程量清单”和“措施项目清单”所包含的内容以外，因招标人的特殊要求而发生的与拟建安装工程有关的其他费用项目和相应数量的清单。其他项目清单应按暂列金额、暂估价（包括材料暂估单价、工程设备暂估单价、专业工程暂估价）、计日工和总承包服务费四项内容列项。其余不足部分，编制人可以根据工程的具体情况进行补充。其他项目清单与计价汇总表见表 1-9。

表 1-9 其他项目清单与计价汇总表

工程名称： 标段： 第 页 共 页

序号	项目名称	计量单位	金额（元）	备注
1	暂列金额			明细详见表 10-7
2	暂估价			
2.1	材料（工程设备）暂估单价			明细详见表 10-8
2.2	专业工程暂估价			明细详见表 10-9
3	计日工			明细详见表 10-10
4	总承包服务费			明细详见表 10-11
合计				—

注：材料（工程设备）暂估单价进入综合单价，此处不汇总。

1）暂列金额

暂列金额是招标人在工程量清单中暂定并包括在合同价款中的一笔款项。用于工程合同签订时尚未确定或者不可预见的所需材料、工程设备、服务的采购，施工中可能发生的工程变更、合同约定调整因素出现时的合同价款调整，以及发生的索赔、现场签证等确认的费用。

在实际履约过程中，暂列金额可能发生，也可能不发生。编制本表时，要求招标人能将暂列金额与拟用项目列出明细，填入“暂列金额明细表”中，见表1-10。但如确实不能详列也可只列暂定金额总数，投标人应将上述暂列金额计入投标总价中（但并不属于承包人所有和支配，是否属于承包人所有受合同约定的开支程序的制约）。

表1-10 暂列金额明细表

工程名称： 标段： 第 页 共 页

序号	项目名称	计量单位	暂定金额（元）	备注
合计				—

注：此表由招标人填写，如不能详列，也可只列暂定金额总数，投标人应将上述暂定金额计入投标总价中。

2）暂估价

暂估价是招标人在工程量清单中提供的用于支付必然发生但暂时不能确定价格的材料、工程设备的单价以及专业工程的金额。

一般而言，为方便合同管理和计价，需要纳入分部分项工程量清单项目综合单价中的暂估价最后只是材料费，以方便投标人组价。招标人针对相应的拟用项目，即按照材料设备的名称分别给出，填入“材料（工程设备）暂估单价及调整表”中，见表1-11。

表1-11 材料（工程设备）暂估单价及调整表

工程名称： 标段： 第 页 共 页

序号	材料（工程设备）名称、规格、型号	计量单位	数量		暂估价（元）		确认价（元）		差价±（元）		备注
			暂估	确认	单价	合计	单价	合价	单价	合价	

注：此表由招标人填写“暂估单价”，并在备注栏说明暂估价的材料、工程设备拟用在哪些清单项目上，投标人应将上述材料、工程设备暂估单价计入工程量清单综合单价报价中。

专业工程暂估价一般应是综合暂估价，应当包括除规费、税金以外的管理费、利润等。“专业工程暂估价及结算价表”见表1-12。

投标人应将上述暂估价金额汇总计入投标总价中。

表1-12　专业工程暂估价及结算价表

工程名称：　　　　　　　　　　　　　　标段：　　　　　　　　　　　　　　第　页　共　页

序号	工程名称	工程内容	暂估金额（元）	结算金额（元）	差额±（元）	备注

注：此表“暂估金额”由招标人填写，投标人应将“暂估金额”计入投标总价中，结算时按合同约定的金额填写。

3）计日工

计日工是指在施工过程中，承包人完成发包人提出的工程合同范围以外的零星项目或工作，按合同中约定的单价计价的一种方式。计日工表见表1-13。

表1-13　计日工表

工程名称：　　　　　　　　　　　　　　标段：　　　　　　　　　　　　　　第　页　共　页

编号	项目名称	单位	暂定数量	实际数量	综合单价（元）	合价（元）	
						暂定	实际
一	人工						
1							
2							
3							
人工小计							
二	材料						
1							
2							
3							
4							
材料小计							
三	施工机械						
1							
2							
3							
施工机械小计							
总　计							

注：此表项目名称、暂定数量由招标人填写，编制招标控制价时，单价由招标人按有关计价规范规定确定；投标时，单价由投标人自主报价，按暂定数量计算合价计入投标总计中。结算时，按发承包双方确认的实际数量计算合价。

4）总承包服务费

总承包服务费是指总承包人为配合协调发包人进行的专业工程发包，对发包人自行采购的材料、工程设备等进行保管，以及施工现场管理、竣工资料汇总整理等服务所需的费用。

总承包服务费计价表见表1-14。

表1-14 总承包服务费计价表

工程名称： 标段： 第 页 共 页

序号	项目名称及服务内容	项目价值（元）	服务内容	计算基础	费率（%）	金额（元）
1	发包人发包专业工程					
2	发包人供应材料					
	合 计					

注：此表项目名称、服务内容由招标人填写，编制招标控制价时，费率及金额由招标人按有关计价规定确定。投标时，费率及金额由投标人自主报价，计入投标总价中。

6. 规费、税金项目清单与计价表

规费是指根据国家法律、法规规定，由省级政府或省级有关权力部门规定施工企业必须缴纳的，应计入建筑安装工程造价的费用。规费项目清单应按照下列内容列项：社会保障费（包括养老保险费、失业保险费、医疗保险费、工伤保险费、生育保险费）、住房公积金、工程排污费。

税金是指国家税法规定的应计入建筑安装工程造价内的营业税、城市维护建设税、教育费附加和地方教育附加。税金项目清单应包括下列内容：营业税、城市维护建设税、教育费附加、地方教育附加。

规费、税金项目清单与计价表见表1-15。

表1-15 规费、税金项目清单与计价表

工程名称： 标段： 第 页 共 页

序号	项目名称	计算基础	计算基数	计算费率（%）	金额（元）
1	规费	定额人工费			
1.1	社会保障费	定额人工费			
(1)	养老保险费	定额人工费			
(2)	失业保险费	定额人工费			
(3)	医疗保险费	定额人工费			
(4)	工伤保险费	定额人工费			
(5)	生育保险费	定额人工费			
1.2	住房公积金	定额人工费			
1.3	工程排污费	按工程所在地环境保护部门收取标准，按实计入			
2	税金	分部分项工程费＋措施项目费＋其他项目费＋规费－按规定不计税的工程设备金额			
合 计					

注：《山东省建设工程费用项目组成及计算规则》规定，“安全文明施工费”以“规费”形式计取。

小　结

安装工程定额、通用安装工程工程量计算规范等是编制安装工程造价的主要文件之一。本部分内容重点要求学生熟悉安装工程定额、通用安装工程工程量计算规范的内容与组成，了解安装工程消耗量定额与价目表的关系，熟悉安装工程清单的概念和组成，培养学生熟练使用上述文件编制安装工程预算的能力。

自测练习

一、名词解释

1. 安装工程消耗量定额
2. 安装工程价目
3. 工程量清单
4. 总承包服务费
5. 措施项目费

二、填空题

1. 消耗量定额应体现________________、________________和________________三个要素。

2. 山东省安装工程消耗量定额是由________、________、________、各章（节）说明，定额表和附录或附注组成。其中，________是核心内容，它包括分部分项工程的工作内容、计量单位、项目名称及其各类消耗的名称、规格、数量等。

3. 安装预算分项工程的定额单价＝________＋________＋________。

4. 构成一个分部分项工程量清单的五个要件是________、________、________、________和________，这五个要件在分部分项工程量清单的组成中缺一不可。对于这五个要件，________必须按规定编写，不得因具体情况不同而随意变动。

5. 其他项目清单应按________、________、________和________四项内容列项。

三、单项选择题

1. 工程量清单的编制者是（　　）。

A. 建设行政主管部门　　B. 招标人
C. 投标人　　D. 工程造价咨询机构

2. 从性质上说，工程量清单是（　　）的组成部分。

A. 招标文件　　B. 施工设计图纸
C. 投标文件　　D. 可行性研究报告

3. 根据《建设工程工程量清单计价规范》（GB 50500—2013）中的规定，工程量清单项目编码的第四级表示（　　）。

A. 分类码　　B. 章顺序码
C. 节顺序码　　D. 分部分项工程顺序码

4. 工程量清单是招标文件的组成部分，其组成不包括（　　）。

A. 分部分项工程量清单　　B. 措施项目清单

C. 其他项目清单　　D. 直接工程费用清单

5. 定额中规定的定额时间不包括（　　）。

A. 休息时间　　B. 施工本身造成的停工时间

C. 辅助工作时间　　D. 不可避免的中断时间

6. 暂估价是招标人在工程量清单中提供的用于支付（　　）的材料、工程设备的单价以及专业工程的金额。

A. 必然发生，但暂时不能确定价格　　B. 可能发生，但暂时不能确定价格

C. 可能发生，也可能不发生的价格　　D. 以上说法都不对

【项目1自测练习答案】

项目2
给排水工程计量

学习目标

1. 了解建筑给排水系统、卫生器具的组成，了解给排水工程常用管材的类型及连接方法，能够熟练识读建筑给排水工程施工图，为工程计量奠定好基础。

2. 熟悉建筑给排水工程消耗量定额的内容及使用定额的注意事项。

3. 掌握建筑给排水工程量计算规则，能熟练计算建筑给排水工程的工程量。

4. 熟悉建筑给排水工程量清单项目设置的内容，能独立编制建筑给排水分部分项工程量清单。

教学活动设计

1. 采用多媒体等多种信息化教学手段，以实际工程为载体，讲解建筑给排水工程消耗量定额的内容及使用定额的注意事项。

2. 以实际工程为载体，讲解建筑给排水工程量计算规则、工程量清单项目设置的内容及工程量清单的编制方法。

工作任务

依据《山东省安装工程消耗量定额》(SD 02—31—2016)、《通用安装工程工程量计算规范》(GB 50856—2013) 等资料，计算下面某学校办公楼给排水工程的工程量，并编制其分部分项工程量清单。

工程基本概况如下。

(1) 图 2-1 为某学校办公楼底层建筑平面图，该建筑中部设有男女卫生间。图 2-2～图 2-6 为该卫生间给排水管道平面图和系统图。图中标注尺寸标高以米计，其余均以毫米计。所注标高以底层办公室地坪为±0.00m，室外地面为－0.60m。

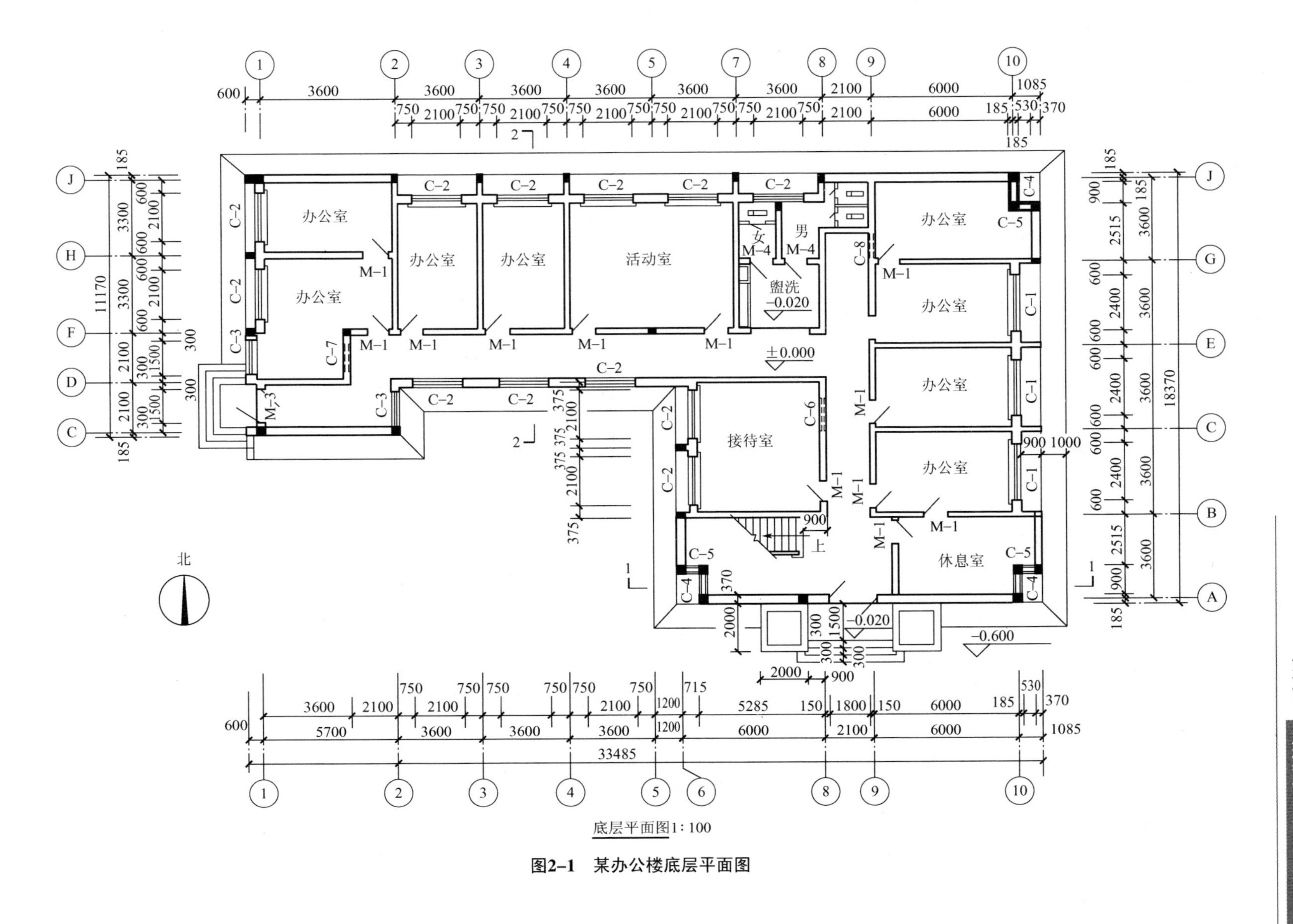

底层平面图1:100

图2-1 某办公楼底层平面图

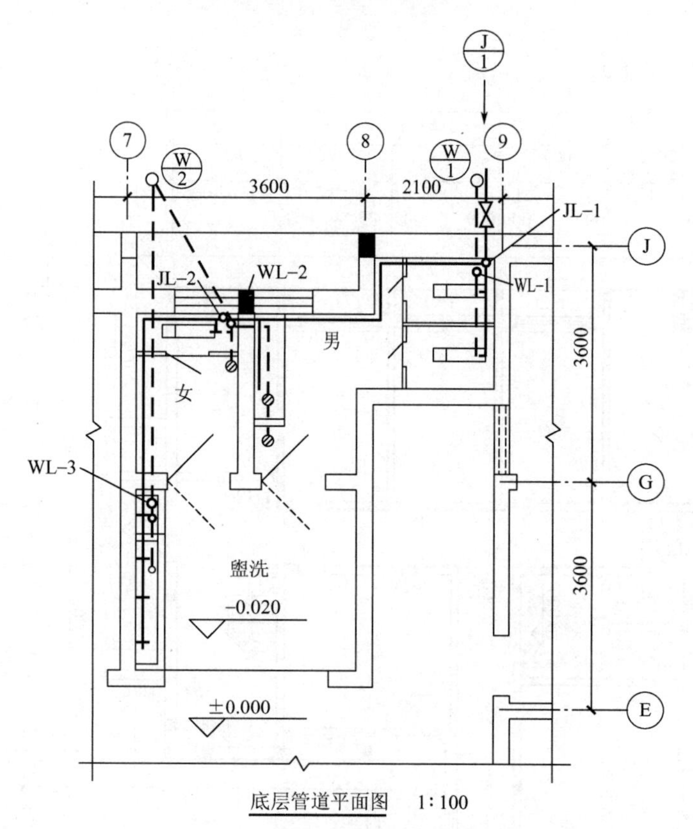

底层管道平面图　1∶100

图 2-2　底层给排水管道平面图

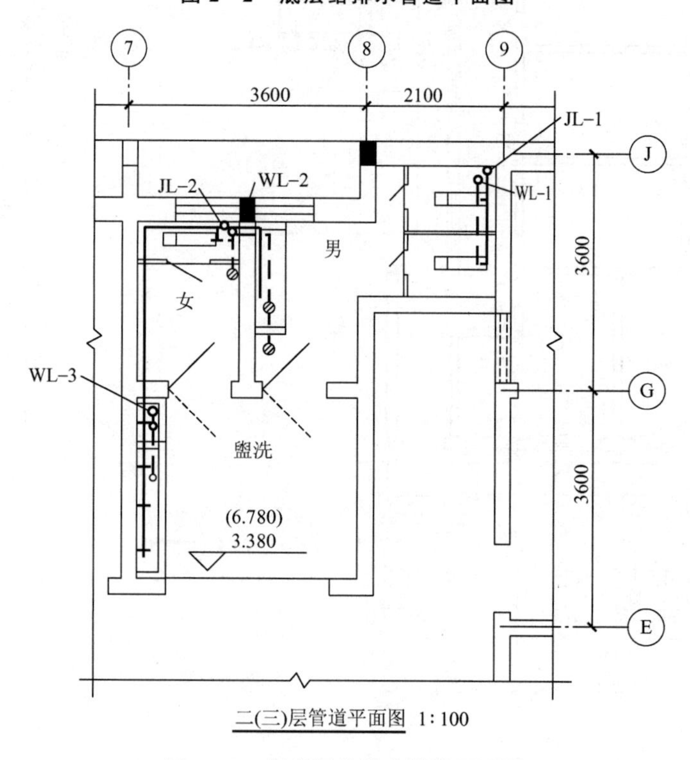

二(三)层管道平面图　1∶100

图 2-3　标准层给排水管道平面图

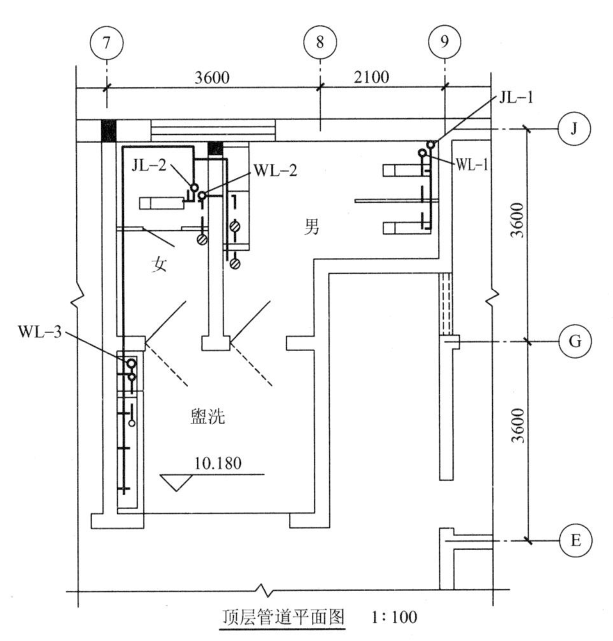

图2-4 顶层给排水管道平面图

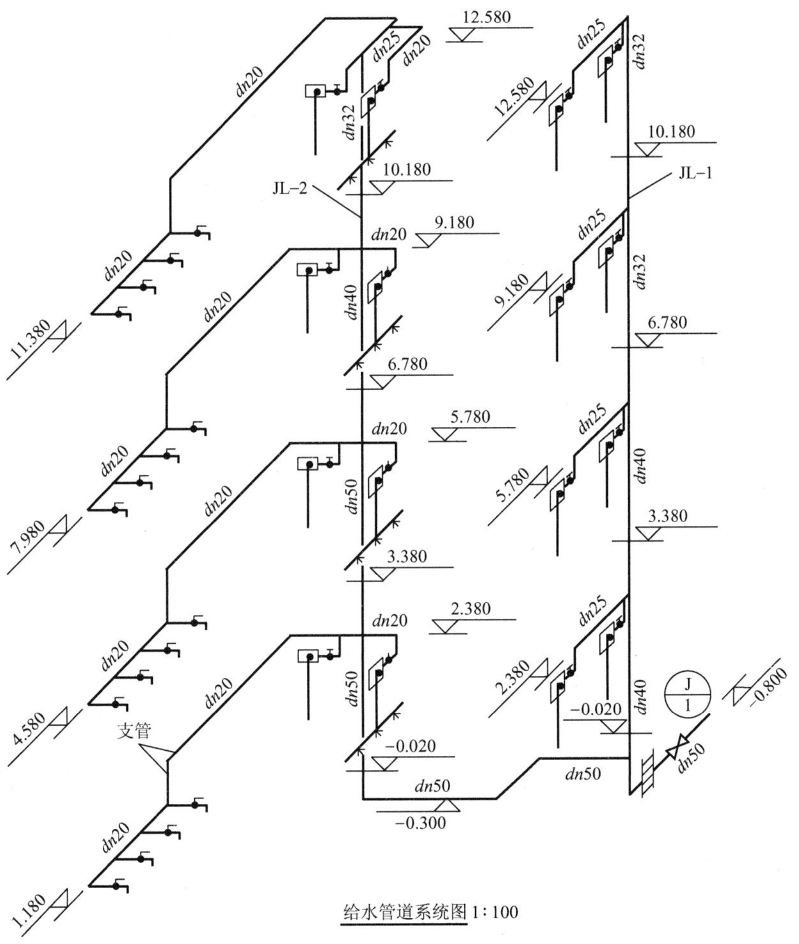

图2-5 给水管道系统图

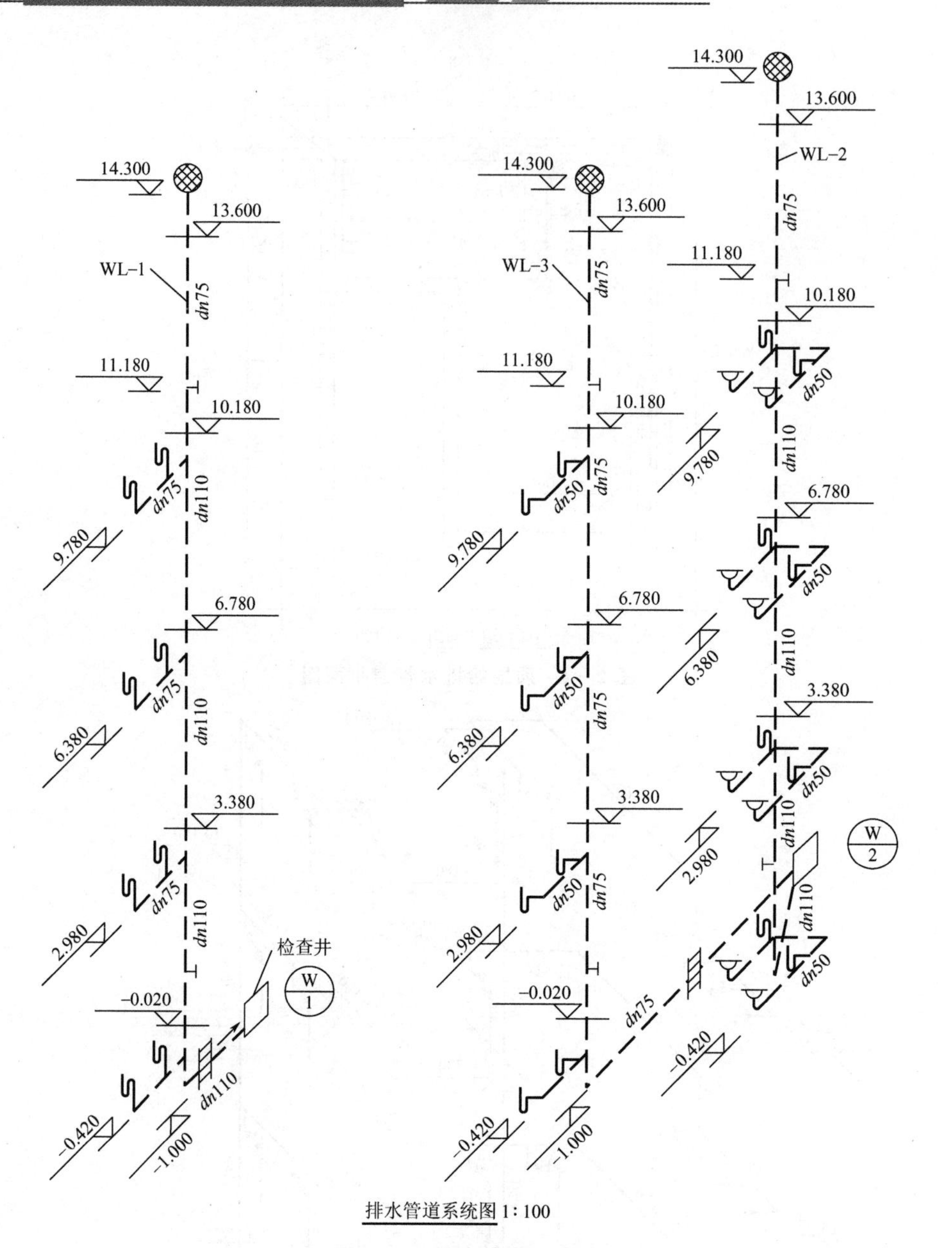

排水管道系统图 1∶100

图 2－6　排水管道系统图

(2) 给水管采用改性聚丙烯（PP－R）管，热熔连接；排水管采用硬质聚氯乙烯塑料排水管（PVC 管），粘接连接。

(3) 大便器为瓷高水箱冲洗，小便槽采用塑料多孔冲洗管冲刷制作，地漏为 *DN*50 塑料地漏。给水进户管处为法兰闸阀，采用塑料法兰（带短管）热熔连接安装，JL－1、JL－2 分别在首层地面以上 30cm 处各安装丝扣铜球阀 1 个，规格同管径。

(4) 进、出户道穿越基础外墙设置刚性防水套管，套管填料为油麻；给水干、立管穿墙及楼板处设置一般塑料套管。排水立管穿越楼板处，上下分别设置塑料止水环和阻火圈（管道穿楼板、穿墙孔洞及管道安装完毕后的堵洞均由土建考虑完成，此项目暂时不计）。

(5) 管道施工完毕，给水系统进行静水压力试验，试验压力为 0.6MPa；排水系统安装完毕进行灌水试验，施工完毕再进行通水、通球试验。排水管道横管严格按坡度施工，图中未注明坡度者依管径大小分别为 $DN75$，$i=0.025$；$DN100$，$i=0.02$。

(6) 未尽事宜，按现行施工及验收规范的有关内容执行。

2.1 给排水工程识图基本知识

给排水工程包括给水工程和排水工程两个系统。按照其所处位置的不同，可分为城市给水排水工程和建筑给水排水工程，如图 2-7 所示。本项目主要以建筑内部（室内）给排水工程为主。

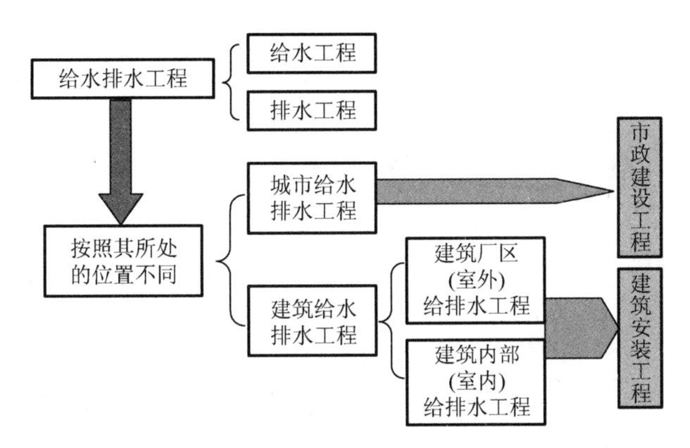

图 2-7 给排水工程分类

2.1.1 室内给水系统

自建筑物的给水引入管至室内各用水及配水设施部分，称为室内给水系统。

1. 室内给水系统的分类

室内给水系统按用途可分以下三类。

(1) 生活给水系统；

(2) 生产给水系统；

(3) 消防给水系统。

2. 室内给水系统的组成

室内给水系统主要包括引入管、水表节点、给水管网、给水附件、升压和储水设备等，如图 2-8 所示。

3. 室内给水系统的给水方式

常用室内给水方式如图 2-9 所示。

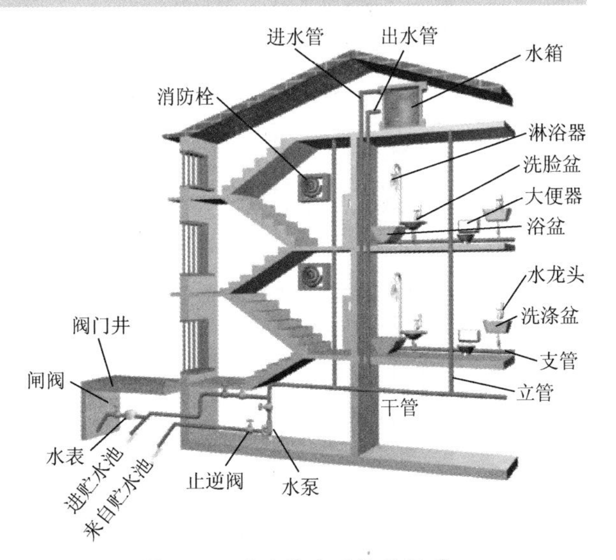

图 2-8 室内给水系统的组成

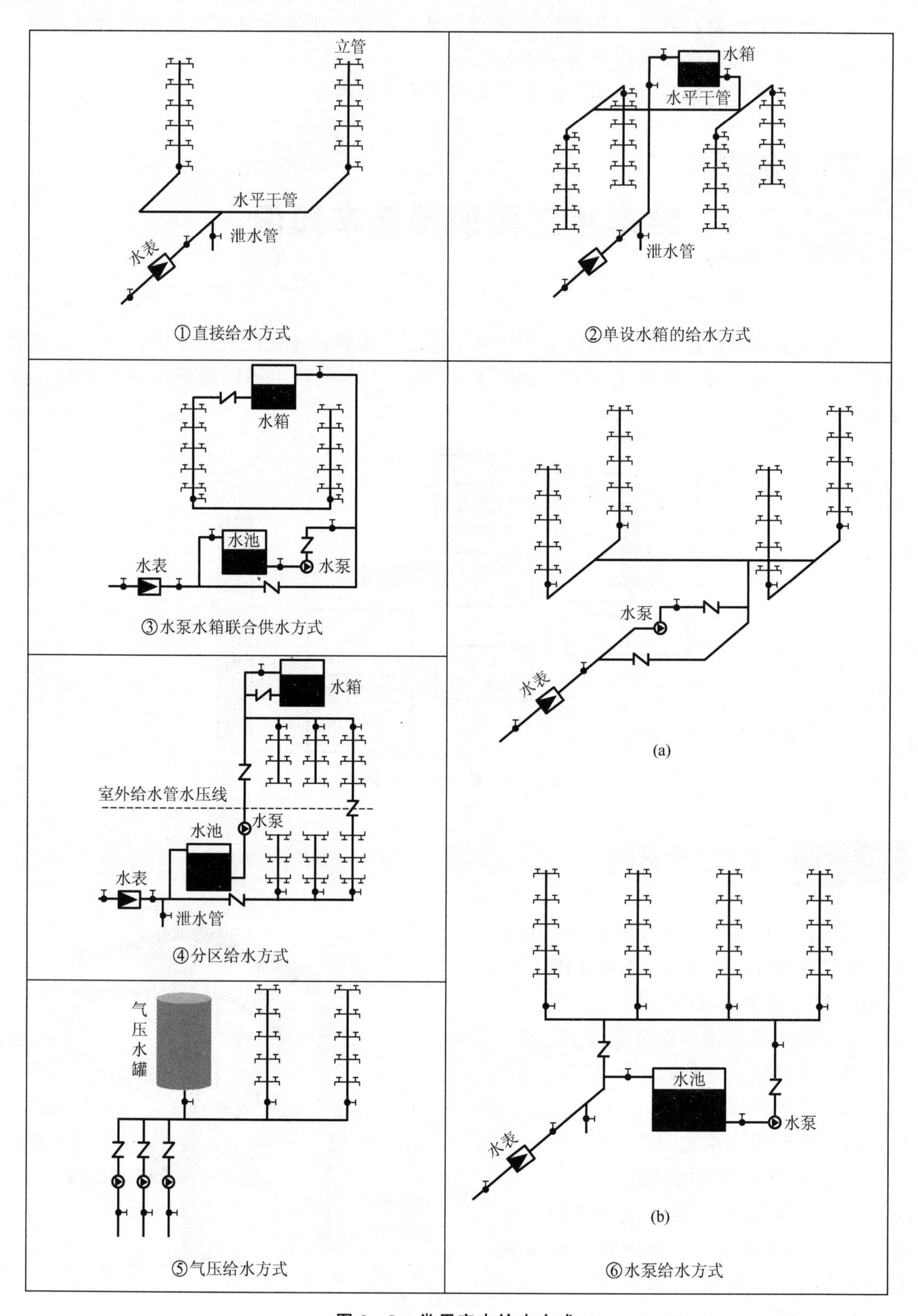

图 2－9　常用室内给水方式

4. 给水设备与附件

1）水箱

建筑给水系统中，在需要增压、稳压、减压或者需要储存一定的水量时，均可设置水箱。水箱可用钢板、玻璃钢等材料制成。一般设于屋顶水箱间（北方）或直接放于屋面上（南方）。水箱设有进水管、出水管、溢流管、泄水管和水位信号装置，如图2-10所示。

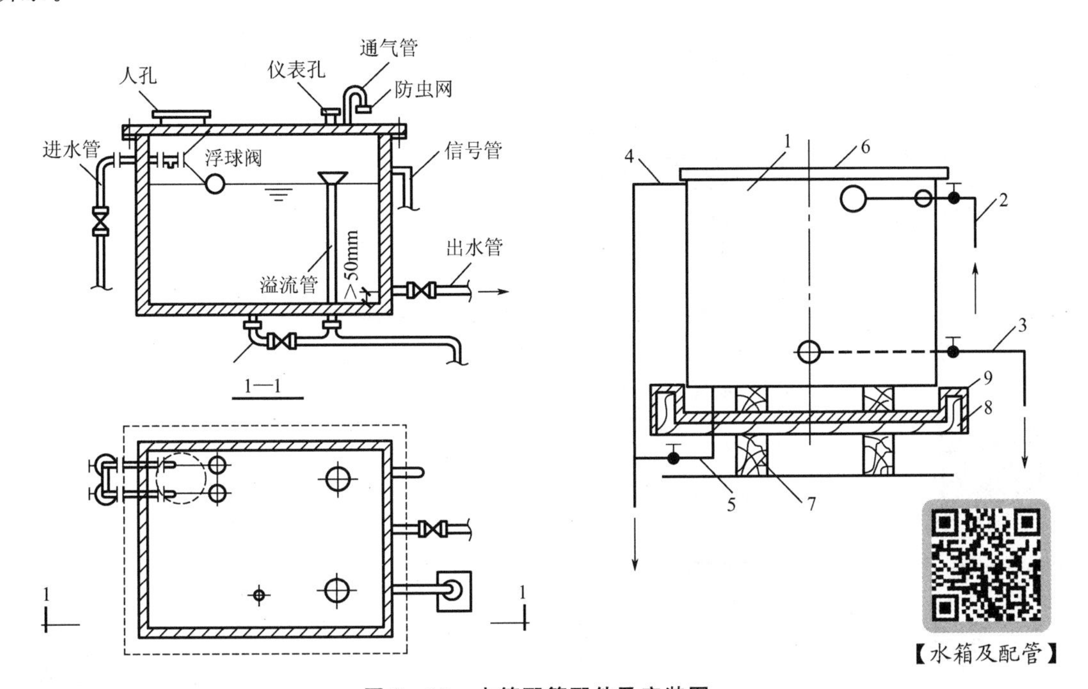

图2-10 水箱配管配件及安装图

1—水箱；2—进水管；3—出水管；4—溢水管；5—排污（泄水）管；
6—箱盖；7—枕木；8—木盘；9—白铁皮

2）水泵

水泵是利用叶轮高速旋转而使水产生的离心力来工作的，由泵壳、叶轮、吸水管及压水管组成。离心泵构造及管路附件如图2-11所示。

3）气压给水装置

气压给水设备是给水设备的一种，利用密闭罐中压缩空气的压力变化，调节和压送水量，在给水系统中主要起增压和水量调节的作用，如图2-12所示。

4）水表

水表是用来计量用户累计用水量的仪表。过去我国广泛采用传统的流速式水表，它是根据流速与流量成比例这一原理制作的。流速式水表按翼轮转轴构造不同，分为旋翼式和螺翼式，如图2-13所示。通常，在建筑给水系统中，水表直径小于50mm时，采用旋翼式水表；大于50mm时，可选用旋翼式水表或螺翼式水表。

随着数字技术的不断发展，IC卡预付费水表已得到普遍应用。IC卡预付费水表是一种集自动供水、自动计量、自动收费、自动控制、显示报警等多种功能于一体的全新概念的智能水表，是传统水表的换代产品。它主要由发讯基表、电控板和电动阀三部分组成，

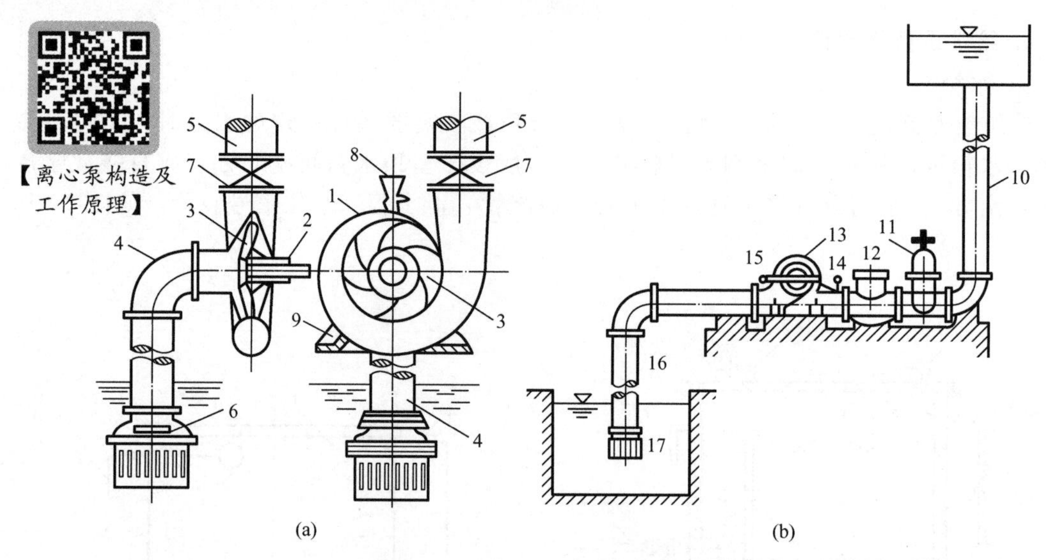

图 2-11　离心泵构造及管路附件

1—泵壳；2—泵油；3—叶轮；4—吸水管；5—压水管；6—底阀；7—闸阀；8—灌水斗；
9—泵座；10—压水管；11—闸阀；12—逆止阀；13—水泵；14—压力表；
15—真空表；16—吸水管；17—底阀

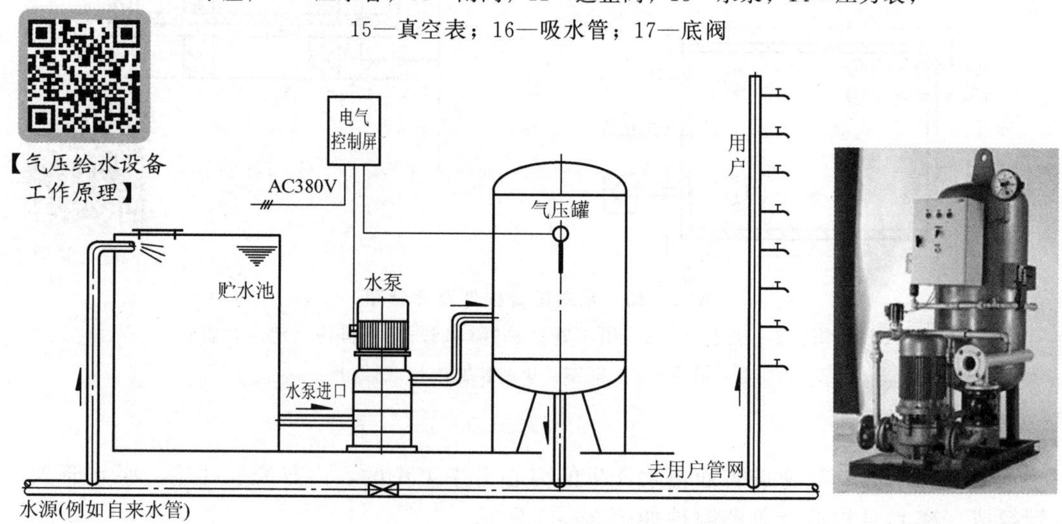

图 2-12　气压给水设备

(a) 旋翼式水表　　(b) 螺翼式水表

图 2-13　水表

如图 2-14 所示。其工作原理是：以 IC 智能卡为载体，在管理系统与智能水表间双向传递数据，实现管理功能。用户把预购的水量存于表中，用水时，该表实时采集流量信号，并在预购的水量中扣除。当表内剩余水量小于 $2m^3$ 时，给出声音报警，同时关闭阀门，这时插用户卡可以打开阀门，提示及时购水。当剩余水量为零时，关闭阀门，用户重新购水、插卡、打开阀门用水。

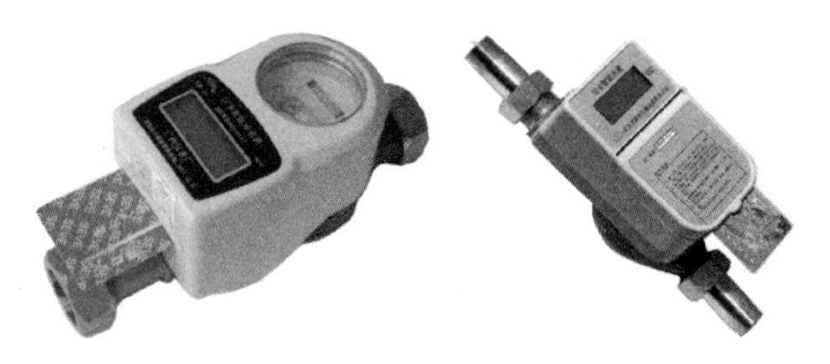

图 2-14 IC 卡水表

5）阀门

给水系统常用的几种阀门如图 2-15 所示。

(a) 铜球阀 (b) 闸阀 (c) 角阀 (d) 截止阀 (e) 止回阀 (f) 浮球阀 (g) 脚踏阀

图 2-15 几种常用的给水阀门

6）水龙头

水龙头是给水系统中最常用的配水附件，如图 2-16 所示。

图 2-16 几种常见的水龙头

2.1.2 室内排水系统

1. 室内排水系统的分类

室内排水系统按所接纳污、废水的性质不同，可以分为以下三类。

1）生活污水排水系统

(1) 粪便污水排水系统：排除大、小便器及用途与此相似的卫生设备污水的管道系统。

(2) 生活废水排水系统：排除盥洗、沐浴、洗涤等废水的管道系统。

2）工业废水排水系统

工业废水排水系统是指排除生产污水或生产废水的管道系统。

3）屋面雨水排水系统

屋面雨水排水系统是指排除降落在屋面的雨、雪水的管道系统。

2. 室内排水系统的组成

室内排水系统一般由污废水收集器（卫生器具）、排水管道系统（器具排水管、排水支管、排水横管、排水立管、排出管）、通气管道、清通设备（清扫口、检查口、检查井）、抽升设备、污水局部处理设备等部分组成，如图 2－17 所示。

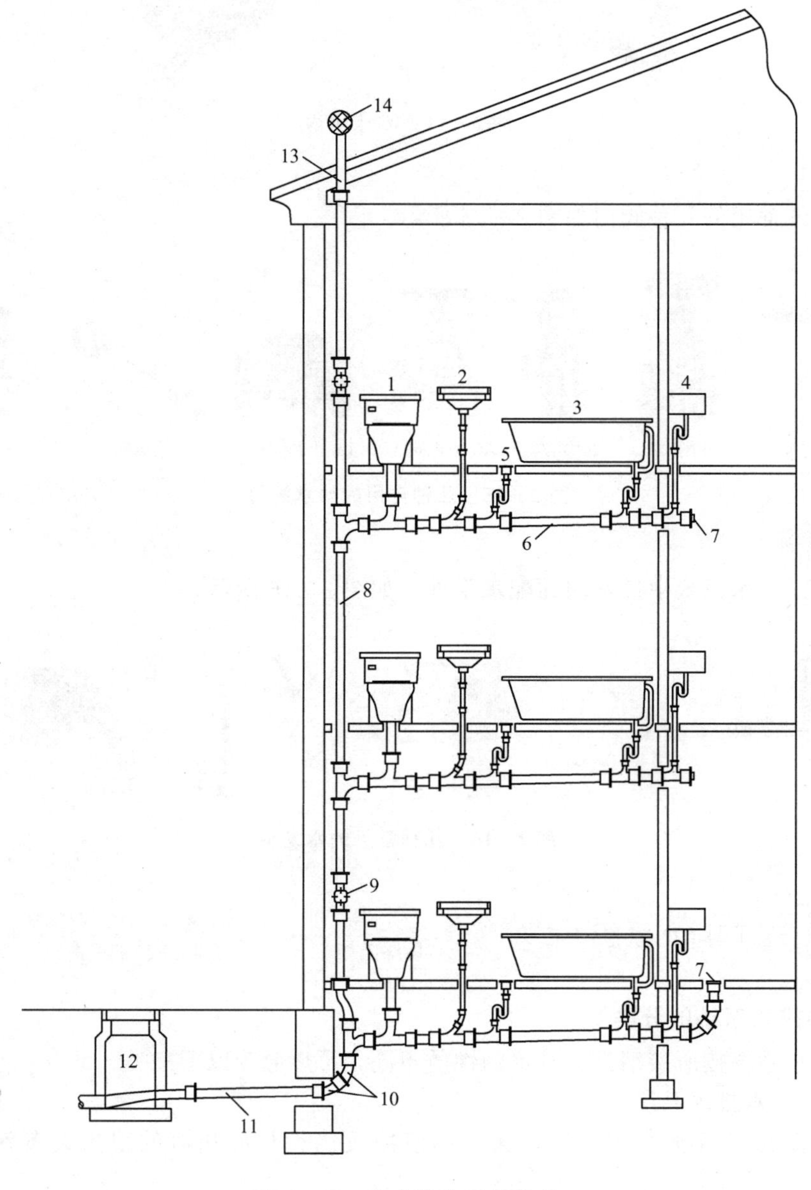

图 2－17　室内排水系统组成

1—大便器；2—洗脸盆；3—浴盆；4—洗涤盆；5—地漏；6—横支管；7—清扫口；8—立管；9—检查口；10—45°弯头；11—排出管；12—检查井；13—通气管；14—通气帽

3. 卫生器具

【坐式大便器安装】

卫生器具是用来满足日常生活中洗涤等卫生要求，以及收集、排除生活与生产污、废水的设备。常用的卫生器具按用途可分为三类。

（1）便溺卫生器具：包括大便器、大便槽、小便器、小便槽等。

（2）盥洗、沐浴用卫生器具：包括洗脸盆、盥洗槽、浴盆、淋浴器、妇女卫生盆等。

（3）洗涤用卫生器具：包括洗涤盆、污水盆、化验盆、地漏等。

【洗脸盆安装】

2.1.3 给排水工程常用管材

1. 给水管道常用管材

【浴盆安装】

室内生活给水系统常用镀锌钢管、塑料管（如 PP－R 管、PE 管等）或铜管、铝塑复合管等；室外给水系统常用镀锌钢管或给水铸铁管；生产和消防给水系统一般采用钢管或铸铁管；生产工艺用水管道一般采用无缝钢管。

2. 排水管道常用管材

室内排水系统常用排水铸铁管、硬质聚氯乙烯塑料排水管（PVC 管）；室外排水系统常用排水铸铁管、排水混凝土管、陶土管等。

管道常用连接方式如图 2－18 所示。

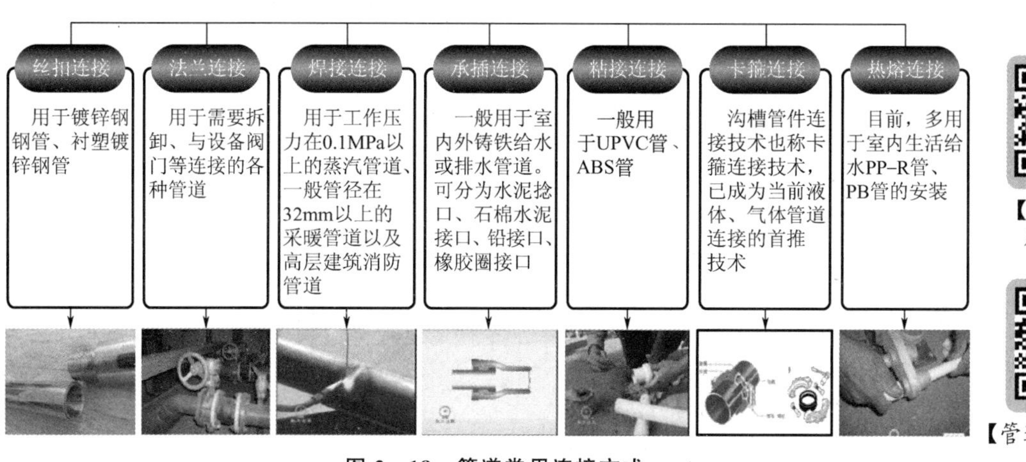

【常用管材及管件】

【管道连接方式】

图 2－18 管道常用连接方式

2.2 给排水工程量计算

【山东省安装工程消耗量定额（第十册）(6-11章)】

2.2.1 工程量计算及消耗量定额应用

给排水工程使用《山东省安装工程消耗量定额》（SD 02—31—2016）第十册。该册定额适用于工业与民用建筑的生活用给排水、采暖、空调水、燃气系统中的管道、附件、器具及附属设备等安装工程。

1. 给排水管道安装

1）管道界线的划分

（1）给水管道。

① 室内外界线：入口处设阀门者以阀门为界，无阀门者以建筑物外墙皮 1.5m 为界。

② 与市政管道界线以水表井为界，无水表井者，以与市政管道碰头点为界，如图 2-19 所示。

③ 设在建筑物内的水泵房（间）管道以泵房（间）外墙皮为界。

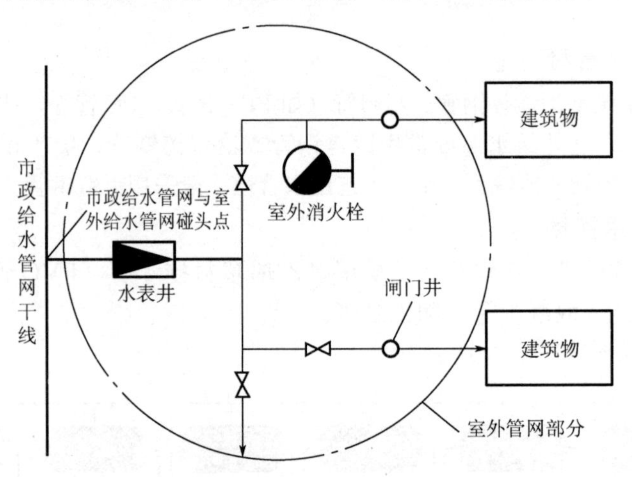

图 2-19　给水管道界线划分

（2）排水管道。

① 室内外以出户第一个排水检查井为界。

② 室外管道与市政管道界线以与市政管道碰头井为界，如图 2-20 所示。

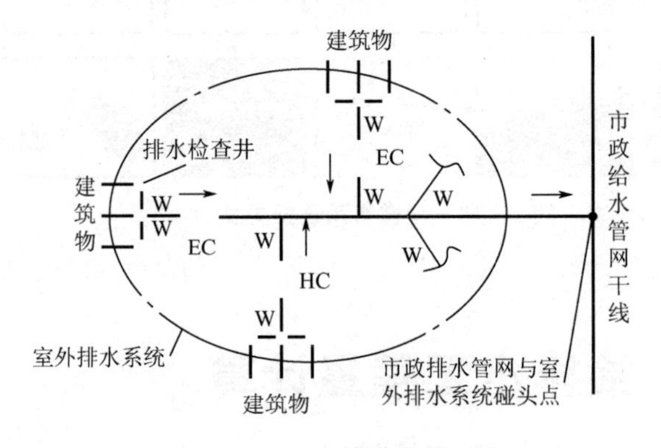

图 2-20　排水管道界线划分

2）工程量计算规则

给排水各类管道安装工程量，区分室内外、材质、连接形式、规格分别列项，按设计管道中心线长度，以“10m”为计量单位，不扣除阀门、管件、附件（包括器具组成）及井类所占长度。定额中铜管、塑料管、复合管（除钢塑复合管外）按公称外径表示，其他管道均按公称直径表示。公称直径与公称外径对照表见表2-1。

表2-1 塑料管、复合管、铜管公称直径与公称外径对照表

公称直径 *DN*（mm）	公称外径 *dn*（mm）	
	塑料管、复合管	铜 管
15	20	18
20	25	22
25	32	28
32	40	35
40	50	42
50	63	54
65	75	76
80	90	89
100	110	108
125	125	—
150	160	—
200	200	—
250	250	—
300	315	—
400	400	—

知识链接——关于管道长度工程量的计取方法

（1）水平管道在平面图上获得，尽量采用图上标注的对应尺寸计算，如果图纸是按照比例绘制的，可用比例尺在图上按管线实际位置直接量取。

（2）垂直尺寸一般在系统图上获得，一般为“止点标高—起点标高”。

在给排水工程图中，给水管道一般标注管中心线标高（图中标高符号为▼），排水管道一般标注管底标高（图中标高符号为▼）。当图示标高为管底标高时，应换算为管中心标高，排水管道因按一定的坡度敷设，所以其两端的标高不同，应按平均后的管中心标高计算（小于*DN*50的管径可以忽略不计）。

3）定额应用说明

（1）管道的适用范围。

① 给水管道适用于生活饮用水、热水、中水及压力排水等管道的安装。

② 塑料管安装适用于UPVC、PVC、PP-C、PP-R、PE、PB管等塑料管安装。

③ 镀锌钢管（螺纹连接）项目也适用于焊接钢管的螺纹连接。

④ 钢塑复合管安装适用于内涂塑、内外涂塑、内衬塑、外覆塑内衬塑复合管道安装。

⑤ 钢管沟槽连接适用于镀锌钢管、焊接钢管及无缝钢管等沟槽连接的管道安装。不锈钢管、铜管、复合管的沟槽连接，可参照执行。

（2）管道安装项目中，均包括相应管件安装、水压试验及水冲洗工作内容。各种管件数量系综合取定，执行定额时，成品管件数量可依据设计文件及施工方案或参照本册定额附录“管道管件数量取定表”计算，定额中其他消耗量均不做调整。本册定额管件含量中不含与螺纹阀门配套的活接、对丝，其用量含在螺纹阀门安装项目中。

（3）钢管焊接安装项目中均综合考虑了成品管件和现场煨制弯管、摔制大小头、挖眼三通。

（4）管道安装项目中，除室内直埋塑料给水管项目中已包括管卡安装外，均不包括管道支架、管卡、托钩等制作安装，以及管道穿墙、楼板套管制作安装、预留孔洞、堵洞、打洞、凿槽等工作内容，发生时，应按本册第十一章相应项目另行计算。

【排水管道通球试验】

（5）管道安装定额中，包括水压试验及水冲洗内容，管道的消毒冲洗应按本册定额第十一章相应项目另行计算。如图 2－21 所示，排（雨）水管道包括灌水（闭水）及通球试验工作内容；排水管道不包括止水环、透气帽本体材料，发生时按实际数量另计材料费。

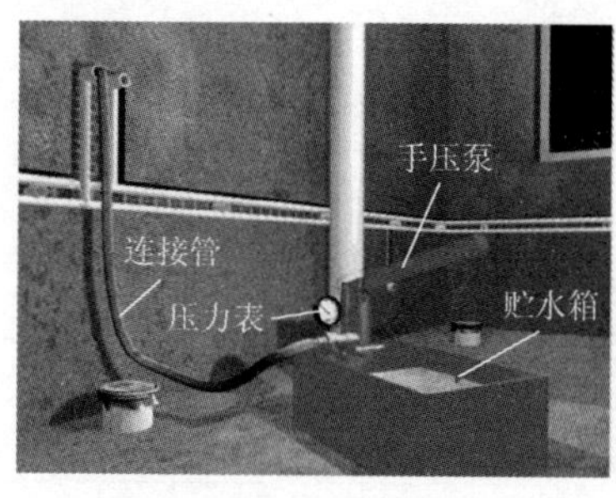

(a) 管道试压已包含在室内管道安装项目中

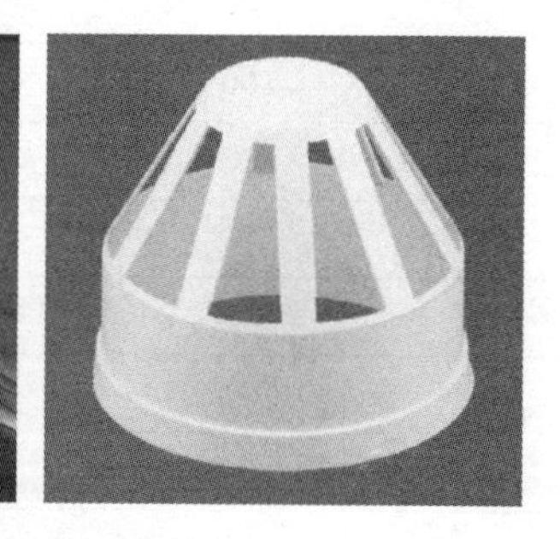

(b) 排水管道不包括止水环、透气帽本体材料，发生时按实际数量另计材料费

图 2－21　关于给水管道压力试验及排水管道止水环、透气帽本体材料的计算规则

（6）室内柔性铸铁排水管（机械接口）按带法兰承口的承插式管材考虑。

（7）雨水管系统中的雨水斗安装执行本册第六章相应项目。

（8）塑料管热熔连接公称外径 DN125 及以上管径按热熔对接连接考虑。

（9）室内直埋塑料管道是指敷设于室内地坪下或墙内的塑料给水管段，包括充压隐蔽、水压试验、水冲洗以及地面画线标示等工作内容。

（10）安装带保温层的管道时，可执行相应材质及连接形式的管道安装项目，其人工乘以系数 1.10；管道接头保温执行定额第十二册《刷油、防腐蚀、绝热工程》，其人工、机械乘以系数 2.0，材料消耗量乘以系数 1.2。

（11）室外管道碰头项目适用于新建管道与已有水源管道的碰头连接，如已有水源管道已做预留接口则不执行相应安装项目。

2. 卫生器具安装

1）工程量计算规则

（1）各种卫生器具安装工程量均按设计图示数量计算，以“10 组”或“10 套”为计量单位。

（2）室内给排水管道与卫生器具连接的分界线。

① 给水管道工程量计算至卫生器具（含附件）前与管道系统连接的第一个连接件

（角阀、三通、弯头、管箍等）止。

② 排水管道工程量自卫生器具出口处的地面或墙面的设计尺寸算起；与地漏连接的排水管道自地面设计尺寸算起，不扣除地漏所占长度。

常用卫生器具安装工程量计算规则见表 2－2。

表 2－2 常用卫生器具安装工程量计算规则

器具名称	计算单位	计算范围	计算图示
浴盆安装	10 组	计算起点以给水（冷、热）水平管与支管交接处起，止点为排水管至存水弯（柜）交接处	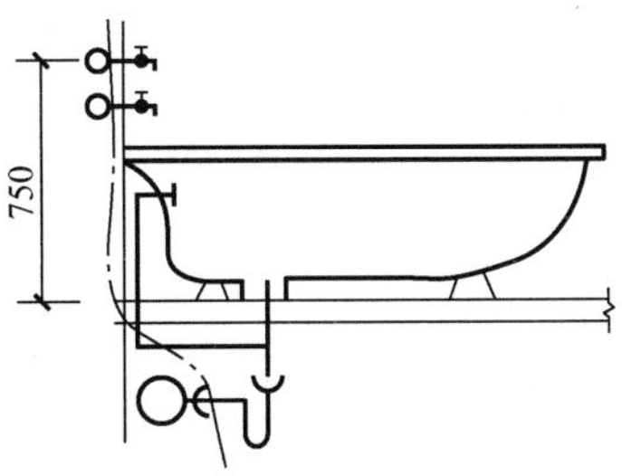 750
按摩浴盆	10 组		
妇女卫生盆安装	10 组	计算起点以给水（冷、热）水平管与支管交接处起，止点为排水管至存水弯（柜）交接处	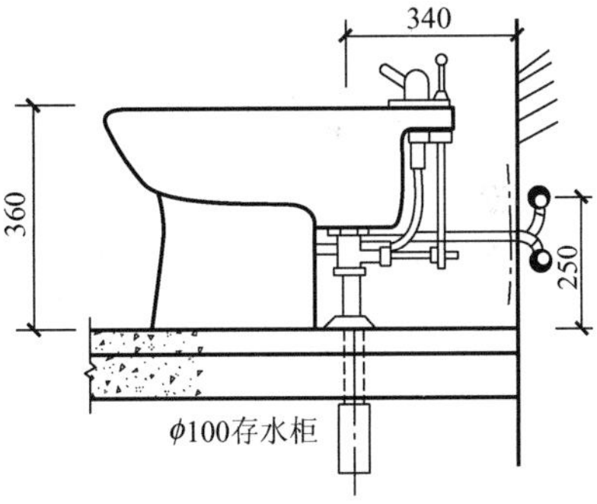 340 360 250 φ100存水柜 落地式  壁挂式

（续）

器具名称	计算单位	计算范围	计算图示
洗脸盆安装	10组	计算起点以给水（冷、热）水平管与支管交接处起，止点为排水管至存水弯（柜）交接处	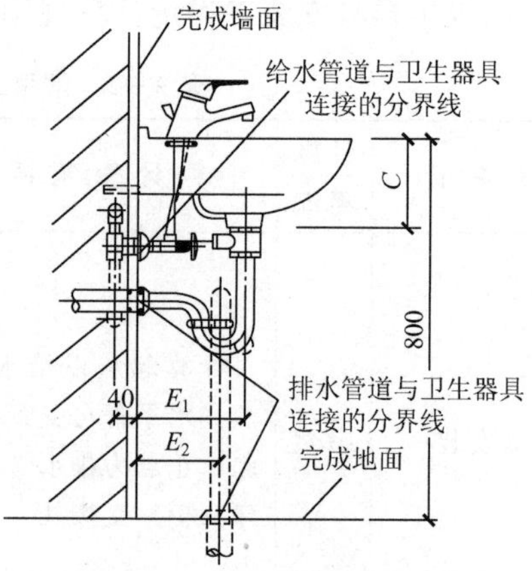 完成墙面 给水管道与卫生器具连接的分界线 C 800 40 E_1 E_2 排水管道与卫生器具连接的分界线 完成地面
洗涤盆安装	10组	计算起点以给水（冷、热）水平管与支管交接处起，止点为排水管至存水弯（柜）交接处	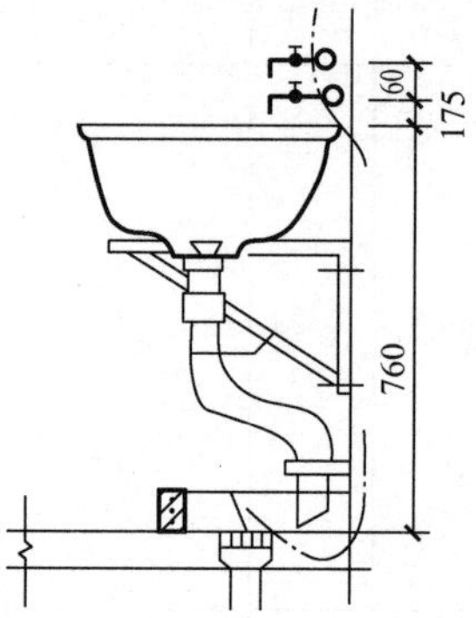 60 175 760
淋浴器安装	10套	计算范围为给水（冷、热）水平管与支管交接处	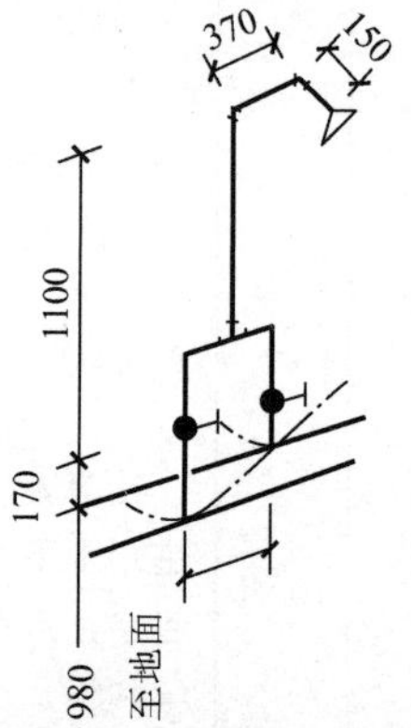 370 150 1100 170 980 至地面
桑拿浴房	座		

（续）

器具名称	计算单位	计算范围	计算图示
蹲式大便器安装（手动开关）	10 套	计算起点以给水水平管与支管交接处起，止点为排水管至存水弯交接处	完成墙面 100 手动按键(停电时) 给水管道与卫生器具连接的分界线 50 60 A a 周围硅酮密封膏嵌缝 完成地面 150 H 35 止水翼环 白灰膏 C20细石混凝土 100 E 排水管道与卫生器具连接的分界线
蹲式大便器安装（高水箱式）	10 套	计算起点以给水水平管与支管交接处起，止点为排水管至存水弯交接处	100 350 2000 150 ≥250 170 505 15
坐式大便器	10 套	计算起点以给水水平管与支管交接处起，止点为排水管出水口处（未包括任何管道）	637 250

（续）

器具名称	计算单位	计算范围	计算图示
挂式小便斗安装	10套	计算起点以给水水平管与支管交接处起，止点为排水管至存水弯交接处	
立式小便器安装	10套	计算起点以给水水平管与支管交接处起，止点为排水管至存水弯交接处	
小便槽冲洗管制作、安装	10m		
成品拖布池	10套		

（续）

器具名称	计算单位	计算范围	计算图示
大便槽、小便槽自动冲洗水箱安装	10 套		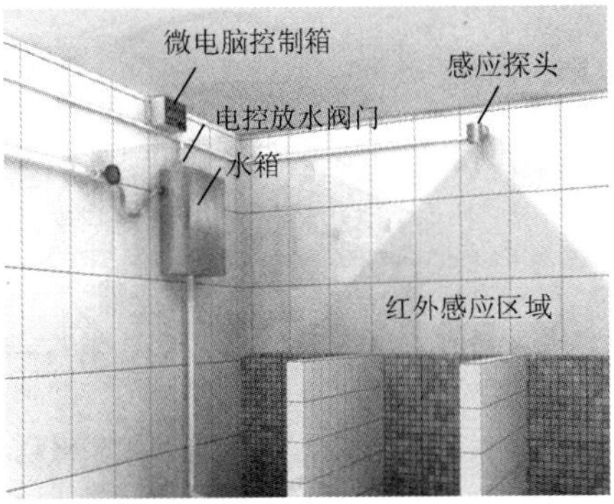
水龙头 排水栓 地漏 地面清扫口 安装	10 个 10 组 10 个 10 个		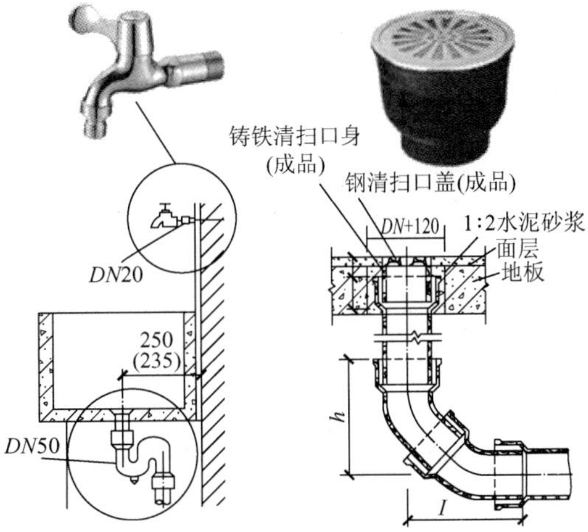

2）定额应用说明

（1）各类卫生器具安装项目除另有标注外，均适用于各种材质。

（2）各类卫生器具安装项目包括卫生器具本体、配套附件、成品支托架安装。各类卫生器具配套附件是指给水附件（水嘴、金属软管、阀门、冲洗管、喷头等）和排水附件（下水口、排水栓、存水弯、与地面或墙面排水口间的排水连接管等）。

（3）各类卫生器具所用附件已列出消耗量，如随设备或器具配套供应时，其消耗量不得重复计算。各类卫生器具支托架如现场制作时，执行本册定额第十一章相应项目。

（4）浴盆冷热水带喷头若采用埋入式安装时，混合水管及管件消耗量应另行计算。按摩浴盆包括配套小型循环设备（过滤罐、水泵、按摩泵、气泵等）安装，其循环管路材料、配件等均按成套供货考虑。浴盆底部所需要填充的干砂材料消耗量另行计算。

（5）液压脚踏卫生器具安装执行本册相应定额，人工乘以系数 1.3，液压脚踏装置材料消耗量另行计算。如水嘴、喷头等配件随液压阀及控制器成套供应时，应扣除定额中的相应材料，不得重复计取。卫生器具所用液压脚踏装置包括配套的控制器、液压脚踏开关及其液压连接软管等配套附件。

（6）大、小便器冲洗（弯）管均按成品考虑。大便器安装已包括了柔性连接头或胶皮碗。

（7）大、小便槽自动冲洗水箱安装中，已包括水箱和冲洗管的成品支托架、管卡安装，水箱支托架及管卡的制作及刷漆，应按相应定额项目另行计算。

（8）铸铁地漏按法兰压盖承插连接，塑料地漏按粘接考虑。

（9）与卫生器具配套的电气安装，应执行本定额第四册《电气设备安装工程》相应项目。

（10）各类卫生器具的混凝土或砖基础、周边砌砖、瓷砖粘贴，蹲式大便器蹲台砌筑，台式洗脸盆的台面、浴厕配件安装，应执行建筑工程相应定额项目。

（11）本章所有项目安装不包括预留、堵孔洞，发生时执行本册定额第十一章相应项目。

3. 阀门、法兰安装

1）工程量计算规则

（1）各种阀门均按照不同连接方式、公称直径，以“个”为计量单位。

（2）法兰均区分不同公称直径，以“副”为计量单位。承插盘法兰短管按照不同连接方式、公称直径，以“副”为计量单位。

2）定额应用说明

（1）阀门安装均综合考虑了标准规范要求的强度及严密性试验工作内容。若采用气压试验时，除定额人工外，其他相关消耗量可进行调整。

（2）安全阀安装后进行压力调整的，其人工乘以系数 2.0。螺纹三通阀安装按螺纹阀门安装项目乘以系数 1.3。

（3）对夹式蝶阀安装已含双头螺栓用量，在套用与其连接的法兰安装项目时，应将法兰安装项目中的螺栓用量扣除。浮球阀安装已包括了连杆及浮球的安装。

（4）与螺纹阀门配套的连接件，如设计与定额中材质不同时，可按设计进行调整。

（5）法兰阀门、法兰式附件安装项目均不包括法兰安装，应另行套用相应法兰安装项目。

（6）每副法兰和法兰式附件安装项目中，均包括一个垫片和一副法兰螺栓的材料用量。各种法兰连接用垫片均按石棉橡胶板考虑，如工程要求采用其他材质，可按实调整。

4. 水表组成与安装

1）工程量计算规则

（1）各种普通水表、IC 卡预付费水表安装，均按照不同连接方式、公称直径，以“个”为计量单位。

（2）水表组成安装，按照不同的连接方式、公称直径，以“组”为计量单位。

2）定额应用说明

（1）普通水表、IC 卡预付费水表安装不包括水表前的阀门安装。水表安装定额是按与钢管连接编制的，若与塑料管连接时其人工乘以系数 0.6，材料、机械消耗量可按实调整。

（2）水表组成安装是依据《国家建筑标准设计图集》（05S502）编制的。法兰水表（带旁通管）组成安装中三通、弯头均按成品管件考虑。

5. 给排水常用设备

包括生活给排水系统中的变频给水设备、稳压给水设备、无负压给水设备、气压罐、太阳能集热装置、水处理器、水箱自洁器、水质净化器、紫外线杀菌设备、热水器、开水炉、消毒器、消毒锅、直饮水设备、水箱制作安装等项目。

1）工程量计算规则

（1）各种设备安装项目除另有说明外，按设计图示规格、型号、质量，均以“台”为计量单位。

（2）给水设备按同一底座设备重量列项，以“套”为计量单位。

（3）太阳能集热装置区分平板、玻璃真空管形式，以“m^2”为计量单位。

（4）水箱自洁器分外置式、内置式，电热水器分挂式、立式安装，以“台”为计量单位。

（5）水箱安装项目按水箱设计容量，以“台”为计量单位；钢板水箱制作分圆形、矩形，按水箱设计容量，以箱体金属质量“100kg”为计量单位。

2）定额应用说明

（1）水箱属于小型容器制作安装项目，定额分列了矩形和圆形钢板水箱制作、矩形和圆形钢板水箱安装、大小便槽冲洗水箱制作等项目。

（2）各种水箱制作定额中已包括水箱的给水、出水、排污、溢流等连接短管的制作及焊接，其材料（包括法兰件）应按设计的种类、规格、数量计入主材用量。水箱制作定额中未包括支架制作安装，小容量水箱的型钢支架可使用本册定额第一章管道支架项目，混凝土或砖漆支座则应按建筑工程消耗量定额相应项目计算。

（3）钢板水箱制作定额中已将箱体内除锈刷底漆（防锈漆二道）综合在内；其面漆或保温绝热按设计要求另计。大、小便冲洗水箱制作定额中已包括底漆与面漆（各二道）。

6. 支架及其他

包括管道支架、设备支架和各种套管制作安装，管道水压试验，管道消毒、冲洗，成品表箱安装，剔堵槽、沟，机械钻孔，预留孔洞，堵洞等项目。

1）工程量计算规则

（1）管道、设备支架制作安装按设计图示单件质量，以“100kg”为计量单位。

（2）成品管卡、阻火圈、成品防火套管安装，按工作介质管道直径，区分不同规格以“个”为计量单位。

知识链接——阻火圈

阻火圈（图2-22）是由金属材料制作外壳，内填充阻燃膨胀芯材，套在硬聚氯乙烯管道外壁，固定在楼板或墙体部位。火灾发生时，芯材受热迅速膨胀，挤压UPVC管道，在较短时间内封堵管道穿洞口，阻止火势沿洞口蔓延。

（3）管道保护管制作与安装，分为钢制和塑料两种材质，区分不同规格，按设计图示管道中心线长度以“10m”为计量单位。

（4）预留孔洞、堵洞项目，按工作介质管道直径，分规格以“10个”为计量单位。

(a) 立管阻火圈

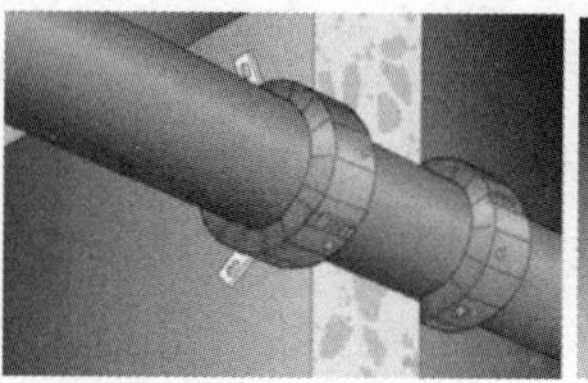

(b) 横管阻火圈

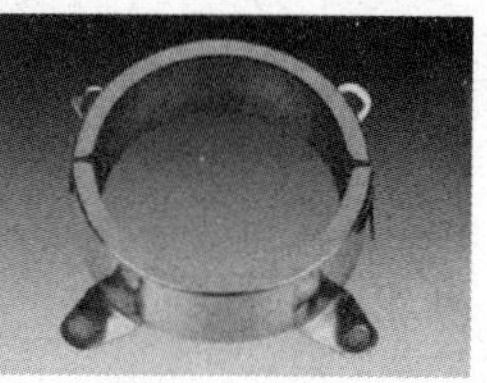

(c) 阻火圈

图 2－22　阻火圈

（5）管道水压试验、消毒冲洗按设计图示管道长度，分规格以“100m”为计量单位。

（6）一般穿墙套管、柔性、刚性套管，按工作介质管道的公称直径，分规格以“个”为计量单位。

（7）成品表箱安装按箱体半周长以“个”为计量单位。

（8）机械钻孔项目，区分混凝土楼板钻孔及混凝土墙体钻孔，按钻孔直径以“10 个”为计量单位。

（9）剔堵槽（沟）项目，区分砖结构及混凝土结构，按截面尺寸以“10m”为计量单位。

2）定额应用说明

（1）管道支架制作安装项目，适用于室内外管道的管架制作与安装，成品管卡安装项目，适用于与各类管道配套的立、支管成品管卡的安装，如图 2－23 所示。如单件质量大于 100kg 时，应执行本章设备支架制作安装相应项目。

(a) 沿墙安装的单管托架

(b) 单管立式支架

(c) 钢管成品管卡

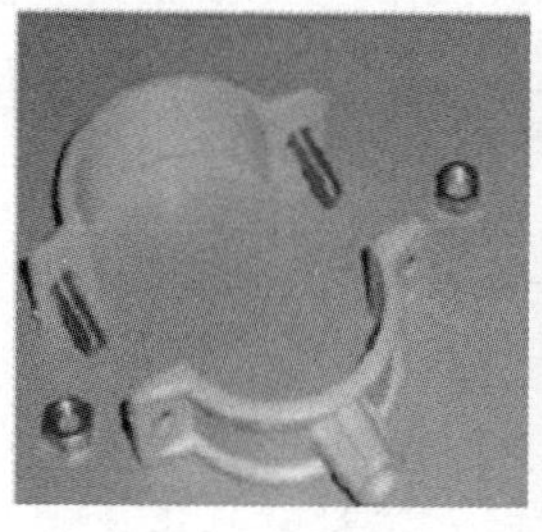

(d) 塑料管成品管卡

(e)室外管道支架

图 2－23　管道支架

管道分材质、安装位置选用不同支架、管卡可依据设计文件及施工方案，其中成品管卡参照表 2－3 计算。

表 2-3 成品管卡用量参考表 单位：个/10m

序号	公称直径（mm 以内）	给水、采暖、空调水管道									排水管道	
		钢管		铜管		不锈钢管		塑料管及复合管			塑料管	
		保温管	不保温管	垂直管	水平管	垂直管	水平管	立管	水平管		立管	横管
									冷水管	热水管		
1	15	5.00	4.00	5.56	8.33	6.67	10	11.11	16.67	33.33	—	—
2	20	4.00	3.33	4.17	5.56	5.00	6.67	10.00	14.29	28 57	—	—
3	25	4.00	2.86	4.17	5.56	5.00	6.67	9.09	12.5	25.00	—	—
4	32	4.00	2.50	3.33	4.17	4.00	5.00	7.69	11.11	20.00	—	—
5	40	3.33	2.22	3.33	4.17	4.00	5.00	6.25	10.00	16.67	8.33	25.00
6	50	3.33	2.00	3.33	4.17	3.33	4.00	5.56	9.09	14.29	5.33	20.00
7	65	2.50	1.67	2.86	3.33	3.33	4.00	5.00	8.33	12.50	6.67	13.33
8	80	2.50	1.67	2.86	3.33	2.86	3.33	4.55	7.41	—	5.38	11.11
9	100	2.22	1.54	2.86	3.33	2.85	3.33	4.17	6.45	—	5.00	9.09
10	125	1.67	1.43	2.86	3.33	2.86	3.33	—	—	—	5.00	7.69
11	150	1.43	1.25	2.50	2.86	2.50	2.86	—	—	—	5.00	6.25

沿墙安装的单管水平托架，其构造如图 2-24 所示，托架规格及质量参见表 2-4。

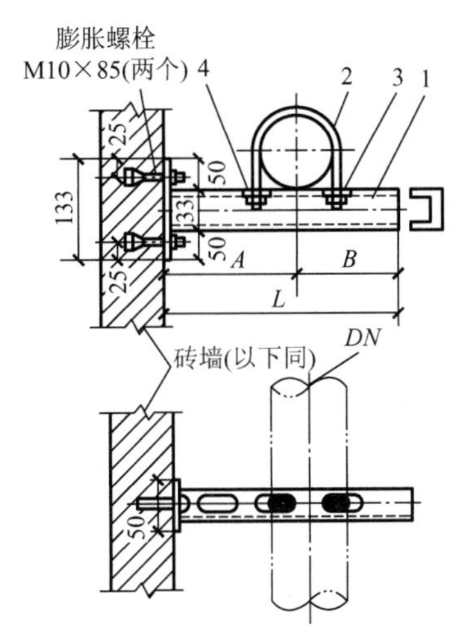

图 2-24 沿墙安装的单管托架构造图

1—槽钢（角钢）支架；2—圆钢管卡；3—螺母；4—垫圈

表 2－4 沿墙安装的单管托架规格及质量

序号	公称直径 DN	托架间距 (m)		支撑角钢			圆钢管卡			螺母垫圈		单个支架质量 (kg) ⑨=③+⑥+⑧
				规格	长度 (mm)	质量 (kg)	规格	展开长 (mm)	质量 (kg)	规格	质量 (kg)	
				①	②	③	④	⑤	⑥	⑦	⑧	
1	15	保温	1.5	∟40×4	370	0.9	8	152	0.06	M8	0.02	0.98
		不保温	1.5	∟40×4	330	0.8						0.88
2	20	保温	1.5	∟40×4	370	0.9	8	160	0.06	M8	0.02	0.98
		不保温	≤3	∟40×4	340	0.82						0.9
3	25	保温	1.5	∟40×4	370	0.94	8	181	0.07	M8	0.02	1.03
		不保温	≤3	∟40×4	350	0.85						0.94
4	32	保温	1.5	∟40×4	390	0.94	8	205	0.08	M8	0.02	1.04
		不保温	≤3	∟40×4	360	0.87						0.97
5	40	保温	≤3	∟40×4	400	0.97	8	224	0.09	M8	0.02	1.08
		不保温	≤3	∟40×4	370	0.9						1.01
6	50	保温	≤3	∟40×4	410	0.99	8	253	0.1	M8	0.02	1.11
		不保温	≤3	∟40×4	380	0.92						1.04
7	70	保温	≤3	∟40×4	430	1.04	10	301	0.19	M10	0.03	1.26
		不保温	≤6	∟40×4	400	0.97						1.19
8	80	保温	≤3	∟40×4	450	1.09	10	342	0.21	M10	0.03	1.33
		不保温	≤6	∟40×4	430	1.04						1.28
9	100	保温	≤3	∟50×5	480	1.81	10	403	0.25	M10	0.03	2.09
		不保温	≤6	∟50×5	450	1.7						1.98
10	125	保温	≤3	∟50×5	510	1.92	12	477	0.42	M12	0.04	2.38
		不保温	≤6	∟50×5	490	1.85						2.31

(2) 管道支架采用木垫式、弹簧式管架时，均执行本章管道支架安装项目，支架中的弹簧减震器、滚珠、木垫等成品件质量应计入安装工程量，其材料数量按实计入。

(3) 管道、设备支架的除锈、刷油，执行本定额第十二册《刷油、防腐蚀、绝热工程》相应项目。

(4) 刚性防水套管和柔性防水套管安装项目中，包括了配合预留孔洞及浇筑混凝土的工作内容。一般套管制作安装项目，均未包括预留孔洞工作，发生时按本章所列预留孔洞项目另行计算。套管制作安装项目已包含堵洞工作内容。本章所列堵洞项目，适用于管道在穿墙、楼板不安装套管时的洞口封堵。套管内填料按油麻编制，如与设计不符时，可按工程要求调整换算填料。穿墙套管如图 2－25 所示。

(5) 保温管道穿墙、板采用套管时，按保温层外径规格执行套管相应项目。

(a) 刚性防水套管穿基础外墙

(b) 一般套管穿楼板

图 2-25 穿墙套管

(6) 管道保护管是指在管道系统中，为避免外力（荷载）直接作用在介质管道外壁上，造成介质管道受损而影响正常使用，在介质管道外部设置的保护性管段。

(7) 水压试验项目仅适用于因工程需要而发生且非正常情况的管道水压试验。管道安装定额中已经包括了规范要求的水压试验，不得重复计算。

(8) 因工程需要再次发生管道冲洗时，执行本章消毒冲洗定额项目，同时扣减定额中漂白粉消耗量，其他消耗量乘以系数 0.6。

(9) 成品表箱安装适用于水表、热量表、燃气表箱的安装。

(10) 机械钻孔项目是按混凝土墙体及混凝土楼板考虑的，厚度系综合取定。如实际墙体厚度超过 300mm，楼板厚度超过 220mm 时，按相应项目乘以系数 1.2。砖墙及砌体墙钻孔按机械钻孔项目乘以系数 0.4。

7. 使用给排水工程定额的注意事项

1) 定额不包括的内容

(1) 工业管道、生产生活共用的管道，锅炉房、泵房、泵站类管道，以及建筑物内加压泵房、空调制冷机房、消防泵房的管道，管道焊缝热处理、无损探伤，医疗气体管道执行本定额第八册《工业管道工程》相应项目。

(2) 本册定额未包括的采暖、给排水设备安装执行本定额第一册《机械设备安装工程》、第三册《静置设备与工艺金属结构制作安装工程》等相应项目。

(3) 给排水、采暖设备、器具等电气检查、接线工作，执行本定额第四册《电气设备安装工程》相应项目。

(4) 刷油、防腐蚀、绝热工程执行本定额第十二册《刷油、防腐蚀、绝热工程》相应项目。

(5) 本册定额凡涉及管沟、工作坑及井类的土方开挖、回填、运输、垫层、基础、砌筑、地沟盖板预制安装、路面开挖及修复、管道混凝土支墩的项目，以及混凝土管道、水泥管道安装执行相关定额项目，如图 2-26 所示。

2) 可按系数分别计取的费用

(1) 脚手架搭拆费：按定额人工费的 5%计算，其费用中人工费占 35%。单独承担的室外埋地管道工程，不计取该费用。

图 2－26　执行相关定额项目计算室内外管沟、土方、井类砌筑等工程量

（2）建筑物超高增加费：在建筑物层数大于 6 层或建筑物高度大于 20m 以上的工业与民用建筑上进行安装时，按表 2－5 计算建筑物超高增加的费用，其费用中人工费占 65%。

表 2－5　建筑物超高增加费系数表

建筑物高度(m)	≤40	≤60	≤80	≤100	≤120	≤140	≤160	≤180	≤200
建筑层数(层)	≤12	≤18	≤24	≤30	≤36	≤42	≤48	≤54	≤60
按人工费的百分比(%)	6	10	14	21	31	40	49	58	68

（3）操作高度增加费：本册定额操作物高度是按距楼面或地面 3.6m 考虑的，当操作物高度超过 3.6m 时，超过部分的工程量其定额人工、机械乘以表 2－6 的系数。

表 2－6　操作高度增加费系数表

操作物高度(m)	≤10	≤30	≤50
系数	1.1	1.2	1.5

（4）在已封闭的管道间（井）、地沟、吊顶内安装的项目，人工、机械乘以系数 1.20。

2.2.2　工程量计算任务实施

下面我们就对本项目工作任务图纸中的某学校办公楼给排水工程进行工程量计算，见表 2－7。

表 2－7　工程量计算书

工程名称：某学校办公楼给排水工程　　　　第　页　共　页

定额编号	项 目 名 称	单位	数量	计 算 公 式
10－1－327	给水 PP－R 管 *dn*50 （热熔连接）	m	14.60	地下管道：8.80m 1.5(阀门中心至外墙皮)＋0.37(外墙厚)＋0.15(内墙皮至立管中心)＋[－0.02－(－0.8)](地下立管)＋(5＋1)(地下水平部分) 地上管道：5.8m（JL－2 地上立管）
	主材： 1. 给水 PP－R 管 *dn*50 2. PP－R 管 *dn*50 管件	 m 个	 14.83 10.83	 10.16/10×14.60＝14.83(m) 7.42/10×14.60＝10.83(个)

（续）

定额编号	项目名称	单位	数量	计算公式
10-1-326	给水 PP-R 管 *dn*40 （热熔连接）	m	9.48	地下管道：0.28m（JL-1 地下立管） 地上管道：9.20m 3.4(JL-2 地上立管)+5.8(JL-1 地上立管)
	主材： 1. 给水 PP-R 管 *dn*40 2. PP-R 管 *dn*40 管件	 m 个	 9.63 8.41	 10.16/10×9.48=9.63(m) 8.87/10×9.48=8.41(个)
10-1-325	给水 PP-R 管 *dn*32 （热熔连接）	m	10.20	地上管道：10.20m 3.4(JL-2 地上立管)+3.4×2(JL-1 地上立管)
	主材： 1. 给水 PP-R 管 *dn*32 2. PP-R 管 *dn*32 管件	 m 个	 10.36 11.03	 10.16/10×10.20=10.36(m) 10.81/10×10.20=11.03(个)
10-1-324	给水 PP-R 管 *dn*25 （热熔连接）	m	7.20	地上管道：7.20m 1.6×4(一至四层男厕大便器水箱水平管)+0.8(四层女厕水平管)
	主材： 1. 给水 PP-R 管 *dn*25 2. PP-R 管 *dn*25 管件	 m 个	 7.32 8.82	 10.16/10×7.20=7.32(m) 12.25/10×7.20=8.82(个)
10-1-323	给水 PP-R 管 *dn*20 （热熔连接）	m	36.50	地上管道：36.50m 7.4×3(一至三层厕所水平管)+9.5(四层厕所水平管)+1.2×4(一至四层厕所垂直管)
	主材： 1. 给水 PP-R 管 *dn*20 2. PP-R 管 *dn*20 管件	 m 个	 37.08 55.48	 10.16/10×36.50=37.08(m) 15.20/10×36.50=55.48(个)
10-1-367	排水 PVC 管 *dn*110 （粘接）	m	30.70	地下管道：11.10m W-1：3.0(墙外皮室外检查井)+0.37(外墙厚)+0.3(内墙皮至立管中心)+0.98(地下立管) W-2：4.8(墙外皮室外检查井)+0.37(外墙厚)+0.3(内墙皮至立管中心)+0.98(地下立管) 地上管道：19.60m WL-1：9.8（地上立管） WL-2：9.8（地上立管）
	主材： 1. 排水 PVC 管 *dn*110 2. PVC 管 *dn*110 粘接管件 3. *dn*110 塑料止水环	 m 个 个	 29.17 35.49 6	 9.50/10×30.70=29.17(m) 11.56/10×30.70=35.49(个) 6(个)（见排水系统图）

（续）

定额编号	项目名称	单位	数量	计算公式
10-1-366	排水 PVC 管 *dn*75 （粘接）	m	37.11	地下管道：8.95m W-1：3.0（墙外皮室外检查井）+0.37（外墙厚）+3.0（内墙皮至立管中心）+0.98（地下立管）+1.6（一层男厕大便器排水水平管） 地上管道：28.16m WL-1：(14.3−9.78)（透气管）+1.6×3（二至四层男厕大便器排水水平管） WL-2：(14.3−9.78)（透气管） WL-3：[14.3−(−0.02)]（全部立管）
	主材： 1. 排水 PVC 管 *dn*75 2. PVC 管 *dn*75 粘接管件 3. *dn*75 塑料止水环 4. *dn*75 塑料透气帽	 m 个 个 个	 36.37 32.84 6 3	 9.80/10×37.11=36.37(m) 8.85/10×37.11=32.84(个) 6(个)（见排水系统图） 3(个)（见排水系统图）
10-1-365	排水 PVC 管 *dn*50 （粘接）	m	28.80	地下管道：7.20m WL-3：1.7（一层盥洗槽排水水平管）+0.4×2（一层盥洗槽下排水竖直支管） WL-2：[(2.0+0.6)（一层男厕小便槽排水水平管）+0.4（一层男厕小便槽下排水竖直支管）]+[1.3（一层女厕地漏排水水平管）+0.4（一层女厕地漏下排水竖直支管）] 地上管道：21.60m WL-3：1.7×3（二至四层盥洗槽排水水平管）+0.4×2×3（二至四层盥洗槽下排水竖直支管） WL-2：[(2.0+0.6)×3（二至四层男厕小便槽排水水平管）+0.4×3（二至四层男厕小便槽下排水竖直支管）]+[1.3×3（二至四层女厕地漏排水水平管）+0.4×3（二至四层女厕地漏下排水竖直支管）]
	主材： 1. 排水 PVC 管 *dn*50 2. PVC 管 *dn*50 粘接管件	 m 个	 29.15 19.87	 10.12/10×28.80=29.15(m) 6.90/10×28.80=19.87(个)
10-6-33	瓷高水箱冲洗蹲式大便器	套	12	3 套/每层×4 层：每层男厕 2 个、女厕 1 个
	主材： 1. 瓷蹲式大便器 2. 瓷蹲式大便器高水箱及配件 3. 金属软管 *DN*15 4. 角型阀（带铜活）*DN*15 5. 冲洗管 *DN*32 6. 大便器存水弯 *DN*75	 个 套 根 个 根 个	 12.12 12.12 12.12 12.12 12.12 12.12	 10.10/10×12=12.12(个) 10.10/10×12=12.12(套) 10.10/10×12=12.12(根) 10.10/10×12=12.12(个) 10.10/10×12=12.12(根) 10.10/10×12=12.12(个)

（续）

定额编号	项目名称	单位	数量	计算公式
10-6-90	塑料地漏 *DN*50	个	8	2个/每层×4层：每层男、女厕各1个
	主材： *DN*50塑料地漏	个	8.08	10.10/10×8=8.08(个)
10-6-75	小便槽自动冲洗水箱安装(10.9L)	套	4	1套/每层×4层：每层男厕1个
	主材： 1. 小便槽自动冲洗水箱(10.9L) 2. 小便自动冲洗水箱托架 3. 水箱进水嘴 *DN*15 4. 水箱自动冲洗阀 *DN*20	个 副 个 个	4 4 4.04 4.04	10.00/10×4=4(个) 10.00/10×4=4（副） 10.10/10×4=4.04(个) 10.10/10×4=4.04(个)
10-6-111	小便槽塑料多空冲洗管制作安装 *dn*25	m	8	每层男厕2m×4层
	主材： PP-R管 *dn*25	m	8.16	10.20/10×8=8.16(m)
10-6-81	水龙头安装 *DN*15	个	16	4个/每层×4层
	主材： *DN*15水嘴	个	16.16	10.10/10×16=16.16(个)
10-6-84	排水栓 *DN*32（带存水弯）	组	12	3组/每层×4层：（盥洗槽1个+拖布池1个+小便槽1个）×4
	主材： 1. *DN*32排水栓带链堵 2. 存水弯塑料 *dn*40 3. 承插塑料排水管 *dn*40	套 个 m	12.12 12.12 4.80	10.10/10×12=12.12(套) 10.10/10×12=12.12(个) 4.00/10×12=4.80(m)
10-5-38	法兰阀门安装 *DN*40	个	1	进户管处
	主材： 法兰闸阀 *DN*40	个	1	1.00×1=1(个)
10-5-5	螺纹阀门安装 *DN*40	个	1	JL-2立管底部（首层地面上30cm处）
	主材： 丝扣铜球阀 *DN*40	个	1.01	1.01×1=1.01(个)

（续）

定额编号	项目名称	单位	数量	计算公式
10-5-4	螺纹阀门安装 *DN*32	个	1	JL-1立管底部（首层地面上30cm处）
	主材： 丝扣铜球阀 *DN*32	个	1.01	1.01×1=1.01(个)
10-5-193	塑料法兰（带短管）安装（热熔连接）*DN*40	副	1	进户管处
	主材： 塑料法兰（带短管）*DN*40	片	2	2.00×1=2(片)
10-11-11	成品管卡安装 *DN*20（以内）	个	68.67	(1) 给水PP-R管 *dn*20： ① 立管：11.11/10×[1.2×4(一至四层厕所垂直管)]=5.33(个) ② 水平管：16.67/10×[7.4×3(一至三层厕所水平管)+9.5(四层厕所水平管)]=51.34(个) (2) 给水PP-R管 *dn*25： 水平管：14.29/10×[1.6×4(一至四层男厕大便器水箱水平管)+0.8(四层女厕水平管)]=10.23(个)
	主材： 1. *dn*20 给水PP-R管成品管卡 2. *dn*25 给水PP-R管成品管卡	套 套	59.50 10.74	1.05×(5.33+51.34)=59.50(套) 1.05×10.23=10.74(套)
10-11-12	成品管卡安装 *DN*32（以内）	个	16.34	(1) 给水PP-R管 *dn*32： 立管：9.09/10×[3.4(JL-2地上立管)+3.4×2(JL-1地上立管)]=9.27(个) (2) 给水PP-R管 *dn*40： 立管：7.69/10×[3.4(JL-2地上立管)+5.8(JL-1地上立管)]=7.07(个)
	主材： 1. *dn*32 给水PP-R管成品管卡 2. *dn*40 给水PP-R管成品管卡	套 套	9.73 7.42	1.05×9.27=9.73(套) 1.05×7.07=7.42(套)

（续）

定额编号	项目名称	单位	数量	计算公式
10-11-13	成品管卡安装 *DN*40（给水）（以内）	个	3.63	给水 PP-R 管 *dn*50： 立管：6.25/10×[5.8m(JL-2 地上立管)]=3.63(个)
	主材： 1. *dn*50 给水 PP-R 管成品管卡	套	3.81	1.05×3.63=3.81（套）
	成品管卡安装 *DN*40（排水）（以内）	个	46.00	排水 PVC 管 *dn*50： ① 立管：8.33/10×[0.4×2×3(WL-3 二至四层盥洗槽下排水竖直支管)+0.4×3(WL-2 二至四层男厕小便槽下排水竖直支管)+0.4×3(WL-2 二至四女厕地漏下排水竖直支管]=4.00(个) ② 水平管：25.00/10×[1.7×3(WL-3 二至四层盥洗槽排水水平管)+(2.0+0.6)×3(WL-2 二至四层男厕小便槽排水水平管)+1.3×3(WL-2 二至四层女厕地漏排水水平管)]=42.00(个)
	主材： *dn*50 排水 PVC 管成品管卡	套	69.00	1.05×46.00=69.00（套）
10-11-15	成品管卡安装 DN80（排水）（以内）	个	18.67	排水 PVC 管 *DN*75： ① 立管：5.88/10×{(WL-1 透气管)(14.3-9.78)+(WL-2 透气管)(14.3-9.78)+(WL-3 全部立管)[14.3-(-0.02)]}=13.34(个) ② 水平管：11.11/10×[1.6×3(二至四层男厕大便器排水水平管)]=5.33(个)
	主材： *dn*75 排水 PVC 管成品管卡	套	19.60	1.05×18.67=19.60（套）
10-11-16	成品管卡安装 *DN*100（排水）（以内）	个	9.80	排水 PVC 管 *dn*110： 立管：5.00/10×[9.8(WL-1 地上立管)+9.8(WL-2 地上立管)]=9.80(个)
	主材： *dn*110 排水 PVC 管成品管卡	套	10.29	1.05×9.80=10.29（套）
10-11-71	刚性防水套管制作安装 *DN*100（以内）	个	2	W-1、W-2 排水出户管处
	主材： 无缝钢管 D159×4.5	m	0.848	0.424×2=0.848(m)

（续）

定额编号	项目名称	单位	数量	计算公式
10-11-70	刚性防水套管制作安装 *DN*80（以内）	个	1	W-3排水出户管处
	主材： 无缝钢管 D133×4	m	0.424	0.424×1=0.424(m)
10-11-69	刚性防水套管制作安装 *DN*50（以内）	个	1	给水进户管处
	主材： 无缝钢管 D89×4	m	0.424	0.424×1=0.424(m)
10-11-39	一般塑料套管制作安装 *DN*50（以内）	个	3	*dn*50管道： 立管2个+地下水平管1个
	主材： 塑料管 *dn*75	m	0.954	0.318×3=0.954(m)
10-11-38	一般塑料套管 *DN*40（以内）	个	14	*dn*40管道： JL-1：2个　*dn*40JL-2：1个 *dn*32管道： JL-1：2个　*dn*40JL-2：1个 *dn*20管道： 4个（一至四层水平管穿女厕与盥洗室内墙）+3个（一至三层水平管穿男、女厕内墙处）+1个（四层水平管穿男、女厕内墙处）
	主材： 塑料管 *dn*63	m	4.452	0.318×14=4.452(m)
10-11-114	阻火圈安装 *DN*100（以内）	个	4	4个（见排水系统图）
	主材： 阻火圈 *DN*100	个	4	1.00×4=4(个)
10-11-113	阻火圈安装 *DN*75（以内）	个	4	4个（见排水系统图）
	主材： 阻火圈 *DN*75	个	4	1.00×4=4(个)

2.3 给排水工程分部分项工程量清单编制

2.3.1 分部分项工程量清单项目设置的内容

给排水工程项目的分部分项工程量清单编制使用《通用安装工程工程量计算规范》(GB 50856—2013)附录K，见表2-8。

表2-8 给排水工程工程量清单项目设置内容

目编码	项目名称	分项工程项目
031001	给排水、采暖、燃气管道	本部分包括镀锌钢管、钢管、不锈钢管、铜管、铸铁管、塑料管、复合管、直埋式预制保温管、承插陶瓷缸瓦管、承插水泥管及室外管道碰头11个分项工程项目
031002	支架及其他	本节包括管道支架、设备支架、套管3个分项工程项目
031003	管道附件	本部分包括各种螺纹阀门、螺纹法兰阀门、焊接法兰阀门、带短管甲乙阀门、塑料阀门、减压器、疏水器、除污器(过滤器)、补偿器、软接头(软管)、法兰、倒流防止器、水表、热量表、塑料排水管消声器、浮标液面计、浮标水位标尺17个分项工程项目
031004	卫生器具	本部分包括各种浴缸、净身盆、洗脸(手)盆、洗涤盆、化验盆、大便器、小便器、其他成品卫生器具、烘手器、淋浴器(间)、桑拿浴房、大小便槽自动冲洗水箱、给排水附(配)件、小便槽冲洗管、蒸汽-水加热器、冷热水混合器、饮水器、隔油器19个分项工程项目
031006	采暖、给排水设备	本部分包括变频给水设备、稳压给水设备、无负压给水设备、气压罐、太阳能集热装置、地源(水源、气源)热泵机组、除砂器、水处理器、超声波灭藻设备、水质净化器、紫外线杀菌设备、热水器(开水炉)、消毒器(消毒柜)、直饮水设备、水箱15个分项工程项目

2.3.2 分部分项工程量清单编制任务实施

根据本项目中某学校办公楼给排水工程工程量计算书(表2-7)和《通用安装工程工程量计算规范》，编制该工程分部分项工程量清单，见表2-9。

表 2－9　分部分项工程量清单表

工程名称：某学校办公楼给排水工程　　　　标段：　　　　　　　　　第　页　　共　页

序号	项目编码	项目名称	项目特征描述	计量单位	工程量
1	031001006001	塑料管	1. 安装部位：室内 2. 输送介质：冷水（给水） 3. 材质：PP－R 管 4. 规格：*dn*20 5. 连接方式：热熔连接 6. 压力试验及冲洗：按规范要求	m	36.50
2	031001006002	塑料管	1. 安装部位：室内 2. 输送介质：冷水（给水） 3. 材质：PP－R 管 4. 规格：*dn*25 5. 连接方式：热熔连接 6. 压力试验及冲洗：按规范要求	m	7.20
3	031001006003	塑料管	1. 安装部位：室内 2. 输送介质：冷水（给水） 3. 材质：PP－R 管 4. 规格：*dn*32 5. 连接方式：热熔连接 6. 压力试验及冲洗：按规范要求	m	10.20
4	031001006004	塑料管	1. 安装部位：室内 2. 输送介质：冷水（给水） 3. 材质：PP－R 管 4. 规格：*dn*40 5. 连接方式：热熔连接 6. 压力试验及冲洗：按规范要求	m	9.48
5	031001006005	塑料管	1. 安装部位：室内 2. 输送介质：冷水（给水） 3. 材质：PP－R 管 4. 规格：*dn*50 5. 连接方式：热熔连接 6. 压力试验及冲洗：按规范要求	m	14.60
6	031001006006	塑料管	1. 安装部位：室内 2. 输送介质：污水 3. 材质：PVC 管 4. 规格：*dn*50 5. 连接方式：粘接 6. 阻火圈设计要求：金属材料制作外壳，内填充阻燃膨胀芯材 7. 灌水及通球试验：按规范要求	m	28.80

（续）

序号	项目编码	项目名称	项目特征描述	计量单位	工程量
7	031001006007	塑料管	1. 安装部位：室内 2. 输送介质：污水 3. 材质：PVC管 4. 规格：*dn*75 5. 连接方式：粘接 6. 阻火圈设计要求：金属材料制作外壳，内填充阻燃膨胀芯材 7. 灌水及通球试验：按规范要求	m	37.11
8	031001006008	塑料管	1. 安装部位：室内 2. 输送介质：污水 3. 材质：PVC管 4. 规格：*dn*110 5. 连接方式：粘接 6. 阻火圈设计要求：金属材料制作外壳，内填充阻燃膨胀芯材 7. 灌水及通球试验：按规范要求	m	30.70
9	031002001001	管道支架	1. 材质：PP-R管支架 2. 管架形式：成品管卡 3. 规格：*dn*20	套	56.67
10	031002001002	管道支架	1. 材质：PP-R管支架 2. 管架形式：成品管卡 3. 规格：*dn*25	套	10.23
11	031002001003	管道支架	1. 材质：PP-R管支架 2. 管架形式：成品管卡 3. 规格：*dn*32	套	9.27
12	031002001004	管道支架	1. 材质：PP-R管支架 2. 管架形式：成品管卡 3. 规格：*dn*40	套	7.07
13	031002001005	管道支架	1. 材质：PP-R管支架 2. 管架形式：成品管卡 3. 规格：*dn*50	套	3.63
14	031002001006	管道支架	1. 材质：PVC管支架 2. 管架形式：成品管卡 3. 规格：*dn*50	套	46.00
15	031002001007	管道支架	1. 材质：PVC管支架 2. 管架形式：成品管卡 3. 规格：*dn*75	套	18.67

（续）

序号	项 目 编 码	项 目 名 称	项目特征描述	计量单位	工程量
16	031002001008	管道支架	1. 材质：PVC 管支架 2. 管架形式：成品管卡 3. 规格：*dn*110	套	9.80
17	031002003001	套管	1. 名称、类型：刚性防水套管 2. 材质：碳钢 3. 规格：*DN*100 4. 填料材质：黏土水泥封口	个	2
18	031002003002	套管	1. 名称、类型：刚性防水套管 2. 材质：碳钢 3. 规格：*DN*75 4. 填料材质：黏土水泥封口	个	1
19	031002003003	套管	1. 名称、类型：刚性防水套管 2. 材质：碳钢 3. 规格：*DN*50 4. 填料材质：黏土水泥封口	个	1
20	031002003004	套管	1. 名称、类型：一般穿墙套管 2. 材质：塑料 3. 规格：*DN*50 4. 填料材质：油麻	个	3
21	031002003005	套管	1. 名称、类型：一般穿墙套管 2. 材质：塑料 3. 规格：*DN*40 4. 填料材质：油麻	个	14
22	031003001001	螺纹阀门	1. 类型：Q11F－16T 铜球阀 2. 材质：铜质 3. 规格：*DN*32 4. 连接方式：螺纹连接	个	1
23	031003001002	螺纹阀门	1. 类型：Q11F－16T 铜球阀 2. 材质：铜质 3. 规格：*DN*40 4. 连接方式：螺纹连接	个	1
24	031003003001	法兰阀门	1. 类型：法兰闸阀 2. 材质：铸铁 3. 规格：*DN*40 4. 连接方式：法兰连接	个	1

（续）

序号	项目编码	项目名称	项目特征描述	计量单位	工程量
25	031003011001	法兰	1. 材质：塑料 2. 规格：*DN*40 3. 连接形式：（带短管）热熔连接	副	1
26	031004006001	大便器	1. 材质：搪瓷 2. 规格、类型：蹲式 3. 组装方式：高水位水箱	套	12
27	031004013001	大、小便槽冲洗水箱	1. 材质、类型：铁质自动冲洗 2. 规格：10.9L 3. 水箱配件：厂配 4. 支架形式及做法：厂配	套	4
28	031004014001	给、排水附（配）件	1. 材质：塑料 2. 型号、规格：*DN*50 地漏	个	12
29	031004014002	给、排水附（配）件	1. 材质：铸铁 2. 型号、规格：*DN*15 水嘴	个	16
30	031004014003	给、排水附（配）件	1. 材质：塑料 2. 型号、规格：*DN*32 排水栓（带存水弯）	组	12
31	031004015001	小便槽冲洗管	1. 材质：PP－R 管 2. 规格：*dn*25	m	8

小　　结

本部分内容以编制某学校办公楼给排水工程项目分部分项工程量清单为工作任务，从识读工程图纸入手，详细介绍了给排水工程的工程量计算规则，相应的消耗量定额使用注意事项，以及《通用安装工程工程量计算规范》中对应的内容。通过学习本项目内容，培养学生独立编制建筑给排水工程计量文件的能力。

自测练习

一、单项选择题

1. 排水管道室内外界线划分是以（　　）为界。

A. 入口处设阀门者以阀门　　B. 出户第一个检查井

C. 建筑物外墙皮 1.8m　　D. 外墙三通

2. 定额中镀锌钢管规格用（　　）表示。

A. 公称直径　　B. 公称外径

C. 外径×壁厚　　D. 都不正确

3. PP－R 管一般才有（　　）连接。

A. 螺纹连接　　B. 承插连接

C. 热熔连接　　C. 粘接连接

4. 第十册消耗量定额给排水管道项目中，不包括（　　）。

A. 水压试验　　B. 水冲洗

C. 消毒冲洗　　D. 管件安装

5. 成品管卡、阻火圈安装、成品防火套管安装，按工作介质管道直径，区分不同规格以（　　）为计量单位。

A. 件　　B. 个

C. 套　　D. 副

二、判断题

1. 管道安装项目中，除室内直埋塑料给水管项目中已包括管卡安装外，均不包括管道支架、管卡、托钩等的制作安装。（　　）

2. 法兰阀门安装项目已包括法兰安装，不应另行计算。（　　）

3. 普通水表、IC 卡预付费水表安装项目中不包括水表前的阀门安装。（　　）

4. 给排水管道均以施工图所示中心线长度以延长米计算，应扣除管件阀门、管件、附件（包括器具组成）及井类所占长度。（　　）

5. 公称直径 $DN50$ 与公称外径 $dn63$ 对应。（　　）

6. 排水管道不包括止水环、透气帽本体材料，发生时按实际数量另计材料费。

（　　）

7. 安装带保温层的管道时，可执行相应材质及连接形式的管道安装项目，其人工乘以系数 1.10。（　　）

8. 排水管道工程量自卫生器具出口处的地面或墙面的设计尺寸算起；与地漏连接的排水管道自地面设计尺寸算起，扣除地漏所占长度。（　　）

9. 各类卫生器具的混凝土或砖基础、周边砌砖、瓷砖粘贴，蹲式大便器蹲台砌筑，台式洗脸盆的台面、浴厕配件安装，应执行建筑工程相应定额项目。（　　）

10. 第十册定额脚手架搭拆费，按定额人工费的 5%计算，其费用中人工费占 35%。

（　　）

三、计算题

图 2－27～图 2－30 为某住宅楼的建筑给水排水施工工程平面图和系统图。请在认真识读该工程项目图纸的前提下，计算该项目的工程量，编制其分部分项工程量清单。

工程基本情况如下。

(1) 图中标注尺寸标高以米计，其余均以毫米计。所注标高以底层卧室地坪为±0.00m，室外地面为－0.60m。管道标高均为管中心标高。

(2) 给水管采用镀锌钢管，螺纹连接。排水管采用 PVC 管，粘接连接；室外埋地部分采用铸铁排水管，承插连接，石棉水泥接口。

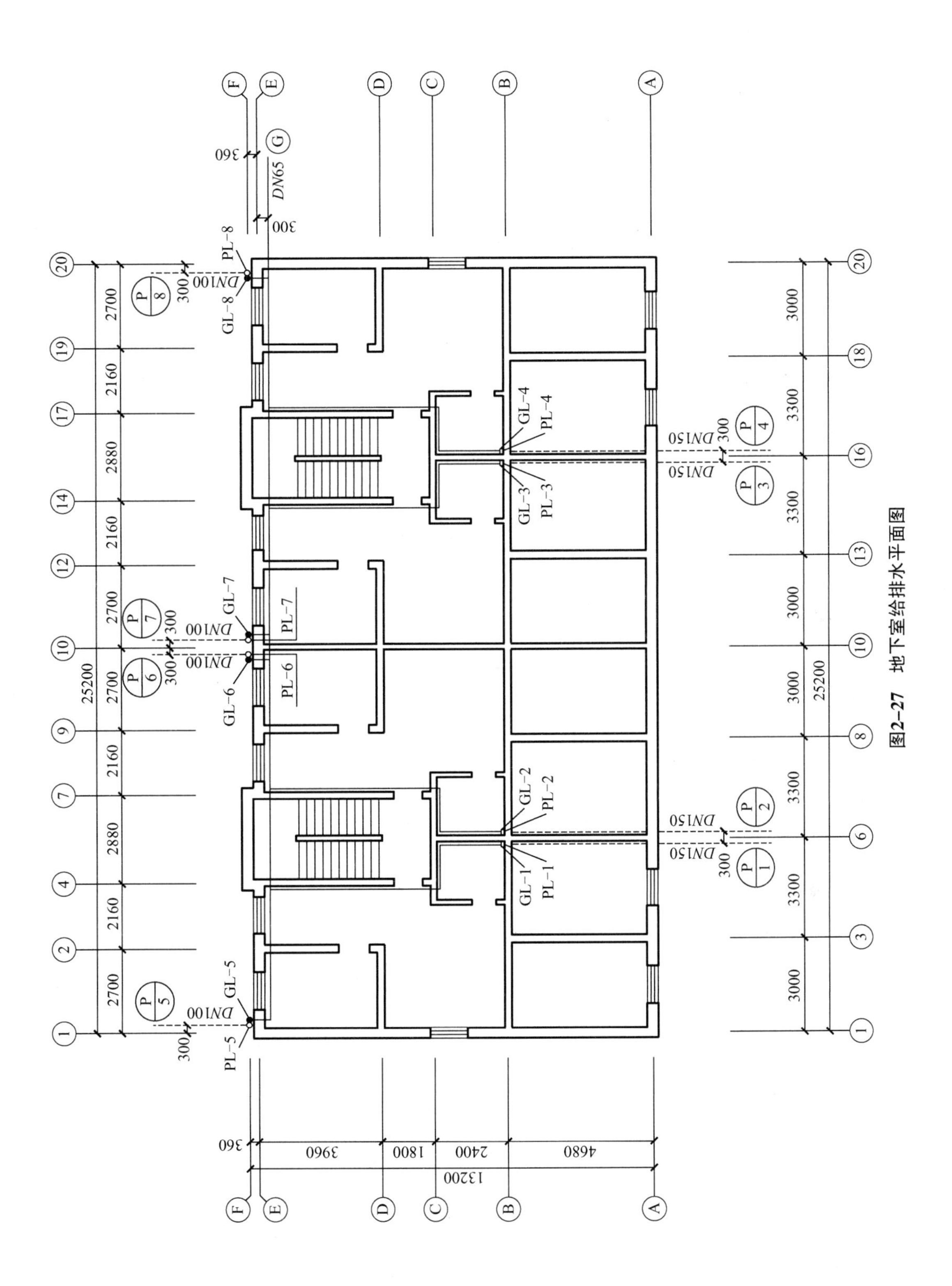

图2-27 地下室给排水平面图

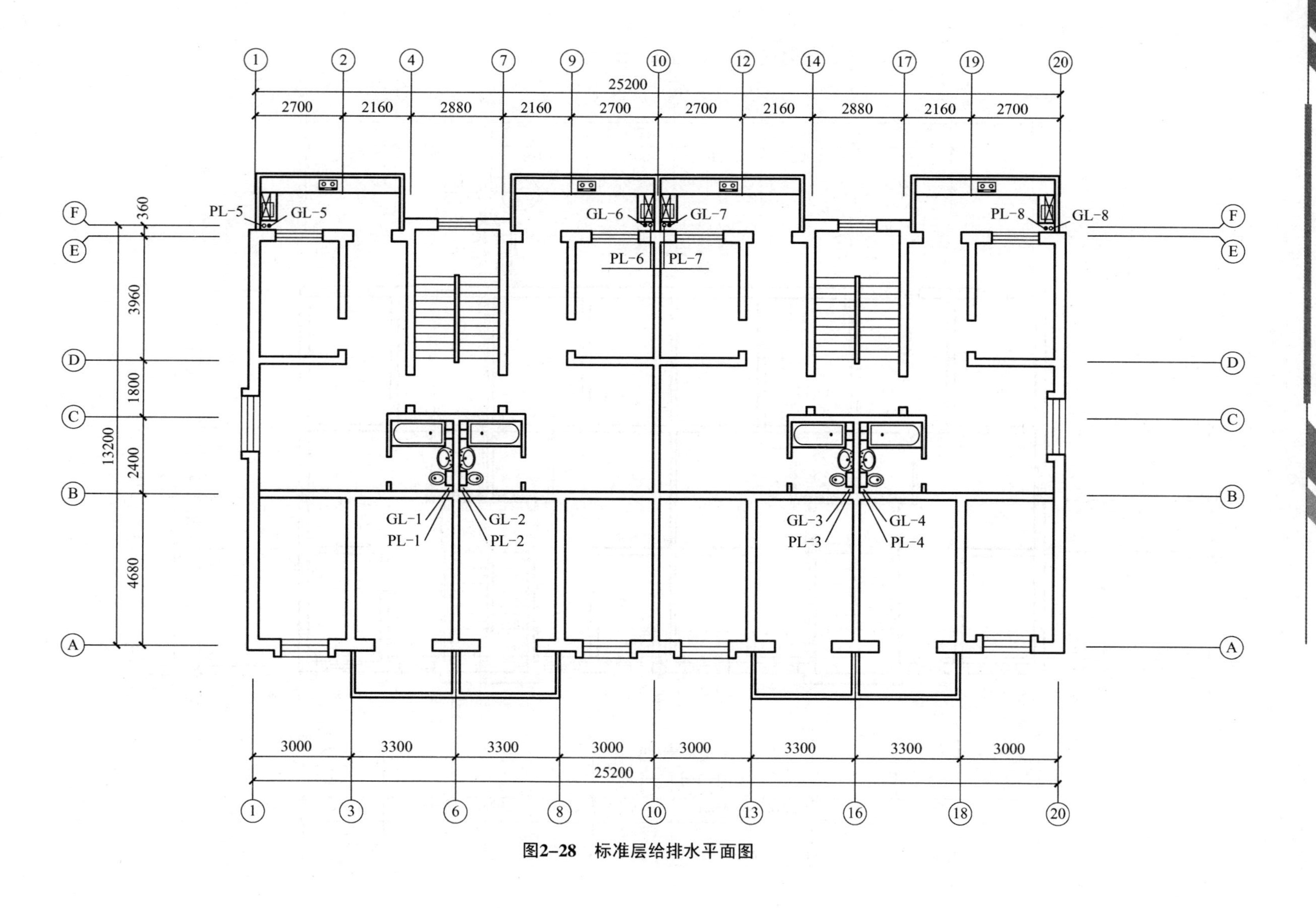

图2-28　标准层给排水平面图

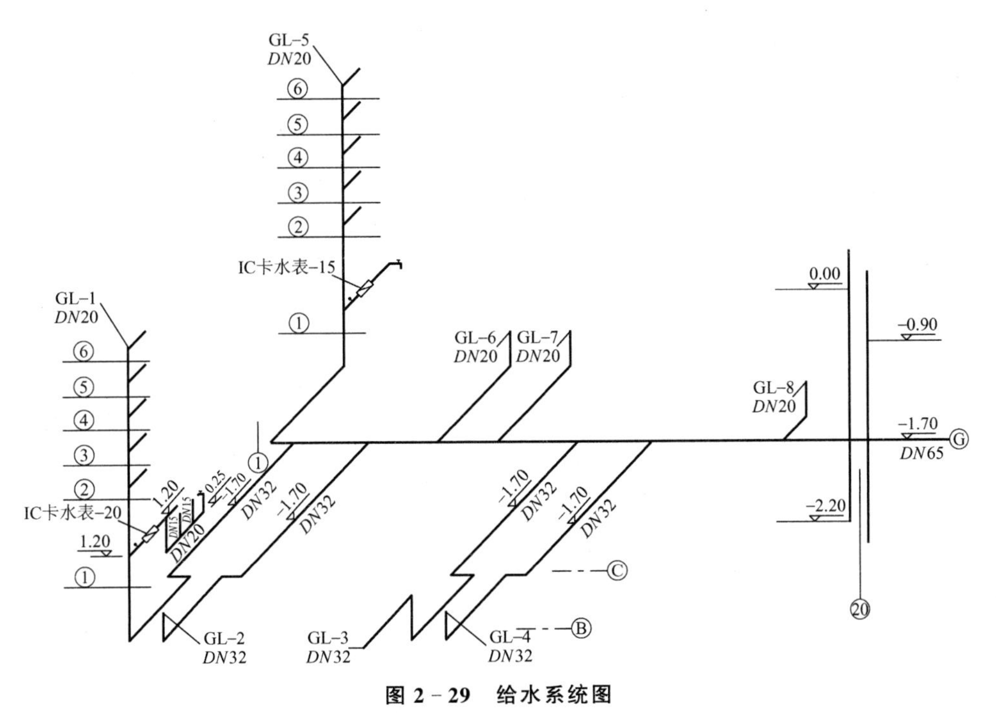

图 2－29　给水系统图

注　GL－2、GL－3、GL－4 参考 GL－1，GL－6、GL－7、GL－8 参考 GL－5。

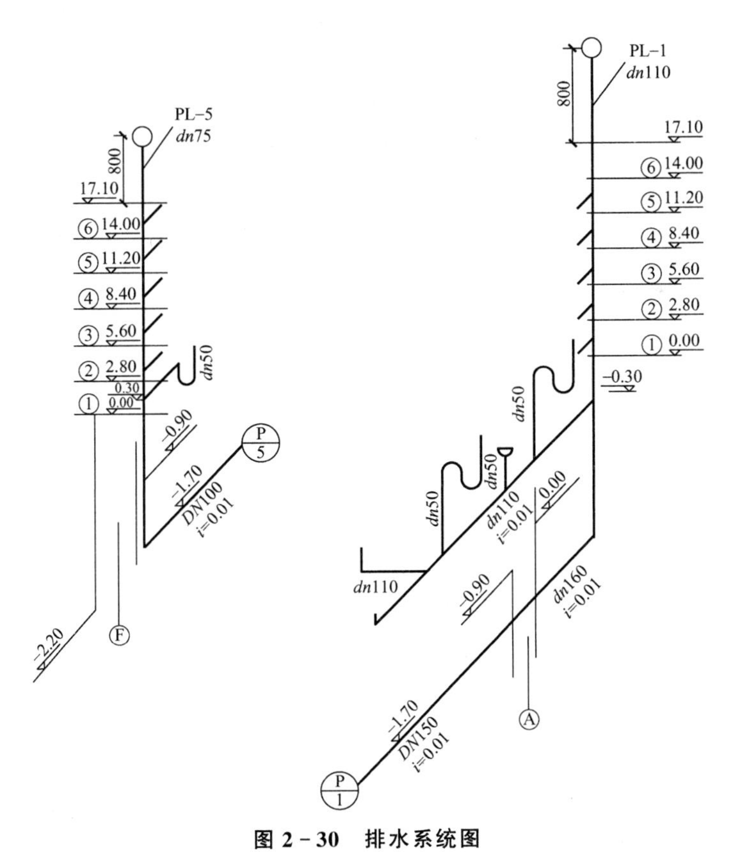

图 2－30　排水系统图

注PL－2、GL－3、GL－4 参考 PL－1；PL－6、GL－7、GL－8 参考 PL－5。

(3) 给水引入管与排水排除管进户处设置刚性防水套管，给水管道穿墙或楼板处设置一般钢套管，套管填料为油麻，厕所间套管应高出地面50mm。排水立管穿越楼板处，上下分别设置塑料止水环和阻火圈。

(4) 卫生器具安装均参照《全国通用给水排水标准图集》的要求，选用节水型。坐便器为连体水箱式；洗脸盆采用冷水立柱式；洗涤盆水龙头为冷水单嘴；浴盆采用1200mm×650mm的铸铁搪瓷浴盆，采用冷热水带喷头式（暂不考虑热水供应）；地漏为塑料地漏。房间内水表为螺纹连接IC卡预付费水表。

(5) GL-1～GL-8立管下部均安装1个铜球阀，螺纹连接；给水引入管入口处安装一个闸阀，法兰连接。

(6) 施工完毕，给水系统进行静水压力试验，试验压力为0.6MPa，10min压降为0.05MPa，再降至工作压力，做外观检查，以不漏水为合格；排水系统安装完毕进行灌水试验，施工完毕再进行通水、通球试验，以不渗漏为合格。排水管道横管严格按坡度施工。管道穿楼板、穿墙孔洞及管道安装完毕后的堵洞均由土建考虑完成，此项目暂不计算。

(7) 埋地铸铁排水管道涂热沥青两遍，镀锌钢管刷银粉漆两道，支架刷两道红丹防锈漆和两道银粉漆。(本项内容可在学完本书“项目3”后再完成。)

(8) 未尽事宜，按现行施工及验收规范的有关内容执行。

【项目2自测练习答案】

项目3 采暖与刷油绝热工程计算

学习目标

1. 了解采暖系统的基本组成与分类、管道布置方式；了解采暖系统常用主要设备的类型；了解管道及设备刷油绝热基本知识；能够熟练识读采暖与刷油绝热工程施工图，为工程计量奠定好基础。

2. 熟悉采暖与刷油绝热工程消耗量定额的内容及使用定额的注意事项。

3. 掌握采暖与刷油绝热工程量计算规则；能熟练计算采暖与刷油绝热工程的工程量。

4. 熟悉采暖与刷油绝热工程量清单项目设置的内容；能独立编制采暖与刷油绝热分部分项工程量清单。

教学活动设计

1. 采用多媒体等多种信息化教学手段，以实际工程为载体，讲解采暖与刷油绝热工程消耗量定额的内容及使用定额的注意事项。

2. 以实际工程为载体，讲解采暖与刷油绝热工程量计算规则、工程量清单项目设置的内容及工程量清单的编制方法。

工作任务

依据《山东省安装工程消耗量定额》（SD 02—31—2016）、《通用安装工程工程量计算规范》（GB 50856—2013）等资料，计算下面某学校办公楼采暖工程的工程量，并编制其分部分项工程量清单。

工程基本概况如下。

（1）图3-1～图3-5为某学校办公楼采暖工程图，供水温度95℃，回水温度

70℃。图中标高尺寸以米计，其余均以毫米计。外墙为37墙，内墙为24墙。除热力入口外，室内立管上下端安装丝扣铜球阀，规格同管径；散热器进水支管处安装温控阀。

(2) 采暖管道采用镀锌钢管，*DN*＜32为丝接，其余为焊接。全部立管管径均为*DN*25，散热器支管均为*DN*20。

(3) 散热器选用TZY2-6-8铸铁柱翼型散热器（其主要技术参数见表3-1），采用成组落地安装。双侧连接的散热器，其中心距离均为3.6m；单侧连接的散热器，立管至散热器中心的距离为1.8m。每组散热器上均装ϕ10手动放风阀一个。

(4) 地沟内供回水干管采用岩棉瓦块保温（厚30mm），外缠玻璃丝布一层，再刷沥青漆一道。地上管道刷银粉漆两遍。散热器现场刷银粉漆一遍。

(5) 干管坡度$i=0.003$。

(6) 管道穿地面和楼板，设一般钢套管。管道穿楼板、穿墙孔洞及管道安装完毕后的堵洞均由土建考虑完成，此项目暂不计算。

(7) 管道支架：供回水干管设置由角钢∟40×4制作，每个单件平均质量为1.08kg，共26个，支架人工除微锈后刷红丹防锈漆两遍，再刷银粉漆两遍；立支管采用成品管卡。

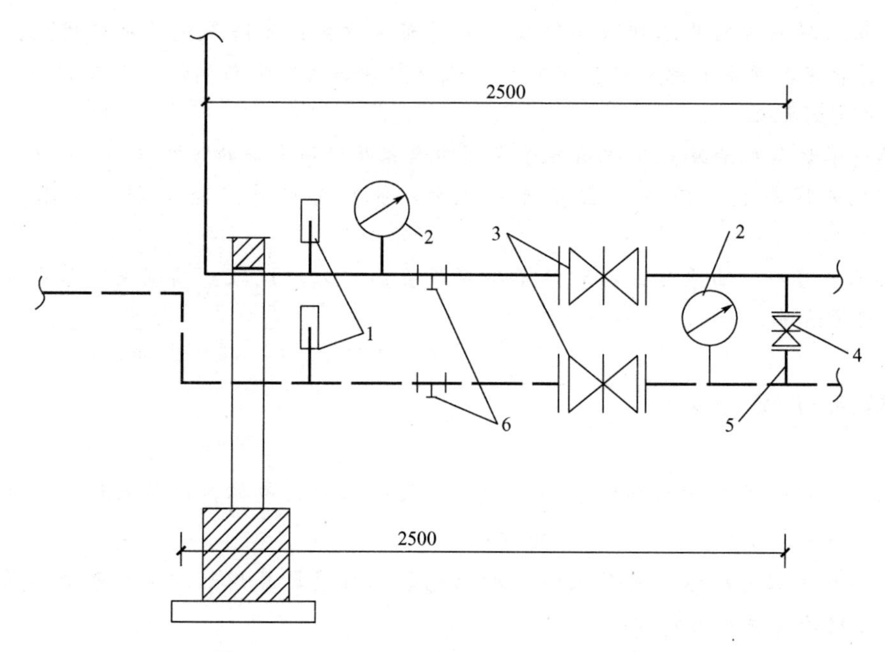

图3-1　引入口安装示意图

1—温度计；2—压力表；3—法兰闸阀*DN*50；4—法兰闸阀*DN*40；
5—旁通管*DN*长0.5m；6—泄水丝堵

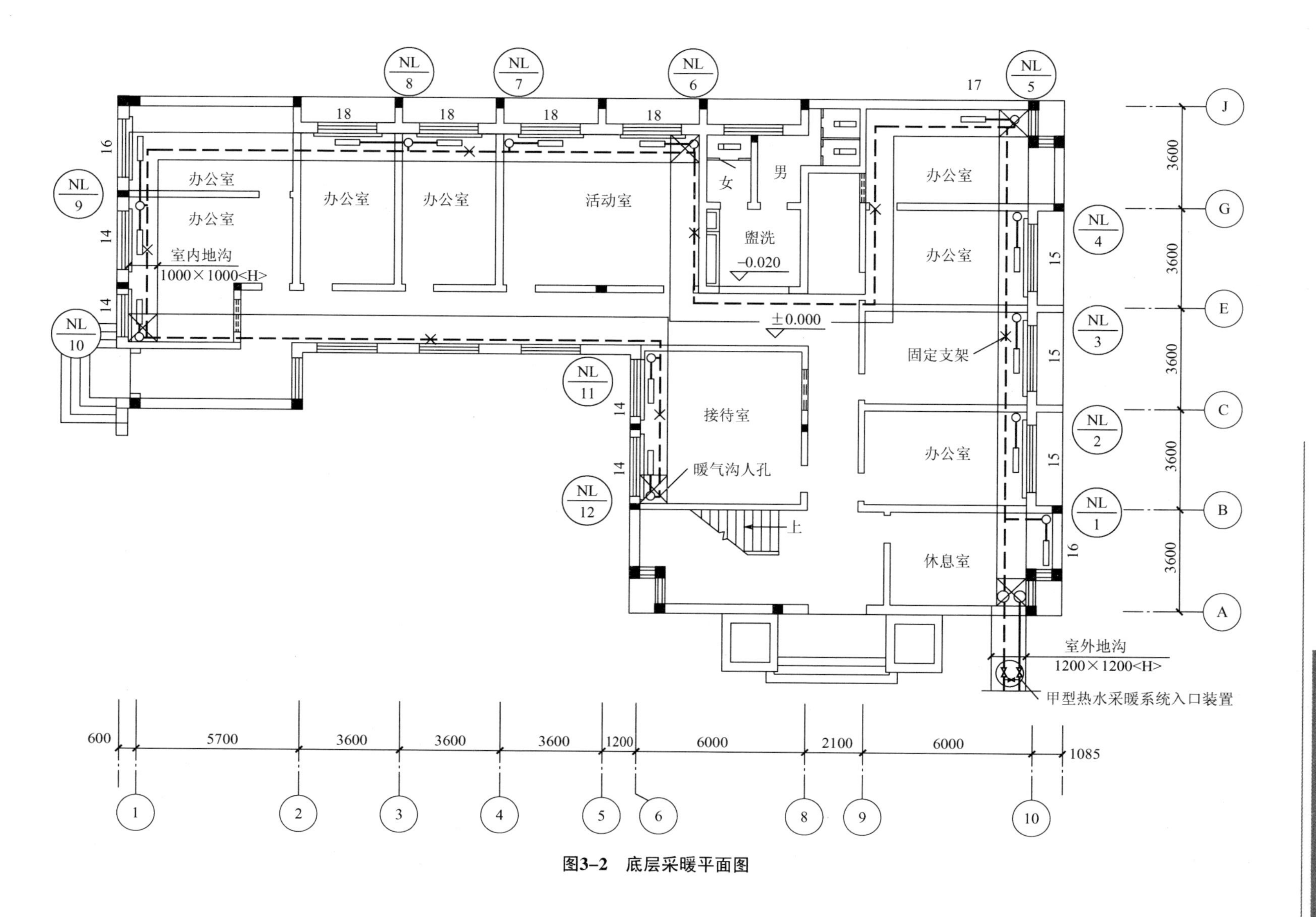

办公室
活动室
男
女
盥洗
-0.020
±0.000
室内地沟
1000×1000<H>
接待室
暖气沟人孔
上
固定支架
休息室
室外地沟
1200×1200<H>
甲型热水采暖系统入口装置
600
5700
3600
1200
6000
2100
1085

图3-2 底层采暖平面图

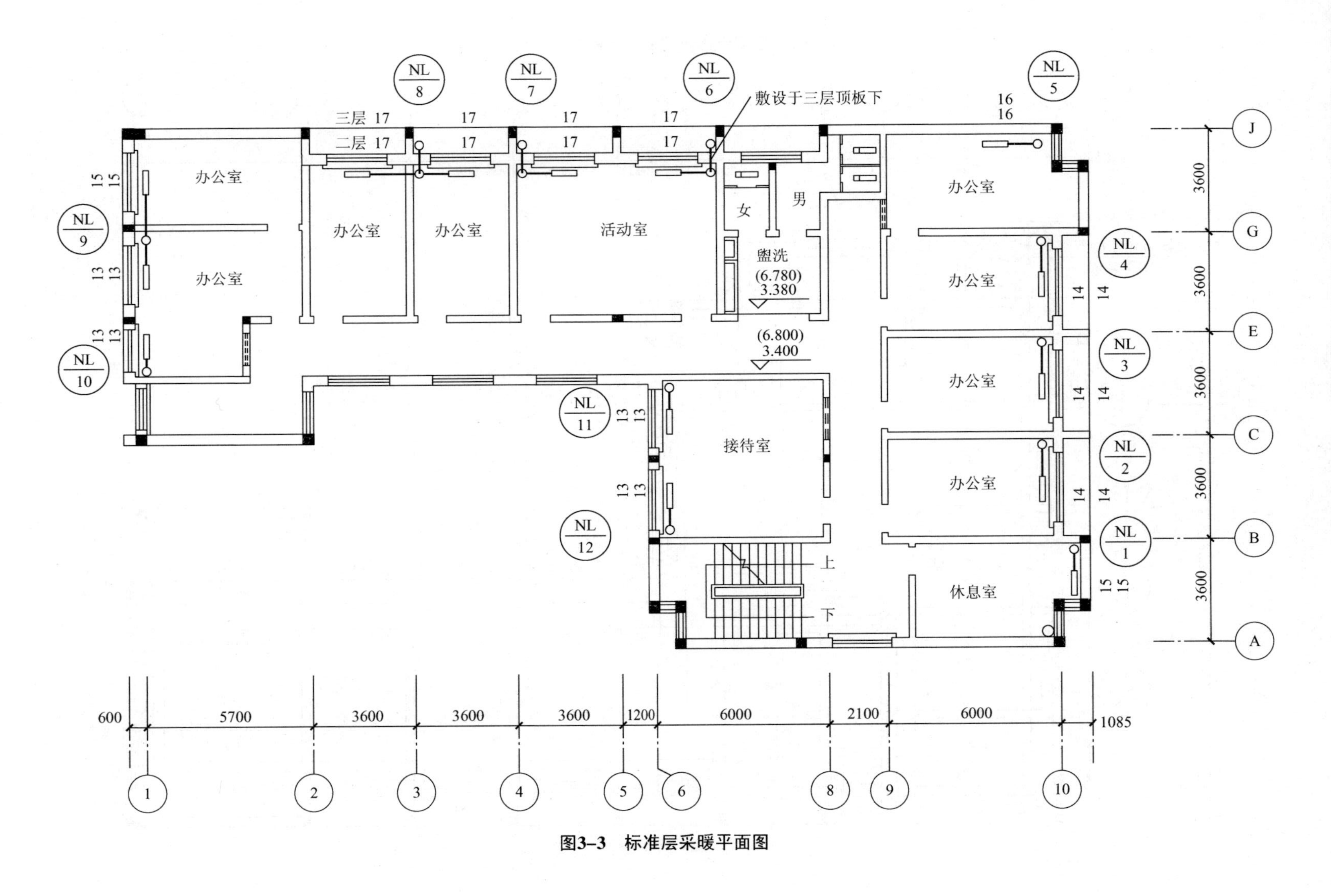

图3-3　标准层采暖平面图

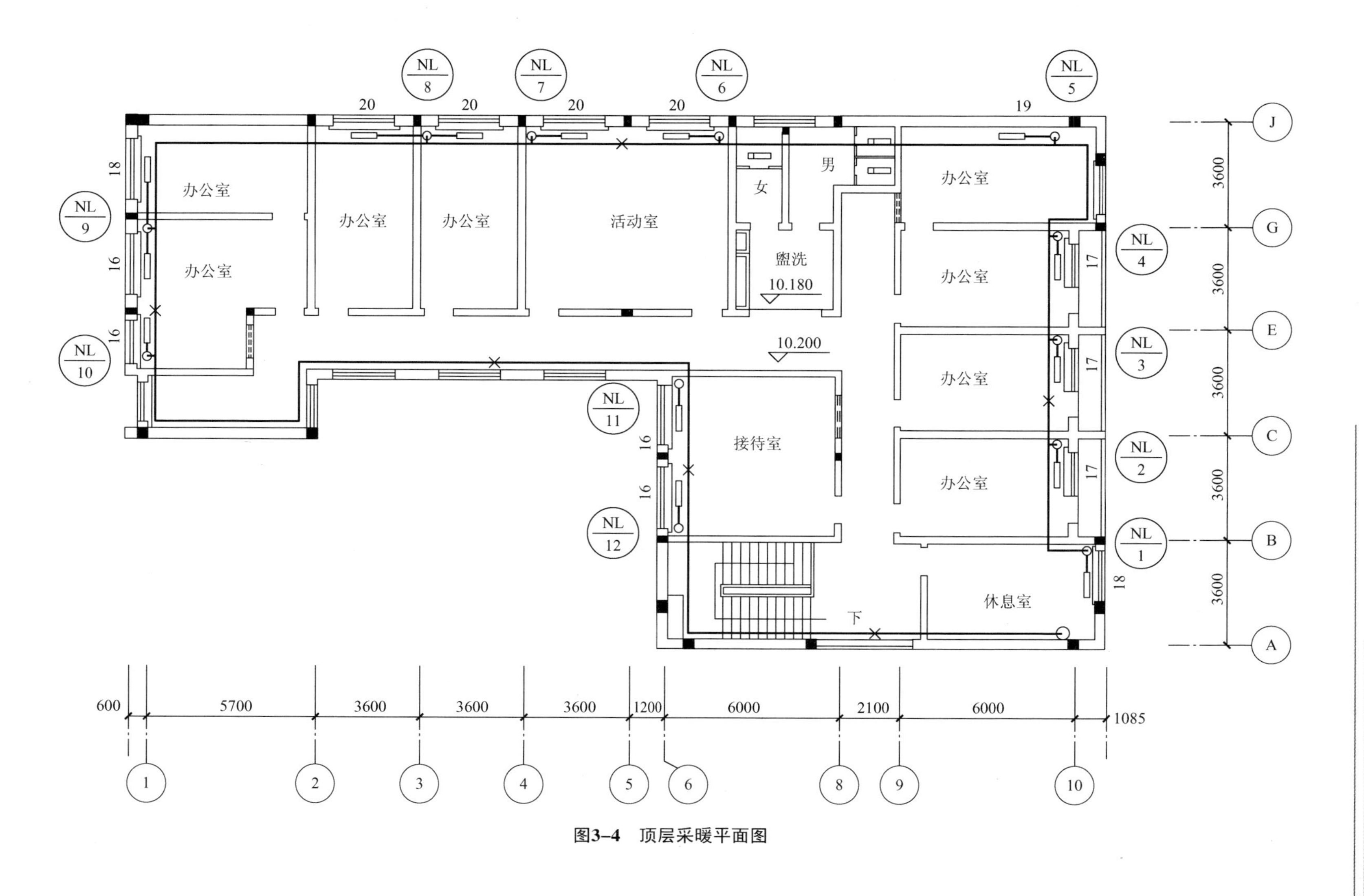

办公室
办公室
办公室
办公室
活动室
女
男
盥洗
10.180
10.200
办公室
办公室
办公室
办公室
接待室
休息室
下
NL 1
NL 2
NL 3
NL 4
NL 5
NL 6
NL 7
NL 8
NL 9
NL 10
NL 11
NL 12
20
20
20
20
19
18
16
16
17
17
17
18
16
16
3600
3600
3600
3600
3600
600
5700
3600
3600
3600
1200
6000
2100
6000
1085
J
G
E
C
B
A
1
2
3
4
5
6
8
9
10

图3-4 顶层采暖平面图

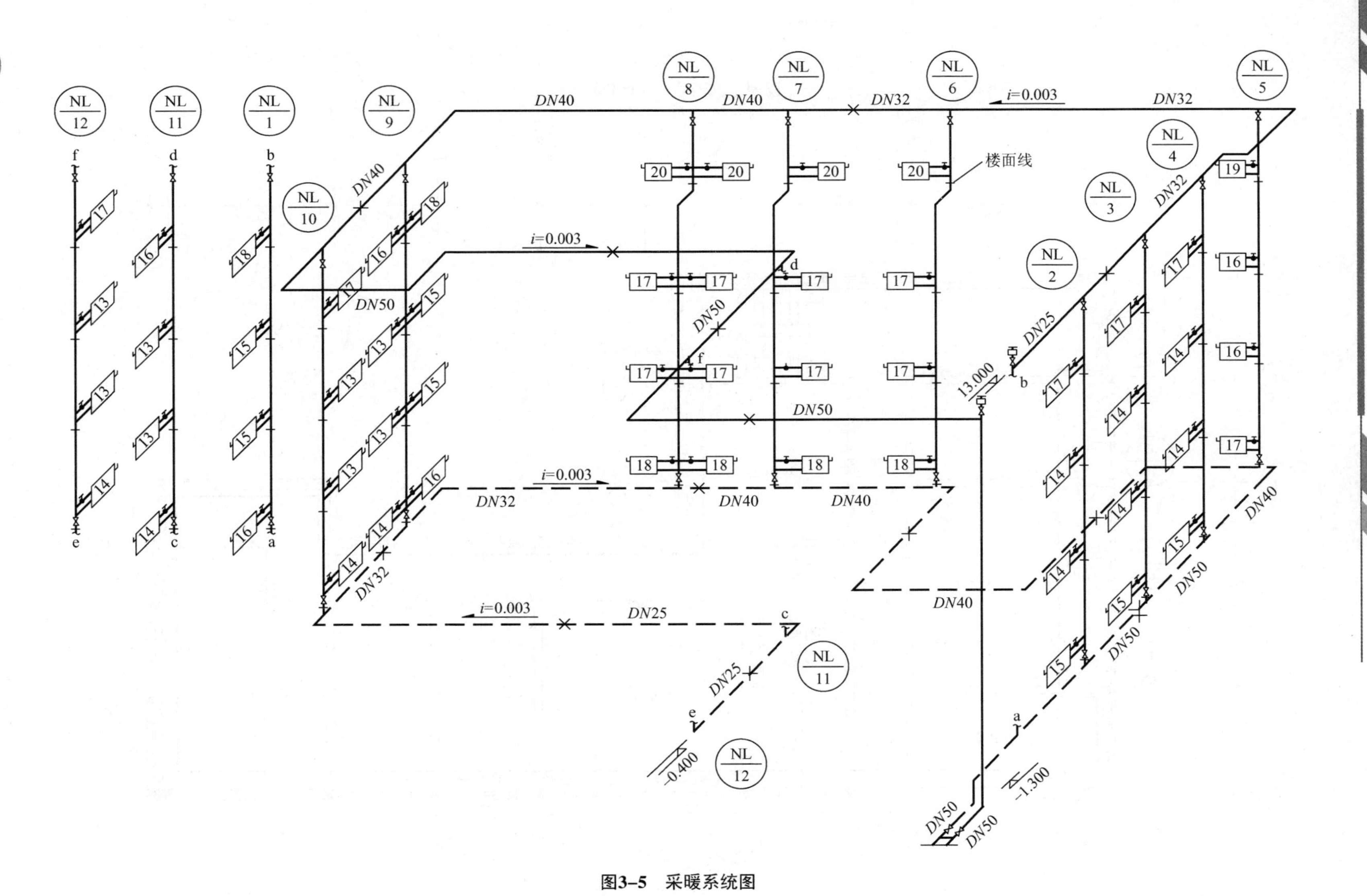
NL/1
NL/2
NL/3
NL/4
NL/5
NL/6
NL/7
NL/8
NL/9
NL/10
NL/11
NL/12
楼面线
i=0.003
13.000
-1.300
-0.400
DN25
DN32
DN40
DN50

图3-5　采暖系统图

3.1 采暖与刷油绝热工程识图基本知识

3.1.1 采暖系统的基本组成与分类

1. 采暖系统的基本组成

采暖系统一般由热源（锅炉或热交换器等）、管道系统、散热设备等组成，如图 3－6 所示。

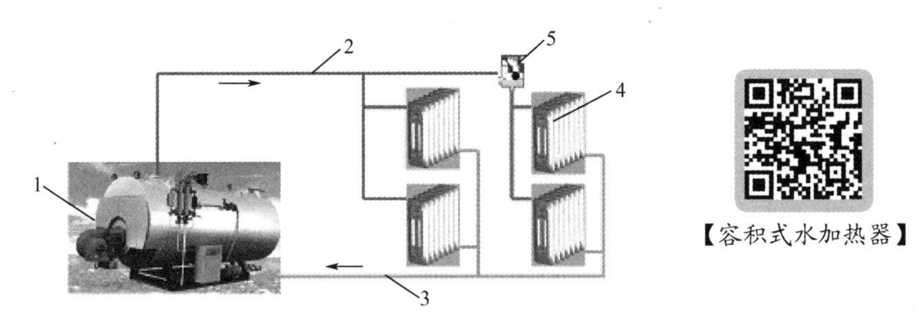

【容积式水加热器】

图 3－6 采暖系统的基本组成

1—锅炉；2—供水管道；3—回水管道；4—散热器；5—排气装置

2. 室内采暖系统的分类

室内采暖系统根据室内供热管网输送的介质不同，可分为热水采暖系统和蒸汽采暖系统两大类。

1）热水采暖系统

热水采暖系统是指以热水作为传媒介质的采暖系统。热水采暖系统按供水温度不同，可分为低温热水采暖（供水温度 95℃，回水温度 70℃）和高温热水采暖（供水温度 110～130℃，回水温度 70℃）两种；按水系统内循环的动力不同，可分为自然循环（或重力循环）系统（靠水的重度差进行循环）和机械循环系统（靠水泵动力进行循环）两种，如图 3－7 所示。另外，地板采暖也是目前常用的一种低温热水采暖形式。

【地板采暖工作原理】

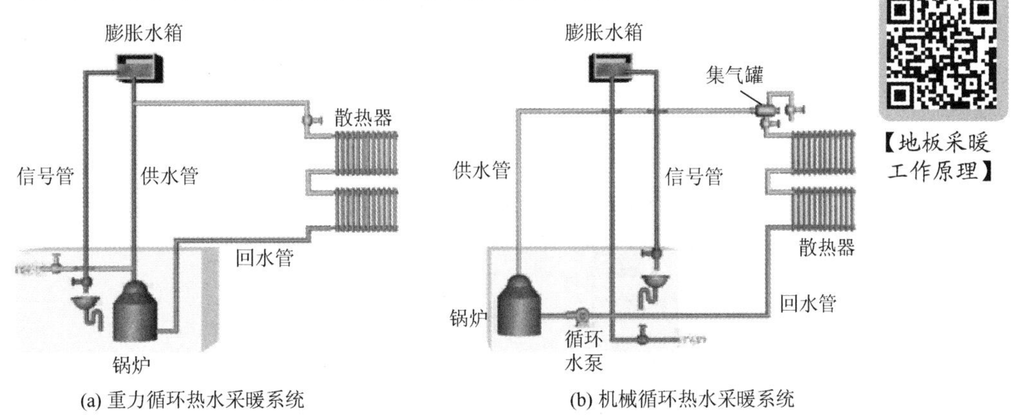

(a) 重力循环热水采暖系统　(b) 机械循环热水采暖系统

图 3－7 按动力分类的热水采暖系统示意图

2）蒸汽采暖系统

蒸汽采暖系统是指以蒸汽作为传媒介质的采暖系统。蒸汽采暖系统按压力不同，可分为低压蒸汽采暖系统（蒸汽工作压力≤0.07MPa）和高压蒸汽采暖系统（蒸汽工作压力>0.07MPa）两种，分别如图 3-8 和图 3-9 所示；按凝结水回水方式不同，可分为重力回水蒸汽采暖系统和机械回水蒸汽采暖系统两种。

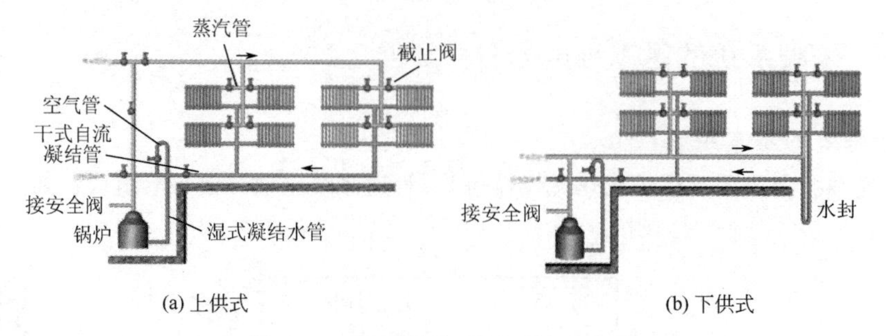

(a) 上供式　　(b) 下供式

图 3-8　低压蒸汽采暖系统示意图

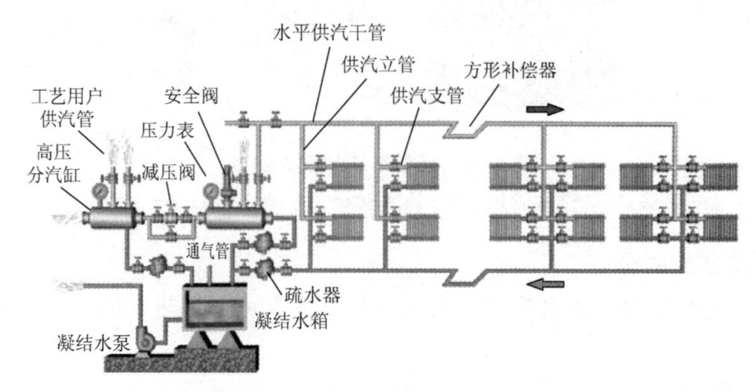

图 3-9　高压蒸汽采暖系统示意图

3.1.2　热水采暖系统管道布置的几种常见方式

1. 干管布置方式（图 3-10）

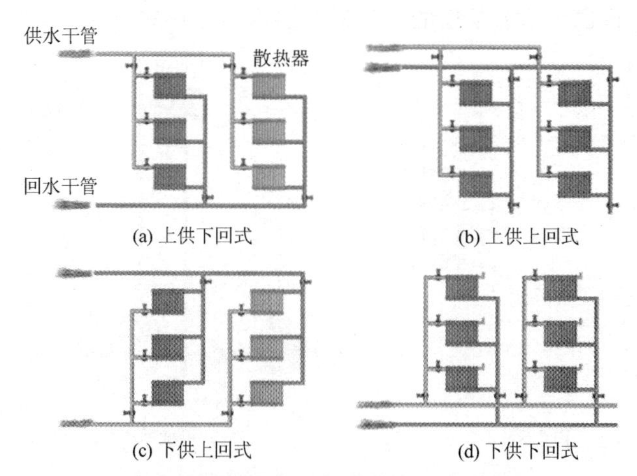

(a) 上供下回式　　(b) 上供上回式

(c) 下供上回式　　(d) 下供下回式

图 3-10　热水采暖系统干管布置示意图

2. 立管布置方式（图 3－11）

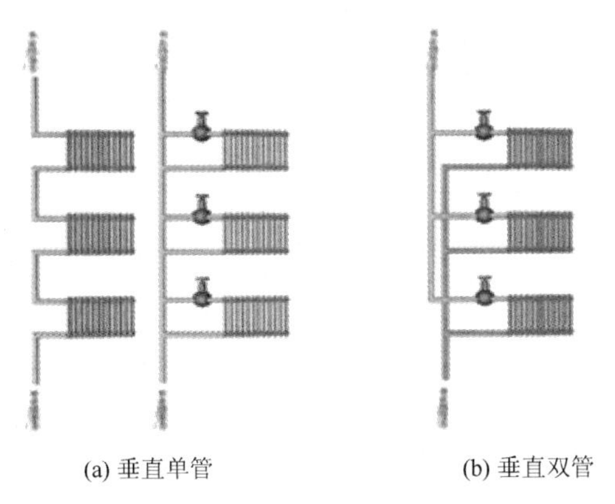

(a) 垂直单管　　(b) 垂直双管

图 3－11　热水采暖系统立管布置示意图

3.1.3 采暖系统常用主要设备

1. 散热器

1）铸铁散热器（图 3－12）

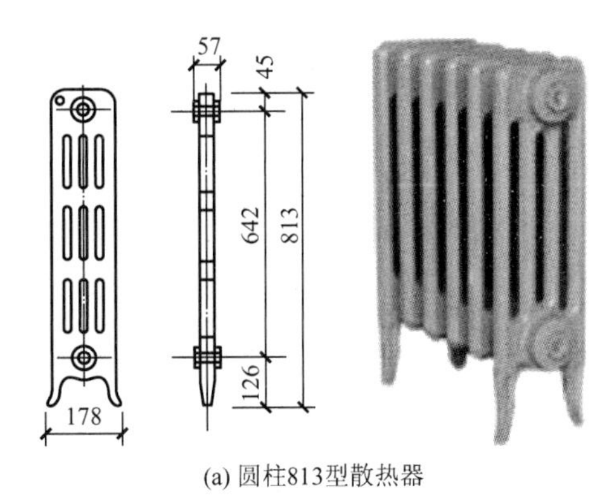

(a) 圆柱813型散热器

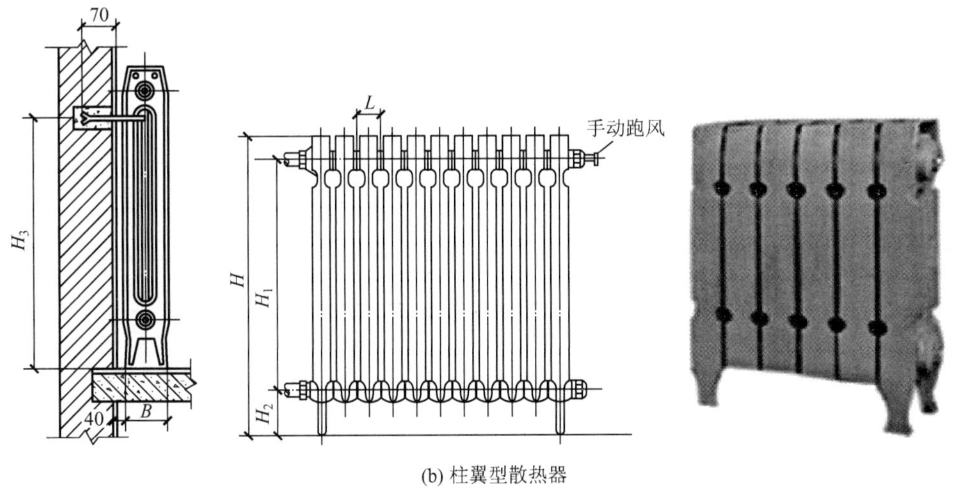

(b) 柱翼型散热器

图 3－12　铸铁散热器

常用铸铁散热器结构尺寸及主要技术参数见表 3-1。

表 3-1　常用铸铁散热器结构尺寸及主要技术参数

序号	型　号		单片主要尺寸（mm）				质量（kg/片）	散热面积（m^2/片）
			高度 H	宽度 B	长度 L	中心距 H_1		
1	TZY2-6-5(8)（柱翼 700）	中片	700	100	60	600	6.7	0.412
		足片	780	100	60	600	7.2	0.412
2	TZY2—5—5(8)（柱翼 600）	中片	600	100	60	500	5.5	0.377
		足片	680	100	60	500	6.0	0.377
3	TZY2-3-5(8)（柱翼 400）	中片	400	90	60	300	3.6	0.180
		足片	480	90	60	300	4.2	0.180
4	四柱 813 型	中片	724	159	57	642	6.5	0.280
		足片	813	159	57	642	7.0	0.280
5	TZ4-6-5(8)（四柱 760）	中片	682	143	60	600	5.8	0.235
		足片	760	143	60	600	6.2	0.235
		足片	460	143	60	300	5.5	0.130

2）钢制散热器（图 3-13）

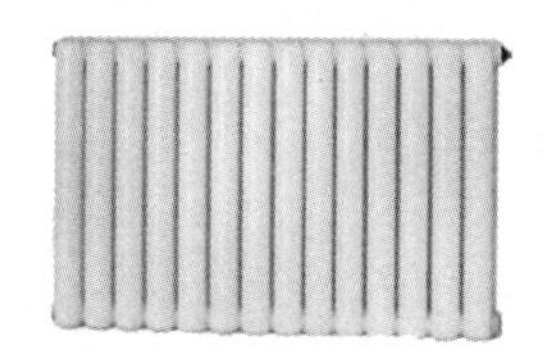

(a) 钢制柱式散热器

(b) 钢制板式散热器

(c) 钢制闭式散热器

(d) 翅片管散热器

图 3-13　常用各种钢制散热器

3）光排管散热器（图 3-14）

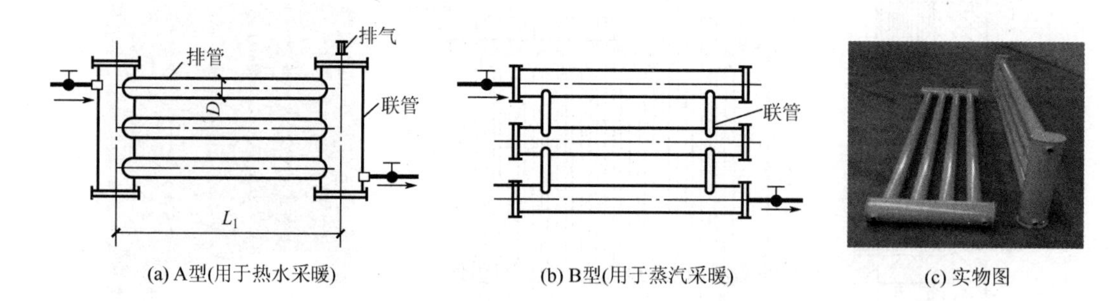

(a) A型(用于热水采暖)　(b) B型(用于蒸汽采暖)　(c) 实物图

图 3-14　光排管散热器

4）艺术造型散热器（图3-15）

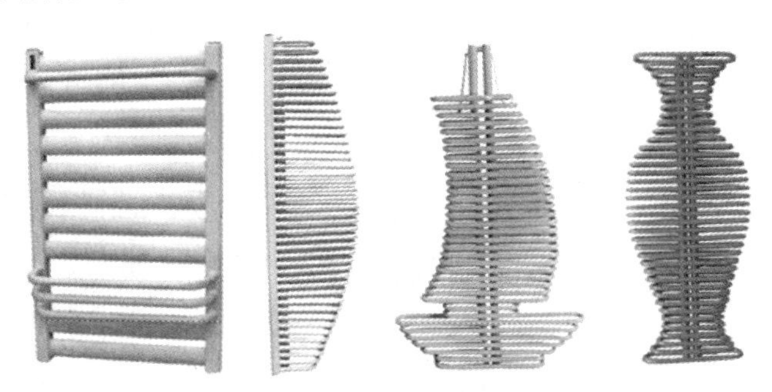

图3-15 艺术造型散热器

2. 管道附件

1）自动排气阀（图3-16）

自动排气阀是一种安装于系统最高点，用来释放供热系统和供水系统管道中产生的气穴的阀门。

2）温控阀（图3-17）

温控阀可以根据用户的不同要求设定室温，它的感温部分不断地感受室温并按照当前热需求随时自动调节热量的供给，以防止室温过热，达到用户最高的舒适度。它一般安装在散热器支管上。

图3-16 自动排气阀

图3-17 温控阀

3）平衡阀（图3-18）

平衡阀是在水里状态下，起到动态、静态平衡调节的阀门。

4）Y形过滤器（图3-19）

Y形过滤器用来清除介质中的杂质，以保护阀门及设备的正常使用。它通常安装在减压阀、泄压阀等设备的进口端。

图3-18 平衡阀

图3-19 Y形过滤器

5）补偿器（又称伸缩器）（图 3－20）

补偿器是在热力管道过长的情况下，用来减小热胀冷缩对管道的拉伸作用。一般分为方形补偿器、波纹管式补偿器、套筒补偿器等。

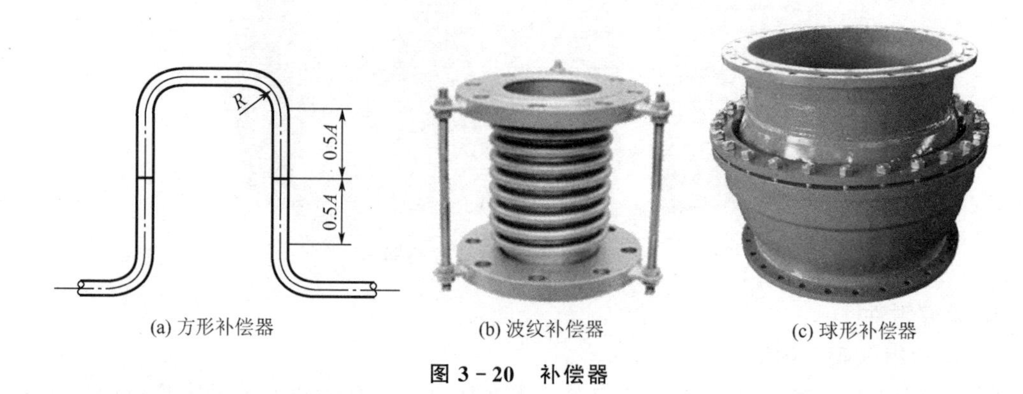

(a) 方形补偿器　(b) 波纹补偿器　(c) 球形补偿器

图 3－20　补偿器

6）软接头（图 3－21）

橡胶软接头系用于金属管道之间起挠性连接作用的中空橡胶制品，有减振降噪的作用。

图 3－21　软接头

7）减压器（图 3－22）

减压器是将热力入口进口压力减至某一设定的出口压力，并自动保持压力稳定的设备，一般成组安装在高压蒸汽采暖系统的入口处。

8）疏水器（图 3－23）

疏水器起阻气通水的作用。具体来说就是自动把蒸汽阻留在系统中，使之充分放热，不让它进入凝结水管道；同时迅速地走用热设备或管道中的凝结水，以便回流再用。及时疏水可以保证系统安全、正常进行，避免发生水击现象；某些疏水器还能排除系统中的空气和其他不凝性气体。

图 3－22　减压器

图 3－23　疏水器

9）除污器（图 3－24）

除污器的作用是用来清除和过滤管道中的杂质和污垢，保持系统内水质的洁净，减少阻力，保护设备和防止管道堵塞。

图 3－24 除污器

10）倒流防止器（图 3－25）

根据我国目前的供水管网，尤其是生活饮用水管道回流污染严重，又无有效防止回流污染装置的情况，研制的一种严格限制管道中的水只能单向流动的新型水力控制装置。

11）热量表（图 3－26）

热量表是计算热量的仪表。

图 3－25 倒流防止器

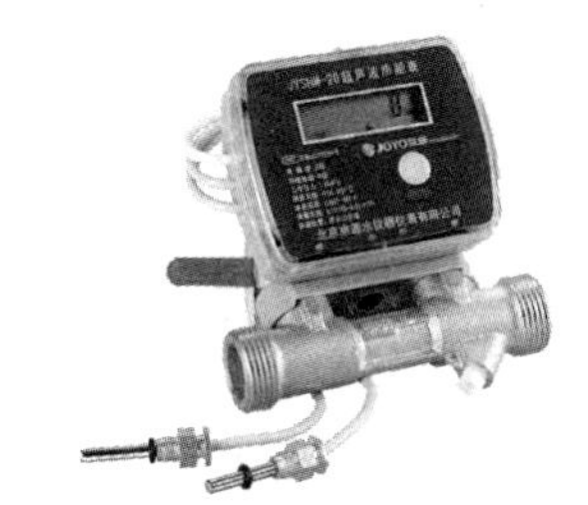

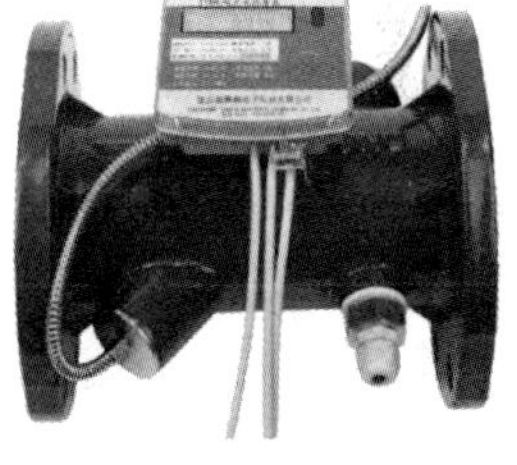

图 3－26 热量表

3.1.4 管道及设备刷油绝热基本知识

1. 涂漆前的表面清理——除锈工程

管道、设备及金属构件在涂漆之前，均要对表面进行清理，并打磨出光泽，以便使油漆能牢牢地附着在金属表面，这种清理方法俗称除锈。

常用的除锈方法有人工除锈、动力工具除锈、喷射除锈和化学除锈四种。

【管道除锈刷油】

（1）手工与动力工具除锈等级的划分见表 3－2。

表 3－2 手工与动力工具除锈等级

类　别	等　级	划分标准
手工除锈 动力工具除锈	轻锈	已发生锈蚀，并且部分氧化皮已经剥落的钢材表面
	中锈	部分氧化皮破裂脱落，呈堆粉状，除锈后用肉眼能看见腐蚀小凹点
	重锈	大部分氧化皮脱落，呈片状锈层或凸起的锈斑，除锈后出现麻点或麻坑

（2）除锈区分标准。

① 手工、动力工具除锈过的钢材表面分为 St2 和 St3 两个标准。

St2 标准：钢材表面应无可见的油脂和污垢，并且没有附着不牢的氧化皮、铁锈和油漆涂层等附着物。

St3 标准：钢材表面应无可见的油脂和污垢，并且没有附着不牢的氧化皮、铁锈和油漆涂层等附着物。除锈应比 St2 标准更为彻底，底材显露出部分的表面应具有金属光泽。

② 喷射除锈过的钢材表面分为 Sa2、Sa2½和 Sa3 三个标准。

a. Sa2 级：彻底的喷射或抛射除锈。

钢材表面应无可见的油脂、污垢，并且氧化皮、铁锈和油漆层等附着物已基本清除，其残留物应是牢固附着的。

b. Sa2½级：非常彻底的喷射或抛射除锈。

钢材表面应无可见的油脂、污垢、氧化皮、铁锈和油漆层等附着物，其残留的痕迹应仅是点状或条纹状的轻微色斑。

c. Sa3 级：使钢材表观洁净的喷射或抛射除锈。

钢材表面应无可见的油脂、污垢、氧化皮、铁锈和油漆层等附着物，该表面应显示均匀的金属色泽。

2. 管道的一般涂漆防腐的结构

管道的一般涂漆防腐结构分为底漆、面漆、罩面漆三种涂层，每层刷一遍或几遍。

1）底漆

底漆是直接喷刷在金属表面上的涂料层，应具有附着力强、防腐、防水性能好等特点。对黑色金属表面应采用红丹防锈漆、铁红防锈漆、铁红醇酸防锈漆等。对有色金属表面应采用锌黄底漆、磷化底漆。

2）面漆

面漆是涂在底漆上面的涂层，应具有耐光性、耐气候性和覆盖能力强等特性，如灰色防锈漆、各色调和漆、各色磁漆等。

3）罩面漆

罩面漆是涂在面漆上的涂层。为了增加涂层的耐腐蚀性，延长涂料层的寿命，在面漆上可再涂 1～2 遍无色清漆。

室内不保温的明装管道、设备、金属构件，需刷 1～2 遍防锈底漆，再按规定遍数刷面漆；有保温的管道可只刷两遍底漆；安装在墙槽、管道井内的管道及附件应刷两遍防锈漆。

3. 管道的保温（绝热）

保温又称绝热，目的是减少热量的损失，防止工作人员发生事故，防止管道表面结露和管道内部介质的冻结。

1）常用的保温材料

目前保温材料很多，常用的保温材料有岩棉、玻璃棉、硅藻土、石棉、水泥蛭石、珍珠岩、泡沫塑料、闭孔海绵、软木等，如图 3－27 所示。

2）保温结构

保温结构一般有防锈层、保温层、防潮层（对保冷空调冷媒水管）、保护层、防腐识别层等，如图 3－28 所示。

(a) 岩棉管壳保温材料

(b) 泡沫塑料保温材料

(c) 玻璃丝布保护层

图 3-27 几种保温材料

图 3-28 管道保温层结构示意图

防锈层即是防锈涂料层，保温层是在防锈层外用保温材料制成的构件，对保冷层在保温层外面还要做防潮层以免冷媒结露，常用的材料有铝箔、塑料薄膜、沥青油毡等。保护层在保温层防潮层外，主要保护保温层和防潮层不受机械损伤。最外面的是防腐及识别标志层，其作用是使保护层不受腐蚀，一般采用耐当地气候条件的涂料直接涂在保护层上，用不同的颜色来区分管道的种类。

3.2 采暖与刷油绝热工程量计算

【《山东省安装工程消耗量定额》（第十二册）】

采暖工程使用《山东省安装工程消耗量定额》（SD 02—31—2016）第十册；除锈、刷油、绝热工程使用《山东省安装工程消耗量定额》（SD 02—31—2016）第十二册。

3.2.1 工程量计算及消耗量定额应用

1. 采暖管道界线划分

（1）室内外管道以建筑物外墙皮 1.5m 为界；建筑物入口处设阀门者以阀门为界；室外设有采暖入口装置者以入口装置循环管三通为界。

（2）与工业管道界限以锅炉房或热力站外墙皮 1.5m 为界。

（3）与设在建筑物内的换热站管道以站房外墙皮为界。

2. 采暖管道安装

1）工程量计算规则

（1）各类管道安装按室内外、材质、连接形式、规格分别列项，以“10m”为计量单位。定额中塑料管以公称外径表示，其他管道均以公称直径表示。

（2）各类管道安装工程量，均按设计管道中心线长度，以“10m”为计量单位，不扣除阀门、管件、附件所占长度。

（3）方形补偿器所占长度计入管道安装工程量。方形补偿器制作安装应执行定额第五章相应项目。

（4）与分集水器进出口连接的管道工程量，应计算至分集水器中心线位置。

（5）直埋保温管保温层补口分管径，以“个”为计量单位。

（6）与原有采暖热源钢管碰头，区分带介质、不带介质两种情况，按新接支管公称管径列项，以“处”为计量单位。每处含有供、回水两条管道碰头连接。

2）定额应用说明

（1）室外管道安装不分地上与地下，均执行同一子目。

（2）管道安装项目中，均包括相应管件安装、水压试验及水冲洗工作内容。各种管件数量系综合取定，执行定额时，成品管件数量可依据设计文件及施工方案或参照本册定额附录“管道管件数量取定表”计算，定额中其他消耗量均不做调整。本册定额管件含量中不含与螺纹阀门配套的活接、对丝，其用量含在螺纹阀门安装项目中。

（3）钢管焊接安装项目中均综合考虑了成品管件和现场煨制弯管、摔制大小头、挖眼三通。

（4）管道安装项目中，除室内直埋塑料管道中已包括管卡安装外，其他管道项目均不包括管道支架、管卡、托钩等制作安装，以及管道穿墙、楼板套管制作安装、预留孔洞、堵洞、打洞、凿槽等工作内容，发生时，应按本册定额第十一章相应项目另行计算。

（5）镀锌钢管（螺纹连接）项目也适用于焊接钢管的螺纹连接。

（6）采暖室内直埋塑料管道是指敷设于室内地坪下或墙内的由采暖分集水器连接散热器及管井内立管的塑料采暖管段。直埋塑料管分别设置了热熔管件连接和无接口敷设两项定额项目，不适用于地板辐射采暖系统管道。地板辐射采暖系统管道执行本册定额第七章相应项目。

（7）室内直埋塑料管包括充压隐蔽、水压试验、水冲洗以及地面画线标示等工作内容。

（8）室内外采暖管道在过路口或跨绕梁、柱等障碍时，如发生类似于方形补偿器的管道安装形式，执行方形补偿器制作安装项目。

（9）采暖塑铝稳态复合管道安装按相应塑料管道安装项目人工乘以系数1.1，其余不变。

（10）塑套钢预制直埋保温管安装项目是按照行业标准《高密度聚乙烯外护管聚氨酯预制直埋保温管》（CJ 114—2000）要求供应的成品保温管道、管件编制的。

（11）塑套钢预制直埋保温管安装项目中已包括管件安装，但不包括接口保温，发生时应另行套用接口保温安装项目。

（12）安装带保温层的管道时，可执行相应材质及连接形式的管道安装项目，其人工乘以系数1.1；管道接头保温执行本定额第十二册《刷油、防腐蚀、绝热工程》，其人工、机械乘以系数2.0，材料消耗量乘以系数1.2。

(13) 安装钢套钢预制直埋保温管时，执行本定额第八册《工业管道工程》相应项目。

(14) 室外管道碰头项目适用于新建管道与已有热源管道的碰头连接，如已有热源管道已做预留接口则不执行相应安装项目。

(15) 与原有管道碰头安装项目不包括与供热部门的配合协调工作及通水试验的用水量，发生时应另行计算。

3) 关于管道计算的几点说明

(1) 关于横管坡度的考虑：供水干管一般抬头安装，坡度为0.003，引入口升高处为最低，干管设置集气罐（或自动排气阀）处为最高点。计算立管高度，应取其平均值。水平干管因坡度增加的斜长，由于增加值甚微，可以忽略不计（为了计算方便，本项目任务中的坡度均视为平均后的坡度）。

(2) 实际安装时，干管与立管并不在同一垂直立面上：如果立管与干管相交的Z形弯，以及立管绕支管时的抱弯（俗称“元宝弯”）（图3-29），可忽略不计；如果有短管连接（图3-30），应计算短管长度。

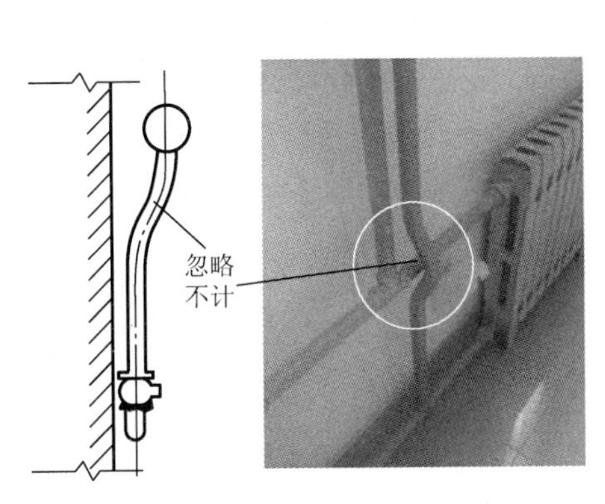

图3-29 Z形弯与元宝弯

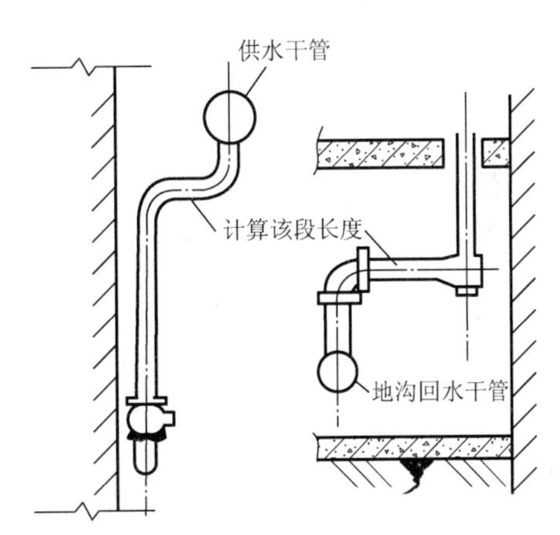

图3-30 干管与立管连接

(3) 散热器支管长度的计算如图3-31所示。

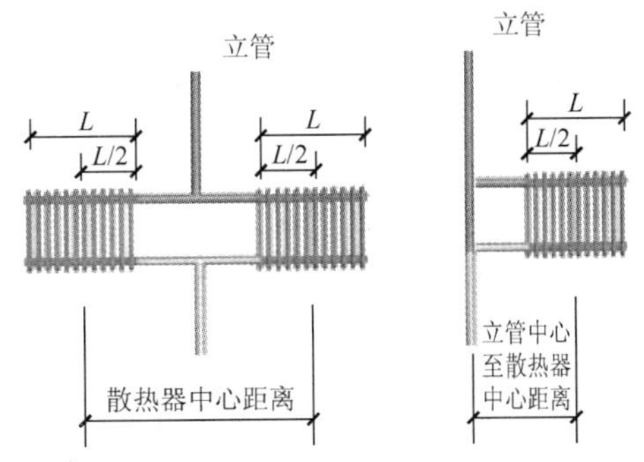

立管双侧连接散热器时支管长度=[散热器中心距离-(单片散热器厚度×片数)/2]×根数
立管单侧连接散热器时支管长度=[立管至散热器中心距离-(单片散热器厚度×片数)/2]×根数

图3-31 散热器支管长度计算

3. 供暖器具安装

1）工程量计算规则

（1）铸铁散热器安装分落地安装、挂式安装。铸铁散热器组对安装，以“10 片”为计量单位；成组铸铁散热器安装按每组片数，以“组”为计量单位。

（2）钢制柱式散热器安装按每组片数，以“组”为计量单位；闭式散热器安装以“片”为计量单位；其他成品散热器安装以“组”为计量单位。

（3）艺术造型散热器按与墙面的正投影（高乂长）计算面积，以“组”为计量单位。不规则形状以正投影轮廓的最大高度乘以最大长度计算面积。

（4）光排管散热器制作分 A 型、B 型，区分排管公称直径，按图示散热器长度计算排管长度以“10m”为计量单位，其中联管、支撑管不计入排管工程量；光排管散热器安装不分 A 型、B 型，区分排管公称直径，按光排管散热器长度以“组”为计量单位。

有一热水采暖工程，使用了 15 组由无缝钢管制作的光排管散热器，尺寸如图 3－32 所示。试计算散热器工程量。

根据定额要求，光排管散热器的联管材料消耗量已列入定额，只计算排管工程量。从图 3－32 上可知，该散热器为 A 型光排管散热器，$\phi159\times6$ 的无缝钢管为联管，不用计算其长度；108×4 的无缝钢管为排管，其长度共计 $1.2\times3\times15=54$(m)。套用定额 10－7－54。

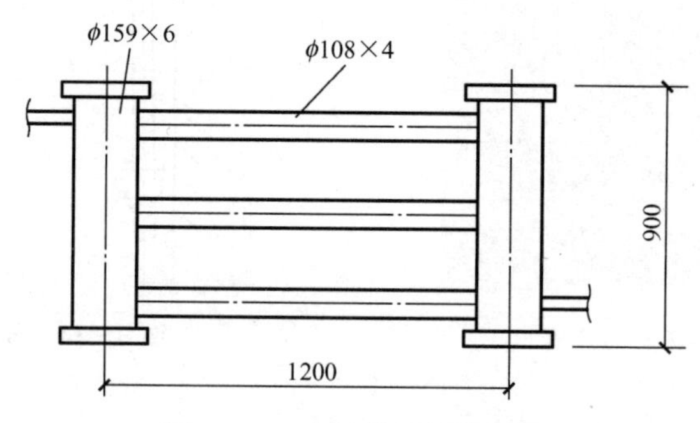

图 3－32　光排管散热器例题

（5）暖风机安装按设备质量，以“台”为计量单位。

（6）地板辐射采暖管道区分管道外径，按设计图示中心线长度计算，以“10m”为计量单位。保护层（铝箔）、隔热板、钢丝网按设计图示尺寸计算实际铺设面积，以“$10m^2$”为计量单位。边界保温带按设计图示长度，以“10m”为计量单位。

（7）热媒集配装置安装区分带箱、不带箱，按分支管环路数以“组”为计量单位。

2）定额应用说明

（1）散热器安装项目是参考《国家建筑标准设计图集》（10K509、10R504）编制的。除另有说明外，各型散热器均包括散热器成品支托架（钩、卡）安装和安装前的水压试验以及系统水压试验。各型散热器的成品支托架（钩、卡）安装，是按采用膨胀螺栓固定编制的，如工程要求与定额不同时，可按照本册定额第十一章有关项目进行调整。

（2）各型散热器不分明装、暗装，均按材质、类型执行同一定额子目。

（3）铸铁散热器按柱型（柱翼型）编制，区分带足、不带足两种安装方式。成组铸铁散热器、光排管散热器如发生现场进行除锈刷漆时，执行本定额第十二册《刷油、防腐蚀、绝热工程》相应项目。

(4) 钢制板式散热器安装不论是否带对流片，均按安装形式和规格执行同一项目。钢制卫浴散热器执行钢制单板板式散热器安装项目。钢制扁管散热器分别执行单板、双板钢制板式散热器安装定额项目，其人工乘以系数1.2。

(5) 钢制翅片管散热器安装项目包括安装随散热器供应的成品对流罩，如工程不要求安装随散热器供应的成品对流罩时，每组扣减0.03工日。

(6) 钢制板式散热器、金属复合散热器、艺术造型散热器的固定组件，按随散热器配套供应编制，如散热器未配套供应，应增加相应材料的消耗量。

(7) 光排管散热器安装不分A型、B型，执行同一定额子目。光排管散热器制作项目已包括联管、支撑管所用人工与材料。

(8) 手动放气阀的安装执行本册第五章相应项目。如随散热器已配套安装就位时，不得重复计算。

(9) 暖风机安装项目不包括支架制作安装，其制作安装按照本册定额第十一章相应项目另行计算。

(10) 地板辐射采暖塑料管道敷设项目包括了固定管道的塑料卡钉（管卡）安装、局部套管敷设及地面浇筑的配合用工。如工程要求固定管道的方式与定额不同时，固定管道的材料可按设计要求进行调整，其系不变。

(11) 地板辐射采暖的隔热板项目中的塑料薄膜，是指在接触土壤或室外空气的楼板与绝热层之间所铺设的塑料薄膜防潮层。如隔热板带有保护层（铝箔），应扣除塑料薄膜材料消耗量。地板辐射采暖塑料管道在跨越建筑物的伸缩缝、沉降缝时所铺设的塑料板条，应按照边界保温带安装项目计算，塑料板条材料消耗量可按设计要求的厚度、宽度进行调整。

(12) 成组热媒集配装置包括成品分集水器和配套供应的固定支架及与分支管连接的部件。固定支架如不随分集水器配套供应，需现场制作时，按照本册定额第十一章相应项目另行计算。

4. 管道附件安装

1) 工程量计算规则

(1) 各种阀门、补偿器、软接头安装，均按照不同连接方式、公称直径，以“个”为计量单位。

(2) 减压器、疏水器、倒流防止器、热量表组成安装，按照不同组成结构、连接方式、公称直径，以“组”为计量单位。减压器安装按高压侧的直径计算。

(3) 法兰均区分不同公称直径，以“副”为计量单位。

2) 定额应用说明

(1) 电磁阀、温控阀安装项目均包括了配合调试工作内容，不再重复计算；电磁阀检查接线、调试执行本定额第五册《建筑智能化工程》。

(2) 减压器、疏水器安装均按组成安装考虑，分别依据《国家建筑标准设计图集》(O1SS105、058407) 编制。疏水器组成安装未包括止回阀安装，若安装止回阀，执行阀门安装相应项目。单独安装减压器、疏水器时，执行阀门安装相应项目。

(3) 除污器组成安装依据《国家建筑标准设计图集》(038402) 编制，适用于立式、卧式和旋流式除污器组成安装。单个过滤器安装执行阀门安装相应项目人工乘以系数1.2。

（4）热量表组成安装是依据《国家建筑标准设计图集》（10K509、108504）编制的。如实际组成与此不同时，可按法兰、阀门等附件安装相应项目计算或调整。

（5）倒流防止器组成安装是根据《国家建筑标准设计图集》（12S108－1）编制的，按连接方式不同分为带水表与不带水表安装。

（6）器具组成安装项目已包括标准设计图集中的旁通管安装，旁通连接管所占长度不再另计管道工程量。

（7）器具组成安装均分别依据现行相关标准图集编制的，其中连接管、管件均按钢制管道、管件及附件考虑。如实际采用其他材质组成安装，则按相应项目分别计算。器具附件组成如实际与定额不同时，可按法兰、阀门等附件安装相应项目分别计算或调整。

（8）补偿器项目包括方形补偿器制作安装和焊接式、法兰式成品补偿器安装，成品补偿器包括球形、填料式、波纹式补偿器。补偿器安装项目中包括就位前进行预拉（压）工作。

（9）法兰式软接头安装适用于法兰式橡胶及金属挠性接头安装。

5. 除锈、刷油、绝热工程

1）除锈、刷油工程

（1）工程量计算规则。

① 钢管除锈、刷油工程量。按管道表面展开面积计算工程量。

a. 公式法计算：

$$S=L\times\pi\times D$$

式中 L——管道长度(m)；

D——管道内径或外径(m)。

b. 查表法计算：第十二册定额的附录二，给出了钢管“绝热、除锈（刷油）工程量计算表”，我们可以直接查表得到管道除锈（刷油）工程量。

② 设备除锈、刷油。按设备外表面展开面积计算。

③ 金属结构除锈、刷油。用手工和喷射除锈时，按质量“100kg”计算。

④ 铸铁管除锈、刷油工程量。

a. 按下面公式计算：

$$S=L\times\pi\times D+\text{承口展开面积}$$

b. 简化计算：在实际工作中，一般习惯上是将焊接钢管表面积乘系数 1.2，即为铸铁管表面积（包括承口部分），即

$$S=L\times Y\times 1.2$$

式中 L——铸铁管长度(m)；

Y——与铸铁管直径相同的单位长度焊接钢管表面积值（m^2/m）。

⑤ 暖气片除锈、刷油工程量。按暖气片散热面积计算。

⑥ 矩形通风管道刷油（保温层外的防潮层和保护层面积）工程量。

$$S=[2(A+B)+8(1.05\delta+0.0041)]\times L$$

式中 A——风管长边尺寸(m)；

B——风管短边尺寸(m)；

L——风管长度(m)；

δ——保温层厚度(m)；

1.05——调整系数。

⑦ 灰面、玻璃布、白布面、麻布、石棉布面、气柜、玛蹄脂面层刷油工程量以“m^2”为计量单位。

(2) 定额应用说明。

① 除微锈时按轻锈定额乘以系数0.20，因施工需要发生的二次除锈可以另行计算。

② 各种管件、阀件及设备上人孔、管口凸凹部分的除锈和刷油已综合考虑在定额内，不另行计算。

③ 金属面刷油不包括除锈工作内容。

④ 特殊标志、色环、介质名称及流向标示等零星刷油，执行本章定额相应项目，其人工乘以系数2.0，材料消耗量乘以系数1.20。

⑤ 本章定额中的刷油项目若实际采用喷涂施工时，执行刷油定额子目人工乘以系数0.45，材料乘以系数1.16，增加喷涂机械电动空气压缩机$3m^3/min$（其台班消耗量同调整后的合计工日消耗量）。

2) 绝热工程

(1) 工程量计算规则。

① 设备筒体或管道绝热层。

a. 公式计算法：

$$V=\pi\times(D+1.03\delta)\times1.03\delta\times L$$

式中 D——设备筒体或管道直径(m)；

δ——绝热层厚度(m)；

1.00——调整系数；

L——设备筒体或管道长度(m)。

b. 查表法：按照保温层厚度，直接查阅定额第十二册的附录二，得到管道绝热工程量。

② 矩形通风管道绝热层。

$$V=[2(A+B)\times1.03\delta+4\times1.03\delta^2]\times L$$

(2) 定额应用说明。

① 管道绝热工程中，均已包括管件保温；阀门、法兰保温除棉席（被）类、纤维类散状保温材料单列外，其他保温材料项目中均已考虑阀门、法兰保温，其工程量需要按定额附表中给定的数量计算，执行相应的管道绝热定额项目。

② 设备绝热工程，在计算工程量时不扣除人孔、接管开孔面积。

③ 聚氨酯泡沫塑料安装子目执行泡沫塑料相应子目。

④ 保温卷材安装执行相同材质的板材安装项目，其人工、铁线消耗量不变，但卷材用量损耗率按3.1%考虑。

⑤ 复合成品材料安装执行相同材质瓦块（或管壳）安装项目。复合材料分别安装时，应按分层计算，内层保温层外径视为管道直径。执行定额时，按不同的材质分别执行相应定额项目。

⑥ 在管道绝热工程中，根据绝热工程施工及验收规范，保温厚度大于100mm、保冷厚度大于75mm时，或设计要求保温厚度小于100mm、保冷厚度小于75mm需分层施工时，应分层计算工程量，并分别套用相应定额项目。

⑦ 矩形管道绝热按设计要求需要加防雨坡度时，其增加的工程量另行计算，执行相应的定额。

⑧ 聚氨酯泡沫塑料发泡安装，是按无模具直喷施工考虑的。若采用有模具浇注安装，其模具（制作安装）费另行计算；由于批量不同，相差悬殊的，可另行协商，分次数摊销。发泡效果受环境温度条件影响较大，环境温度低于15℃时应采取措施，其费用另计。

⑨ 关于下列各项费用的规定。

a. 镀锌铁皮保护层厚度按0.8mm以下综合考虑，若厚度大于0.8mm时，其人工乘以系数1.2。

b. 卧式设备铁皮保护层安装，其人工乘以系数1.05。

c. 铝皮保护层执行镀锌铁皮保护层安装项目，主材可以换算，若厚度大于1mm时，其人工乘以系数1.2。

d. 采用不锈钢薄板作保护层，执行金属保护层相应项目，其人工乘以系数1.25，钻头消耗量乘以系数2.0，机械乘以系数1.05。

e. 现场补口补伤等零星绝热工程，按相应材质定额项目，其人工、机械乘以系数2.0，材料消耗量乘以系数1.2。

6. 消耗量定额相关费用的规定

1）采暖工程定额（第十册）相关费用的规定

采暖工程系统调整费：按采暖系统工程人工费的10%计算，其费用中人工费占35%。其他见本书“项目2”相应内容。

2）刷油、绝热工程定额（第十二册）相关费用的规定

（1）下列费用可按系数分别计取。

① 脚手架搭拆费：刷油、防腐蚀工程按定额人工费的7%；绝热工程按定额人工费的10%；其中人工费占35%。

② 操作高度增加费：工业工程以设计标高±0.00为基准，民用工程以地面或楼地面为基准，当操作物高度超过±6m时，超过部分工程量按定额人工、机械费乘以表3-3的系数。

表3-3 操作高度增加费系数表

操作物高度(m)	≤30	≤50	≤70	>70
系　　数	1.20	1.50	1.70	1.95

（2）关于金属结构的说明。

① 大型型钢：H型钢结构及任何一边大于300mm以上的型钢，均以“$10m^2$”为计量单位。

② 管廊：除管廊上的平台、栏杆、梯子及大型型钢以外的钢结构等均为管廊，以“100kg”为计量单位。

③ 一般钢结构：除大型型钢和管廊以外的其他钢结构，如平台、栏杆、梯子、管道支吊架及其他金属构件等，均以“100kg”为计量单位。

④ 由钢管组成的金属结构，执行管道相应子目，人工乘以系数1.20。

3.2.2 工程量计算任务实施

下面我们就对本项目工作任务图纸中的某学校办公楼采暖工程进行工程量计算，见表3-4。

表3-4 采暖工程量计算书

定额编号	项 目 名 称	单位	数 量	计 算 公 式
10-2-38	镀锌钢管 *DN*50 (焊接连接)	m	67.66 其中： 地上 51.50 地沟 16.16	供干：(2.5+1.3)(室外进户管线)(地沟内)+[13(竖向总立管)+(6+2.1+6+1.2+3.6×3+5.7−0.5)(①～⑩轴线之间左右方向管线)+4.9(沿⑥轴线外墙右侧前后管线)+1.1(沿②轴线左侧前后管线)+1.2(沿①轴线外墙右侧前后管线)](地上) 回干：[(3.6×4−0.36)(沿⑩轴线外墙左侧前后管线)+(2.5+0.9)(室内出户管管线)](地沟内)
	主材： 1. 镀锌钢管 *DN*50 2. 采暖室内钢管焊接管件 *DN*50	m 个	68.67 8.79	10.15/10×67.66=68.67(m) 1.30/10×67.66=8.79(个)
10-2-37	镀锌钢管 *DN*40 (焊接连接)	m	55.50 其中： 地上 20.70 地沟 34.80	① 供干：[(1.6+3.6×2−0.5)(沿①轴线外墙右侧前后管线)+(5.2+3.6×2)(沿①轴线外墙内侧左右管线)](地上) ② 回干：[(3.6−0.5+3.6×2+1.2+6+2.1+6−0.5)(沿①轴线外墙内侧及卫生间门外左右管线)+(2+3.6)(卫生间左侧墙外前后管线)+3.6(沿⑩轴线外墙左侧前后管线)+0.5(引入口旁通管)](地沟内)
	主材： 1. 镀锌钢管 *DN*40 2. 采暖室内钢管焊接管件 *DN*40	m 个	56.33 4.72	10.15/10×55.50=56.33(m) 0.85/10×55.50=4.72(个)

（续）

定额编号	项目名称	单位	数　量	计算公式
10-2-36	镀锌钢管 $DN32$ （焊接连接）	m	49.84 其中： 地上 33.84 地沟 16.00	① 供干：[（3.6－0.5＋3.6＋1.2＋6＋2.1＋6＋1.085－0.4＋0.75）（沿Ⓙ轴线外墙左右管线）＋（3.6×3－0.8＋0.4）（沿⑩轴线外墙内侧前后管线）]（地上） ② 回干：[（1.6＋3.6＋1.8）（沿①轴线外墙内侧前后管线）＋（5.7＋3.6－0.5＋0.2）（沿Ⓙ轴线外墙内侧左右管线）]（地沟内）
	主材： 1. 镀锌钢管 $DN32$ 2. 采暖室内钢管焊接管件 $DN32$	m 个	50.59 4.19	10.15/10×49.84＝50.59（m） 0.84/10×49.84＝4.19（个）
10-2-14	镀锌钢管 $DN25$ （螺纹连接）	m	197.45 其中： 地上 171.60 地沟 25.85	① 供干：（3.6＋1.2）（沿⑩轴线外墙内侧管线）（地上） ② 回干：[（5.7－0.5＋3.6×3＋1.2＋0.5）（①～⑥轴线之间左右方向管线）＋（3.6×2－1）（沿⑥轴线右侧前后管线）]（地沟内） ③ 立管：[（13＋0.4）×12＋1.2×3（6、7、8号立管敷设于三层顶板下的水平段）]（地上） ④ 立管至供水干管的水平管线（地上）：0.2×12 ⑤ 立管至回水干管的水平管线（地沟内）：0.2×12
	主材： 1. 镀锌钢管 $DN25$ 2. 采暖室内镀锌钢管螺纹管件 $DN25$	m 个	191.53 243.06	9.70/10×197.45＝191.53（m） 12.31/10×197.45＝243.06（个）
10-2-13	镀锌钢管 $DN20$ （螺纹连接）	m	148.20 （全部地上）	支管： ① 立管双侧连接散热器： 20片20片：[3.6－0.06×（20＋20）÷2]×2 18片18片：[3.6－0.06×（18＋18）÷2]×2 17片17片：[3.6－0.06×（17＋17）÷2]×4 18片16片：[3.6－0.06×（18＋16）÷2]×2 16片14片：[3.6－0.06×（16＋14）÷2]×2 15片13片：[3.6－0.06×（15＋13）÷2]×4 ② 立管单侧连接散热器： 20片：[1.8－0.06×20÷2]×4 19片：[1.8－0.06×19÷2]×2

（续）

定额编号	项目名称	单位	数　　量	计算公式
10-2-13	镀锌钢管 $DN20$（螺纹连接）	m	148.20（全部地上）	18片：[1.8−0.06×18÷2]×6 17片：[1.8−0.06×17÷2]×20 16片：[1.8−0.06×16÷2]×8 15片：[1.8−0.06×15÷2]×10 14片：[1.8−0.06×14÷2]×18 13片：[1.8−0.06×13÷2]×12
	主材： 1. 镀锌钢管 $DN20$ 2. 采暖室内镀锌钢管螺纹管件 $DN20$	m 个	143.75 185.84	9.70/10×148.20=143.75(m) 12.54/10×148.20=185.84(个)
10-7-9	成组铸铁柱翼型散热器落地安装(20片以内)	组	25	20片4组;19片1组;18片6组;17片14组
	主材： 1. 成组铸铁散热器(带足)20片 2. 成组铸铁散热器(带足)19片 3. 成组铸铁散热器(带足)18片 4. 成组铸铁散热器(带足)17片	组	4 1 6 14	1.00×散热器工程量
10-7-8	成组铸铁柱翼型散热器落地安装(16片以内)	组	31	16片6组;15片7组;14片10组;13片8组
	主材： 1. 成组铸铁散热器(带足)16片 2. 成组铸铁散热器(带足)15片 3. 成组铸铁散热器(带足)14片 4. 成组铸铁散热器(带足)13片	组	6 7 10 8	1.00×散热器工程量
10-5-39	法兰闸阀 $DN50$	个	2	引入口处
	主材： 法兰闸阀 $DN50$	个	2	1.00×2=2(个)

（续）

定额编号	项目名称	单位	数量	计算公式
10-5-38	法兰闸阀 DN40	个	1	引入口处
	主材： 法兰闸阀 DN40	个	1	1.00×1=1(个)
10-5-3	丝扣铜球阀 DN25	个	26	立管上、下端处24个；自动排气阀下2个
	主材： 丝扣铜球阀 DN25	个	26.26	1.01×26=26.26(个)
10-5-33	散热器温控阀 DN20	个	56	散热器进水支管处
	主材： 散热器温控阀 DN20	个	56	1.0×56=56(个)
10-5-30	自动排气阀 DN25	个	2	供水干管起始端处
	主材： 自动排气阀 DN25	个	2	1.0×2=2(个)
10-5-31	手动放风阀 ϕ10	个	56	
	主材： 手动放风阀 ϕ10	个	56.56	1.01×56=56.56(个)
10-5-139	碳钢平焊法兰 DN50	副	2	引入口处
	主材： 碳钢平焊法兰 DN50	片	4	2×2=4(片)
10-5-138	碳钢平焊法兰 DN40	副	1	引入口处
	主材： 碳钢平焊法兰 DN40	片	2	2×1=2(片)
6-1-11	压力式温度计 （毛细管长2m以内）	支	2	引入口处
	主材： 插座带丝堵	套	2	1.0×2=2(套)
6-1-46	压力表（就地安装）	块	2	引入口处
	主材： 1. 取源部件 2. 仪表接头	 套 套	 2 2	 1.0×2=2(套) 1.0×2=2(套)
10-11-1	管道支架制作 （单件质量5kg以内）	kg	28.08	1.08×26=28.08(kg)(数据来源见工程概况)
	主材： ∟40×4角钢	kg	29.48	105.0/100×28.08=29.48(kg)

（续）

定额编号	项目名称	单位	数 量	计算公式
10-11-6	管道支架安装（单件质量5kg以内）	kg	28.08	1.08×26=28.08(kg)(同上)
10-11-12	成品管卡安装 *DN*32（以内）	个	47.02	镀锌钢管 *DN*25(立管):2.86/10×[(13+0.4)×12+1.2×3(6、7、8号立管敷设于三层顶板下的水平段)](地上)=47.02(个)
	主材：镀锌钢管 *DN* 25 成品管卡	套	49.37	1.05×47.02=49.37(套)
10-11-27	一般穿墙钢套管制作安装 *DN*50 以内	个	19	① *DN*50:立管处5个,横管处7个(供干4个、回干3个) ② *DN*40:横管处8个(供干4个、回干4个)
	主材：焊接钢管 *DN*80	m	6.04	0.318×19=6.04(m)
10-11-26	一般穿墙钢套管制作安装 *DN*32 以内	个	60	① *DN*32:横管处9个(供干6个、回干3个) ② *DN*25:横管处3个(供干1个、回干2个); 立管处4×12=48(个)
	主材：焊接钢管 *DN*50	m	19.08	0.318×60=19.08(m)
10-11-25	一般穿墙钢套管制作安装 *DN*20 以内	个	16	*DN*20:支管处8+8=16(个)
	主材：焊接钢管 *DN*32	m	5.09	0.318×16=5.09(m)
12-2-22	地上管道刷银粉漆第一遍	m^2	48.09	*DN*20: *L*=148.20m, *S*=148.20×8.45/100=12.52(m^2) *DN*25: *L*=171.60m, *S*=171.60×10.59/100=18.17(m^2) *DN*32:*L*=33.84m,*S*=33.84×13.32/100=4.51(m^2) *DN*40:*L*=20.07m,*S*=20.07×15.17/100=3.14(m^2) *DN*50:*L*=51.50m,*S*=51.50×18.94/100=9.75(m^2)
	主材：银粉漆	kg	3.22	0.67/10×48.09=3.22(kg)

（续）

定额编号	项目名称	单位	数量	计算公式
12－2－23	地上管道刷银粉漆第二遍	m^2	48.09	同定额编号 12－2－22“地上管道银粉漆第一遍”计算公式
	主材： 银粉漆	kg	3.03	0.63/10×48.09=3.03(kg)
12－2－132	散热器刷银粉漆一遍	m^2	366.68	(20×4+19×1+18×6+17×14+16×6+15×7+14×10+13×8)×0.412=890×0.412=366.68(m^2)
	主材： 银粉漆	kg	19.80	0.54/10×366.68=19.8(kg)
12－4－20	地沟内管道保温岩棉瓦厚 30mm、直径 57mm 以内	m^3	0.687	$DN25$：L=25.85m，V=25.85×0.627/100=0.162(m^3) $DN32$：L=16.00m，V=16.00×0.712/100=0.114(m^3) $DN40$：L=34.80m，V=34.80×0.769/100=0.268(m^3) $DN50$：L=16.16m，V=16.16×0.885/100=0.143(m^3)
	主材： 岩棉管壳	m^3	0.708	1.03×0.687=0.708(m^3)
12－4－135	地沟内管道保温层外缠玻璃丝布一道	m^2	31.58	$DN25$：L=25.85m，S=25.85×30.38/100=7.85(m^2) $DN32$：L=16.00m，S=16.00×33.11/100=5.30(m^2) $DN40$：L=34.80m，S=34.80×34.96/100=12.17(m^2) $DN50$：L=16.16m，S=16.16×38.73/100=6.26(m^2)
	主材： 玻璃丝布	m^2	44.21	14.0/10×31.58=44.21(m^2)
12－2－180	地沟内管道布面刷沥青漆一遍	m^2	31.58	同定额编号 12－4－45“地沟内管道保温层外缠玻璃丝布一道”计算公式
	主材： 煤焦油沥青漆 L01－17	kg	16.29	5.2/10×31.58=16.29(kg)

（续）

定额编号	项目名称	单位	数量	计算公式
12-1-7（×0.2）	管道支架人工除微锈	kg	28.08	同定额编号10-11-1“管道支架制作”计算公式
12-2-55	管道支架刷红丹防锈漆第一遍	kg	28.08	同定额编号10-11-1“管道支架制作”计算公式
	主材：醇酸防锈漆C53-11	kg	0.33	1.16/100×28.08=0.33(kg)
12-2-56	管道支架刷红丹防锈漆第二遍	kg	28.08	同定额编号10-11-1“管道支架制作”计算公式
	主材：醇酸防锈漆C53-11	kg	0.27	0.95/100×28.08=0.27(kg)
12-2-60	管道支架刷银粉漆第一遍	kg	28.08	同定额编号10-11-1“管道支架制作”计算公式
	主材：银粉漆	kg	0.09	0.33/100×28.08=0.09(kg)
12-2-61	管道支架刷银粉漆第二遍	kg	28.08	同定额编号10-11-1“管道支架制作”计算公式
	主材：银粉漆	kg	0.08	0.29/100×28.08=0.08(kg)

3.3 采暖与刷油绝热工程分部分项工程量清单编制

3.3.1 分部分项工程量清单项目设置的内容

采暖工程项目和刷油绝热项目的分部分项工程量清单编制，分别使用《通用安装工程工程量计算规范》(GB 50856—2013) 附录K和附录M，见表3-5和表3-6。

表 3－5　采暖工程工程量清单项目设置内容

项目编码	项 目 名 称	分项工程项目
031001	给排水、采暖、燃气管道	本部分包括镀锌钢管、钢管、不锈钢管、铜管、铸铁管、塑料管、复合管、直埋式预制保温管、承插陶瓷缸瓦管、承插水泥管及室外管道碰头共 11 个分项工程项目
031002	支架及其他	本节包括管道支架、设备支架、套管共 3 个分项工程项目
031003	管道附件	本部分包括各种螺纹阀门、螺纹法兰阀门、焊接法兰阀门、带短管甲乙阀门、塑料阀门、减压器、疏水器、除污器（过滤器）、补偿器、软接头（软管）、法兰、倒流防止器、水表、热量表、塑料排水管消声器、浮标液面计、浮标水位标尺共 17 个分项工程项目
031005	供暖器具	本部分包括铸铁散热器、钢制散热器、其他成品散热器、光排管散热器、暖风机、地板辐射采暖、热媒集配装置、集气罐共 8 个分项工程项目
031006	采暖、给排水设备	本部分包括变频给水设备、稳压给水设备、无负压给水设备、气压罐、太阳能集热装置、地源（水源、气源）热泵机组、除砂器、水处理器、超声波灭藻设备、水质净化器、紫外线杀菌设备、热水器（开水炉）、消毒器（消毒柜）、直饮水设备、水箱共 15 个分项工程项目
031009	采暖、空调水工程系统调试	本部分包括采暖工程系统调试、空调水工程系统调试共 2 个分项工程项目

表 3－6　刷油、绝热工程工程量清单项目设置内容

项目编码	项 目 名 称	分项工程项目
031201	刷油工程	本部分包括管道刷油、设备与矩形管道刷油、金属结构刷油、铸铁管/暖气片刷油、灰面刷油、布面刷油、气柜刷油、玛蹄脂面刷油、喷漆共 9 个分项工程项目
031208	绝热工程	本部分包括设备绝热、管道绝热、通风管道绝热、阀门绝热、法兰绝热、喷涂/涂抹、防潮层/保护层、保温盒/保温托盘共 8 个分项工程项目

3.3.2　分部分项工程量清单编制任务实施

根据本项目中某学校办公楼采暖工程工程量计算书（表 3－4）和《通用安装工程工程量计算规范》（GB 50856—2013），编制该工程分部分项工程量清单，见表 3－7。

表3-7 分部分项工程量清单表

工程名称：某学校办公楼采暖工程　　标段：　　第　页　共　页

序号	项目编码	项目名称	项目特征描述	计量单位	工程量
1	031001001001	镀锌钢管	1. 安装部位：室内 2. 输送介质：热水 3. 材质：镀锌钢管 4. 规格：*DN*50 5. 连接方式：焊接 6. 压力试验及冲洗：按规范要求	m	67.66
2	031001001002	镀锌钢管	1. 安装部位：室内 2. 输送介质：热水 3. 材质：镀锌钢管 4. 规格：*DN*40 5. 连接方式：焊接 6. 压力试验及冲洗：按规范要求	m	55.50
3	031001001003	镀锌钢管	1. 安装部位：室内 2. 输送介质：热水 3. 材质：镀锌钢管 4. 规格：*DN*32 5. 连接方式：焊接 6. 压力试验及冲洗：按规范要求	m	49.84
4	031001001004	镀锌钢管	1. 安装部位：室内 2. 输送介质：热水 3. 材质：镀锌钢管 4. 规格：*DN*25 5. 连接方式：螺纹连接 6. 压力试验及冲洗：按规范要求	m	197.45
5	031001001005	镀锌钢管	1. 安装部位：室内 2. 输送介质：热水 3. 材质：镀锌钢管 4. 规格：*DN*20 5. 连接方式：螺纹连接 6. 压力试验及冲洗：按规范要求	m	148.20
6	031002001001	管道支架	1. 材质：∟40×4角钢 2. 管架形式：单件质量<5kg的固定支架	kg	28.08
7	031002001002	管道支架	镀锌钢管*DN*25成品管卡	套	47.02

（续）

序号	项目编码	项目名称	项目特征描述	计量单位	工程量
8	031002003001	套管	1. 名称、类型：一般穿墙套管 2. 材质：焊接钢管 3. 规格：*DN*50 以内 4. 填料材质：沥青麻丝	个	19
9	031002003002	套管	1. 名称、类型：一般穿墙套管 2. 材质：焊接钢管 3. 规格：*DN*32 以内 4. 填料材质：沥青麻丝	个	60
10	031002003003	套管	1. 名称、类型：一般穿墙套管 2. 材质：焊接钢管 3. 规格：*DN*20 以内 4. 填料材质：沥青麻丝	个	16
11	031003001001	螺纹阀门	1. 类型：散热器温控阀 2. 材质：铜质 3. 规格：*DN*20 4. 连接方式：螺纹连接	个	56
12	031003001002	螺纹阀门	1. 类型：Q11F－16T 铜球阀 2. 材质：铜质 3. 规格：*DN*25 4. 连接方式：螺纹连接	个	26
13	031003001003	螺纹阀门	1. 类型：ZP88－1 立式自动排气阀 2. 材质：铜质 3. 规格：*DN*25 4. 连接方式：螺纹连接	个	2
14	031003001004	螺纹阀门	1. 类型：手动放风阀 2. 材质：铜质 3. 规格：ϕ10 4. 连接方式：螺纹连接	个	56
15	031003003001	焊接法兰阀门	1. 类型：Z44T－16 闸阀 2. 材质：碳钢 3. 规格：*DN*40 4. 连接方式：法兰连接	个	1
16	031003003002	焊接法兰阀门	1. 类型：Z44T－16 闸阀 2. 材质：碳钢 3. 规格：*DN*50 4. 连接方式：法兰连接	个	2

（续）

序号	项目编码	项目名称	项目特征描述	计量单位	工程量
17	031003011001	法兰	1. 材质：碳钢 2. 规格：*DN*50 3. 连接形式：平焊法兰	副	2
18	031003011002	法兰	1. 材质：碳钢 2. 规格：*DN*40 3. 连接形式：平焊法兰	副	1
19	031005001001	铸铁散热器	1. 型号、规格：TZY－6－8 2. 安装方式：成组落地安装（20片以内） 3. 托架形式：厂配	组	25
20	031005001002	铸铁散热器	1. 型号、规格：TZY－6－8 2. 安装方式：成组落地安装（16片以内） 3. 托架形式：厂配	组	31
21	030601001001	温度仪表	1. 名称：压力式温度计 2. 类型：压力式 3. 规格：毛细管长2m以下	支	2
22	030601002001	压力仪表	1. 名称：一般压力表 2. 型号：Y－60 3. 规格：就地安装	块	2
23	031201001001	管道刷油	1. 油漆品种：银粉漆 2. 涂刷遍数：两遍	m^2	48.09
24	031201003001	金属结构刷油	1. 除锈级别：人工除微锈 2. 油漆品种：红丹防锈漆 3. 结构类型：管道支架 4. 涂刷遍数：两遍	kg	28.08
25	031201003002	金属结构刷油	1. 油漆品种：银粉漆 2. 结构类型：管道支架 3. 涂刷遍数：两遍	kg	28.08
26	031201004001	暖气片刷油	1. 油漆品种：银粉漆 2. 涂刷遍数：一遍	m^2	366.68
27	031201006001	布面刷油	1. 布面品种：玻璃丝布 2. 油漆品种：沥青漆 3. 涂刷遍数：一遍	m^2	31.58

（续）

序号	项目编码	项目名称	项目特征描述	计量单位	工程量
28	031208002001	管道绝热	1. 绝热材料品种：岩棉管壳 2. 绝热厚度：30mm 3. 管道外径：57mm 以内	m^3	0.708
29	031208007001	保护层	1. 材料：玻璃丝布 2. 层数：一层 3. 对象：管道	m^2	31.58
30	031009001001	采暖工程系统调整	1. 上供下回低温热水采暖系统 2. 管道工程量：518.65m	系统	1

小　结

本部分内容以编制某学校办公楼采暖工程项目分部分项工程量清单为工作任务，从识读工程图纸入手，详细介绍了采暖与刷油绝热工程的工程量计算规则，相应的消耗量定额使用注意事项，以及《通用安装工程工程量计算规范》中对应的内容。通过学习本项目内容，培养学生独立编制采暖和刷油绝热工程计量文件的能力。

自测练习

一、单项选择题

1. 蒸汽采暖系统中设疏水器的作用是（　　）。

A. 排除空气　　B. 排出蒸汽

C. 阻止凝结水通过　　D. 疏水阻汽

2. 采暖系统有热补偿作用的辅助设备是（　　）。

A. 伸缩器　　B. 疏水器　　C. 除污器　　D. 减压器

3. 能表示出供暖系统的空间布置情况、散热器与管道空间连接形式，设备、管道附件等空间关系的是（　　）。

A. 平面图　　B. 系统图　　C. 详图　　D. 设计说明

4. 安装工程消耗量定额中规定，采暖管道室内外以入口阀门或建筑物外墙皮的（　　）m 为界。

A. 1.0　　B. 0.5　　C. 3.0　　D. 1.5

5. 除微锈时按轻锈定额乘以系数（　　）。

A. 0.2　　B. 0.4　　C. 0.5　　D. 0.8

6. 采暖系统的阀门安装工程量应按不同（　　）、规格，分别以“个”为单位计算。

A. 型号　　B. 类别　　C. 公称直径　　D. 连接形式

7. 某工程采暖管道要求除锈刷底漆后用玻璃棉保温（厚度35mm），外缠玻璃丝布一层，再涂沥青漆一遍。在计算工程量时，其中玻璃丝布的单位是（　　）。

A. m　　B. 10m　　C. m^2　　D. m^3

二、判断题

1. 采暖系统的基本组成为热源、管道系统和散热设备。（　　）

2. 铸铁散热器组对安装的计量单位为“组”。

3. 采暖工程系统调整费，按采暖系统工程人工费的10%计算，其费用中人工费占25%。（　　）

4. 采暖管道工程量统计时，需要扣除阀门所占的长度。（　　）

5. 安装工程消耗量定额中，采暖室内直埋塑料管道是指敷设于室内地坪下或墙内的由采暖分集水器连接散热器及管井内立管的塑料采暖管段。（　　）

6. 统计工程量时，采暖管道绝热的计量单位同管道安装不同，单位为立方米。（　　）

7. 在建筑物层数大于6层或建筑物高度超过20m以上的工业与民用建筑上进行安装时，应计算建筑物超高增加费。（　　）

8. 采暖管道安装定额中均已经包括支架制作安装。（　　）

9. 在计算除锈、刷油工程量时，各种管件、阀门、设备人孔、管口凹凸部分已包括在定额消耗量中，无需另外计算。（　　）

10. 室外采暖管道不分架空、埋地或地沟敷设，均按管材、连接方式列项。（　　）

三、计算题

图3-33～图3-36为济南市区某住宅机械循环热水采暖系统。请在认真识读该工程项目图纸的前提下，计算该项目的工程量，编制其分部分项工程量清单。

工程基本概况如下。

(1) 本工程管材为焊接钢管，$DN \geqslant 32$ 为焊接连接，其余为丝接。

(2) 管径除图上注明者外，L2立管为 $DN25$，其余立管及接散热器支管均为 $DN20$。所有接散热器立管的顶端和末端安装丝扣铜球阀各一个，规格同管径。L2、L5、L6立管接散热器供、回水支管上均安装丝扣铜球阀一个，规格同管径。

(3) 双侧连接散热器，两散热器中心距为3.3m。单侧连接散热器，立管中心距散热器中心1.6m。

(4) 散热器选用TZY2-6-8铸铁柱翼型散热器（其主要技术参数见表4-3），采用成组落地安装。每组散热器均安装 $\phi 10$ 手动放风阀一个。

(5) 所有地上明装管道人工除微锈后，刷红丹防锈漆二遍，再刷银粉漆二遍。散热器现场刷银粉漆。

(6) 所有地沟内管道均保温，采用岩棉瓦块 $\delta = 40$mm，外缠玻璃丝布一层，玻璃丝布面不刷油漆。

(7) 管道穿墙、楼板及地面加一般钢套管。管道穿楼板、穿墙孔洞及管道安装完毕后的堵洞均由土建考虑完成，此项目暂不计算。

(8) 管道支架：供回水干管设置由角钢∟40×4制作，每个单件平均质量1.08kg，共19个，支架人工除微锈后刷红丹防锈漆二遍，再刷银粉漆二遍；立支管采用成品管卡。

(9) 干管坡度 $i=0.003$（本工程暂不考虑坡度）。

(10) 未尽事宜，执行现行施工及验收规范的有关规定。

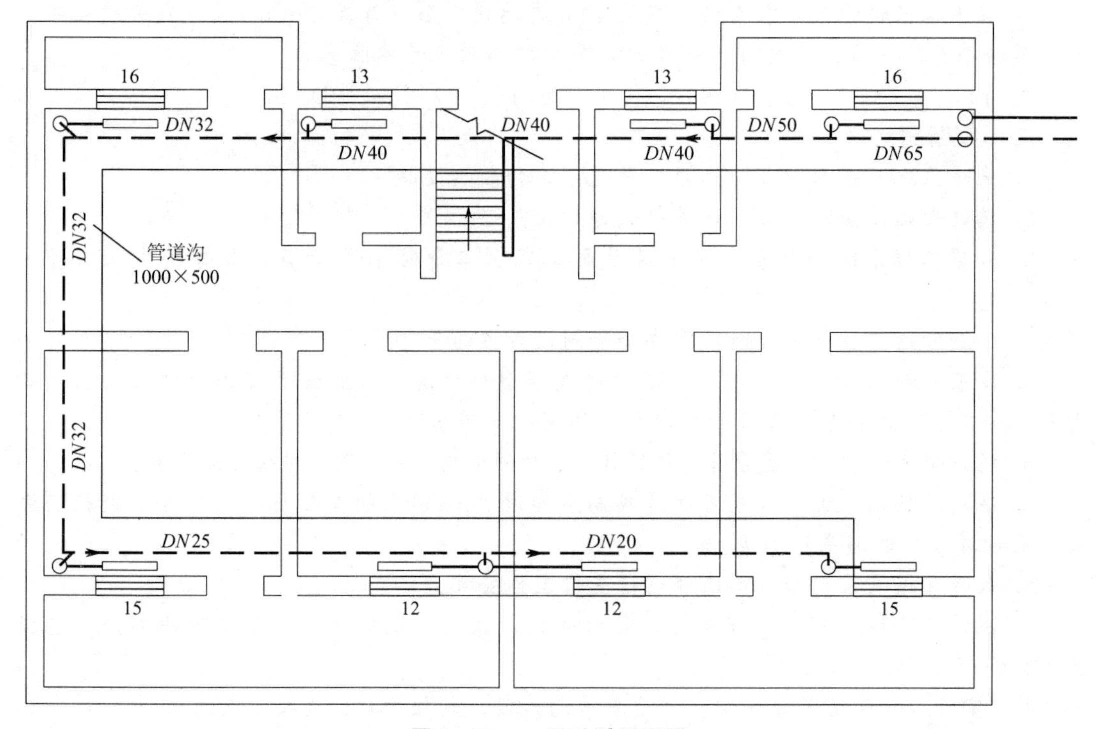

图 3-33 一层采暖平面图

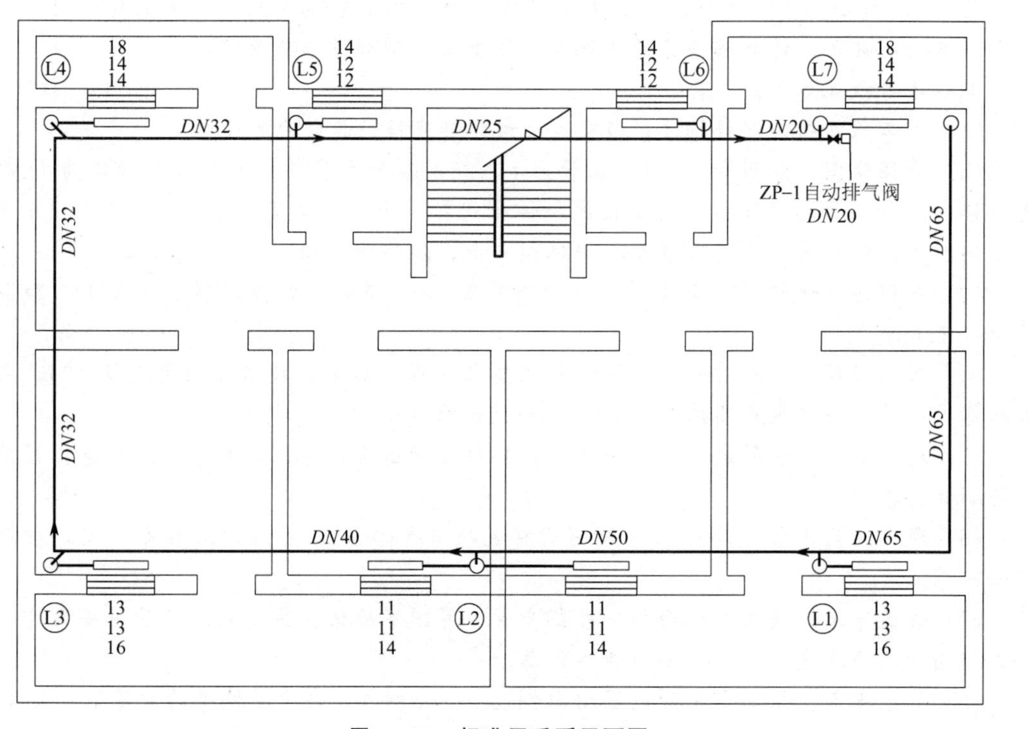

图 3-34 标准层采暖平面图

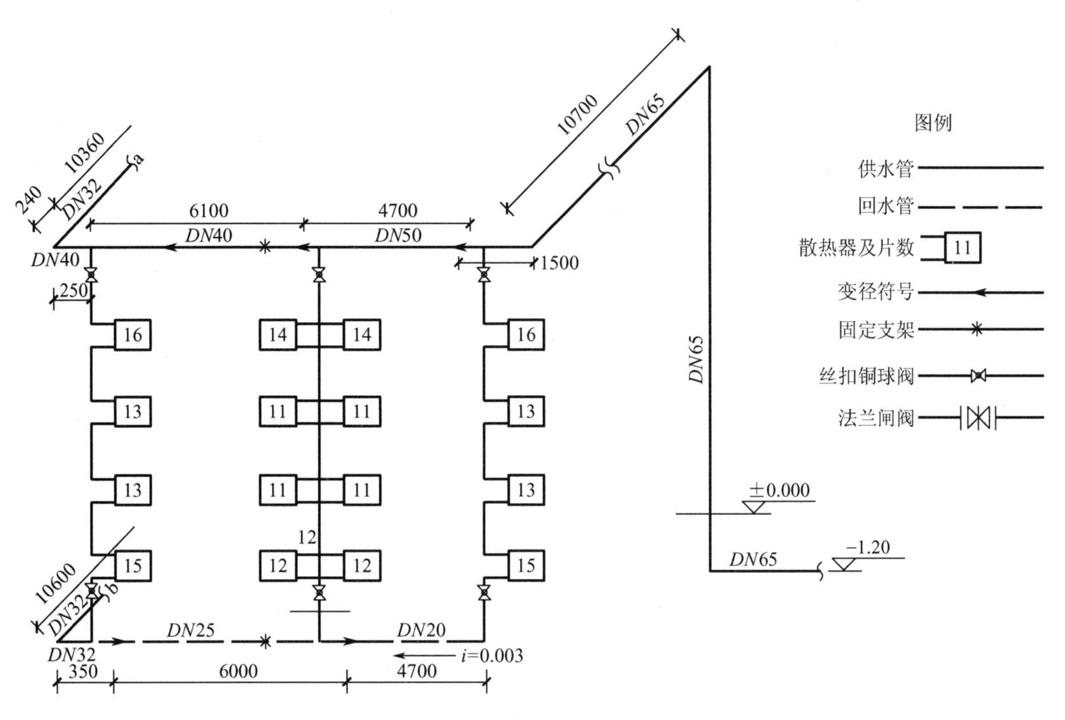

图 3－35 采暖管道系统图 1（前半部分）

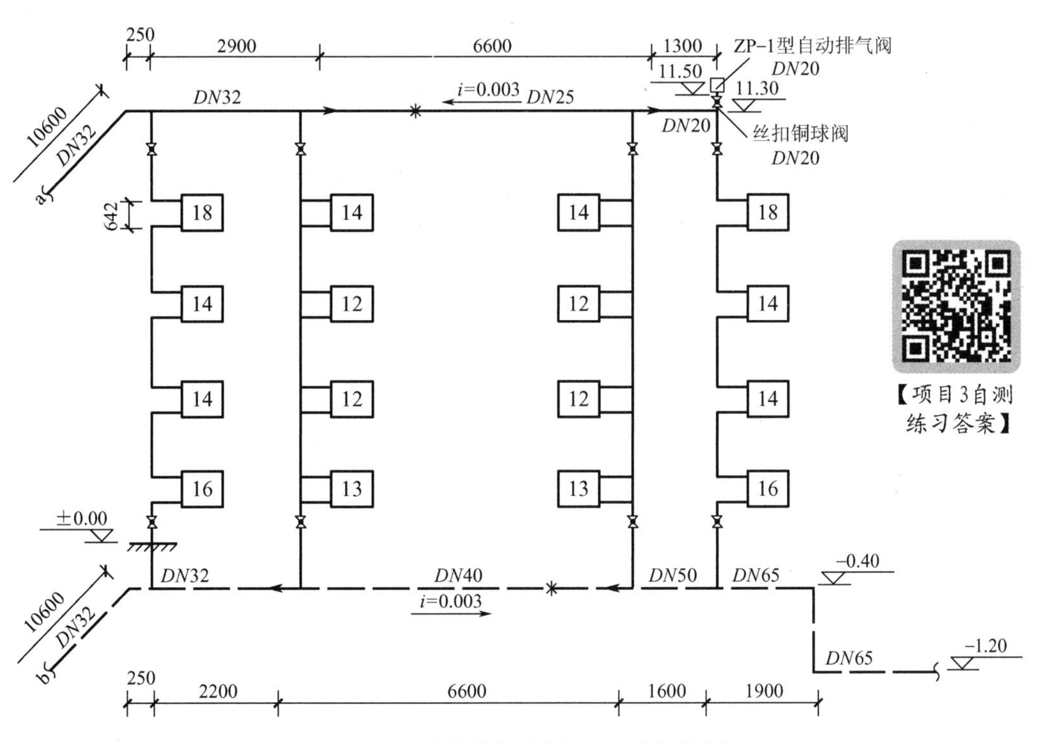

【项目3自测练习答案】

图 3－36 采暖管道系统图 1（后半部分）

项目4 建筑电气工程计量

学习目标

1. 了解建筑电气工程识图的基本知识，能够熟练识读建筑电气照明工程、建筑防雷接地工程施工图，为工程计量奠定好基础。

2. 熟悉建筑电气工程消耗量定额的内容及使用定额的注意事项。

3. 掌握建筑电气工程量计算规则，能熟练计算其工程量。

4. 熟悉建筑电气工程量清单项目设置的内容，能独立编制其分部分项工程量清单。

教学活动设计

1. 采用多媒体等多种信息化教学手段，以实际工程为载体，讲解建筑电气工程消耗量定额的内容及使用定额的注意事项。

2. 以实际工程为载体，讲解建筑电气工程量计算规则、工程量清单项目设置的内容及工程量清单的编制方法。

工作任务

依据《山东省安装工程消耗量定额》(SD 02—31—2016)、《通用安装工程工程量计算规范》(GB 50856—2013) 等资料，计算下面某商务办公楼一层电器照明工程和防雷接地工程的工程量，并编制其分部分项工程量清单。

工程基本概况如下。

(1) 图 4-1～图 4-5 为某商务办公楼电气照明和防雷接地工程施工图，本工程结构形式为框架结构，基础采用筏板基础；建筑面积为 2717.12m^2，建筑高度为 17.60m；地上五层，一层层高为 4.2m，二至四层层高为 3.5m，五层层高为 2.3m，其中一至四层为办公室，五层为机房。在一层设一个配电室，二至四层各设一个电气小间。

(2) 220/380V 配电系统。

① 负荷等级：本工程为三级负荷。

② 供电电源：本工程从园区变配电室穿钢管埋地引入三路220/380V电源JX1～3，三相四线，分别给本楼照明及动力负荷供电。

③ 配电系统：电源进户后在配电室总配电柜内进行零线重复接地及电力分配；低压配电系统采用220/380V放射式与树干式相结合的方式。

④ 导线选择及敷设：配电干线采用YJV-0.6/1kV电力电缆；普通照明支线选用BV-450/750V导线；竖向各线路沿桥架敷设或沿墙暗敷设；每层水平线路均穿钢管在现浇板内暗敷设，在管线密集处施工时应尽量避免交叉。

(3) 电气照明系统。

① 光源视不同情况选用荧光灯及节能灯作为基本光源，吸顶安装。为节能和提高功率因数，荧光灯采用三基色T8、T5直管荧光灯配置优质低谐波电子镇流器。

② 照度标准：会议室、办公室300Lx，卫生间、走廊75Lx等。

③ 配电支线均采用BV-0.45/0.75kV导线穿钢管敷设；照明、插座分别由不同的支路供电。

④ 安装高度低于2.4m的或Ⅰ类灯具，均增加一根PE线保护。

(4) 设备选型、安装及导线选择、敷设。

① 本工程配电柜选用XL-21型动力柜，配电箱选用非标产品，由配电箱厂家根据本设计配电系统图制作；配电箱安装方式及规格详见配电箱系统图。

② 所有开关、插座均选用86系列产品，所有开关均为距地1.3m暗装，MEB箱下沿距地0.4m暗装，所有插座均选用安全型。

③ 各种灯具型号、规格及安装方式详见主要设备材料表。

(5) 防触电安全保护系统。

① 采用TN-C-S接地系统，零线自进线柜内做重复接地后，PE线与N线严格分开，凡正常情况下不带电而当绝缘破坏后呈现电压的所有电气设备金属外壳及单相三极插座接地极，均要求与PE线可靠连接。

② 在配电室内设总等电位联结箱（MEB），进出建筑物的所有金属管道，如电气进户钢管均用40mm×4mm镀锌扁钢与MEB箱内接地端子可靠联结。

③ 所有插座回路均设有漏电开关，漏电保护电流为30mA（瞬动型）。

(6) 建筑防雷与接地系统。

① 本工程年预计雷击次数为0.042，防雷等级为三类。建筑的防雷装置满足防直击雷、防雷电感应及雷电波的侵入，并设置总等电位联结。

② 接闪器：屋顶接闪带采用ϕ10镀锌圆钢，接闪带网格不大于20m×20m或24m×16m。

③ 引下线：利用建筑物外墙部分结构柱内对角四根主筋通长焊接作为引下线，引下线上部与屋顶接闪带可靠焊接，下部与联合接地极可靠焊接；引下线距地0.5m做测试点。

④ 接地极：将基础底板上下两层主筋沿建筑物外圈焊接成环形，并将主轴线上的基础梁上下两层两根主筋通长焊接、绑扎成网，与车库结构钢筋可靠焊接作为联合接地极，接地电阻要求不大于1Ω。建筑物四角的外墙引下线在距室外地面上0.5m处设测试卡子。

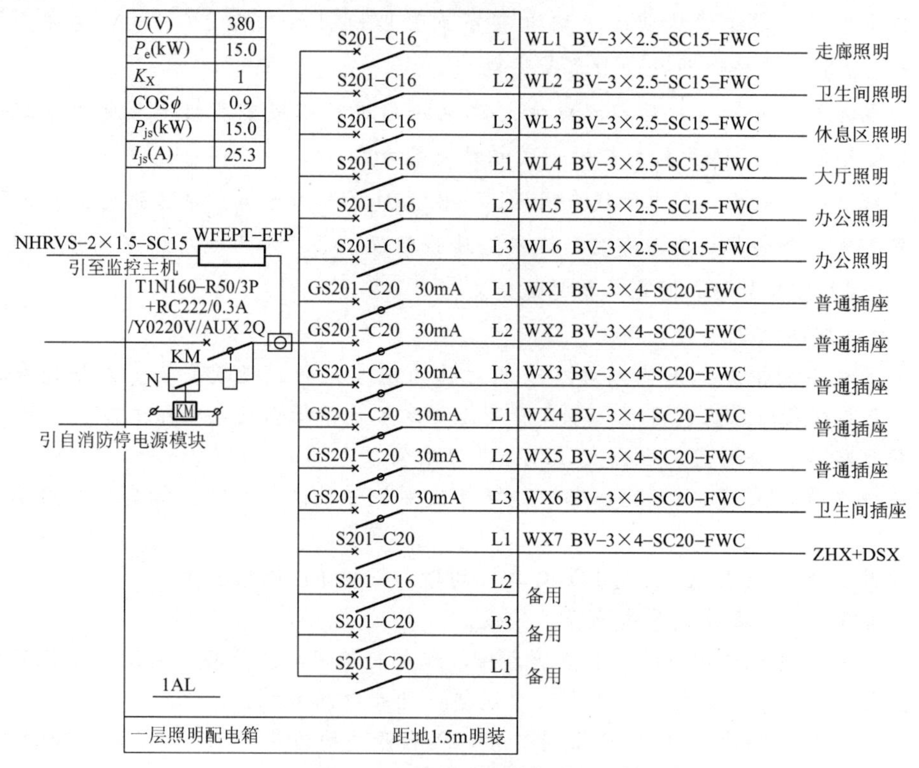

图 4-1 照明配电箱系统图

主要强电设备材料表

强电部分				
序号	图例	名称	规格	安装方式
1		普通动力配电箱	详见系统图	详见系统图
2		普通照明配电箱	详见系统图	详见系统图
3		应急照明配电箱	详见系统图	详见系统图
4		吸顶灯	1×22W	吸顶安装
5		防水灯	1×22W	吸顶安装
6		双管荧光灯	2×36W	吸顶安装
7		应急单管荧光灯(内附镍镉电池)，消防备用照明	1×36W(180min)	吸顶安装
8		应急灯(内附镍镉电池)	2×8W(30min)	距地2.5m壁装
9	E	安全出口指示灯(内附镍镉电池)	1×3W	门上0.2m壁装
10		疏散指示灯(内附镍镉电池)	1×3W(30min)	距地0.5m暗装
11		疏散指示灯(内附镍镉电池)	1×3W(30min)	距地0.5m暗装
12		声光控延时开关	10A	距地1.3m暗装
13		单、双、三、四联单控开关	10A	距地1.3m暗装
14		单相二极加三极电源插座	10A	距地0.3m暗装
15		防溅型单相二极加三极电源插座	10A	距地1.5m暗装
16		排气扇	详设备专业	详设备专业
17		总等电位联结箱(MEB)	详见系统图	距地0.4m暗装

图 4-2 设备材料表

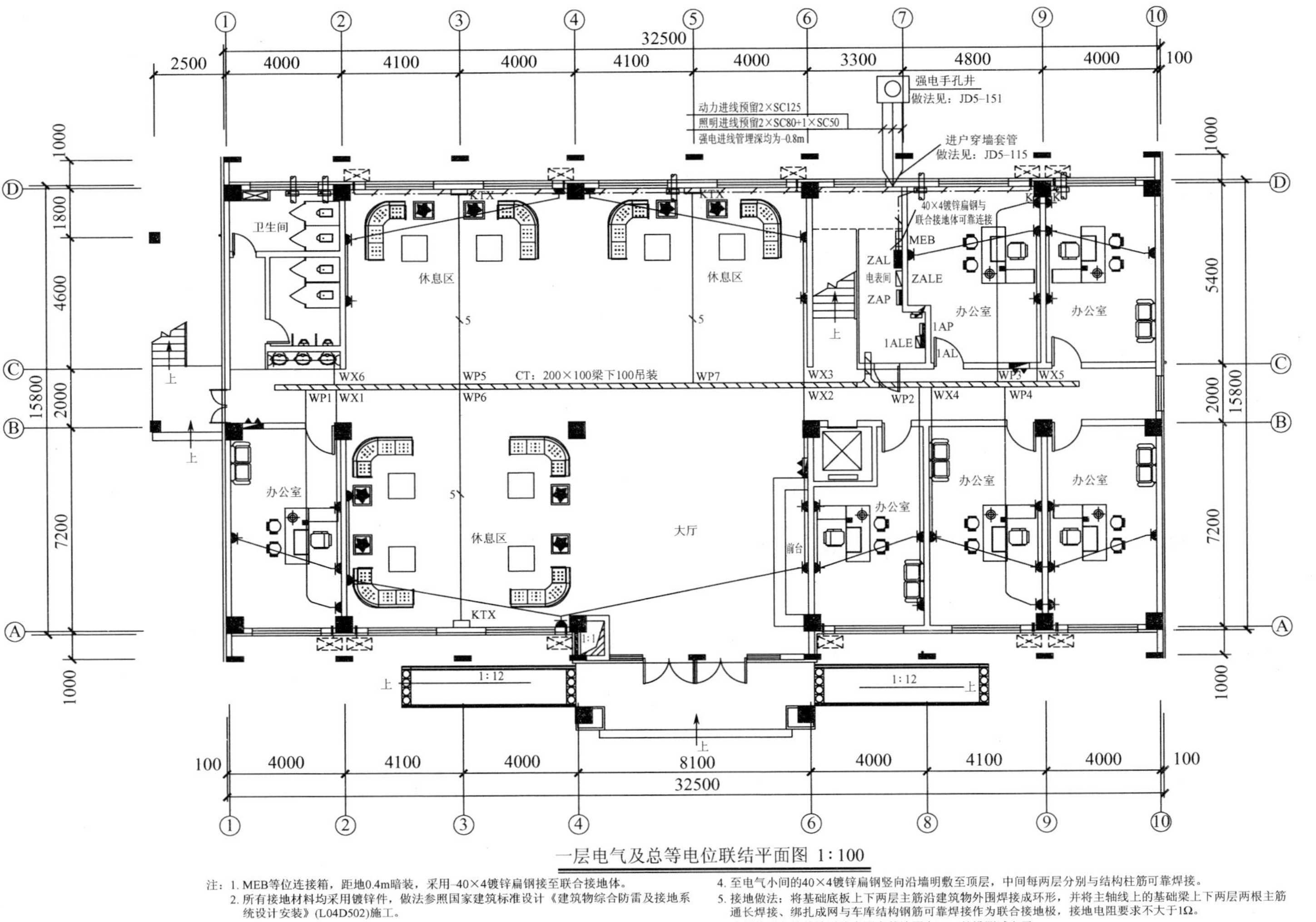

一层电气及总等电位联结平面图 1:100

注：1. MEB等位连接箱，距地0.4m暗装，采用-40×4镀锌扁钢接至联合接地体。
2. 所有接地材料均采用镀锌件，做法参照国家建筑标准设计《建筑物综合防雷及接地系统设计安装》(L04D502)施工。
3. 为进出户金属管道，包括强弱电进户管，给排水、采暖管道(数量及位置以设施图为准)；燃气进户管位置由燃气公司确定。
4. 至电气小间的40×4镀锌扁钢竖向沿墙明敷至顶层，中间每两层分别与结构柱筋可靠焊接。
5. 接地做法：将基础底板上下两层主筋沿建筑物外围焊接成环形，并将主轴线上的基础梁上下两层两根主筋通长焊接、绑扎成网与车库结构钢筋可靠焊接作为联合接地极，接地电阻要求不大于1Ω。
6. 建筑物四角的外墙引线在距室外地面上0.5m处设测试卡子。

图4-3 一层电气及总等电位联结平面图

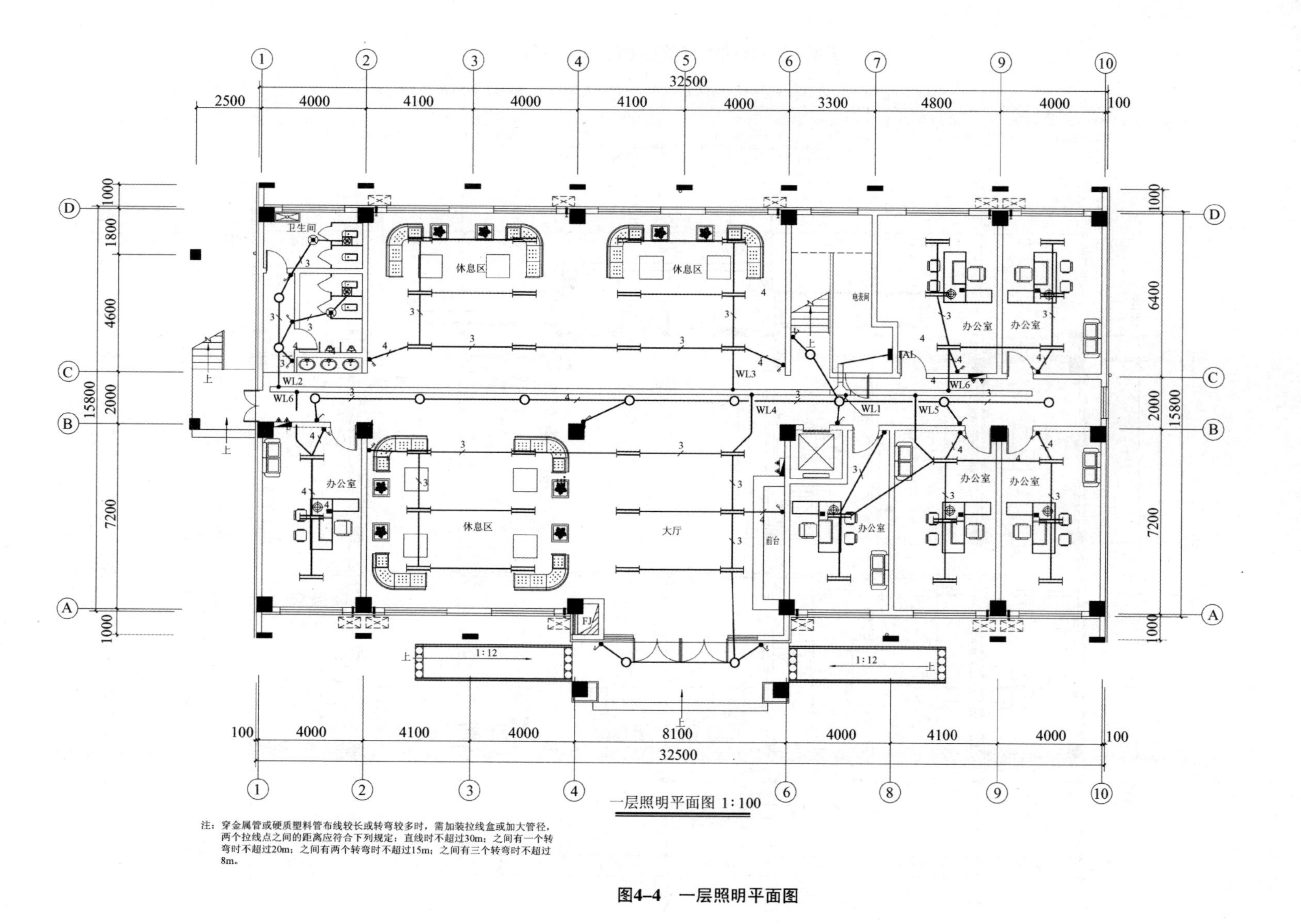

一层照明平面图 1:100
办公室
休息区
大厅
卫生间
电表间
前台
WL1
WL2
WL3
WL4
WL5
WL6
15800
32500
注：穿金属管或硬质塑料管布线较长或转弯较多时，需加装拉线盒或加大管径，两个拉线点之间的距离应符合下列规定：直线时不超过30m；之间有一个转弯时不超过20m；之间有两个转弯时不超过15m；之间有三个转弯时不超过8m。

图4-4　一层照明平面图

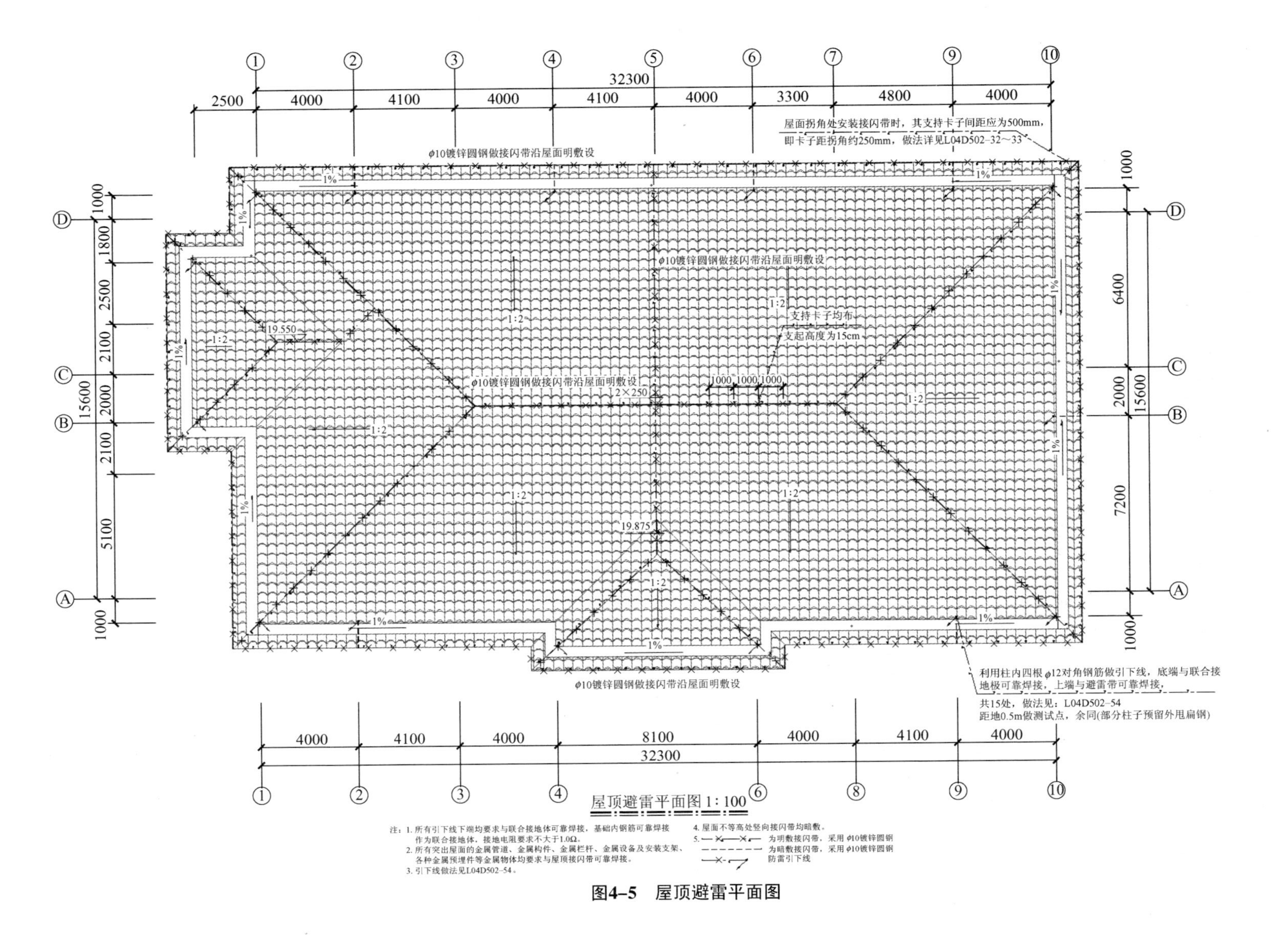
32300
2500
4000
4100
4000
4100
4000
3300
4800
4000
屋面拐角处安装接闪带时，其支持卡子间距应为500mm，
即卡子距拐角约250mm，做法详见L04D502-32～33
φ10镀锌圆钢做接闪带沿屋面明敷设
φ10镀锌圆钢做接闪带沿屋面明敷设
φ10镀锌圆钢做接闪带沿屋面明敷设
φ10镀锌圆钢做接闪带沿屋面明敷设
支持卡子均布
支起高度为15cm
1000 1000 1000
2×250
19.550
19.875
1:2
1%
1000
1800
2500
2100
2000
2100
5100
1000
15600
6400
2000
7200
利用柱内四根φ12对角钢筋做引下线，底端与联合接地极可靠焊接，上端与避雷带可靠焊接，
共15处，做法见：L04D502-54
距地0.5m做测试点，余同(部分柱子预留外甩扁钢)
4000
4100
4000
8100
4000
4100
4000
32300
屋顶避雷平面图 1:100
注：1. 所有引下线下端均要求与联合接地体可靠焊接，基础内钢筋可靠焊接作为联合接地体，接地电阻要求不大于1.0Ω。
2. 所有突出屋面的金属管道、金属构件、金属栏杆、金属设备及安装支架、各种金属预埋件等金属物体均要求与屋顶接闪带可靠焊接。
3. 引下线做法见L04D502-54。
4. 屋面不等高处竖向接闪带均暗敷。
5. 为明敷接闪带，采用φ10镀锌圆钢
为暗敷接闪带，采用φ10镀锌圆钢
防雷引下线

图4-5　屋顶避雷平面图

4.1 建筑电气工程识图基本知识

4.1.1 10kV 以下架空配电线路工程基本知识

1. 电力系统与输配电线路的概念

电力系统是由各种电压等级的电力线路将发电厂、变电所和电力用户联系起来的一个发电、输电、配电和用电的整体。

架空线路是用电杆将导线悬空架设，进行电能传送的电力线路。它的作用是输送和分配电能，按功能常把架空线路分为输电线路和配电线路两大类。输电线路是指发电厂至各个变电所的线路；配电线路是指各个变电所至各个具体用户的线路。通常将 35kV 以上的叫输电线路，35kV 以下的叫配电线路，如图 4－6 所示。

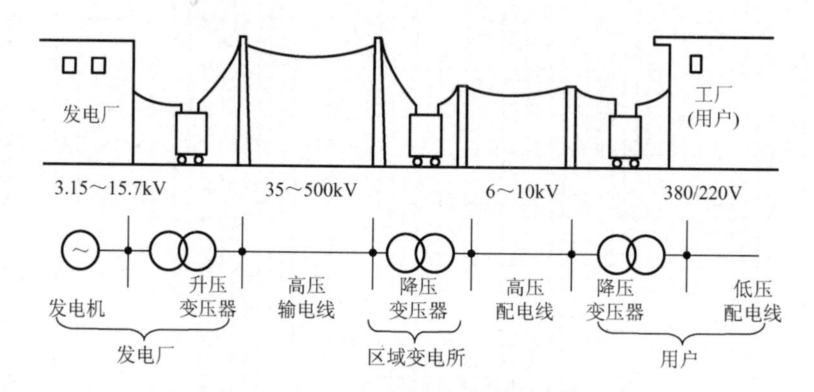

图 4－6 输电线路与配电线路示意图

2. 架空配电线路的组成

架空配电线路由电杆、横担、金具、绝缘子、导线及拉线组成，如图 4－7 所示。

1）电杆

电杆用于支撑导线。按照材质不同，电杆可分为木杆、钢筋混凝土杆、金属杆。10kV 以下架空配电线路一般采用钢筋混凝土杆（俗称水泥电杆）；按照在配电线路中的作用不同，电杆可分为直线杆（Z）、耐张杆（N）、转角杆（J）、终端杆（D）、分支杆（F）、跨越杆（K）、接户杆或进户杆等，如图 4－8 所示。

电杆基础是对电杆地下部分的总体称呼，它由底盘、卡盘和拉线盘组成。底盘和卡盘均是用混凝土预制的，底盘是用来固定电杆的，卡盘是用来避免电杆倾斜的，拉线盘用来固定电杆拉线。

2）横担

横担装在电杆的上端，用来安装绝缘子、固定开关设备及避雷器等。横担按材质可分为木横担（现在已不使用）、铁横担、陶瓷横担。

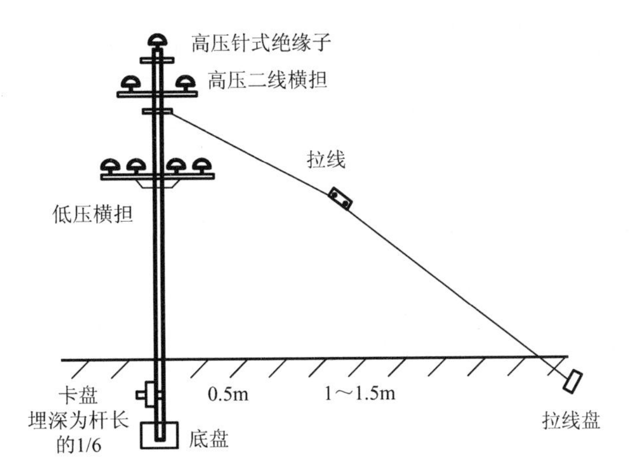

图4－7　架空配电线路的结构组成

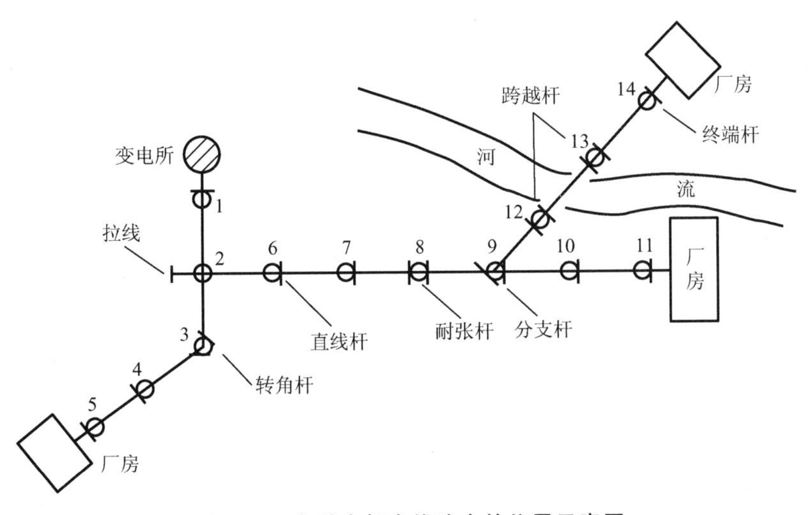

图4－8　各种电杆在线路中的位置示意图

3）绝缘子（俗称瓷瓶）

绝缘子用来固定导线，并使导线与导线间，导线与横担间，导线与电杆间保持绝缘，同时也承受导线的垂直荷重和水平荷重。架空配电线路常用绝缘子有：针式绝缘子、蝶式绝缘子、悬式绝缘子、拉紧绝缘子，如图4－9所示。绝缘子有高压（6kV、10kV、35kV）和低压（1kV）之分。

图4－9　绝缘子

4）金具（铁件）

在敷设架空线路中，横担的组装、绝缘子的安装、导线的架设及电杆拉线的制作等都需要一些金属附件，这些金属附件统称为线路金具。例如，横担固定金具（穿心螺栓、环形抱箍等）、线路金具（挂板、线夹等）、拉线金具（心形环、花篮螺栓等），如图 4－10 所示。

图 4－10　金具

5）拉线

拉线在架空线路中，是用来平衡电杆各方向的拉力，防止电杆弯曲或倾倒的。因此，在承力杆上（终端杆、转角杆、耐张杆），均需安装拉线。常用拉线有：普通拉线、人字拉线（抗风拉线）、水平拉线、弓形拉线、V（Y）形拉线等，如图 4－11 所示。其中拉线规格有 35mm²、70mm²、120mm² 等。

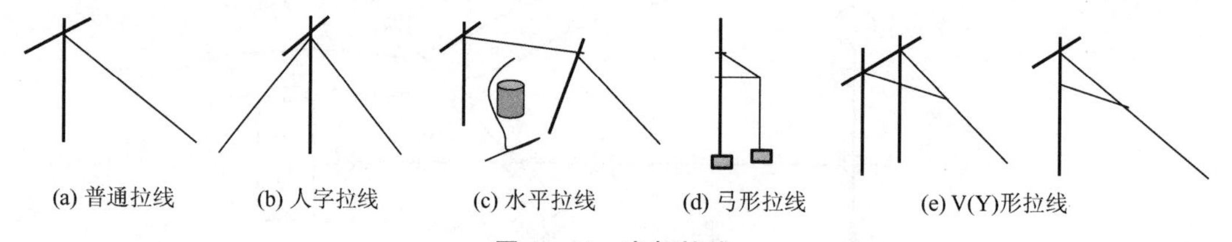

图 4－11　电杆拉线

6）导线

导线的主要作用是传导电流，还要承受正常的拉力和气候影响，因此，要求导线应有一定的机械强度和耐腐蚀性能。架空配电线路导线主要使用绝缘线和裸线两类，在市区或者居民区应尽量使用绝缘线，以保证安全。架空导线在结构上可分三类：单股导线、多股导线、复合材料多股绞线。架空配电线路常用裸线种类是铝绞线、钢芯铝绞线等。

架空导线型号由汉语拼音字母和数字两部分组成，字母在前，数字在后，见表 4－1。架空线路常用图例符号见表 4－2。

表 4－1　导线型号标识方法举例

导线种类	代表符号	导线型号举例	型号含义
单股铝线	L	L－10	标称截面面积 10mm² 的单股铝线
多股铝绞线	LJ	LG－16	标称截面面积 16mm² 的多股铝绞线
钢芯铝绞线	LGJ	LGJ－35/6	铝线部分标称截面面积 35mm²，铜芯部分标称截面面积 6mm² 的钢芯铝绞线
单股铜线	T	T－6	标称截面面积 6mm² 的单股铜线
多股铜绞线	TJ	TJ－50	标称截面面积 50mm² 的多股铜绞线
钢绞线	GJ	GJ－25	标称截面面积 2mm² 的钢绞线

表 4－2 架空线路常用图例符号

图形符号	说明	图形符号	说明
	架空线路		单接腿杆
	双横担		双接腿杆
	单横担	kV·A	规划设计的变电所
	拉线一般符号		杆上规划设计的变电站
	水平拉线	kV·A	运行的变电所
	有 V 形拉线的电杆		杆上运行的变电站

4.1.2 电缆线路基本知识

1. 电缆的作用及分类

电缆线路和架空线路在电力系统中的作用完全相同，都作为传送和分配电能之用，由于电缆线路具有运行可靠、不易受外界因素影响等优点，被越来越多地用于工业与民用建筑，特别是高层建筑的配电线路中。电缆线路的电缆按其结构及作用可分为电力电缆、控制电缆 K、电话电缆 H、信号电缆、射频同轴电缆；电缆按电压可分为低压电缆（小于 1kV）、高压电缆；电缆按芯数分有三芯、四芯、五芯等。如图 4－12 所示为电缆及其结构。

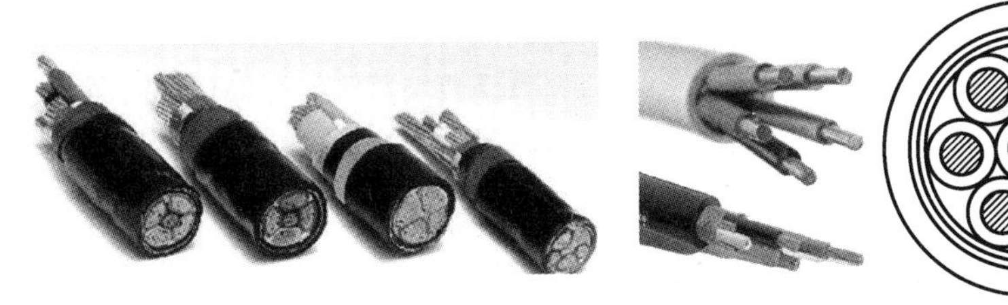

图 4－12 电缆及其结构

【电力电缆、控制电缆及电缆基本结构】

2. 电缆的型号表示方法

我国电缆产品的型号均采用汉语拼音和阿拉伯数字组成，按照电缆结构的排列顺序为：绝缘材料、导体材料、内护层、外护层。

用汉语拼音的大写字母表示绝缘种类、导体材料、内护层材料和结构特点；用阿拉伯数字表示外护层构成，有两位数字，无数字表示无铠装层、无外被层，第一位数字表示铠装类型，第二位数字表示外被层类型。表 4－3 所列为电缆型号中的字母含义及排列顺序。

表 4－3　电缆型号中的字母含义及排列顺序

<table>
<tr><th rowspan="2">类　别</th><th rowspan="2">绝缘种类</th><th rowspan="2">线芯材料</th><th rowspan="2">内护层</th><th rowspan="2">其他特征</th><th colspan="2">外护层</th></tr>
<tr><th>铠装类型</th><th>外被层类型</th></tr>
<tr><td>电力电缆（不表示）
K—控制电缆
P—信号电缆
Y—移动式软电缆
H—电话电缆
B—绝缘电缆</td><td>Z—纸绝缘
V—聚氯乙烯
X—橡皮绝缘
Y—聚乙烯
YJ—交联聚乙烯</td><td>L—铝
T—铜（省略）</td><td>V—聚氯乙烯护套
Y—聚乙烯护套
L—铝护套
Q—铅护套
H—橡胶护套
F—氯丁橡胶护套</td><td>D—不滴流
F—分相
CY—充油
P—贫油干绝缘
P—屏蔽
Z—直流</td><td>0—无
2—双钢带
3—细钢丝
4—粗钢丝</td><td>0—无
1—纤维外被
2—聚氯乙烯护套
3—聚乙烯护套</td></tr>
</table>

电缆型号、额定电压和规格表示方法是在型号后再加上说明额定电压、芯数和标称截面积的阿拉伯数字。

V V 42－10 3×50 表示铜芯、聚氯乙烯绝缘、粗钢线铠装、聚氯乙烯护套、额定电压 10kV、三芯、标称截面积 50mm^2 的电力电缆。

另外，阻燃电缆在代号前加 ZR；耐火电缆在代号前加 NH。

常见电力电缆型号见表 4－4；常见控制电缆型号见表 4－5。

表 4－4　常见电力电缆型号

<table>
<tr><th colspan="2">常见型号</th><th rowspan="2">名　称</th><th rowspan="2">用　途</th></tr>
<tr><th>铜芯</th><th>铝芯</th></tr>
<tr><td>YJV</td><td>YJLV</td><td>交联聚乙烯绝缘聚氯乙烯护套电力电缆</td><td>可敷设在室内、隧道及管道中</td></tr>
<tr><td>YJV_{22}</td><td>$YJLV_{22}$</td><td>交联聚氯乙烯绝缘钢带铠装聚氯乙烯护套电力电缆</td><td>适宜埋地敷设，不适宜管道内敷设</td></tr>
<tr><td>VV</td><td>VLV</td><td>聚氯乙烯绝缘聚氯乙烯护套电力电缆护套电力电缆</td><td>可敷设在室内、隧道及管道中</td></tr>
<tr><td>VV_{22}</td><td>VLV_{22}</td><td>聚氯乙烯绝缘钢带铠装聚氯乙烯</td><td>适宜埋地敷设，不适宜管道内敷设</td></tr>
<tr><td>YJY</td><td>YJLY</td><td>交联聚乙烯绝缘聚烯烃护套电力电缆</td><td>可敷设在无卤低烟有要求的室内、隧道及管道中</td></tr>
<tr><td>YJY_{23}</td><td>$YJLY_{23}$</td><td>交联聚乙烯绝缘钢带铠装聚烯烃护套电力电缆</td><td>适宜对无卤低烟有要求时埋地敷设，不适宜管道内敷设</td></tr>
</table>

表 4-5 常见控制电缆型号

型号	名称	芯数	标称截面
KVV	铜芯聚氯乙烯绝缘聚氯乙烯护套控制电缆	2～61 根	0.5～10mm²
KVVVP	铜芯聚氯乙烯绝缘聚氯乙烯护套编织屏蔽控制电缆		
KVVPP2	铜芯聚氯乙烯绝缘聚氯乙烯护套铜带屏蔽控制电缆		
KVV22	铜芯聚氯乙烯绝缘聚氯乙烯护套钢带铠装控制电缆		
KPR	铜芯聚氯乙烯绝缘聚氯乙烯护套控制软电缆		
KVVRP	铜芯聚氯乙烯绝缘聚氯乙烯护套编织屏蔽控制软电缆		
KVVP-22	铜芯聚氯乙烯绝缘聚氯乙烯护套铜丝编织屏蔽控制电缆钢带铠装		
KVVP2-22	铜芯聚氯乙烯绝缘聚氯乙烯护套铜带屏蔽钢带铠装控制电缆		

3. 电缆敷设方法

1）埋地敷设（又称电缆直埋）

电缆埋地敷设是指沿已确定的电缆线路挖掘沟道，将电缆埋在挖好的地下沟道内，如图 4-13 所示。因此电缆直接埋设在地下不需要其他设施，施工简单，成本低，电缆的散热性能好。一般沿同一路径敷设的电缆根数较少（8 根以下）、敷设的距离较长时多采用此类方法。

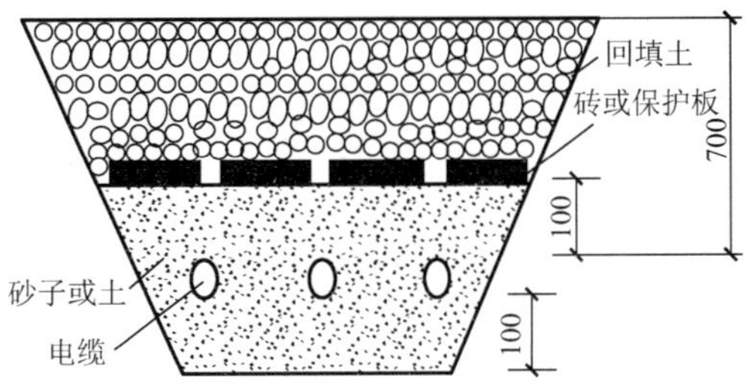

图 4-13 电缆埋地敷设

2）电缆沟敷设

当电缆根数大于 6 时，宜采用电缆沟或者电缆隧道敷设。电缆隧道是尺寸较大的电缆沟，是用砖砌或用混凝土浇筑而成的，沟顶部用钢筋混凝土盖板盖住。沟内装有电缆支架，电缆均挂在支架上，如图 4-14 所示。支架可以为单侧也可以为双侧。

图 4-14 电缆沟敷设

3）电缆明敷设

电缆明敷可以直接敷设在构架上，也可以使用支架或者钢索敷设，一般在车间、厂房内，在安装的支架上用卡子将电缆固定。

4）电缆穿保护管敷设

先将保护管敷设好，再将电缆穿入管内，管内径不应小于电缆外径的 1.5 倍，敷设时要有 0.1%的坡度。电缆保护管的管材有多种，定额中列有铸铁管、混凝土管、石棉水泥管、钢管、塑料管。

5）电缆桥架敷设

电缆桥架也称为电缆托架，有的没有托盘，有的加个盖。桥架的高度一般为 50～100mm。电缆桥架广泛应用于宾馆饭店、办公大楼、工矿企业的供配电线路中，特别是在高层建筑中。常用桥架有槽式电缆桥架、梯级式电缆桥架、托盘式电缆桥架和组合桥架四大类，如图 4－15 所示。前三种桥架备有护罩，需要配护罩的可在订货时注明或按照护罩型号订货，其所有配件均通用。

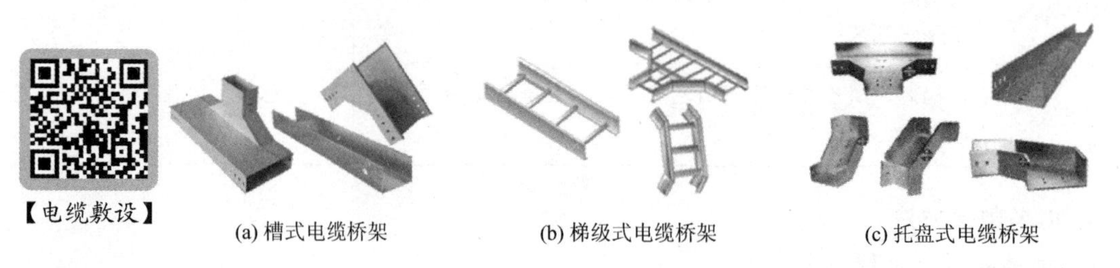

(a) 槽式电缆桥架　(b) 梯级式电缆桥架　(c) 托盘式电缆桥架

图 4－15　电缆桥架

4. 电缆接头

电缆敷设好后，为使其成为一个连续的线路，各线段必须连接为一个整体，这些连接点则称为接头。电缆线路两末端的接头称为终端头，中间的接头称为中间头。电缆接头按线芯材料可分为铝芯电缆头和铜芯电缆头；按安装场所分为户内式和户外式；按电缆头制作材料分为干包式、环氧树脂浇注式和热缩式三类。

4.1.3　建筑电气照明系统基本知识

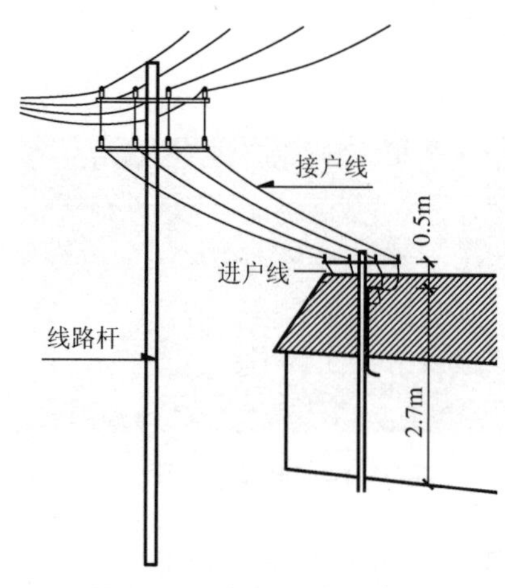

图 4－16　低压架空进户线

建筑电气照明系统一般是由变配电设施通过线路连接各用电器具组成的一个完整的照明供电系统，主要由进户装置、室内配电装置、室内配管配线、照明器具小电器（开关、插座、风扇、电铃等）组成。

1. 进户装置

电源从室外低压配电线路接线入户的设施称为进户装置。电源进户方式有两种方式：低压架空进线和电缆埋地进线。

1）低压架空进线

架空线进户装置由进户线横、绝缘子、引下线、进户线和进户管组成，如图 4－16 所示。其中，进户线以前部分属于外网安装工程，进户线横担属于室内照明工程。进户线横担的安装方式有一端埋设和两端埋设两种。

2）电缆埋地进线

在照明工程中只考虑低压电缆终端的制作与安装，其引接电线的安装属于外网工程。

【常用电气控制设备及低压电器】

2. 照明控制设备

电气照明工程中的控制设备有照明配电箱（盘）、配电板等，其中最常用的是照明配电箱（图 4－17）。进户线进入室内后，先经总配电箱，再到供电干线，然后到分配电箱，最终送到各用电设备回路。配电箱（盘）的作用是对各回路电能进行分配、控制，同时对各回路用电进行计量和保护。

【室内配电箱安装】

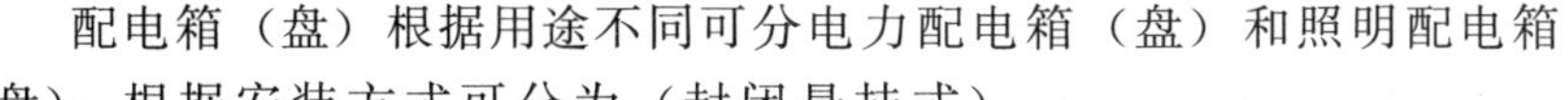

配电箱（盘）根据用途不同可分电力配电箱（盘）和照明配电箱（盘）；根据安装方式可分为（封闭悬挂式）明装、（嵌入式）暗装和落地安装等；根据制作材质可分为铁制、木制及塑料制品；按产品划分有定型产品［标准配电箱（盘）］、非定型成套配电箱［非标准配电箱（盘）］及现场制作组装的配电箱（盘）。

图 4－17　照明配电箱

3. 室内配管、配线

敷设在建筑物内的配线，统称为室内配线，也称室内配线工程。根据房屋建筑结构及要求的不同，室内配线又分为明配和暗配两种。明配是敷设于墙壁、顶棚的表面等处；暗配是敷设于墙壁、顶棚、地面及楼板等处的内部，一般是先预埋管子，然后再向管内穿线。

根据线路用途和供电安全要求，配线可分为线管配线、夹板配线、绝缘子配线、槽板配线、线槽配线、塑料钢钉线卡配线等形式。

线管配线包括配管和管内穿线两项工程内容。

线管配线常用管材有钢管（包括水煤气管、焊接钢管、电线管等）、塑料管（包括硬塑料管配线、半硬塑料管配线等）、普利卡金属套管等，如图 4－18 所示。

图 4－18　线管配线

配管工程完成后，进行线管内穿绝缘导线。线管内穿绝缘导线的总截面面积不能大于线管截面面积的 40%。常用绝缘导线的型号及名称见表 4－6。

表 4-6 常用绝缘导线的型号、名称及用途

型　号	名　称	用　途
BX(BLX) BXF(BLXF) BXR	铜(铝)芯橡皮绝缘导线 铜(铝)芯氯丁橡皮绝缘导线 铜芯橡皮绝缘软导线	适用于交流 500V 以下、直流 1000V 以下的电气设备及照明装置
BV(BLV) BVV(BLVV) BVVB(BLVVB) BVR ZR-BV NH-BV	铜(铝)芯聚氯乙烯绝缘导线 铜(铝)芯聚氯乙烯绝缘聚氯乙烯护套圆型导线 铜(铝)芯聚氯乙烯绝缘聚氯乙烯护套平型导线 铜芯聚氯乙烯绝缘软导线 阻燃铜芯聚氯乙烯绝缘导线 耐火铜芯聚氯乙烯绝缘导线	适用于交流 500V 以下、直流 1000V 以下的各种电气装置、电工仪表、仪器、电信设备及动力照明线路固定敷设
BBX BBLV	铜芯橡皮绝缘玻璃丝纺织线 铝芯橡皮绝缘玻璃丝纺织线	适用于室内外明装固定敷设或穿管敷设

导线的文字标注形式为：

$$a-b(c\times d)e-f$$

式中　a——导线的编号；

b——导线的型号；

c——导线的根数；

d——导线的截面面积（mm^2）；

e——线路的敷设方式（表 4-7）；

f——线路的敷设部位（表 4-8）。

表 4-7 线路敷设方式一览表

序　号	名　称	旧　符　号	新　符　号
1	暗敷	A	C
2	明敷	M	E
3	铝皮线卡	QD	AL
4	电缆桥架		CT
5	金属软管		F
6	水煤气管	G	G. SC
7	瓷绝缘子	CP	K. PK
8	钢索敷设	S	M. S
9	金属线槽	XC	MR
10	电线管	DG	T. MT
11	塑料管	VG	P. PC
12	塑料线卡	XQ	PL
13	塑料线槽	XC	PR
14	钢管	G	S. SC
15	半硬塑料管		FPC
16	直接埋设		DB

表 4-8 线路敷设部位一览表

序　　号	名　　称	旧　符　号	新　符　号
1	沿梁或跨梁敷设	BE	AB
2	沿柱或跨柱敷设	CLE	AC
3	沿墙面敷设	WS	WS
4	沿天棚或顶面板敷设	CE	CE
5	吊顶内敷设		SCE
6	暗敷在梁内	BC	BC
7	暗敷在柱内	CLC	CLC
8	墙内敷设		WC
9	地板或地面下敷设	FC	FC
10	暗敷在屋面或顶板内		CC

下列电气照明施工图中标注的管线符号的含义是什么？

(1) BV3×6+1×2.5-SC20-FC：表示 3 根截面面积为 6mm^2 的铜芯塑料绝缘线，加 1 根截面面积为 2.5mm^2 的铜芯塑料绝缘线，穿在 *DN*20 焊接钢管内暗敷设在地面。

(2) BVV3×2.5-PR-CE：表示 3 根截面面积为 2.5mm^2 的铜芯塑料护套线，用塑料线槽沿顶棚明敷设。

(3) BLV3×1.5-SC15-WC：表示 3 根截面面积为 1.5mm^2 的铝芯橡皮绝缘导线，穿 *DN*15 的钢管沿墙暗敷设。

【室内配管配线】

4. 照明器具

照明器具包括各种灯具、控制开关、插座及各种小型电器（如风扇、电铃等）。照明器具种类繁多，一般功率为 15～2000W，电压为 220V 和 36V。

1) 灯具的分类

按照防护形式不同可分为防水防尘灯、安全灯和普通灯；按安装方式不同可将灯具分为壁灯、吊灯、吸顶灯等；按电光源不同可分为白炽灯、荧光灯、高压汞灯、高压钠灯、金属卤化物灯等。

2) 灯具的安装方式

灯具的安装方式有三种，即吊式、吸顶式、壁装式，如图 4-19 所示。其中吊式又分线吊式、链吊式、管吊式三种方式。吸顶式又分一般吸顶式、嵌入吸顶式两种方式。壁装式又分一般壁装式、嵌入壁装式两种方式。

(a) 吊灯(链吊)

(b) 吊顶(管吊)

(c) 吸顶灯

(d) 壁灯

图 4－19　灯具的三种安装方式

灯具安装方式及符号见表 4－9。

表 4－9　灯具安装方式及符号

序　　号	名　　称	旧　符　号	新　符　号
1	链吊	CH	CS
2	管吊	P	DS
3	线吊	CP	SW
4	吸顶	S	C
5	嵌入	R	R
6	壁装	WR	WR

3）照明灯具的表示方式

$$a-b\frac{c\times d\times L}{e}f$$

式中　a——本幅图中该灯具的数量；

b——灯具的型号；

c——每盏灯具上灯泡或灯管的数量；

d——灯的容量（W）；

L——光源的种类；

e——安装高度；

f——安装方式（表 4－9）。

举例说明

下列照明符号的含义是什么？

（1）灯具 $12\ \frac{20\times 40}{2.8}S$，表示 12 套灯具，每套灯具为 2 根 40W 日光灯管，安装高度离地面 2.8m，吸顶安装。

(2) 灯具 $10-YG2-2\frac{2\times40}{2.5}CS$，表示10盏型号为YG2-2的双管荧光灯，采用链吊式安装方式，安装高度为2.5m。

4.1.4 防雷接地装置基本知识

防雷接地装置一般由接闪器、引下线和接地体三大部分组成，如图4-20所示。

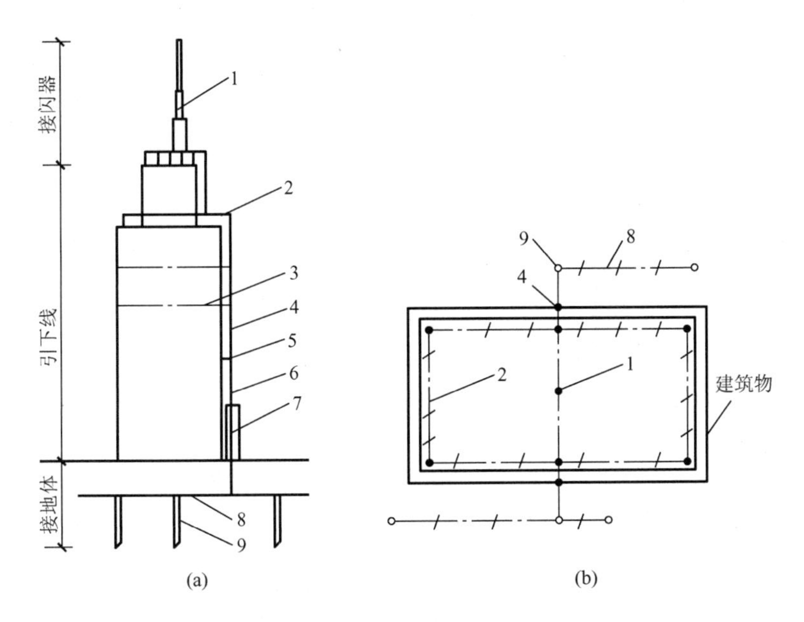

图4-20 建筑物防雷接地装置组成示意图

1—避雷针；2—避雷网；3—避雷带；4—引下线；5—引下线卡子；
6—断接卡子；7—引下线保护管；8—接地母线；9—接地极

1. 接闪器

接闪器是指直接接受雷击的金属构件。根据被保护物体形状及接闪器形状的不同，可分为避雷针、避雷带、避雷网。

1) 避雷针

避雷针是装在细高的建筑物或构筑物突出部位或独立装设的针形导体，通常用圆钢或钢管加工而成，所用圆钢或钢管的直径随着避雷针的长度增加而增大，一般要求圆钢直径不小于12mm，钢管直径不小于20mm，壁厚不小于3mm。避雷针的顶端应加工成尖形，以利于尖端放电。

2) 避雷带

避雷带是利用小截面圆钢或扁钢做成的条形长带，作为接闪器装于建筑物易遭受雷击的部位，如屋脊、屋檐、屋角、女儿墙和高层建筑物的上部垂直墙面上，是建筑物防直击雷普遍采用的装置。避雷带由避雷线和支持卡子组成，支持卡子常埋设于女儿墙上或混凝土支座上，如图4-21所示。当避雷带水平敷设时，支持卡子间距为1～1.5m，转弯处为

0.5m。高层建筑物的上部垂直墙面上，每三层在结构圈梁内敷设一条扁钢与引下线焊接成环状水平避雷带，以防止侧向雷击。

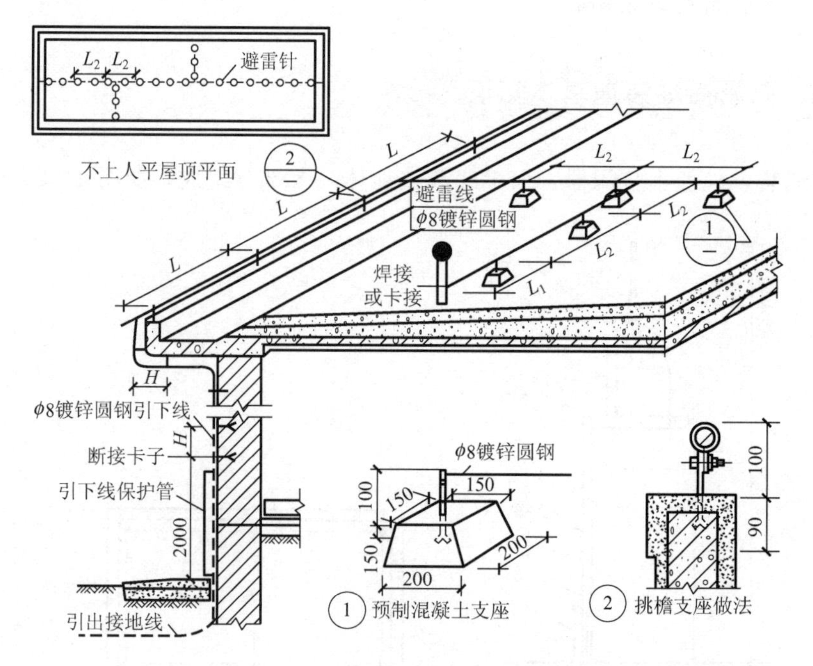

图 4-21　避雷网在平屋顶上安装示意图

3）避雷网

当避雷带形成网状时就称为避雷网。避雷网用以保护建筑物屋顶部水平面不受雷击。

避雷带（网）可以采用镀锌圆钢或扁钢，圆钢直径大于或等于 8mm；扁钢截面面积大于或等于 48mm²，厚度大于或等于 4mm。如图 4-22 所示为避雷网材料实景。

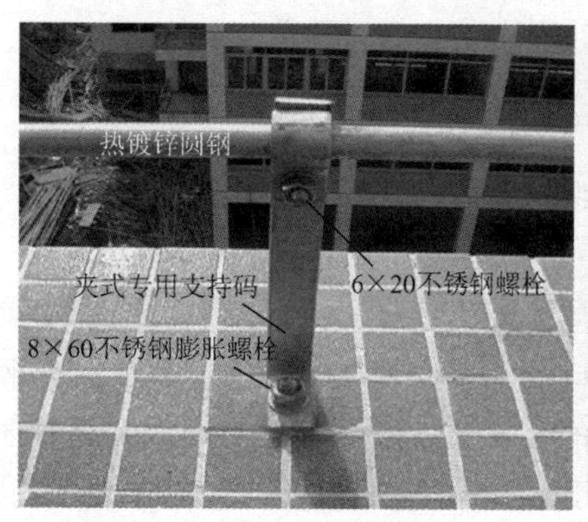

图 4-22　避雷网材料实景

2. 引下线

引下线是指连接接闪器与接地装置的金属导体，可以用圆钢或扁钢做单独的引下线，也可以利用建筑物柱筋或其他钢筋做引下线，如图 4-23 所示。

用圆钢或扁钢做引下线时，一般由引下线、引下线支持卡子、断接卡子、引下线保护管等组成。引下线为 2 根及以上时，需在距地面 0.3～1.8m 做断接卡子，供测量接地电阻，断接卡子以下的引下线需用套管进行保护。

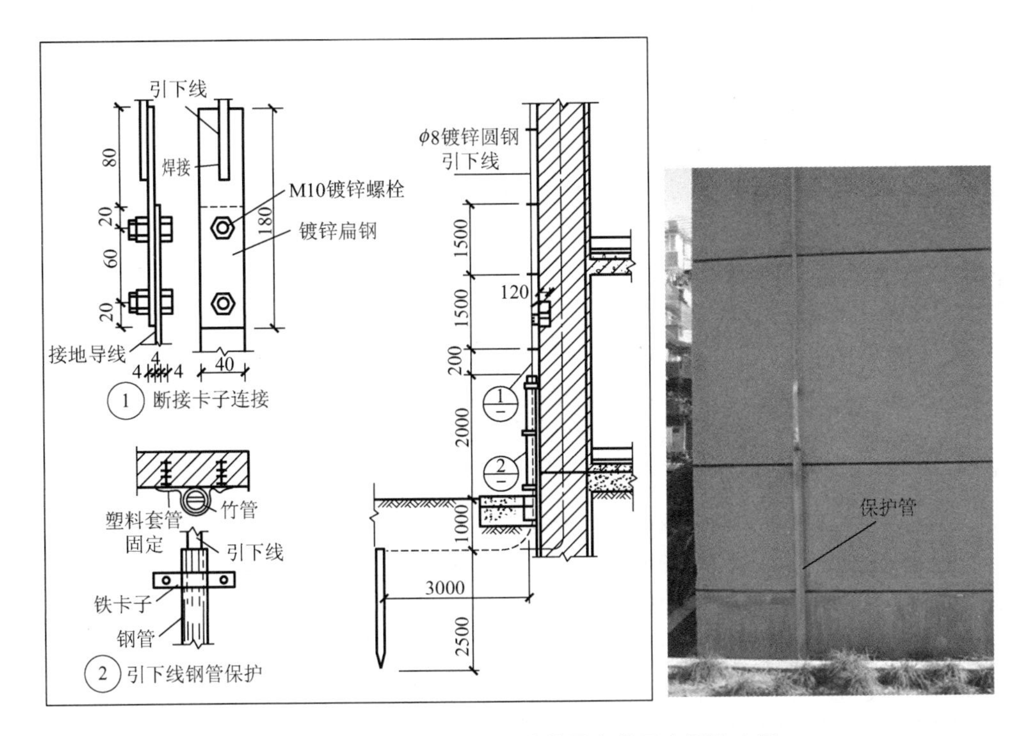

图 4－23 避雷引下线接地装置安装示意图及实景

3. 接地体

接地体是指埋入土壤或混凝土基础中作为散流用的金属导体。接地体分自然接地体和人工接地体。人工接地体一般由接地母线、接地极组成，常用的接地极可以是钢管、角钢、钢板、铜板等，如图 4－24 所示。自然接地体是利用基础里的钢筋做接地体的一种方式。

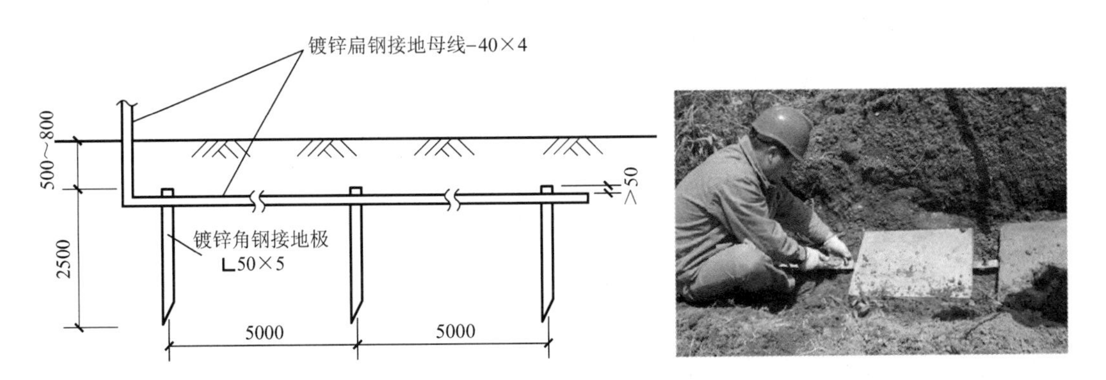

图 4－24 接地体及接地母线现场安装

4.2 建筑电气工程量计算

4.2.1 工程量计算及消耗量定额应用

【山东省安装工程消耗量定额(第四册)】

建筑电气工程使用《山东省安装工程消耗量定额》（SD 02—31—2016）第四册。该册定额适用于一般工业与民用新建、扩建工程中 10kV 以下变配电设备及架空线路、电缆、动力、照明电气设备及器具、防雷及接地装置、配管、配线、起重、输送设备电气装置、电气设备调试等的安装工程。

1. 10kV 以下架空配电线路

1）电杆、导线、金具等线路器材工地运输工程量计算

工地运输是指定额内主要材料从集中材料堆放点或工地仓库运至杆位上的工程运输，分人力运输和汽车运输；人力运输根据设计图纸和施工现场，区分不同的平均运距，以“t/km”为单位计算工程量；汽车运输区分装卸和运输，以“t”为单位计算工程量。运输量计算公式如下：

工程运输量＝施工图用量×(1＋损耗率)

预算运输质量＝工程运输量＋包装物质量(不需要包装的可不计算包装物质量)

运输质量可按表 4－10 中的规定进行计算。

表 4－10　主要材料运输质量表

材料名称		单　位	运输质量 (kg)	备　注
混凝土制品	人工浇制	m^3	2600	包括钢筋
	离心浇制	m^3	2860	包括钢筋
线材	导线	kg	$W\times1.15$	有线盘
	钢绞线	kg	$W\times1.07$	无线盘
木杆材料		m^3	500	包括木横担
金具，绝缘子		kg	$W\times1.07$	
螺栓		kg	$W\times1.01$	

注：1. W 为理论质量。

2. 未列入者均按净重计算。

2）定额地形的划分规定

10kV 以下架空输电线路安装定额是以在平原地区施工为准，如在其他地形条件下施工时，其人工和机械按表 4－11 所列地形类别予以调整。

地形划分的特征如下。

(1) 平地：地形比较平坦、地面比较干燥的地带。

(2) 丘陵：地形有起伏的矮岗、土丘等地带。

(3) 一般山地：指一般山岭或沟谷地带、高原台地等。

(4) 沼泽地带：指经常积水的田地或泥水淤积的地带。

表 4-11 调整系数表

地形类别	丘陵（市区）	一般山区、沼泽地带
调整系数	1.20	1.60

3) 杆基土石方工程量计算

(1) 土质分类。

【土质分类】

实际工程中，全线地形分几种类型时，可按各种类型长度所占百分比求出综合系数进行计算。常见的土质可分为普通土、坚土、松砂土、岩石、泥水、流砂等。

(2) 杆坑土石方量。

按杆基施工图尺寸，以“m^3”计量。如图 4-25 所示杆坑的土石方量计算公式为：

$$V=(h/6)\times[a\times b+(a+a_1)\times(b+b_1)+a_1\times b_1]$$

$$a、b=底拉盘底宽+2\times每边操作裕度$$

$$a_1、b_1=a(b)+2h\times放坡系数$$

式中 V——土石方体积（m^3）；

h——坑深（m）；

a、b——坑底宽（m）；

a_1、b_1——坑口宽（m）。

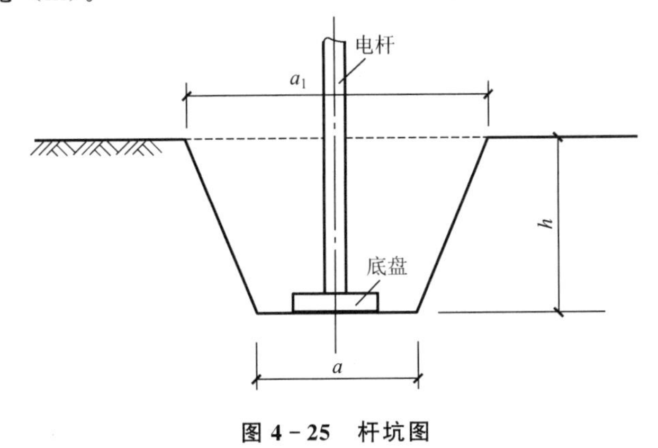

图 4-25 杆坑图

① 不论是开挖电杆坑还是拉线盘坑，都只区分不同土质执行同一定额。土石方工程已综合考虑了线路复测、分坑、挖方和土方的回填夯实工作。

② 各类土质的放坡系数按表 4-12 计算。

表 4-12 各类土质的放坡系数

土质	普通土、水坑	坚土	松砂土	泥水、流砂、岩石
放坡系数	1∶0.3	1∶0.25	1∶0.2	不放坡

③ 施工操作裕度按底拉盘底宽每边增加 0.1m。

④ 冻土厚度大于 300mm 时，冻土层的挖方量按挖坚土定额乘以系数 2.5。其他土层仍按土质性质执行定额。

⑤ 杆坑土质按一个坑的主要土质而定，如一个坑大部分为普通土，少量为坚土，则该坑应全部按普通土计算。

⑥ 带卡盘的电杆坑，如原计算的尺寸不能满足卡盘尺寸时，因卡盘超长而增加的土（石）方量另计。

⑦ 电杆埋深是杆长的 1/6，临时建筑供电电杆埋深为杆长的 1/10 加 0.6m。

(3) 无底盘、卡盘的电杆坑挖土量。

其挖方体积：

$$V=0.8\times0.8\times h$$

式中　h——坑深（m）。

(4) 电杆坑的马道上的土石方量，按每坑 0.2m^3 计算。

4) 杆体、横担安装工程量计算

架空配电线路一次施工工程量按 5 根以上考虑，如 5 根以内者，其全部人工和机械应乘以 1.3 的系数。

(1) 杆基础安装，包括预制混凝土的底盘、卡盘的预制混凝土基础和浇制混凝土、碎石灌浆、干铺碎石等其他基础。对于预制混凝土基础，按照设计区分底盘和卡盘，以“块”为单位计算工程量；对于其他基础，根据设计区分不同的基础形式，以“m^3”为单位计算工程量。

(2) 拉线盘安装，根据设计以“块”为单位计算工程量。

(3) 木杆根部防腐，根据设计或规范要求，以“根”为单位计算工程量。

(4) 拉线棒防腐，根据设计和规范要求，区分不同的防腐工艺，以“根”为单位计算工程量。

(5) 电杆组立，对于木杆，按照设计图纸区分不同的杆型和杆长，以“根”为单位计算工程量；对于混凝土和钢管杆，按照设计图纸区分不同的杆长，以“根”为单位计算工程量。

(6) 撑杆安装，根据设计图纸区分木撑杆或混凝土撑杆以及不同的撑杆长度，以“根”为单位计算工程量；钢圈焊接，根据设计要求和施工规范，以“个”为单位计算工程量，每个焊口为一个。

(7) 横担安装。

① 对于 10kV 以下横担安装，根据设计图纸区分不同的材质、横担根数、杆型，以“组”为单位计算工程量；对于 1kV 以下横担安装，根据设计图纸区分不同的架线根数、材质、横担根数，以“组”为单位计算工程量；对于进户横担安装，根据设计图纸区分横担不同的固定方式及架线的根数，以“根”为单位计算工程量。

② 横担安装是按单杆考虑的；若双杆横担安装，定额乘以 2.0 的系数；元宝横担安装按相应铁横担安装人工乘以系数 1.5。

5) 拉线制作与安装工程量计算

根据设计图纸区分不同的拉线形式和拉线截面，以“根”为单位计算工程量；定额是按单根拉线考虑的，安装V形、Y形或双拼型拉线时，按2根计算。拉线的长度按设计全根长度计算，设计无规定时可按表4－13计算。

表4－13 拉线长度

单位：m/根

项目		普通拉线	V（Y）形拉线	弓形拉线
杆高(m)	8	11.47	22.94	9.33
	9	12.61	25.22	10.10
	10	13.74	27.48	10.92
	11	15.10	30.20	11.82
	12	16.14	32.28	12.62
	13	18.69	37.38	13.42
	14	19.68	39.36	15.12
水平拉线		26.47		

6）导线架设工程量计算

根据设计图纸区分不同的导线材质、型号和截面大小，以“km/单线”为单位计算工程量；集束导线架设，根据设计区分不同的芯数和单芯截面大小，以“km”为单位计算工程量；配线穿刺线夹，按照设计要求，区分不同的主线截面大小，以“个”为单位计算工程量；导线预留长度按照设计规定计算，设计无规定时按照表4－14计算。

工程量计算公式：

$$导线长度 = 线路总长度 \times (1 + 1\%) + \sum 预留长度$$

其中：①1%为线路导线的弛度。

②导线长度不扣除跨越档的长度。

$$线路总长 = 线路单根导线长度 \times 导线根数$$

【集束导线和绝缘穿刺线夹】

表4－14 导线架设预留长度

项目名称		预留长度(m)
高压	转角	2.5
	分支、终端	2.0
低压	分支、终端	0.5
	交叉跳线转角	1.5
与设备连接		0.5
进户线		2.5

配线绝缘穿刺线夹安装，适用于10kV以下绝缘架空、明敷设的所有采用穿刺线夹分支的配电线路。

7）导线跨越及进户线架设

（1）导线跨越。

根据设计图纸区分不同的被跨越物，以“处”为单位计算工程量；导线跨越架设，包括越线架的搭、拆和运输以及因跨越（障碍）施工难度增加而增加的工作量，每个跨越间距按 50m 以内考虑，大于 50m 而小于 100m 时按 2 处计算，以此类推。

导线跨越架设，在同跨越档内，有多种（或多次）跨越物时，应根据跨越物种类分别执行定额。

（2）进户线架设。

定额根据导线截面的不同规格划分项目，以“100m/单根”为计量单位。

① 导线、绝缘子、横担本身价值另行计算。

② 进户管及管内穿线，按室内配管配线另行计算

8）杆上变配电设备安装

图 4－26　杆上变压器

杆上变配电设备安装，如图 4－26 所示。定额包括杆上钢支架及设备的安装工作，但钢支架、连引线、线夹、金具等主材应按设计规定另行计算，设备的接地装置安装和调试应按本册相应定额另行计算；对于变压器安装，按照设计图纸区分不同的容量，以“台”为单位计算工程量；对于跌落式熔断器、避雷器、隔离、负荷开关的安装，根据设计图纸以“套”为单位计算工程量；对于配电箱、断路器安装，根据设计以“台”为单位计算工程量。

杆上变压器安装，从变压器到地面的接地引下线已包括在定额内，但不包括变压器调试、抽芯、干燥、接地极、接地母线、检修平台、防护栏杆的安装，配电箱未包括焊（压）接线端子。“防鸟刺”“防鸟占位器”安装执行驱鸟器定额。

9）接地环及绝缘护套等安装

根据设计图纸区分不同的名称，分别以“组”“套”“个”为单位计算工程量。

有一架空线路工程共有 4 根电杆，人工费合计 900 元，在山区施工，求人工增加费是多少？

【解】 900×1.60×1.3－900＝972（元）

（1）本例题是以山东省平原地区条件为准，如在山区或者沼泽地区施工，可以把架空线路工程人工费的总和乘以系数 1.60 作为补偿。另外本计算是按照 5 根以上施工工程情况测算的，如实际情况是 5 根或者不足 5 根，由于施工效率降低，需要补偿外线的全部人工费的 30%。具体方法就是把以上人工费的总和再乘以系数 1.3。

（2）值得注意的是，当这两种系数都要考虑时，其人工费是累计计算的，而不是分别都用 900 作为基数。

举例说明

今有一外线工程，平面图如图4－27所示。电杆高12m，档距均为50m，工地运输为人力运输，设预算运输量为200t，平均运距为5km；底盘的规格为0.8m×0.8m。

求：(1) 列预算项目；

(2) 写出各项工程量；

(3) 查处相对应的定额编号。

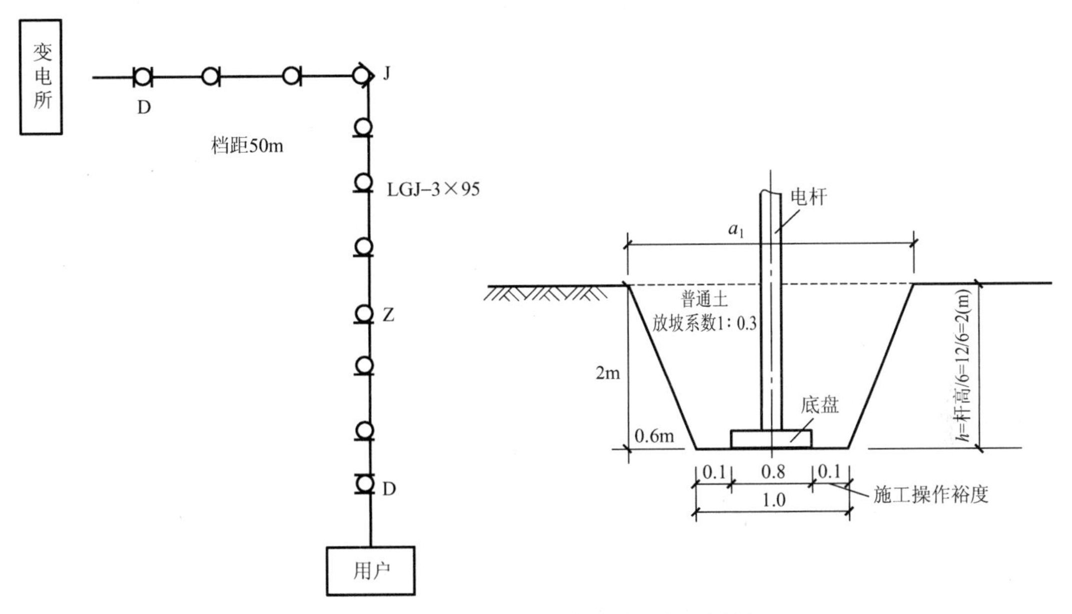

图4－27 10kV以下架空线路工程示例图

【解】计算结果见表4－15。

表4－15 10kV以下架空线路工程示例计算结果

定额编号	分项工程名称	工程量		计算过程
		单位	数量	
4－11－2	工地运输 人力运输 200m以上	10t·km	100	200t×5km=1000t·km=100(10t·km)
4－11－5	土石方工程	$10m^3$	5.898	$V=\frac{h}{6}[a\times b+(a+a_1)\times(b+b_1)+a_1\times b_1]\times$坑数 $=\frac{2}{6}[1\times1+(1+2.2)\times(1+2.2)+2.2\times2.2]\times11$ $=58.98(m^3)=5.897(10m^3)$
4－11－11	底盘的安装	块	11	
4－11－12	卡盘的安装	块	11	
4－11－13	拉盘的安装	块	3	
4－11－34	电杆的组立	根	11	

（续）

定额编号	分项工程名称	工程量		计算过程
		单位	数量	
4-11-54	横担安装 10kV 单	组	8	
4-11-55	横担安装 10kV 双	组	3	
4-11-47	拉线制作、安装	根	3	
4-11-53	拉线保护管	根	3	
4-11-76	导线架设	1km/单根	1.5215	(1)单根导线长度＝线路总长度×(1+1%)+$\sum$预留长度＝500m×(1+1%)+(2.5+2+2)＝511.5(m) (2)线路总长＝线路单根导线长度×导线根数＝511.5×3＝1534.5(m·单线)＝1.5345(km·单线)

2. 电缆工程

电缆敷设工程定额适用于10kV以下电力电缆和控制电缆敷设。定额系按平原地区和厂内电缆工程的施工条件编制的，未考虑在积水区、水底、井底等特殊条件下的敷设，厂外电缆敷设工程按本册第十一章定额有关规定另计工地运输。

(1) 沟槽挖填土石方，区分不同的施工方式和土质情况，人工挖填以"m^3"为单位计算工程量，机械挖填以"$10m^3$"为单位计算工程量。直埋电缆的挖、填土（石）方，除特殊要求外，可按表4-16计算土方量。

表4-16 直埋电缆沟的挖、填土（石）方量

项目	电缆根数	
	1～2	每增1根
每米沟长挖方量（m^3）	0.45	0.153

注：1. 两根以内的电缆沟，系按上口宽度600mm，下口宽度为400mm，深度按900mm计算的常规土方（深度按规范的最低标准）。
2. 每增加1根电缆，其宽度增加170mm。
3. 以上土方量系按埋深从自然地坪起算，如设计埋深超过900mm时，多挖土方量另行计算。
4. 挖淤泥、流砂按照上表数量乘以系数1.5。

定额应用说明

沟槽挖填定额是按沟深1.2m以内考虑编制的，适用于厂区或小区的电缆沟、电气管道沟、接地沟及一般给排水管道的挖填方工作；厂区或小区以外的沟槽或槽深大于1.2m的，应执行市政工程相应定额。机械挖填遇到本定额以外的土质时，执行建筑工程相应定额。定额是按原土回填考虑，若设计要求回填砂，砂的消耗量单计，人工不变。

(2) 开挖、修复路面，区分不同的路面材质结构和厚度，以"m^2"为单位计算工程量。

(3) 电缆沟内铺沙、盖砖及移动盖板。

① 定额子目区分“铺砂盖砖”和“铺砂盖保护板”，按照电缆沟内敷设“1～2根”电缆作为基本定额子目，以“每增1根”电缆为辅助定额子目，以“10m”为单位计算。

② 电缆采用电缆沟敷设时，需要盖（或揭）电缆沟水泥盖板，应区分每块盖板的长度按每盖（或揭）一次，以延长米“10m”为单位计算，但若又揭又盖，则按两次计算。

③ 电缆沟上金属盖板的制作，执行铁构件制作定额乘以系数0.6，安装执行本章揭盖盖板定额子目。

(4) 电缆保护管敷设，设应按管道材质并区分管径大小的不同，分别以“10m”为单位计算工程量；顶管敷设，根据设计图纸区分保护管的不同公称口径及顶管的不同距离，以“10m”为单位计算工程量。顶管出入口处的施工，未包括在定额内，应按照设计或中标后的施工组织设计（施工方案）另行计算相关的工程量。

电缆保护管长度，除按设计规定长度计算外，遇有下列情况，应按表4-17的规定增加保护管长度。

表4-17 电缆保护管增加长度

项目	增加
横穿道路	路基宽度两端增加2m
出地面垂直敷设	管口距地面增加2m
穿建筑物外墙	按基础外缘以外增加1m
穿排水沟	按沟壁外缘以外增加1m

注：1. 电缆保护管是按埋地敷设考虑的，其他敷设方式执行电气配管相应定额。HDPE及波纹电缆保护管埋地敷设时，执行塑料电缆保护管埋地敷设定额，其他敷设方式执行塑料管配管相应定额。

2. 电缆保护管埋地敷设土方量，凡有施工图注明的，按施工图计算；无施工图的，一般按沟深0.9m计算，沟宽按最外边的保护管两侧边缘外各增加0.3m工作面计算。

(5) 电缆桥架安装，根据设计图纸区分不同的桥架材质和规格尺寸，以“10m”为单位计算工程量，不扣除三通、四通、弯头等所占的长度。对于组合桥架，以每片长度2m作为一个基型片，已综合考虑了100m、150m、200m三种规格，根据设计图纸以“100片”为单位计算工程量。

定额应用说明

(1) 桥架安装包括运输、组对、吊装、固定、弯头或三/四通修改、制作、组对，切割口防腐，桥架开孔，上管件、隔板安装，盖板安装，接地、附件安装等工作内容。

(2) 玻璃钢梯式桥架和铝合金梯式桥架定额均按不带盖考虑，如这两种桥架带盖，则分别执行玻璃钢槽式桥架定额和铝合金槽式桥架定额。

(3) 钢制桥架主结构设计厚度大于3mm时，定额人工、机械乘以系数1.2。

(4) 不锈钢桥架安装执行相应的钢制桥架定额乘以系数1.10，防火桥架安装执行相应的钢制桥架定额。

(5) 电缆桥架安装定额是按厂家供应成品安装考虑的，若现场需要制作桥架时，应执行本册第七章金属构件制作定额。

(6) 线槽安装，按照设计图纸区分不同的线槽材质和半周长，以“10m”为单位计算工程量，不扣除三通、四通、弯头等所占的长度。金属线槽安装定额亦适用于线槽在地面内暗设敷设。

(7) 电缆敷设。

① 电力电缆敷设，按照设计图纸区分不同的电缆材质和敷设方式，以及不同的电缆规格、截面大小，以“100m”为单位计算工程量；计算电缆工程量时，电缆附加及预留长度按照设计规定计算，设计无规定时按照表 4－18 计算。

表 4－18　电缆敷设附加及预留长度

序号	项　　目	附加及预留长度	说　　明
1	电缆敷设弛度、波形弯度、交叉	2.5%	按电缆全长计算
2	电缆进入建筑物	2.0m	规范规定最小值
3	电缆进入沟内或吊架时引上（下）预留	1.5m	规范规定最小值
4	变电所进线、出线	1.5m	规范规定最小值
5	电力电缆终端头	1.5m	检修余量最小值
6	电缆中间接头盒	两端各留 2.0m	检修余量最小值
7	电缆进控制、保护屏及模拟盘等	高＋宽	按盘面尺寸
8	高压开关柜及低压配电盘、箱	2.0m	盘下进出线
9	电缆至电动机	0.5m	从电机接线盒算起
10	厂用变压器	3.0m	从地坪算起
11	电缆绕过梁柱等增加长度	按实计算	按被绕物的断面情况计算增加长度
12	电梯电缆与电缆架固定点	每处 0.5m	规范最小值

② 矿物绝缘电力电缆敷设，根据设计图纸区分电缆不同的芯数和截面，以“100m”为单位计算工程量；计算电缆工程量时，电缆附加及预留长度按照设计规定计算，设计无规定时按照表 4－19 计算。

表 4－19　矿物绝缘电缆敷设附加及预留长度

序号	项　　目	附加及预留长度	说　　明
1	电缆敷设转弯、交叉	2.5%	按电缆全长计算
2	电缆进控制、保护屏及模拟盘等	高＋宽	按盘面尺寸
3	低压配电盘、柜、箱	高＋宽	按盘面尺寸
4	电缆至电机	1.0m	从电机接线盒算起

③ 控制电缆敷设，按照设计图纸区分不同的敷设方式和芯数，以“100m”为单位计算工程量；矿物绝缘控制电缆，根据设计区分不同的芯数，以“100m”为单位计算工程量。

(1) 电缆在一般山地、丘陵地区敷设时，其定额人工乘以系数1.3。该地段所需的施工材料，如固定桩、夹具等按实另计。

(2) 电缆敷设定额未考虑因波形敷设增加长度、弛度增加长度、电缆绕梁（柱）增加长度，以及电缆与设备连接、电缆接头等必要的预留长度，该增加长度应计入工程量之内。

(3) 电力电缆敷设及电缆头制作、安装定额均按三芯（包括三芯连地）考虑的，电缆每增加一芯，相应定额增加15%。双屏蔽电缆头制作、安装人工乘以系数1.05。

(4) 单芯电力电缆敷设按同截面电缆敷设定额乘以系数0.7，二芯电缆按照三芯电缆执行定额。

(5) 截面面积400～800mm^{2}的单芯电力电缆敷设，按400mm^{2}电力电缆定额乘以系数1.35；截面面积800～1600mm^{2}的单芯电力电缆敷设，按400mm^{2}电力电缆定额乘以系数1.85。

(6) 预分支电缆敷设分别以主干和分支电缆的截面，执行同截面电缆敷设定额乘以系数1.05。

(7) 矿物绝缘电缆是按BTT氧化镁绝缘电缆编制的，详见国标图集09D101－6，其中多芯的最大单股截面面积为25mm^{2}以下。高性能防火柔性矿物绝缘电缆，直接执行相应截面的电力电缆定额不作调整。

(8) 电力电缆、控制电缆敷设定额是将裸包电缆、铠装电缆、屏蔽电缆综合考虑的，适用于除矿物绝缘电缆（BTT）外的所有结构形式和型号的电缆，一律按相应的电缆截面和芯数执行定额。铝合金电缆敷设执行铝芯电缆人工、机械乘以系数1.15。

(9) 本定额不包括电缆隔热层、保护层的制作安装；不包括电缆冬季施工的加温工作和在其他特殊施工条件下的施工措施费和施工降效增加费。

(8) 电缆接头制作安装。

① 电力电缆头制作安装，根据设计图纸区分电缆头不同的形式、工艺特征、电缆等级、电缆材质、截面大小，以“个”为单位计算工程量；电力电缆均按照每一根电缆有两个终端头计算；电力电缆中间头按照设计规定计算，设计没有规定时，按照实际情况计算或按平均每250m计算一个中间接头。

② 矿物绝缘电力电缆头制作安装，根据设计图纸区分电缆头不同的形式、芯数及截面大小，以“个”为单位计算工程量；每一根电缆按有两个终端头计算；中间接头按照设计规定或实际数量计算。

③ 控制电缆头制作安装，按照设计图纸区分电缆头不同的形式和芯数，以“个”为单位计算工程量。

④ 电力电缆绝缘穿刺线夹安装，根据设计图纸区分电缆不同的敷设方式和主电缆截面大小，以“个”为单位计算工程量。

⑤ 本定额不包括电缆头制作安装的固定支架及防护（防雨）罩。

(9) 防火阻燃装置安装。

① 对于防火封堵，根据设计要求区分不同的封堵部位、封堵用的材料，按照设计封

堵面积，以“m²”为单位计算工程量，不扣除电缆、支架所占面积，其中保护管处的防火封堵定额综合考虑了面积大小，以“处”为单位计算工程量。

② 对于电缆沟阻火墙的制作安装，根据设计图纸区分电缆沟不同的尺寸、结构类型和不同的封堵材料，按照电缆沟横截面积，以“m²”为单位计算工程量，不扣除电缆、支架等所占面积。

③ 刷防火涂料，按照设计图纸和规范要求，区分不同的涂刷部位，以“m²”为单位计算工程量。定额综合考虑了规范规定的涂刷厚度，执行定额时涂刷部分遍数，以达到设计或规范要求为准。

④ 电缆沟阻火墙制安中，定额未包括防火涂料的涂刷工作，应按设计和规范另行执行相应定额。

某电缆敷设工程，采用电缆沟铺砂盖砖直埋，并列敷设 5 根 VV29（4×50）电力电缆，如图 4－28 所示，变电所配电柜至室内部分电缆穿 SC50 钢管做保护，共 5m 长。室外电缆敷设共 100m 长，中间穿过热力管沟，在配电间有 10m 穿 SC50 钢管保护。试列出预算项目和工程量，查出对应的定额编号。

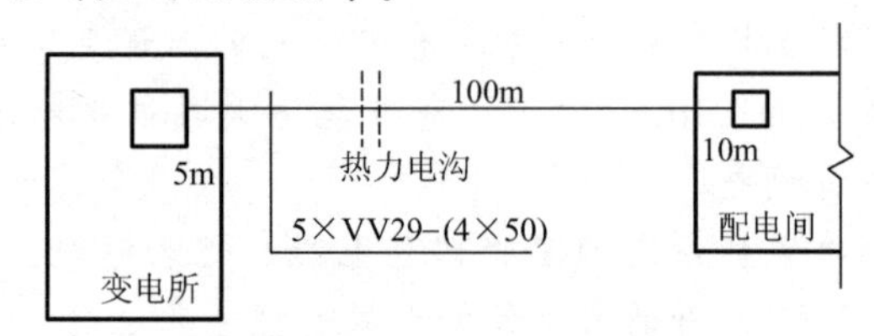

图 4－28　电缆敷设示意图

【解】(1) 预算工程项目。

电缆敷设工程分为电缆沟挖填土方量、电缆敷设、电缆沟铺砂盖砖、保护管敷设、电缆终端头制作等项。

(2) 计算工程量。

① 电缆沟挖填土方量工程量：

$(0.45+0.153\times3)\times100+(0.06\times5+0.3\times2)\times0.9\times15=103.05(m^3)$

② 电缆沟铺砂盖砖工程量：100m

每增加一根工程量：$100\times3=300(m)$

③ 按图中计算电缆敷设工程量，并考虑电缆在各处预留长度，查预留长度系数表得系数分别为：进建筑物 2.0m；变电所出线 1.5m；电缆进入沟内 1.5m；高压开关柜及低压配电箱 2.0m；电力电缆终端头 1.5m。

电缆埋地敷设工程量：

$L_{总}=[(100+2.0+1.5+2.0+1.5)\times(1+2.5\%)]\times5=548.38m$

④ 电缆保护管 SC50 工程量：

$(5+10+1.0\times2)\times5=85(m)$

⑤ 电缆穿保护管敷设工程量：$L_{穿管}=85m$

⑥ 电缆埋地敷设工程量：

$L_{总}-L_{穿管}=548.38-85=463.38m$

⑦ 电力电缆户内热缩铜芯终端头制作、安装（1kV以下，截面面积$10mm^2$以下）：10个

计算结果见表4-20。

表4-20 电缆工程示例计算结果

序号	定额编号	工程项目	单位	数量
1	4-9-1	电缆沟挖填土方	m^3	103.05
2	4-9-23	电缆沟铺砂盖砖	m	100
3	4-9-24	每增加一根	m	300
4	4-9-32	电缆保护管敷设（钢管长度100~150mm以内）	m	85
5	4-9-124	电力电缆埋地敷设（电缆截面面积$120mm^2$以内）	m	463.38
6	4-9-134	电力电缆穿管敷设（电缆截面面积$120mm^2$以下）	m	85
7	4-9-243	电力电缆终端头制作、安装（1kV以内户内热缩式）	个	10

3. 控制设备及低压电器、金属构件与箱盒制作安装

1）成套配电柜（箱、屏、板）安装

（1）高压成套配电柜安装，按照设计图纸区分不同母线形式和配电柜功能，以“台”为单位计算工程量。

（2）低压成套配电柜（屏）安装，以“台”为单位计算工程量；集装箱式配电室安装如图4-29所示，以“t”为单位计算工程量。

图4-29 集装箱式配电室安装

（3）落地式成套配电箱安装以“台”为单位计算工程量；嵌入和悬挂式成套配电箱根据设计图纸区分不同的安装方式和箱体半周长，以“台”为单位计算工程量。

（4）配电板制作，根据设计区分不同的材质，以“m^2”为单位计算工程量；木板包铁皮以“m^2”为单位计算工程量；配电板的安装不分材质，根据设计图纸区分不同的半周长，以“块”为单位计算工程量。

定额应用说明

（1）配电箱安装定额中半周长2.5m子目考虑了扁钢接地，其余配电箱安装（半周长1.5m以内）均考虑裸铜线接地。

（2）挂墙明装考虑采用镀锌膨胀螺栓固定，嵌入式，增加箱洞预留的措施费用，未考虑配电箱灌缝费用。嵌入式综合考虑了混凝土、砖墙上两种安装方式。

（3）混凝土墙箱洞考虑采用放置木箱，一次性摊销。

（4）砖墙、砌块墙考虑采用 ϕ10 钢筋制作横梁。

配电箱安装如图 4－30 所示。

定额是按在确保工程质量的前提下，按正常施工条件、正常施工工艺、正常施工组织管理等条件下编制的，对于只埋空箱体的工程，发生时由相关各方根据实际协商解决。

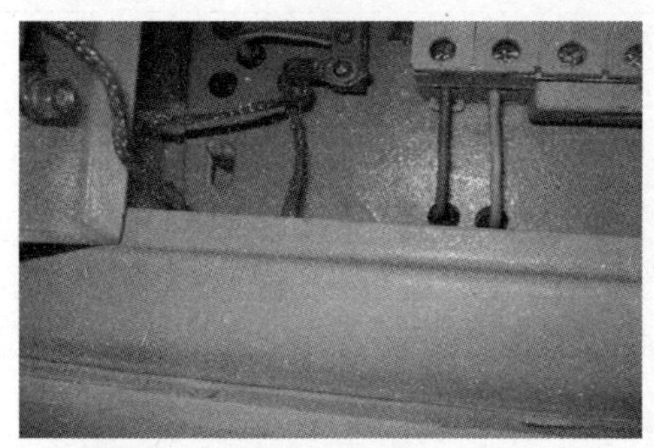

(a) 配电箱接地

配电箱在混凝土墙上明装

1 2 3 4 5 6

符号说明：
1—支架；
2—钢管；
3—配电箱；
4—接地线；
5—膨胀螺栓；
6—墙体

(b) 配电箱明装

(c) 配电箱在墙上暗装

(d) 配电箱在钢筋混凝土墙上暗装

图 4－30　配电箱安装

2）端子箱（板）安装

（1）端子箱安装，按照设计图纸区分不同的安装场所，以“台”为单位计算工程量。

（2）端子板安装，依照图纸设计，以“组”为单位计算工程量。

（3）端子板外部接线，按照设备盘、箱、柜、台的外部接线图，区分有、无端子和导线截面大小，以“个”为单位计算工程量。

（4）接线端子安装，按照设计图中的电气接线系统图等图纸，区分不同的材质、工艺和导线的截面积，以“个”为单位计算工程量。

（5）接线端子安装定额只适用于导线，电缆终端头制作安装定额中已包括焊压接线端子，不得重复计算。

端子箱、端子板如图 4－31 所示。

3）低压电器设备安装

（1）自动空气开关安装，根据设计图纸区分不同的开关形式、极数和额定电流大小，以“个”为单位计算工程量。

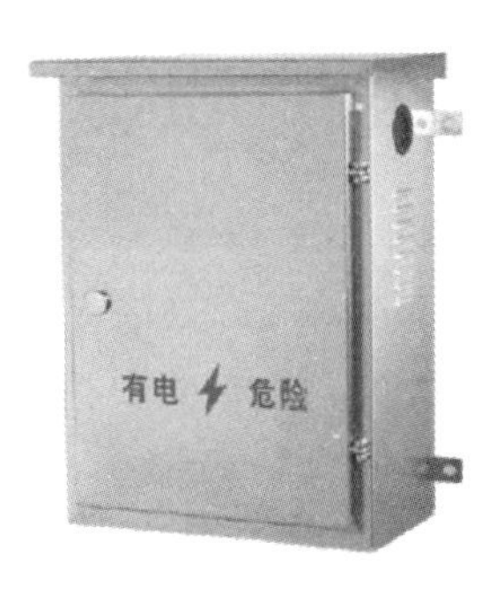

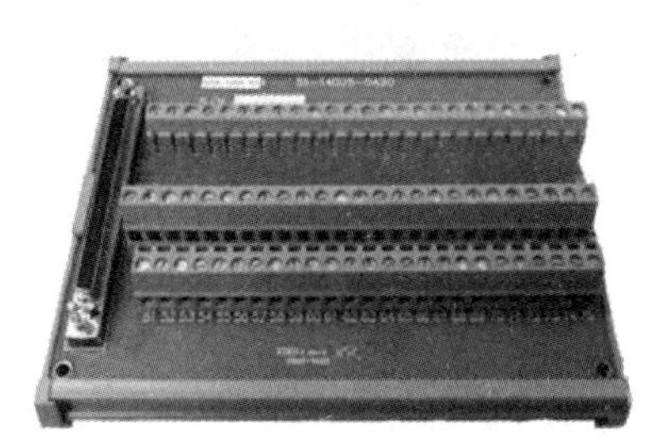

图 4－31 端子箱、端子板

(2) 刀型开关安装，根据设计图纸区分不同的开关结构形式、种类、单相、三相，以“个”为单位计算工程量。

(3) 组合开关安装，根据设计图纸区分不同的开关类型，以“个”为单位计算工程量；万能转换开关安装，根据设计图纸，以“个”为单位计算工程量。

(4) 漏电保护开关安装：对于单式漏电保护开关安装，根据设计图纸区分不同的极数，以“个”为单位计算工程量；对于组合式漏电保护开关安装，根据设计图纸区分不同的回路数，以“个”为单位计算工程量。

(5) 熔断器安装，根据设计图纸区分不同的类型（型号），以“个”为单位计算工程量；限位开关安装，根据设计图纸，区分不同的类型，以“个”为单位计算工程量。

(6) 控制器安装，根据设计图纸区分不同的形式，以“台”为单位计算工程量；接触器、启动器、电磁铁安装，根据设计图纸以“台”为单位计算工程量。

(7) 电阻器安装，根据设计图纸区分箱数，以“箱”为单位计算工程量；油浸频敏变阻器安装，根据图纸设计，以“台”为单位计算工程量。

(8) 控制按钮、电笛安装，根据设计图纸区分不同的类型，以“个”为单位计算工程量；操作柱安装根据设计区分不同的类型，以“套”为单位计算工程量。

(9) 水位电气信号装置安装，根据设计图纸区分不同的种类，以“套”为单位计算工程量。

(10) 测量表计、继电器、电磁锁、屏上辅助设备、辅助电压互感器安装，根据设计图纸以“个”为单位计算工程量；小母线安装，根据设计图纸，以“m”为单位计算工程量；子母钟安装，按照设计图纸区分子钟或母钟，以“套”为单位计算工程量。

(11) 分流器安装，根据设计图纸区分不同的载流量，以“个”为单位计算工程量。

(12) 安全变压器安装，根据设计图纸区分不同的容量，以“台”为单位计算工程量；电铃或音乐电铃安装，根据图纸设计，以“个”为单位计算工程量；门铃安装，根据设计区分不同的安装方式，以“个”为单位计算工程量；风扇安装，根据设计区分不同的风扇种类，以“台”为单位计算工程量。

(13) 医院呼叫系统安装。

① 呼叫主机安装，根据设计图纸区分不同的主机容量（即所带的号数），以“台”为单位计算工程量。

② 呼叫分机、值班及走廊显示屏安装，按设计图纸数量，以“个”为单位计算工程量。

定额应用说明

（1）除限位开关、水位电气信号装置安装外，其他均未包括支架制作、安装，发生时可执行第七章相应定额。

（2）屏上辅助设备安装，包括标签框、光字牌、信号灯、附加电阻、连接片等，但不包括屏上开孔工作。

（3）刀开关、铁壳开关、漏电开关、熔断器、控制器、接触器、启动器、电磁铁、自动快速开关、电阻器、变阻器等定额内均已包括接地端子，不得重复计算。

（4）水位信号装置安装，未包括电气控制设备、继电器安装及水泵房至水塔、水箱的管线敷设。

（5）风扇安装未包括风扇调速开关的安装，可另执行第十四章相应项目。吊风扇安装只预留吊钩时，人工乘以系数0.4，其余不变。吊扇带灯执行吊扇安装。

（6）医院呼叫系统安装定额也适用于疗养院、敬老院等需要护理对讲的场所。

4）金属构件、箱盒制作安装

（1）基础槽钢、角钢制作与安装，根据设计图纸、设备布置以“m”为单位计算工程量。

（2）铁构件制作安装、金属箱、盒制作，均是按照成品的质量来计算，所谓成品质量是不包括制作与安装损耗量、焊条质量，包括制作螺栓及连接件的质量，即成品质量＝铁构件本身质量＋制作螺栓质量＋连接件质量。

（3）电缆桥架支撑架安装，区分制作或安装，按厂家成套供应的成品质量，以“t”为单位计算工程量。

（4）铁构件制作安装，按照定额规定和设计图纸，区分不同的构件类型和制作、安装，按成品质量以“t”为单位计算工程量。

（5）金属箱、盒制作，按照设计图纸，按成品质量以“kg”为单位计算工程量。

定额应用说明

（1）金属构件制作、安装定额适用于本册范围内除滑触线支架安装外的各种支架、构件的制作与安装。

（2）电缆桥架支撑架安装适用于生产厂家成套供货的电缆桥架的立柱、托臂的安装。定额综合考虑了采用螺栓、焊接和膨胀螺栓三种固定方式，实际施工中，不论采用何种固定方式，定额均不做调整。现场制作的电缆桥架支架、吊架、支撑等执行铁构件制作、安装定额。

（3）各种铁构件制作，均不包括镀锌、镀锡、镀铬、喷塑等其他金属防护费用，发生时另行计算。

（4）铁构件分为一般铁构件和轻型铁构件，铁构件主体结构厚度在3mm以上的为一般铁构件，主体结构厚度在3mm及以内的铁构件为轻型铁构件。单件质量在100kg以上的铁构件安装，执行第十册《给排水、采暖、燃气工程》相应定额。

4. 配管、配线工程

1）配管工程量计算规则

(1) 各种管路在计算其长度时，均不扣除管路中间的接线箱、接线盒、灯头盒、开关盒、插座盒、管件等所占长度。

(2) 电线管、钢管、防爆钢管敷设，根据设计图纸区分不同的敷设方式和公称口径，以“100m”为单位计算工程量。

(3) 可挠金属套管敷设，根据设计区分不同的敷设方式、位置及规格，以“100m”为单位计算工程量；对现浇板处灯头盒至吊顶处灯头盒的保护管，根据设计图纸和吊顶到现浇板的实际高差，区分保护管每根不同的长度，以“10m”为单位计算工程量。

定额应用说明

定额中的可挠金属套管是指普利卡金属管（PULLKA），如图4－32所示。其规格见表4－21。

图4－32 普利卡金属管

表4－21 可挠金属套管规格表

规　　格	10#	12#	15#	17#	24#	30#	38#	50#	63#	76#	83#	101#
内径(mm)	9.2	11.4	14.1	16.6	23.8	29.3	37.1	49.1	62.6	76.0	81.0	100.2
外径(mm)	13.3	16.1	19.0	21.5	28.8	34.9	42.9	54.9	69.1	82.9	88.1	107.3

(4) 硬聚氯乙烯管、刚性阻燃管、半硬质阻燃管敷设，根据设计图纸区分不同的敷设方式和敷设位置以及公称口径，以“100m”为单位计算工程量。

(5) 套接紧定式、扣压式钢导管电线管敷设，根据设计图纸区分不同的敷设方式和部位以及管外径，以“100m”为单位计算工程量。若用于现浇混凝土，则需采取防渗措施，如图4－33所示。

套接紧定式、扣压式钢导管电线管定额，综合考虑了紧定式和扣压式两种连接方式；在钢索上敷设时执行钢结构配管定额；在轻型吊顶内敷设时定额考虑了沿楼板、吊顶吊杆、吊管支架三种固定方式，但吊管支架的制作、安装应另套相应定额。

(6) 金属软管敷设，根据设计图纸和施工规范要求，区分不同的公称口径和每根管长度，以“10m”为单位计算工程量。

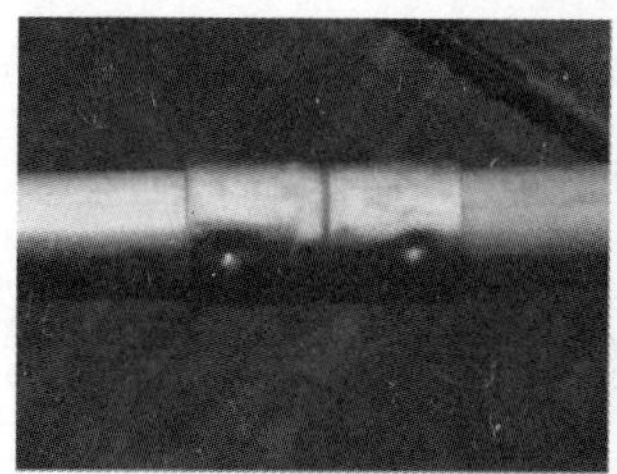

图 4-33　紧定式、扣压式钢导管（彩镀管）及防渗措施

知识链接

金属软管（又称蛇皮管）一般敷设在较小型电动机的接线盒与钢管口的连接处，用来保护电缆或导线不受机械损伤。定额按其内径分别以每根管长列项，如图 4-34 所示。

图 4-34　蛇皮管连接实例

(7) 接线箱安装，区分不同的安装方式和箱体半周长尺寸大小，以“个”为单位计算工程量。

(8) 接线盒安装，区分不同的安装方式和接线盒类型，以“个”为单位计算工程量；接线盒盖安装，以“个”为单位计算工程量。

(9) 动力配管混凝土地面刨沟，按照施工现场设备安装实际情况，区分不同的配管公称口径，以“10m”为单位计算工程量。

(10) 墙体剔槽，根据设计图纸和建筑结构形式，区分不同的配管公称口径，以“10m”为单位计算工程量。

(11) 水钻打眼，根据实际工艺需要和钻头的口径大小，以“个”为单位计算工程量。

定额应用说明

(1) 现浇板灯具接线盒至吊顶处灯具接线盒保护管，采用的是可挠金属套管，在吊顶内其他部位的同类型保护管应执行“可挠金属套管在吊顶内敷设”相应项目。

(2) 配管定额是按照各专业配合施工考虑的，包括预留预埋过程中不可避免的零星的剔墙、凿孔洞工作。对于设计或工艺无法做到配合预留预埋的（如框架填充墙结构中使用大块或空心泡沫砖做填充墙、车间机床设备电机口局部位移等），应执行本章的混凝土地面刨沟、墙体剔槽、打孔洞相应项目。

(3) 管线埋地发生挖填土石方工作时，应执行本册沟槽挖填定额。

(4) 箱体后墙及配管处所做墙面防裂处理，执行建筑工程相应定额。

2）配管工程量计算方法

配管计算的方法可采用顺序计算方法、分片划块计算方法、分层计算方法。顺序计算方法：从起点到终点，从配电箱起按各个回路进行计算，即从配电箱（盘、板）→用电设备＋规定预留长度。分片划块计算方法：计算工程量时，按建筑平面形状特点及系统图的组成特点分片划块分别计算，然后分类汇总。分层计算方法：在一个分项工程中，如遇有多层或高层建筑物时，可采用由底层至顶层分层计算的方法进行计算。

配管长度＝配管水平方向长度＋配管垂直方向长度

(1) 水平方向敷设的线管工程量计算。水平方向敷设的线管以平面图的线管走向和敷设部位为依据，并借用建筑物平面图所标墙、柱轴线尺寸和实际到达尺寸进行线管长度的计算，如图4－35所示。

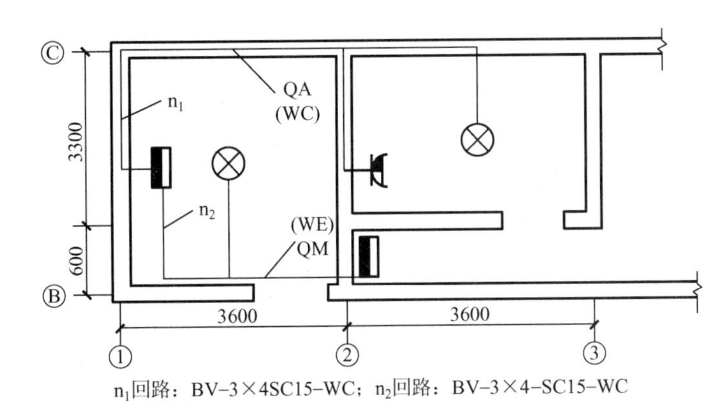

n_1回路：BV-3×4SC15-WC；n_2回路：BV-3×4-SC15-WC

图4－35　线管水平长度计算示意图

当线管沿墙暗敷时（WC），按相关墙轴线尺寸计算该配管长度。如 n_1 回路，沿Ⓑ～Ⓒ、①～③等轴线长度计算工程量，其工程量为（3.3＋0.6）÷2[Ⓑ～Ⓒ轴间配管长度]＋3.6[①～②轴间配管长度]＋3.6÷2[②～③轴间配管长度]＋(3.3＋0.6)÷2[引向插座配管长度]＋3.3÷2[引向灯具配管长度]＝10.95(m)。

(2) 垂直方向敷设的线管（沿墙、柱引上或引下）工程量计算。垂直方向敷设的管（沿墙、柱引上或引下），无论明装还是暗装，其工程量计算与楼层高度及箱、柜、盘、开关等设备的安装高度有关，如图4－36所示。一般来说，拉线开关距顶棚200～300mm，开关插座距地面距离为1300mm，配电箱底部距地面距离为1500mm。在此要注意从设计图纸或安装规范中查找有关数据。

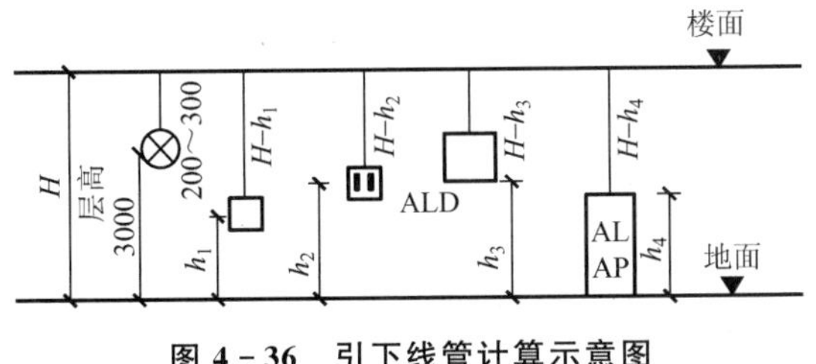

图4－36　引下线管计算示意图

由图4－36可知，拉线开关1的配管长度为200～300mm，开关2的配管长度为 $H-h_1$，插座3的配管长度为 $H-h_2$，配电箱4的配管长度为 $H-h_3$，配电柜5的配管长度为 $H-h_4$。

（3）当埋地配管（FC）时线管工程量计算。图 4－37 和图 4－38 所示分别为埋地水平管长度示意图及埋地管出地面长度示意图。其中水平方向的配管计算方法按墙、柱轴线尺寸及设备定位尺寸进行计算，配管长度为 $L_1+L_2+L_3+L_4$，均算至各中心处；垂直方向的配管，若电源架空引入，穿管进入配电箱（AP），再进入设备，又连开关箱（AK），再连照明箱（AL）。垂直方向配管长度为 (h_1+h)[电源引下线管长度]＋$(h+$设备基础高＋150～200mm$)$[引向设备线管长度]＋$(h+h_2)$[引向刀开关线管长度]＋$(h+h_3)$[引向配电箱线管长度]。

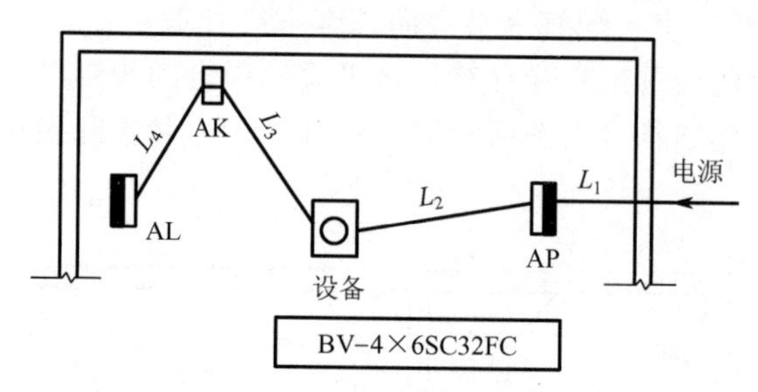

图 4－37　埋地水平管长度示意图

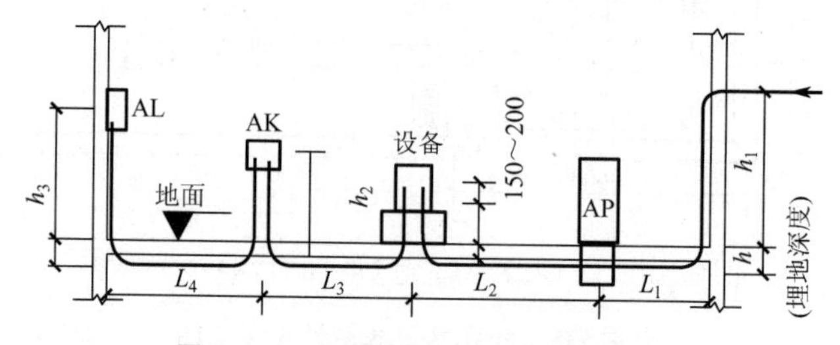

图 4－38　埋地管出地面长度示意图

（4）接线盒一般发生在管线分支处或管线转弯，如安装电器部位（开关、插座、灯具、配电箱）、线路分支或导线规格改变处、水平敷设转弯处，如图 4－39 所示。

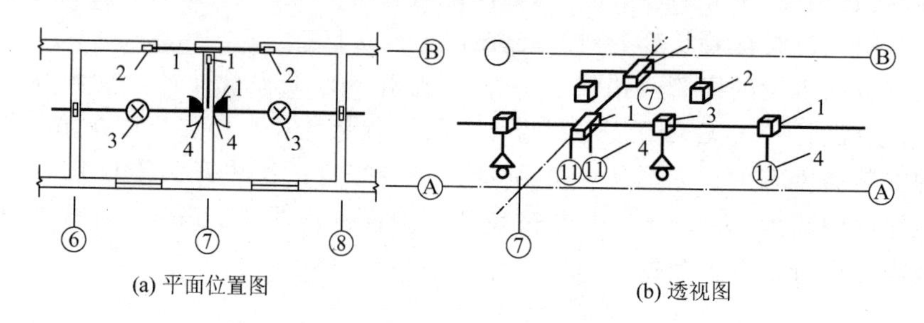

图 4－39　接线盒位置图

1—接线盒；2—开关盒；3—灯头盒；4—插座盒

当线管敷设长度超过表 4－22 中情况之一时，中间应加接线盒。

表 4－22　中间应加接线盒的几种情况

情况	备注
a. 管子长度每超过 30m 无弯时	备注： 两个接线盒对于暗配管其直角弯不得超过三个，明配管不得超过四个
b. 管子长度每超过 20m 中间有一个弯时	
c. 管子长度每超过 15m 中间有两个弯时	
d. 管子长度每超过 8m 有三个弯时	

3）管内穿线工程量计算

(1) 管内穿线工程量，根据设计图纸区分不同的线路性质、导线材质、导线截面，以“100m 单线”为单位计算工程量；管内穿多芯软导线时，根据设计图纸区分不同的芯数和每芯的截面大小，以“100m/束”为单位计算工程量。管内穿线的线路分支接头线长度已综合在定额中，不得另行计算。

(2) 绝缘子配线工程量，根据设计图纸区分不同的绝缘子形式（针式、鼓形、蝶式）、绝缘子配线位置（沿屋架、梁、柱、墙，跨屋架、梁、柱，木结构、顶棚内、砖、混凝土结构，沿钢结构及钢索）、导线截面面积，以“100m 单线”为单位计算工程量。引下线按线路支持点至天棚下缘距离的长度计算。

(3) 塑料槽板配线工程量，根据设计区分槽板敷设的不同位置（木结构、砖、混凝土结构）、不同导线截面积、线式（二线、三线），按设计图纸表示的槽板长度，以“100m”为单位计算工程量。

(4) 塑料护套线明敷设，根据设计图纸区分不同的芯数（二芯、三芯）、敷设位置（木结构、砖、混凝土结构、沿钢索）、导线截面，以“100m/束”为单位计算工程量。

(5) 线槽配线，对于单线，按照设计图纸区分不同的导线截面，以“100m 单线”为单位计算工程量；对于多芯软线，根据设计区分不同的芯数和截面，以“100m/束”为单位计算工程量。

(6) 车间带形母线安装，根据设计图纸区分母线不同的材质（铜、铝、钢）、安装位置（沿屋架、梁、柱、墙，跨屋架、梁、柱）、截面积，以“100m”为单位计算工程量。

(7) 盘、柜、箱、板配线，按照设计图纸区分不同的导线截面，以“m”为单位计算工程量。

(8) 配线在各处进出线预留长度按照设计规定计算，设计无规定的按照表 4－23 计算。

表 4－23　配线在各处进出线预留长度　　单位：m/根

序号	项　　目	预留长度	说　　明
1	各种盘、柜、箱、板	高＋宽	盘面尺寸
2	单独安装的铁壳开关、自动开关、刀开关、启动器、箱式电阻器、变阻器、线槽进出线盒等	0.3	从安装对象中心算起
3	继电器、控制开关、信号灯、按钮、熔断器等小电气	0.3	从安装对象中心算起
4	分支接头	0.2	分支线预留
5	由地面管子出口引至动力接线箱	1.0	从管口计算
6	电源与管内导线连接（管内穿线与软、硬母线接头）	1.5	从管口计算
7	出户线	1.5	从管口计算

(9) 灯具、明、暗开关、插座、按钮等预留线，已分别综合在相应的定额内，不另行计算。

(10) 钢索架设，根据设计图纸区分钢索不同的材质和直径大小，按图示墙（柱）内缘距离，以“100m”为单位计算工程量；不扣除拉紧装置所占长度。

（11）拉紧装置制作与安装，拉紧装置分母线拉紧装置和钢索拉紧装置两种，对于母线拉紧装置制安，根据设计图纸区分不同的母线截面，以“10套”为单位计算工程量；对于钢索拉紧装置制安，根据设计图纸区分拉紧装置中花篮螺栓直径的大小，以“10套”为单位计算工程量。

（1）管内穿线中照明线路导线截面面积大于6mm^{2}时，执行动力线路穿线相应定额。

（2）鼓形绝缘子（沿钢结构、钢索）、针式绝缘子、蝶式绝缘子的配线及车间带形母线的安装均已包括支架安装，支架制作另计。木槽板配线执行塑料槽板配线定额。

（3）盘、柜、箱、板配线仅适用于盘、柜、箱、板上的设备元件的少量现场配线，不适用于工厂设备的修、配、改工程。

4）管内穿线长度计算方法

管内穿线长度=（配管长度+导线预留长度）×同截面导线根数

5. 照明灯具安装工程

（1）普通灯具安装，定额分为吸顶灯具和其他普通灯具两类，对于吸顶灯具安装，根据设计图纸区分灯具的灯罩形状以及不同的灯罩直径或大小，以“套”为单位计算工程量；对于其他普通灯具安装，应根据设计图纸区分不同的灯具种类、名称，以“套”为单位计算工程量。普通灯具安装适用范围见表4-24。

表4-24 普通灯具安装定额适用范围

定额名称	灯具种类
圆球吸顶灯	灯罩材质为玻璃或亚克力，灯口为螺口、卡口，光源为白炽灯泡、节能灯管、LED灯的圆球独立吸顶灯
半圆球吸顶灯	灯罩材质为玻璃或亚克力，灯口为螺口、卡口，光源为白炽灯泡、节能灯管、LED灯的独立半圆球吸顶灯、扁圆罩吸顶灯、平圆形吸顶灯
方形吸顶灯	灯罩材质为玻璃或亚克力，灯口为螺口、卡口，光源为白炽灯泡、节能灯管、LED灯的独立矩形罩吸顶灯、方形罩吸顶灯、大口方罩吸顶灯
软线吊灯	利用软线为垂吊材料，独立的，材质为玻璃、塑料、搪瓷，形状如碗伞、平盘灯罩组成的各式软线吊灯
吊链灯	利用吊链作辅助悬吊材料，独立的，材质为玻璃、塑料罩的各式吊链灯
防水吊灯	一般防水吊灯
一般弯脖灯	圆球弯脖灯、风雨壁灯
一般墙壁灯	各种材质的一般壁灯、镜前灯
座灯头	一般塑胶、瓷质座灯头
吊花灯	一般花灯

（2）吊式艺术装饰灯具安装，根据设计图纸对照示意图号，区分不同的装饰物、灯体直径和灯体垂吊长度，以“套”为单位计算工程量；灯体直径为装饰物的最大外缘直径，灯体垂吊长度为灯座底部到灯梢之间的总长度。

(3) 吸顶式艺术装饰灯具安装，根据设计图纸对照示意图号，区分不同的装饰物、吸盘的几何形状、灯体直径、灯体周长和灯体垂吊长度，以“套”为单位计算工程量；灯体直径为吸盘最大外缘直径，灯体半周长为矩形吸盘的半周长，灯体的垂吊长度为吸盘到灯梢之间的总长度。

(4) 荧光艺术装饰灯具安装，对于组合荧光灯光带，根据设计图纸对照示意图号，区分不同的安装形式和灯管的数量，以“m”为单位计算工程量；对于内藏组合式灯，根据设计图纸对照示意图号，区分不同的灯具组合形式，以“m”为单位计算工程量；对于发光棚安装，根据设计图纸对照示意图号，以“时”为单位计算工程量；对于立体广告灯箱、荧光灯光沿，根据设计图纸对照示意图号，以“m”为单位计算工程量。灯具的设计数量与定额不符时，可根据设计数量加损耗量来调整主材含量。

(5) 几何形状组合艺术灯具安装，根据设计图纸对照示意图号，区分不同的安装方式和灯具形式，以“套”为单位计算工程量。

(6) 标志、诱导装饰灯具安装，根据设计图纸对照示意图号，区分不同的安装方式，以“套”为单位计算工程量。

(7) 水下艺术装饰灯具安装，根据设计图纸对照示意图号，区分不同的灯具类型，以“套”为单位计算工程量。

(8) 点光源艺术装饰灯具安装，根据设计图纸对照示意图号，区分不同的安装方式、灯具直径，以“套”为单位计算工程量；灯具滑轨安装根据设计图纸，以“m”为单位计算工程量。

(9) 草坪灯具安装，根据设计图纸对照示意图号，区分不同的灯具形式，以“套”为单位计算工程量。

(10) 舞厅灯具安装，根据设计图纸对照示意图号，区分不同的灯具形式，分别以“套”“m”“台”为单位计算工程量。

(11) 装饰灯具安装定额适用范围见表4-25。

表4-25 装饰灯具安装定额适用范围

定额名称	灯具种类（形式）
吊式艺术装饰灯具	不同材质、不同灯体垂吊长度、不同灯体直径的蜡烛灯、挂片灯、串珠（穗）、串棒灯、吊杆式组合灯、玻璃罩（带装饰）灯
吸顶式艺术装饰灯具	不同材质、不同灯体垂吊长度、不同灯体几何形状的串珠（穗）、串棒灯、挂片、挂碗、挂吊碟灯、玻璃（带装饰）灯
荧光艺术装饰灯具	不同安装形式、不同灯管数量的组合荧光灯光带，不同几何组合形式的内藏组合式灯，不同几何尺寸、不同灯具形式的发光棚，不同形式的立体广告灯箱、荧光灯光沿
几何形状组合艺术灯具	不同固定形式、不同灯具形式的繁星灯、钻石星灯、礼花灯、玻璃罩钢架组合灯、凸片灯、反射挂灯、筒形钢架灯、U形组合灯、弧形管组合灯
标志、诱导装饰灯具	不同安装形式的标志灯、诱导灯

（续）

定额名称	灯具种类（形式）
水下艺术装饰灯具	简易型彩灯、密封型彩灯、喷水池灯、幻光型灯
点光源艺术装饰灯具	不同安装形式、不同灯体直径的筒灯、牛眼灯、射灯、轨道射灯
草坪灯具	各种立柱式、墙壁式的草坪灯
歌舞厅灯具	各种安装形式的变色转盘灯、雷达射灯、幻影转彩灯、维纳斯旋转彩灯、卫星旋转效果灯、飞碟旋转效果灯、多头转灯、滚筒灯、频闪灯、太阳灯、雨灯、歌星灯、边界灯、射灯、泡泡发生器、迷你满天星彩灯、迷你单立（盘彩）灯、多头宇宙灯、镜面球灯、蛇光管

（12）荧光灯具安装，根据设计图纸区分不同的灯具形式、安装方式和灯管数量，以“套”为单位计算工程量；灯具上的电容器安装根据设计以“套”为单位计算工程量。荧光灯具安装定额适用范围见表4－26。

表4－26　荧光灯具安装定额适用范围

定额名称	灯具种类
组装型荧光灯	单管、双管、三管、吊链式、吸顶式、现场组装独立荧光灯
成套型荧光灯	单管、双管、三管、四管、吊链式、吊管式、吸顶式、嵌入式、成套独立荧光灯

（13）嵌入式地灯安装，根据设计区分不同的安装位置，以“套”为单位计算工程量。

（14）工厂灯安装：对于工厂罩灯和防水防尘灯的安装，根据设计图纸区分不同的安装方式，以“套”为单位计算工程量；对于工厂其他灯具安装，根据设计区分不同的灯具类型，以“套”为单位计算工程量；对于混光灯安装，根据设计区分不同的安装方式，以“套”为单位计算工程量；对于烟囱、冷却塔、独立塔架上的标志灯安装，根据设计区分不同的安装高度，以“套”为单位计算工程量；对于航空障碍灯具安装，按图纸设计数量，以“套”为单位计算工程量；对于密封灯具安装，根据图纸区分不同的灯具名称和类型，以“套”为单位计算工程量。工厂灯及防水防尘灯安装定额适用范围见表4－27。

表4－27　工厂灯及防水防尘灯安装定额适用范围

定额名称	灯具种类
直杆工厂吊灯	配照（GC1－A），广照（GC3－A），深照（GC5－A），斜照（GC7－A），圆球（GC17－A），双罩（GC19－A）
吊链式工厂灯	配照（GC1－B），深照（GC3－B），斜照（GC5－C），圆球（GC7－B），双罩（GC19－C），广照（GC19－B）
吸顶式工厂灯	配照（GC1－C），广照（GC3－C），深照（GC5－C），斜照（GC7－C），双罩（GC19－C）
弯杆式工厂灯	配照（GC1－D/E），广照（GC3－D/E），深照（GC5－D/E），斜照（GC7－D/E），双罩（GC19－C），局部深照（GC26－F/H）
悬挂式工厂灯	配照（GC21－2），深照（GC23－2）
防水防尘灯	广照（GC9－A、B、C），广照保护网（GC11－A、B、C），散照（GC15－A、B、C、D、E、F、G）

(15) 医院灯具安装，根据设计图纸区分不同的灯具种类，以“套”为单位计算工程量。医院灯具安装定额适用范围见表 4-28。

表 4-28 医院灯具安装定额适用范围

定额名称	灯具种类
病房指示灯	病房指示灯（影剧院太平灯）
病房暗脚灯	病房暗脚灯（建筑物暗脚灯）
无影灯	3～12 孔管式无影灯

(16) 浴霸安装，根据设计图纸区分不同的浴霸种类和光源数量，以“套”为单位计算工程量。

(17) 路灯杆基础制作，根据设计要求区分不同的混凝土种类，以“m^3”为单位计算工程量。

(18) 立金属灯杆，根据设计图纸区分不同的杆长，以“根”为单位计算工程量。

(19) 杆座安装，根据设计图纸区分路灯杆座的不同材质，以“套”为单位计算工程量。

(20) 路灯悬挑灯架安装，根据设计图纸区分不同的路灯类型、形式和悬挑臂长度，以“套”为单位计算工程量。

(21) 路灯灯具安装，根据设计图纸区分不同的灯具形式，以“套”为单位计算工程量。路灯灯具安装定额适用范围见表 4-29。

表 4-29 路灯灯具安装定额适用范围表

定额名称		灯具种类
单臂悬挑灯架	抱箍式	单抱箍臂长 1.2m、3m 以内，双抱箍臂长 3m、5m 以内、5m 以上
		双拉梗臂长 3.5m 以内、5m 以上
		双臂架臂长 3.5m 以内、5m 以上
	顶套式	成套型臂长 3m、5m 以内、5m 以上
		组装型臂长 3m、5m 以内、5m 以上
双臂悬挑灯架	成套型	对称式 2.5m、5m 以内、5m 以上
		非对称式 2.5m、5m 以内、5m 以上
	组装型	对称式 2.5m、5m 以内、5m 以上
		非对称式 2.5m、5m 以内、5m 以上
中杆灯杆高 11m 以下	成套型	灯火数：7、9、12、15、20、25
	组合型	灯火数：7、9、12、15、20、25
路灯灯具		敞开式、双光源式、密封式、悬吊式
大马路弯灯		臂长 1200mm 以下、臂长 1200mm 以上
庭院路灯		柱灯 3 火以下、7 火以下

(22) 路灯照明配件安装，根据设计图纸区分不同的配件种类，以“套”为单位计算工程量；对于路灯地下控制接线箱，根据图纸以“台”为单位计算工程量。

(23) 大马路弯灯安装，根据设计图纸区分不同的臂长，以“套”为单位计算工程量。

(24) 庭院路灯安装，根据设计图纸区分不同的灯头（火）数量，以“套”为单位计算工程量。

(25) 景观照明器具安装，根据设计图纸区分不同的灯具种类、类型，分别以“m^2”“m”“套”“根”为单位计算工程量。

(26) 艺术喷泉照明系统，工程量计算按下列规定执行。

① 音乐喷泉控制设备安装，按图纸设计区分不同的控制设备功能，以“台”为单位计算工程量。

② 喷泉特技效果控制设备摇摆传动器安装，根据设计图纸，区分不同的摇摆形式和功率大小，以“台”为单位计算工程量。

③ 艺术喷泉照明中水下彩色照明安装，根据设计图纸，区分不同的灯具形式和规格尺寸，以“m”为单位计算工程量；水上辅助照明中的彩色灯阵安装，根据设计图纸，区分不同的灯具类型以“m^2”为单位计算工程量；其他灯具根据设计图纸，区分不同的灯具类型以“套”为单位计算工程量。

(27) 普通开关、按钮安装：对于明装拉线开关、跷板开关，根据设计图纸以“套”为单位计算工程量；对于跷板暗开关，根据设计图纸区分不同的控制方式、联数，以“套”为单位计算工程量；对于一般按钮安装，根据设计图纸区分不同的安装方式，以“套”为单位计算工程量；对于密闭开关安装，根据设计图纸区分电流大小，以“套”为单位计算工程量。

(28) 声控延时开关、柜门触动开关、风扇调速开关安装，根据设计图纸区分不同的开关种类，以“套”为单位计算工程量。

(29) 集中空调开关、自动干手装置、卫生洁具自动感应器安装，根据设计图纸，以“套”为单位计算工程量。

(30) 床头柜集控板安装，根据设计图纸区分不同的开关数量，以“套”为单位计算工程量。

(31) 插座安装：对于普通插座根据设计图纸区分不同的安装方式、额定电流、供电方式，以“个”为单位计算工程量；对于防爆插座安装，根据图纸设计区分不同的额定电流和供电方式，以“个”为单位计算工程量；对于多联组合开关插座安装，根据设计图纸区分不同的安装方式和联数，以“个”为单位计算工程量；对于地面插座安装，根据设计图纸区分不同的额定电流、供电方式，以“个”为单位计算工程量。

定额应用说明

(1) 各型灯具的引导线、各种灯架元器件的配线，除另注明者外，均按灯具自带考虑；如灯具未带，执行定额时，应计算该部分主材费，其余不变。

(2) 各型灯具的支架制作安装，除另注明者外，均未考虑在定额内。

(3) 装饰灯具、路灯、投光灯、碘钨灯、氙气灯、烟囱或水塔指示灯、航空障碍灯，均已考虑了一般工程的高空作业因素，其他器具安装高度如超过5m，则应按册说明中规定的系数另行计算操作高度增加费。

(4) 装饰灯具定额项目与示意图号配套使用。艺术喷泉照明系统和航空障碍灯安装中的控制箱、柜，执行本册第四章程序控制箱、柜安装定额。

(5) 本章仅列高度在10m以内的金属灯柱安装项目，其他不同材质、不同高度的灯柱（杆）安装可执行第十一章相应定额。灯柱穿线执行第十三章管内穿线相应子目。

(6) 灯具安装定额内已包括利用摇表测量绝缘及一般灯具的试亮工作，但不包括程控调光控制的灯具调试工作。

(7) 路灯安装适用于工厂厂区、住宅小区内的路灯安装，上述区域外的或安装高度超过本章定额子目所列高度限制的路灯安装应执行市政定额相关项目。

(8) 本章的标志、诱导装饰灯、应急灯，为一般不带地址模块的灯具，对带有地址模块的应急、标志、诱导、疏散指示的智能疏散照明灯具的安装应执行消防册相应定额。灯具安装定额除注明者外，适用于LED光源的所有灯具安装。

(9) 并联的双光源、三光源灯具安装，执行点光源艺术装饰灯具相应定额人工分别乘以系数1.2和1.4。

(10) 带保险盒的开关执行拉线开关、翘板开关明装定额，带保险盒的插座、须刨插座执行相同额定电流的单相插座定额，钥匙取电器执行单联单控开关安装定额。床头柜中的多线插座连插头安装根据插座连插头个数执行相应的床头柜集控板安装定额人工乘以系数0.8。

6. 防雷及接地装置工程

(1) 避雷针制作，根据设计区分不同的型钢类型和针体长度，以“根”为单位计算工程量。

(2) 避雷针安装，根据设计图纸区分不同的安装场合和针体长度，以“根”为单位计算工程量。

(3) 独立避雷针塔安装，根据设计图纸区分不同的安装高度，以“基”为单位计算工程量；半导体少长针消雷装置由制造厂成套供货，根据设计图纸区分不同安装高度，以“套”为单位计算工程量。

(4) 避雷针拉线安装，根据设计图纸以“组”为单位计算工程量。

(5) 避雷引下线敷设，按照设计图纸区分不同的敷设部位和敷设方式，以“10m”为单位计算工程量；利用建筑物内主筋作为接地引下线，每一根柱子内按焊接两根主筋考虑，如果焊接主筋数超过两根时，可按比例调整。断接卡子制作安装，根据设计以“套”为单位计算工程量；接地检查井内的断接卡子安装按每井一套计算。断接卡子箱按设计图纸要求，以“个”为单位计算工程量。

(6) 避雷网安装，根据设计图纸区分不同的安装部位，以“10m”为单位计算工程量。

(7) 均压环敷设，根据设计图纸以作为均压环的圈梁中心线为准测量，以“10m”为单位计算工程量；定额考虑焊接两根主筋，当超过两根时，可按比例调整。

【均压环】

(8) 接地极（板）制作、安装，按照设计图纸区分不同的型钢和土质，以“根”为单位计算工程量；接地极长度按照设计长度计算，设计没规定时，每根按照2.5m计算，若设计有管帽时，管帽另按加工件计算。

(9) 接地板制作安装，按照设计图纸区分不同的材质，以“块”为单位计算工程量。利用底板钢筋作接地极的，根据设计图纸，计算底板钢筋连接成一个整体的面积，以“m^2”为单位计算工程量。

(10) 接地母线敷设，对于明敷设，根据设计图纸区分不同的敷设部位，以“10m”为单位计算工程量；对于砖、混凝土暗敷设和埋地敷设，按照设计图纸区分不同截面，以“10m”为单位计算工程量。对于铜接地绞线敷设，根据设计区分不同的截面，以“10m”为单位计算工程量。

(11) 接地母线、避雷网敷设其长度按施工图设计水平和垂直规定长度另加3.9%的附加长度（包括转弯、上下波动、避绕障碍物、搭接头所占长度）计算。

(12) 接地沟挖填土，根据设计和现场实际区分不同的土质，以“m^3”为单位计算工程量；沟槽尺寸应按设计图纸的要求，设计无要求时，沟底宽按0.4m、上口宽为0.5m、沟深为0.75m（每米沟长土方量为0.34m^3）计算。

(13) 等电位装置及构架接地安装。

① 接地跨接及等电位导体连接，无论是接地跨接或是导体间的等电位连接，区分不同的连接方式（焊接、压接、火泥熔接），以“处”为单位计算工程量，每一连接点为一处。

② 等电位端子箱安装，按设计图纸数量，以“套”为单位计算工程量。

③ 构架接地，按设计图纸以“处”为单位计算工程量，户外配电装置构架均需接地，每副构架按一处计算。

④ 接地检测井，根据设计图纸数量，以“个”为单位计算工程量。

(14) 电涌保护器安装，根据设计图纸数量，以“个”为单位计算工程量。

定额应用说明

(1) 本章定额不适用于爆破法施工敷设接地线、安装接地极，也不包括高电阻率土壤地区采用换土或化学处理的接地装置及接地电阻测试工作。

(2) 本章定额中，避雷针的安装、半导体少长针消雷装置安装是按成品考虑计入的，均已考虑了高空作业的因素，装在木杆、水泥杆上的避雷针还包括了避雷引下线的安装。接地检查井是按塑料成品检查井考虑的。

(3) 独立避雷针塔定额是按成品只考虑安装，其加工制作执行本册“一般铁构件”制作项目。

(4) 平屋顶上烟囱及凸起的构筑物所作避雷针，执行“避雷网安装”项目。

(5) 利用建筑物主筋做引下线的，定额综合考虑了各种不同的钢筋连接方式，执行定额不作调整。利用铜绞线作接地引下线时，配管、穿铜绞线执行本册十二章、十三章相应项目。

(6) 防雷均压环安装定额是按利用建筑圈梁内主筋作为防雷接地连线考虑的，如果采用单独敷设的扁钢或圆钢做均压环时，执行本章接地母线砖、混凝土结构暗敷定额。

(7) 柱子主筋与圈梁钢筋焊接，每处按两根钢筋考虑。设计利用基础梁内两根主筋焊接连通作为接地母线时，执行均压环敷设定额。

(8) 接地母线埋地敷设定额未包括接地沟挖填土，应执行第九章沟槽挖填定额。

(9) 接地跨接及等电位导体连接定额，适用于建筑物内外的防雷接地、保护接地、工作接地及金属导体间（如金属门窗、栏杆、金属管道等）的等电位连接。

(10) 浪涌保护器，本册只包括电源保护级的保护器安装，其他如信号设备保护级的，应执行其他相应册定额。

7. 电气设备调试工程

(1) 送配电装置系统调试，根据设计图纸和定额规定的划分条件，区分不同的电压等级，以“系统”为单位计算工程量；供电回路中的断路器、母线分段断路器皆作为独立的供电系统计算，定额皆按一个系统一侧配一台断路器考虑，若两侧皆有断路器时，则按两个系统计算。

(2) 送配电装置系统调试中的 1kV 以下交流供电系统调试，按系统图的设计要求和定额说明中的规定，以“系统”为单位计算工程量。

(3) 独立的接地装置调试，根据设计图纸区分不同的地极根数，以“组”为单位计算工程量；如一台柱上变压器有一个独立的接地装置，即按一组计算。避雷针接地调试，每一避雷针均有单独接地网（包括独立的避雷针、烟囱避雷针等）时，均按一组计算。对于利用建筑物基础作接地或沿建筑物外沿敷设的接地母线作接地的，均按一组计算接地装置调试。

定额应用说明

(1) 送配电装置系统调试中的 1kV 以下交流供电系统调试。

① 定额适用于所有低压供电回路，如从低压配电装置至分配电箱的供电回路（包括照明供电回路）。

② 从配电箱直接至电动机的供电回路已包括在电动机的系统调试定额内。移动式电器和以插座连接的家电设备不计算调试费用。配电箱内只有开关、熔断器等不含调试元件的供电回路，则不再作为调试系统计算。

③ 凡供电回路中带有仪表、继电器、电磁开关等调试元件的（不包括刀开关、保险器），均按照调试系统计算。

④ 送配电系统调试包括系统内的电缆试验、绝缘耐压试验等调试工作。桥行接线回路中的断路器、母线分段接线回路中的断路器均作为独立的供电系统计算。

⑤ 公建、住宅等民用工程中的从低压配电装置至分配电箱的供电回路作为供电回路计算。供电系统的末端箱中直接向用电器具（灯具、插座、插座箱、户内开关箱）的供电回路，不计算送配电系统调试。

(2) 电气调试定额的费用包括如下内容。

① 电气调试所需的电力消耗，试验用的消耗材料及仪表使用费。

② 试验前的看图，试验后的记录整理及原理图的改正工作费用。

③ 各系统设备元件的单独调试费用。

(3) 电气调试定额的费用不包括如下内容。

① 试验用仪表、器材及试验机构的场外转移费。

② 水力装置及热力装置的自动元件调试工作费用。

③ 各系统的调试定额中利用示波器照相所需的费用。

8. 消耗量定额相关费用的规定

(1) 脚手架搭拆费：按定额人工费（10kV 以下架空配电线路工程、路灯工程、单独承担的室外直埋敷设电缆工程除外）的 5%计算，其费用中人工费占 35%。

(2) 建筑物超高增加费：在建筑物层数大于 6 层或建筑物高度大于 20m 以上的工业与民用建筑上进行安装时，按表 4-30 计算建筑物超高增加的费用，其费用中人工费占 65%。

表 4-30 建筑物超高增加费系数表

建筑物高度(m)	≤40	≤60	≤80	≤100	≤120	≤140	≤160	≤180	≤200
建筑层数（层）	≤12	≤18	≤24	≤30	≤36	≤42	≤48	≤54	≤60
按人工费的百分比(%)	6	10	14	21	31	40	49	58	68

(3) 操作高度增加费：本册定额操作物高度是按距楼面或地面 5m 以内考虑的，当操作物高度超过 5m 时，超过部分工程量其定额人工、机械乘以表 4-31 的系数。

表 4-31 操作高度增加费系数表

操作物高度(m)	≤10	≤30	≤50
系 数	1.1	1.2	1.5

注：已考虑了超高因素的定额项目，如小区路灯、投光灯、气灯、烟囱或水塔指示灯、装饰灯具、竖直通道电缆、10kV 及以下架空线路工程，不执行本条规定。

(4) 净高小于 1.6m 的楼层、断面小于 $4m^2$ 且大于 $2m^2$ 的隧道或洞内进行安装的工程，定额人工、机械乘以系数 1.12。

(5) 在管井内、竖井内、断面小于或等于 $2m^2$ 的隧道或洞内、封闭吊顶天棚内安装的工程（竖井内敷设电缆项目除外），定额人工、机械乘以系数 1.16。

(6) 其他说明。

① 本册定额不包括 10kV 以上电压等级的配电、输电、用电设备及装置安装，工程应用时，应执行电力行业相应的定额。

② 本册定额不包括电气设备及装置配合机械设备进行单体试运转和联合试运转工作内容（发电厂项目除外）。该部分应按合同约定另行计算。

③ 本册定额涉及的螺栓均按自备考虑，某些设备、器具的安装固定用螺栓若是配套带来的，在执行相关定额子目时可扣除。

4.2.2 工程量计算任务实施

下面，我们就对本项目工作任务图纸中的某商务办公楼一层电器照明工程和防雷接地工程进行工程量计算，其计算书见表 4-32～表 4-34。

表 4－32 电器照明工程量计算书

工程名称：某商务办公楼一层电气照明工程　　　　第　页　共　页

序号	项目名称	计量单位	数量	计算过程
一	**配电箱 1AL1 管线工程量**			
(一)	WL1 回路			
1	配电箱 1AL1 到⑥、⑦轴线之间走廊灯			
1.1	镀锌钢管 SC15	m	5.95	(4.2－1.5－0.25)(垂直)＋3.5(水平)
1.2	管内穿线 BV－2.5mm^2	m	13.18	[5.95＋(0.25＋0.39)(1AL1 预留)]×2
2	⑥、⑦轴线之间走廊灯到开关			
2.1	镀锌钢管 SC15	m	3.73	0.83＋(4.2－1.3)(开关垂直)
2.2	管内穿线 BV－2.5mm^2	m	7.46	3.73×2
3	⑥、⑦轴到⑦、⑨轴灯具			
3.1	镀锌钢管 SC15	m	4.84	4.84(水平)
3.2	管内穿线 BV－2.5mm^2	m	9.68	4.84×2
4	⑦、⑨轴到开关			
4.1	镀锌钢管 SC15	m	1.02	1.02(水平)
4.2	管内穿线 BV－2.5mm^2	m	2.04	1.02×2
5	⑦、⑨轴到⑨、⑩轴灯具			
5.1	镀锌钢管 SC15	m	4.02	4.02(水平)
5.2	管内穿线 BV－2.5mm^2	m	12.06	4.02×3
6	⑥、⑦轴走廊灯到楼梯走廊灯和开关			
6.1	镀锌钢管 SC15	m	5.99	2.14(⑥、⑦轴走廊灯到楼梯走廊灯)＋0.95(楼梯走廊灯到声控开关)＋(4.2－1.3)(开关垂直)
6.2	管内穿线 BV－2.5mm^2	m	11.98	5.99×2
7	⑥、⑦轴到⑤、⑥轴走廊灯			
7.1	镀锌钢管 SC15	m	4.02	4.02(水平)
7.2	管内穿线 BV－2.5mm^2	m	12.06	4.02×3
8	⑤、⑥轴到④、⑤轴走廊灯			
8.1	镀锌钢管 SC15	m	4.02	4.02(水平)
8.2	管内穿线 BV－2.5mm^2	m	8.04	4.02×2
9	④、⑤轴走廊灯到开关			
9.1	镀锌钢管 SC15	m	4.85	1.95(水平)＋(4.2－1.3)(垂直)
9.2	管内穿线 BV－2.5mm^2	m	9.7	4.85×2

（续）

序号	项 目 名 称	计量单位	数量	计 算 过 程
10	④、⑤轴到③、④轴走廊灯			
10.1	镀锌钢管 SC15	m	4.02	4.02(水平)
10.2	管内穿线 BV－2.5mm^2	m	12.06	4.02×3
11	③、④轴到②、③轴走廊灯			
11.1	镀锌钢管 SC15	m	4.02	4.02(水平)
11.2	管内穿线 BV－2.5mm^2	m	8.04	4.02×2
12	②、③轴到①、②轴走廊灯			
12.1	镀锌钢管 SC15	m	4.02	4.02(水平)
12.2	管内穿线 BV－2.5mm^2	m	12.06	4.02×3
13	①、②轴走廊灯到开关			
13.1	镀锌钢管 SC15	m	3.72	0.82(水平)＋(4.2－1.3)(开关垂直)
13.2	管内穿线 BV－2.5mm^2	m	7.44	3.72×2
	WL1 回路汇总			
	镀锌钢管 SC15	m	54.22	
	管内穿线 BV－2.5mm^2	m	125.8	
(二)	WL2 回路			
1	配电箱 1AL1 到卫生间Ⓒ轴和①轴交汇处走廊灯			
1.1	镀锌钢管 SC15	m	28.63	(4.2－1.5－0.25)(垂直)＋26.18(水平)
1.2	管内穿线 BV－2.5mm^2	m	58.54	[28.63＋(0.25＋0.39)(1AL1 预留)]×2
2	Ⓒ轴和①轴交汇处走廊灯到右下开关			
2.1	镀锌钢管 SC15	m	3.63	0.73(水平)＋(4.2－1.3)(开关垂直)
2.2	管内穿线 BV－2.5mm^2	m	10.89	3.63×3
3	Ⓒ轴和①轴交汇处走廊灯到男卫开关和防水防尘灯			
3.1	镀锌钢管 SC15	m	5.56	2.66(水平)＋(4.2－1.3)(垂直)
3.2	管内穿线 BV－2.5mm^2	m	16.68	5.56×3
4	男卫防水防尘灯到排气扇			
4.1	镀锌钢管 SC15	m	1.02	1.02(水平)
4.2	管内穿线 BV－2.5mm^2	m	2.04	1.02×2
5	Ⓒ轴和①轴交汇处走廊灯到北走廊灯			
5.1	镀锌钢管 SC15	m	1.95	1.95(水平)
5.2	管内穿线 BV－2.5mm^2	m	5.85	1.95×3

（续）

序号	项目名称	计量单位	数量	计算过程
6	北走廊灯到女卫开关			
6.1	镀锌钢管 SC15	m	1	1.00(水平)
6.2	管内穿线 BV - 2.5mm^2	m	3	1.00×3
7	女卫开关到女卫防水防尘灯			
7.1	镀锌钢管 SC15	m	4.52	1.62(水平)+(4.2−1.3)(开关垂直)
7.2	管内穿线 BV - 2.5mm^2	m	13.56	4.52×3
8	女卫开关到女卫排气扇			
8.1	镀锌钢管 SC15	m	1.3	1.3(水平)
8.2	管内穿线 BV - 2.5mm^2	m	2.6	1.3×2
	WL2 回路汇总			
	镀锌钢管 SC15	m	47.61	
	管内穿线 BV - 2.5mm^2	m	113.16	
(三)	WL3 回路			
1	配电箱 1AL1 到北休息室右下荧光灯			
1.1	镀锌钢管 SC15	m	11.29	8.84(水平)+(4.2−1.5−0.25)(配电箱垂直)
1.2	管内穿线 BV - 2.5mm^2	m	23.86	[11.29+(0.25+0.39)(1AL1 预留)]×2
2	北休息室右下荧光灯到右下开关			
2.1	镀锌钢管 SC15	m	2.02	2.02(水平)
2.2	管内穿线 BV - 2.5mm^2	m	8.08	2.02(水平)×4
3	开关垂直			
3.1	镀锌钢管 SC15	m	2.9	(4.2−1.3)(开关垂直)
3.2	管内穿线 BV - 2.5mm^2	m	8.7	2.9×3
4	北休息区北数第三排西数第四列(简称北 3 西 4)到北 2 西 4 荧光灯			
4.1	镀锌钢管 SC15	m	2.1	2.1(水平)
4.2	管内穿线 BV - 2.5mm^2	m	6.3	2.1×3
5	北休息区北 2 西 4 到北 1 西 3 西 4 和北 2 西 3 荧光灯			
5.1	镀锌钢管 SC15	m	10	(4+4+2)(水平)
5.2	管内穿线 BV - 2.5mm^2	m	20	10×2

（续）

序号	项 目 名 称	计量单位	数量	计 算 过 程
6	北休息区北 3 西 4 到北 3 西 3 荧光灯			
6.1	镀锌钢管 SC15	m	4	4(水平)
6.2	管内穿线 BV－2.5mm^2	m	12	4×3
7	北休息区北 3 西 3 到北 3 西 2 荧光灯			
7.1	镀锌钢管 SC15	m	4	4(水平)
7.2	管内穿线 BV－2.5mm^2	m	8	4×2
8	北休息区北 3 西 2 到北 3 西 1			
8.1	镀锌钢管 SC15	m	4	4(水平)
8.2	管内穿线 BV－2.5mm^2	m	12	4×3
9	北休息区北 3 西 1 到左下开关			
9.1	镀锌钢管 SC15	m	2	2(水平)
9.2	管内穿线 BV－2.5mm^2	m	8	2×4
10	左下开关垂直			
10.1	镀锌钢管 SC15	m	2.9	(4.2－1.3)(开关垂直)
10.2	管内穿线 BV－2.5mm^2	m	8.7	2.9×3
11	北休息区北 3 西 1 到北 2 西 1 荧光灯			
11.1	镀锌钢管 SC15	m	2.1	2.1(水平)
11.2	管内穿线 BV－2.5mm^2	m	6.3	2.1×3
12	北休息区北 2 西 1 到北 2 西 2、北 1 西 1 西 2 荧光灯			
12.1	镀锌钢管 SC15	m	10.1	(2.1＋4＋4)(垂直)
12.2	管内穿线 BV－2.5mm^2	m	20.2	10.1×2
	WL3 回路汇总			
	镀锌钢管 SC15	m	57.41	
	管内穿线 BV－2.5mm^2	m	142.14	
(四)	WL4 回路			
1	配电箱 1AL1 到大厅北 1 西 4 荧光灯			
1.1	镀锌钢管 SC15	m	11.4	8.95(水平)＋(4.2－1.5－0.25)(垂直)
1.2	管内穿线 BV－2.5mm^2	m	24.08	[11.4＋(0.25＋0.39)(配电箱预留)]×2
2	大厅北 1 西 4 到北 3 西 4 荧光灯			
2.1	镀锌钢管 SC15	m	4.54	4.54(水平)

（续）

序号	项 目 名 称	计量单位	数量	计 算 过 程
2.2	管内穿线 BV-2.5mm^2	m	13.62	4.54×3
3	大厅北2西4到大厅开关			
3.1	镀锌钢管 SC15	m	1.94	1.94(水平)
3.2	管内穿线 BV-2.5mm^2	m	7.76	1.94×4
4	大厅北2西4到北2西3荧光灯			
4.1	镀锌钢管 SC15	m	4	4(水平)
4.2	管内穿线 BV-2.5mm^2	m	8	4×2
5	大厅北3西4到北3西3荧光灯			
5.1	镀锌钢管 SC15	m	4	4(水平)
5.2	管内穿线 BV-2.5mm^2	m	8	4×2
6	大厅北3西4到门厅灯和开关			
6.1	镀锌钢管 SC15	m	15.96	3.58(荧光灯到右走廊灯)+1.22(右走廊灯到右开关)+(4.2-1.3)(右开关垂直)+4.16(右走廊灯到左走廊灯)+1.2(左走廊灯到左开关)+(4.2-1.3)(左开关垂直)
6.2	管内穿线 BV-2.5mm^2	m	31.92	15.96×2
7	大厅北1西4到北1西3荧光灯			
7.1	镀锌钢管 SC15	m	4	4(水平)
7.2	管内穿线 BV-2.5mm^2	m	12	4×3
8	大厅北1西3到北1西2荧光灯			
8.1	镀锌钢管 SC15	m	4	4(水平)
8.2	管内穿线 BV-2.5mm^2	m	8	4×2
9	大厅北1西2到北1西1荧光灯			
9.1	镀锌钢管 SC15	m	4	4(水平)
9.2	管内穿线 BV-2.5mm^2	m	12	4×3
10	大厅北1西1到开关			
10.1	镀锌钢管 SC15	m	4.9	2(水平)+(4.2-1.3)(开关垂直)
10.2	管内穿线 BV-2.5mm^2	m	19.6	4.9×4
11	大厅北1西1到北2西1荧光灯			
11.1	镀锌钢管 SC15	m	2.27	2.27(水平)
11.2	管内穿线 BV-2.5mm^2	m	6.81	2.27×3

（续）

序号	项目名称	计量单位	数量	计算过程
12	大厅北2西1到北2西2、北3西1、北3西2			
12.1	镀锌钢管SC15	m	10.27	2.27(水平)+4(水平)+4(水平)
12.2	管内穿线BV-2.5mm²	m	20.54	10.27×2
	WL4回路汇总			
	镀锌钢管SC15	m	71.28	
	管内穿线BV-2.5mm²	m	172.33	
(五)	WL5回路			
1	配电箱1AL1到中间办公室上边荧光灯			
1.1	镀锌钢管SC15	m	11.17	8.72(水平)+(4.2-1.5-0.25)(垂直)
1.2	管内穿线BV-2.5mm²	m	22.34	[11.17+(0.25+0.39)(1AL1预留)]×2
2	中间办公室上边荧光灯到办公室开关			
2.1	镀锌钢管SC15	m	4.13	1.23(水平)+(4.2-1.3)(垂直)
2.2	管内穿线BV-2.5mm²	m	16.52	4.13×4
3	中间办公室上边到中间荧光灯			
3.1	镀锌钢管SC15	m	2.34	2.34(水平)
3.2	管内穿线BV-2.5mm²	m	7.02	2.34×3
4	中间办公室中间到下面荧光灯			
4.1	镀锌钢管SC15	m	2.34	2.34(水平)
4.2	管内穿线BV-2.5mm²	m	4.68	2.34×2
5	中间办公室上边荧光灯到左边办公室上边荧光灯			
5.1	镀锌钢管SC15	m	4.58	4.58(水平)
5.2	管内穿线BV-2.5mm²	m	9.16	4.58×2
6	左边办公室上边荧光灯到开关			
6.1	镀锌钢管SC15	m	6.55	3.65(水平)+(4.2-1.3)(开关垂直)
6.2	管内穿线BV-2.5mm²	m	19.65	6.55×3
7	左边办公室上边到下边荧光灯			
7.1	镀锌钢管SC15	m	2.45	2.45(水平)
7.2	管内穿线BV-2.5mm²	m	4.9	2.45×2

（续）

序号	项目名称	计量单位	数量	计算过程
8	中间办公室上边荧光灯到右边办公室上边荧光灯			
8.1	镀锌钢管 SC15	m	4.05	4.05(水平)
8.2	管内穿线 BV－2.5mm^2	m	8.1	4.05×2
9	右边办公室上边荧光灯到开关			
9.1	镀锌钢管 SC15	m	4.1	1.2(水平)＋(4.2－1.3)(开关垂直)
9.2	管内穿线 BV－2.5mm^2	m	16.4	4.1×4
10	右边办公室上边到中间荧光灯			
10.1	镀锌钢管 SC15	m	2.34	2.34(水平)
10.2	管内穿线 BV－2.5mm^2	m	7.02	2.34×3
11	右边办公室中间到下边荧光灯			
11.1	镀锌钢管 SC15	m	2.34	2.34(水平)
11.2	管内穿线 BV－2.5mm^2	m	4.68	2.34×2
	WL5 回路汇总			
	镀锌钢管 SC15	m	46.39	
	管内穿线 BV－2.5mm^2	m	120.47	
(六)	WL6 回路			
1	配电箱 1AL1 到左边办公室下边荧光灯			
1.1	镀锌钢管 SC15	m	11.4	8.95(水平)＋(4.2－1.5－0.25)(配电箱垂直)
1.2	管内穿线 BV－2.5mm^2	m	24.08	[11.4＋(0.25＋0.39)(1AL1 预留)]×2
2	左边办公室下边荧光灯到开关			
2.1	镀锌钢管 SC15	m	3.92	1.02(水平)＋(4.2－1.3)(开关垂直)
2.2	管内穿线 BV－2.5mm^2	m	15.68	3.92×4
3	左边办公室下边到中间荧光灯			
3.1	镀锌钢管 SC15	m	2.15	2.15(水平)
3.2	管内穿线 BV－2.5mm^2	m	6.45	2.15×3
4	左边办公室中间到上边荧光灯			
4.1	镀锌钢管 SC15	m	2.07	2.07(水平)
4.2	管内穿线 BV－2.5mm^2	m	4.14	2.07×2
5	左边办公室下边到右边办公室下边荧光灯			

（续）

序号	项 目 名 称	计量单位	数量	计 算 过 程
5.1	镀锌钢管 SC15	m	3.95	3.95(水平)
5.2	管内穿线 BV-2.5mm^2	m	7.9	3.95×2
6	右边办公室下边荧光灯到开关			
6.1	镀锌钢管 SC15	m	3.98	1.08(水平)+(4.2−1.3)(开关垂直)
6.2	管内穿线 BV-2.5mm^2	m	15.92	3.98×4
7	右边办公室下边到中间荧光灯			
7.1	镀锌钢管 SC15	m	2.07	2.07(水平)
7.2	管内穿线 BV-2.5mm^2	m	6.21	2.07×3
8	右边办公室中间到上边荧光灯			
8.1	镀锌钢管 SC15	m	2.07	2.07(水平)
8.2	管内穿线 BV-2.5mm^2	m	4.14	2.07×2
	WL6 回路汇总			
	镀锌钢管 SC15	m	31.61	
	管内穿线 BV-2.5mm^2	m	84.52	
	1AL1 照明工程管线汇总			
	镀锌钢管 SC15	m	308.52	
	管内穿线 BV-2.5mm^2	m	758.42	
二	**配电箱安装**			
	配电箱规格 250mm(*h*)×390mm×140mm	台	1	平面图查出
三	**控制设备及低压电器计算**			
1	单控单联开关安装规格型号 250V,6A	套	4	平面图查出
2	单控双联开关暗装规格型号 250V,6A	套	4	平面图查出
3	单控三联开关安装规格型号 250V,6A	套	9	平面图查出
4	声光控延时开关规格型号 250V,6A	套	3	平面图查出
四	**照明灯具计算**			
1	双管荧光灯规格型号 250V,2×36W	套	41	平面图查出
2	吸顶灯规格型号 250V,22W	套	13	平面图查出
3	防水灯规格型号 250V,22W	套	2	平面图查出
五	**接线盒计算**			
1	开关盒	个	20	平面图查出
2	接线盒(含灯位盒)	个	62	平面图查出

表 4－33 照明工程工程量汇总

定额编号	项 目 名 称	单位	数量	备 注
4－2－84	配电箱安装，规格 250mm(h)×390mm×140mm（嵌入式配电箱安装，半周长 1.0m 以下）	台	1	
4－12－34	镀锌钢管 SC15（沿砖、混凝土结构暗配）	m	308.52	
	主材：镀锌钢管，公称口径 15	m	317.78	103/100×308.52=317.78(m)
4－13－5	管内穿线 BV－2.5mm^2	m	758.42	
	铜芯绝缘电线 2.5mm^2	m	879.77	116/100×758.42=879.77(m)
4－14－351	单控单联开关暗装 250V，6A	套	4	
	主材：单控单联照明开关	只	4.08	1.02×4=4.08(只)
4－14－352	单控双联开关暗装 250V，6A	套	4	
	主材：单控双联照明开关	只	4.08	1.02×4=4.08(只)
4－14－353	单控三联开关暗装 250V，6A	套	9	
	主材：单控三联照明开关	只	9.18	1.02×9=9.18(只)
4－14－366	声光控延时开关 250V，6A	套	3	
	主材：声光控延时开关	套	3.06	1.02×3=3.06(套)
4－14－214	双管荧光灯 250V，2×36W(成套，吸顶)	套	41	
	主材：成套双管荧光灯具	套	41.41	1.01×41=41.41(套)
4－14－1	吸顶灯 250V，22W	套	13	
	主材：成套灯具	套	13.13	1.01×13=13.13(套)
4－14－10	防水灯 250V，22W	套	2	
	主材：成套灯具	套	2.02	1.01×2=2.02(套)
4－12－233	开关盒	个	20	
	主材：接线盒	个	20.4	10.2/10×20=20.4(个)
4－12－232	接线盒	个	62	
	主材：接线盒	个	63.24	10.2/10×62=63.24(个)

表 4-34　防雷接地工程量计算书

工程名称：某商务办公楼防雷接地工程　　　　第　页　共　页

定额编号	项目名称	单位	数量	计算过程
4-10-48	镀锌圆钢避雷带，ϕ，沿女儿墙敷设	m	115.8	34.5(北女儿墙)+19.8(东女儿墙)+(12.1+1+10.3+1+12.1)(南女儿墙)+(8.1+2.6+9+2.6+2.7)(西女儿墙)=115.8(m)
	主材：镀锌避雷线	m	121.59	10.5/10×115.8=121.59(m)
4-10-50	镀锌圆钢避雷带，ϕ10，沿屋顶、屋脊敷设	m	169.04	(14+14)×2×1.58(坡度)(屋顶到女儿墙)+14.7(屋顶屋脊)+9.9×1.12(坡度)(屋顶中间到北女儿墙)+4.75×1.12(坡度)(屋顶中间到南部阁楼)+[1.4(南部阁楼屋顶)+7×2×1.58(坡度)(南部阁楼屋顶到女儿墙)]+1.9×1.58(坡度)(屋脊到西部阁楼屋顶)+2.6(西部阁楼屋顶)+6.4×2×1.58(坡度)(西部阁楼屋脊)=169.04(m)
	主材：镀锌避雷线	m	177.49	10.5/10×169.04=177.49(m)
4-10-43	避雷引下线，ϕ12，利用建筑主筋引下	m	528	17.60(楼高)×2×15=528(m)
4-10-44	断接卡子制作、安装	套	15	15（每个引下线一处）
4-10-52	柱主筋与圈梁钢筋焊接	处	30	
4-10-74	总等电位联结箱安装	套	1	平面图查出
	主材：等电位端子箱	个	1	1.0×1=1(个)
4-10-64	总等电位联结线－40×4	m	49.98	26.7(Ⓓ轴线)+2.08(MEB到Ⓓ轴线)+0.4(垂直)+0.8(垂直)+3.2(MEB到配电间)+[17.6(建筑高度)－2.3(顶层层高)+1.5(配电箱高度)](垂直到顶层)=49.98(m)
	主材：接地母线－40×4	m	52.48	10.5/10×49.98=52.48(m)
4-10-57	接地极 ϕ12	根	6	
	主材：镀锌圆钢 ϕ12，L=2500mm	根	6.3	1.05×6=6.3(根)

4.3 建筑电气分部分项工程量清单编制

4.3.1 分部分项工程量清单项目设置的内容

电气设备安装工程项目的分部分项工程量清单编制使用《通用安装工程工程量计算规范》（GB 50856—2013）附录 D，见表 4-35。

表 4-35 电气设备安装工程工程量清单项目设置内容

项目编码	项目名称	分项工程项目
030401	变压器安装	本部分包括油浸电力变压器、干式变压器、整流变压器、自耦变压器、有载调压变压器、电炉变压器、消弧线圈共 7 个分项工程项目
030402	配电装置安装	本部分包括油断路器、真空断路器、SF_6断路器、空气断路器、真空接触器、隔离开关、负荷开关、互感器、高压熔断器、避雷器、干式电抗器、油浸电抗器、移相及串联电容器、集合式并联电容器、并联补偿电容器组架、交流滤波装置组架、高压成套配电柜、组合型成套箱式变电站共 18 个分项工程项目
030403	母线安装	本部分包括软母线、组合软母线、带形母线、槽形母线、共箱母线、低压封闭式插接母线槽、始端箱/分线箱、重型母线安装共 8 个分项工程项目
030404	控制设备及低压电器安装	本部分包括控制屏、继电/信号屏、模拟屏、低压开关柜（屏）、弱点控制返回屏、箱式配电室、硅整流柜、可控硅柜、低压电容器柜、自动调节励磁屏、励磁灭磁屏、蓄电池柜（屏）、直流馈电屏、事故照明切换屏、控制台、控制箱、配电箱、插座箱、控制开关、低压熔断器、限位开关、控制器、接触器、磁力启动器、Y-△自耦减压启动器、电磁铁（电磁制动器）、快速自动开关、电阻器、油浸频敏变阻器、分流器、小电器、端子箱、风扇、照明开关、插座、其他电器共 36 个分项工程项目
030405	蓄电池安装	本部分包括蓄电池、太阳能电池共 2 个分项工程项目

（续）

项目编码	项 目 名 称	分项工程项目
030406	电机检查接线及调试	本部分包括发电机、调相机、普通小型直流电动机、可控硅调速直流电动机、普通交流同步电动机、低压交流异步电动机、高压交流异步电动机、交流变频调速电动机、微型电机/电加热器、电动机组、备用励磁机组、励磁电阻器共12个分项工程项目
030407	滑触线装置安装	本部分包括滑触线装置安装1个分项工程项目
030408	电缆安装	本部分包括电力电缆、控制电缆、电缆保护管、电缆槽盒、铺砂/盖保护板（砖）、电力电缆接头、控制电缆头、防火堵洞、防火隔板、防火涂料、电缆分支箱共11个分项工程项目
030409	防雷及接地装置	本部分包括接地极、接地母线、避雷引下线、均压环、避雷网、避雷针、半导体少长针消雷装置、等电位端子箱、绝缘垫、浪涌保护器降阻剂共11个分项工程项目
030410	10kV以下架空配电线路	本部分包括电杆组立、横担组装、导线架设、杆上设备安装共4个分项工程项目
030411	配管、配线	本部分包括配管、线槽、桥架、配线、接线箱、接线盒共6个分项工程项目
030412	照明器具安装	本部分包括普通灯具、工厂灯、高度标志（障碍）灯、装饰灯、荧光灯、医疗专用灯、一般路灯、中杆灯、高杆灯、桥栏杆灯、地道涵洞灯共11个分项工程项目
030413	附属工程	本部分包括铁构件、凿（压）槽、打洞（孔）、管道包封、人（手）孔砌筑、人（手）孔防水共6个分项工程项目
030414	电气调整试验	本部分包括电力变压器系统、送配电装置系统、特殊保护装置、自动投入装置、中央信号装置、事故照明切换装置、不间断电源、母线、避雷器、电容器、接地装置、电抗器/消弧线圈、电除尘器、硅整流设备/可控硅整流装置、电缆试验共15个分项工程项目

4.3.2 分部分项工程量清单编制任务实施

根据本项目工作任务中某商务办公楼一层电器照明工程和防雷接地工程的工程量计算书（表4-32～表4-34）和《通用安装工程工程量计算规范》（GB 50856—2013），编制该工程分部分项工程量清单，见表4-36。

表 4－36　分部分项工程量清单表

工程名称：某商务办公楼一层电器照明与防雷接地工程　　　标段：　　　第　页　共　页

序号	项目编码	项 目 名 称	项目特征描述	计量单位	工程量
1	030404017001	配电箱	1. 名称：成套配电箱 2. 规格：250mm(*h*)×390mm×140mm 3. 安装方式：悬挂嵌入式	台	1
2	030404034001	照明开关	1. 名称：扳式开关 2. 规格：单联单控 3. 型号：250V/6A 4. 安装方式：暗装	个	4
3	030404034002	照明开关	1. 名称：扳式开关 2. 规格：双联单控 3. 型号：250V/6A 4. 安装方式：暗装	个	4
4	030404034003	照明开关	1. 名称：扳式开关 2. 规格：三联单控 3. 型号：250V/6A 4. 安装方式：暗装	个	9
5	030404034004	照明开关	1. 名称：光控延时开关 2. 规格：三联单控 3. 型号：250V/6A 4. 安装方式：暗装	套	3
6	030411001001	配管	1. 名称：钢管 2. 材质：焊接钢管 3. 规格：SC15 4. 配置形式：混凝土结构暗配	m	308.52
7	030411004001	配线	1. 名称：钢管穿线 2. 配线形式：照明线路 3. 型号：BV 4. 规格：2.5 5. 材质：铜芯线	m	758.42
8	030412001001	普通灯具	1. 名称：吸顶灯 2. 规格：250V，22W 3. 安装形式：吸顶安装	套	13
9	030412001002	普通灯具	1. 名称：防水灯 2. 规格：250V，22W 3. 安装形式：吸顶安装	套	2

（续）

序号	项目编码	项 目 名 称	项目特征描述	计量单位	工程量
10	030412005001	荧光灯	1. 名称：双管荧光灯 2. 规格：250V，2×36W 3. 安装形式：吸顶安装	套	41
11	030411006001	接线盒	1. 名称：接线盒、灯头盒 2. 材质：塑料 3. 规格：86H 4. 安装形式：暗装	个	62
12	030411006002	接线盒	1. 名称：开关盒 2. 材质：塑料 3. 规格：86H 4. 安装形式：暗装	个	20
13	030409002001	接地装置	1. 名称：接地极 2. 材质：基础钢筋 3. 规格：$\phi 12$ 4. 安装部位：埋地安装	根	6
14	030409002002	接地装置	1. 名称：接地母线 2. 材质：镀锌扁钢 3. 规格：－40×4 4. 安装部位：沿墙	m	49.98
15	030409003001	避雷引下线	1. 名称：避雷引下线 2. 规格：2 根 $\phi 12$ 主筋 3. 安装形式：利用柱内柱筋做引下线 4. 断接卡子、箱材质、规格：卡子测试点 4 个，焊接点 15 处	m	528.0
16	030409005001	避雷网	1. 名称：避雷网 2. 材质：镀锌圆钢 3. 规格：$\phi 10$ 4. 安装形式：沿女儿墙上敷设	m	115.8
17	030409005002	避雷网	1. 名称：避雷网 2. 材质：镀锌圆钢 3. 规格：$\phi 10$ 4. 安装形式：沿坡屋顶屋脊敷设	m	169.04
18	030409008001	等电位端子箱、测试板	MEB 总等电位联结箱安装	套	1

（续）

序号	项目编码	项 目 名 称	项目特征描述	计量单位	工程量
19	030414002001	送配电装置系统	1. 名称：低压系统调试 2. 电压等级（kV）：1kV 以下 3. 类型：综合	系统	1
20	030414011001	接地装置	1. 名称：系统调试 2. 类别：接地网	系统	1

小　结

本部分内容以编制某商务办公楼一层电器照明工程和防雷接地工程分部分项工程量清单为工作任务，从识读工程图纸入手，详细介绍了建筑电气工程的工程量计算规则，相应的消耗量定额使用注意事项，以及《通用安装工程工程量计算规范》（GB 50856—2013）中对应的内容。通过学习本项目内容，培养学生独立编制建筑电气工程计量文件的能力。

自测练习

一、填空题

1. 架空配电线路由________、________、________、________、________及拉线组成。

2. 电缆线路电缆按其结构及作用可分为________、________、________、________、________。

3. VV42－10 3×50 表示________________________________。

4. 根据线路用途和供电安全要求，配线可分为________、________、________、________、________、________等形式。

5. BV3×6＋1×2.5－SC20－FC 表示________________________________。

6. 灯具的安装方式有三种：________、________、________。

7. 灯具代号 10－YG2－2 $\frac{2\times 40}{2.5}$CS 表示________________________________。

8. 防雷接地装置一般由________、________和________三大部分组成。

9. 10kV 以下导线架设工程量计算为：________________________________。

10. 电缆沟内铺沙、盖砖及移动盖板定额子目区分________和________，按照电缆沟内敷设“1～2 根”电缆作为基本定额子目，以“每增________”电缆为辅助定额子目，以“10m”为单位计算。

11. 嵌入和悬挂式成套配电箱根据设计图纸区分不同的____________和____________，以________为单位计算工程量。

12. 各种配管管路在计算其长度时，均不扣除管路中间的________、________、________、________、________、________等所占长度。

13. 管线埋地发生挖填土石方工作时，应执行本册________定额。

14. 管内穿线中照明线路导线截面面积大于6mm^2 时，执行________相应定额。

15. 普通灯具安装，定额分为________和________两类。

16. 集中空调开关、自动干手装置、卫生洁具自动感应器安装，根据设计图纸，以________为单位计算工程量。

17. 接地极长度按照设计长度计算，设计未规定时，每根按照________计算，若设计有管帽时，管帽另按加工件计算。

18. 接地母线埋地敷设定额未包括________，应执行第九章沟槽挖填定额。

19. 送配电装置系统调试中的1kV以下交流供电系统调试，按系统图的设计要求和定额说明中的规定，以________为单位计算工程量。

20. 电气设备安装工程定额操作物高度是按距楼面或地面________以内考虑的，当操作物高度超过________时，超过部分工程量其定额人工、机械乘以相应的操作高度增加费系数。

二、判断题

1. 10kV以下架空输电线路安装定额是以在丘陵地区施工为准。（ ）

2. 架空配电线路一次施工工程量按10根以上考虑，10根以内者，其全部人工和机械应乘以1.3系数。（ ）

3. 电缆桥架安装，根据设计图纸区分不同的桥架材质和规格尺寸，以"10m"为单位计算工程量，应扣除三通、四通、弯头等所占的长度。（ ）

4. 常用的接地极可以是钢管、角钢、圆钢等。（ ）

5. 管内穿线工程量，根据设计图纸区分不同的线路性质、导线材质、导线截面，以"100m单线"为单位计算工程量。导线价值另行计算。（ ）

6. 配管定额是按照各专业配合施工考虑的，包括预留预埋过程中不可避免的零星的剔墙、凿孔洞工作。（ ）

7. 配线在各种盘、柜、箱、板的进出线预留长度为0.5m。（ ）

8. 灯具、明（暗）开关、插座、按钮等预留线，已分别综合在相应的定额内，不另行计算。（ ）

9. 避雷引下线清单项目中，包含断接卡子工程量。（ ）

10. 建筑电气设备工程定额的脚手架搭拆费，按定额人工费（10kV以下架空配电线路工程、路灯工程、单独承担的室外直埋敷设电缆工程除外）的5%计算，其费用中人工费占35%。（ ）

三、计算题

1. 图4-40、图4-41分别为某小区住宅楼一层商铺部分配电干线电气平面布置图和系统图。其中：

(1) 楼层地坪至楼板地面高度为6m，商铺内设有吊顶（地坪至吊顶高度为5m），照明配电箱M（高×宽=300mm×500mm）嵌墙敷设，底边离地面1.8m，开关离地坪距离为 1.3m，插座离地坪距离为 0.3m，电线管采用埋地或嵌墙或在楼板内暗敷，埋入地坪或楼板的深度均按 0.1m 计（其中管、线及塑料安装盒不计超高增加费）。

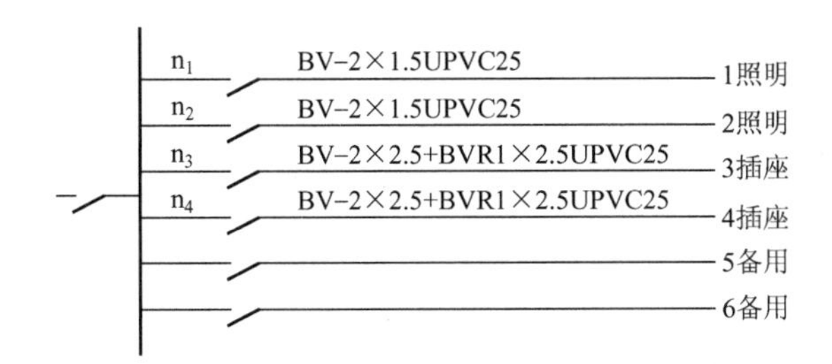

图 4-40 电气照明系统图

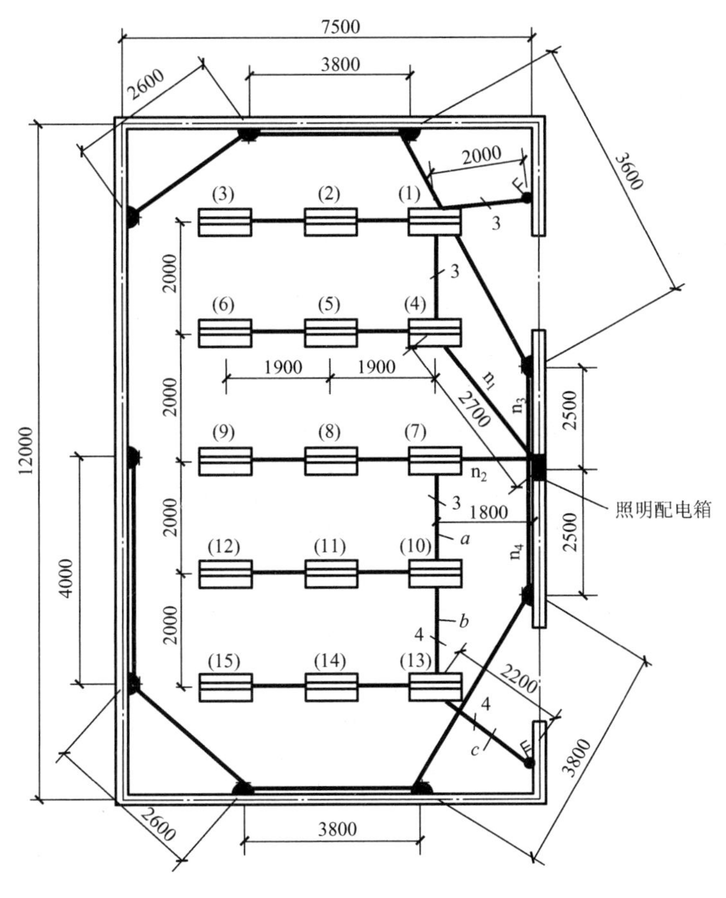

图 4-41 电气照明平面图

（2）商铺内灯具为成套嵌入式双管荧光灯，安装在吊顶上，从荧光灯顶面到楼板底部灯头盒距离为 0.9m，采用 15 号金属软管连接，所有回路均穿 PVC-U 电线管 *DN*25。主要设备材料价格见表 4-37。

要求：（1）计算该工程的工程量；

（2）编制该工程的分部分项工程量清单。

表 4-37 主要材料设备表

序号	名称	单位	备注
1	15号金属软管	m	
2	两位两极双用插座 AP86Z223-10N 带接地	只	
3	嵌入式双管荧光灯（含灯管）	套	成套
4	PVC-U 塑料电线管 *DN*25	m	
5	套接管 *DN*25	m	
6	铜芯塑料绝缘电线 BV-1.5mm^2	m	
7	铜芯塑料绝缘电线 BV-2.5mm^2	m	
8	铜芯塑料绝缘导线 BVR-2.5mm^2	m	
9	照明配电箱	台	成套
10	两位单极开关 86 型 10A	只	
11	三位单极开关 86 型 10A	只	
12	塑料安装盒（接线盒、灯头盒、开关盒、插座盒）	只	

2. 图 4-42 为某住宅防雷接地平面布置图。避雷网在平屋顶四周沿檐沟外折板支架敷设，其余沿混凝土块敷设。折板上口距室外地坪 19m。避雷引下线均沿外墙引下，并在距室外地坪 0.45m 处设置接地电阻测试断接卡子，土壤为普通土。

要求：(1) 计算该工程的工程量；

(2) 编制该工程的分部分项工程量清单。

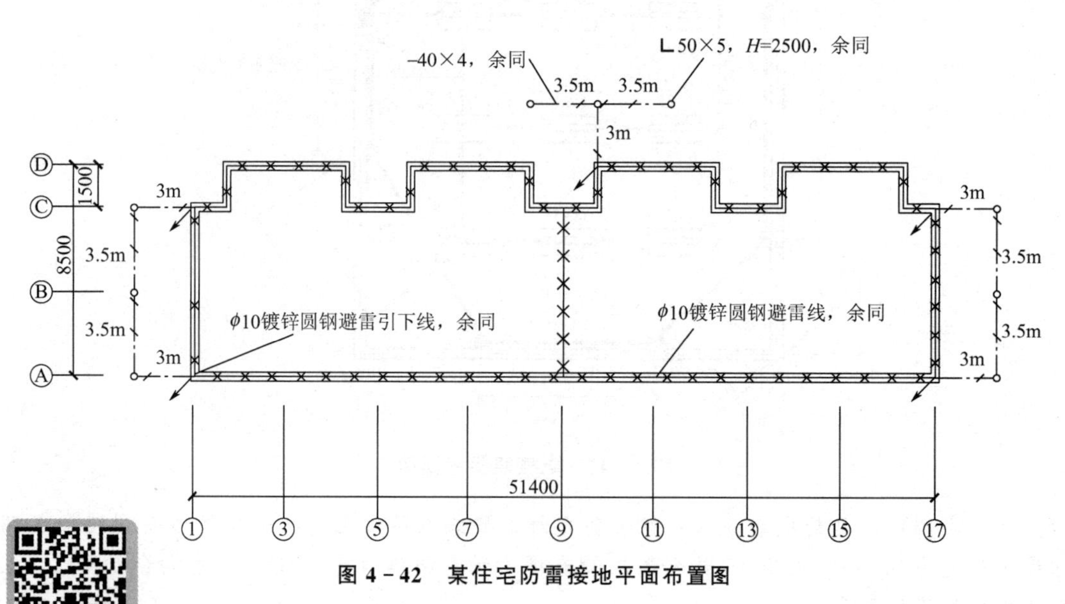

图 4-42 某住宅防雷接地平面布置图

【项目4自测练习答案】

项目5
建筑消防工程计量

学习目标

1. 了解室内消火栓灭火系统、自动喷淋灭火系统、火灾自动报警系统的基本组成和工作原理，能熟练识读建筑消防工程施工图，为工程计量奠定好基础。

2. 熟悉建筑消防工程消耗量定额的内容及使用定额的注意事项。

3. 掌握建筑消防工程量计算规则，能熟练计算建筑消防工程的工程量。

4. 熟悉建筑消防工程量清单项目设置的内容，能独立编制建筑消防分部分项工程量清单。

教学活动设计

1. 采用多媒体等多种信息化教学手段，以实际工程为载体，讲解建筑消防工程消耗量定额的内容及使用定额的注意事项。

2. 以实际工程为载体，讲解建筑消防工程量计算规则、工程量清单项目设置的内容及工程量清单的编制方法。

工作任务一

依据《山东省安装工程消耗量定额》(SD 02—31—2016)、《通用安装工程工程量计算规范》(GB 50856—2013) 等资料，计算下面某活动中心建筑消防给水工程的工程量，并编制其分部分项工程量清单。

工程基本情况如下。

(1) 图 5-1～图 5-6 为某活动中心消火栓和自动喷水系统的一部分，消火栓和喷淋系统均采用热镀锌钢管，螺纹连接。*DN*100 阀门为法兰连接。水流指示器为马鞍形连接。

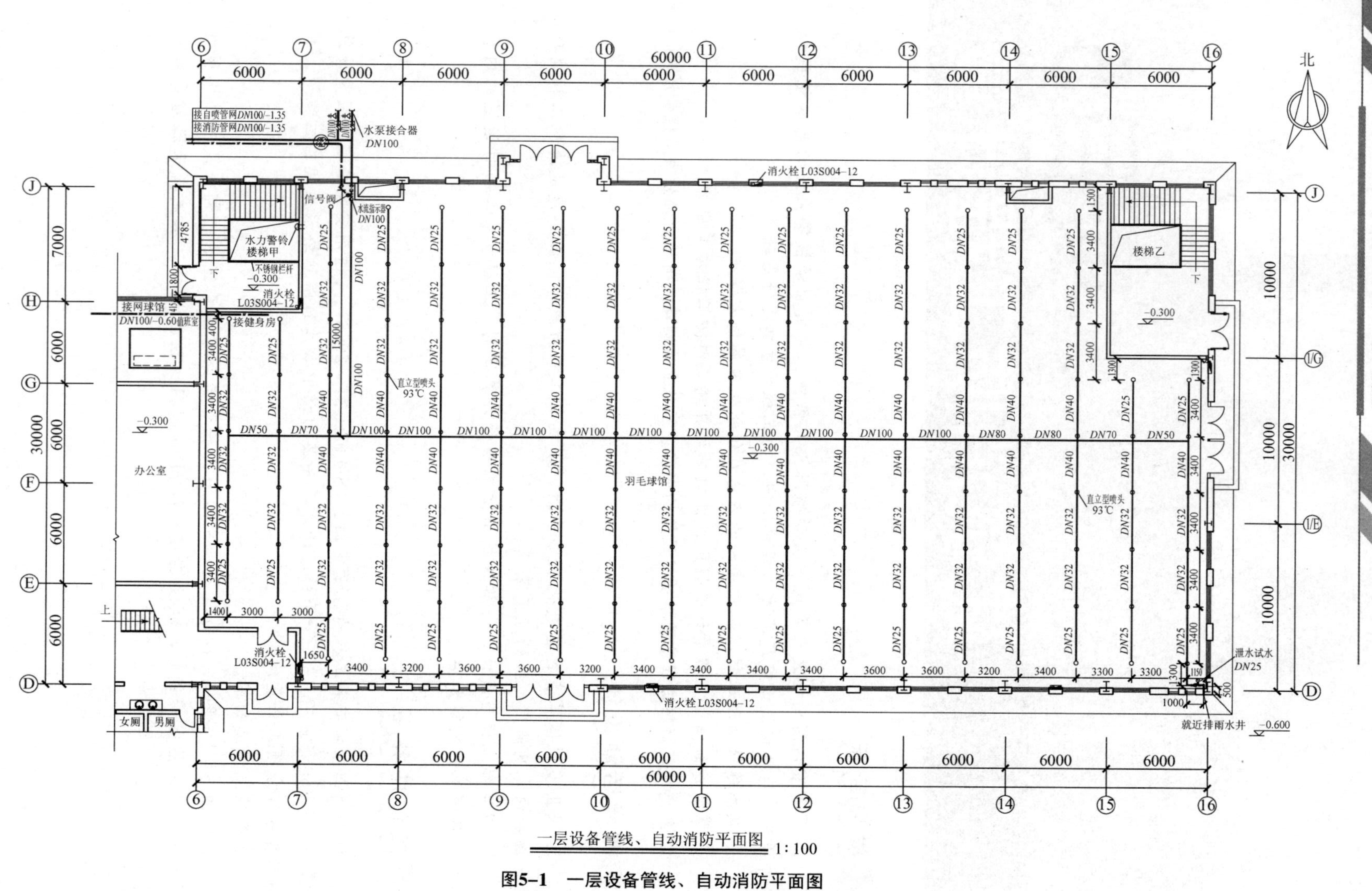

一层设备管线、自动消防平面图 1:100

图5-1 一层设备管线、自动消防平面图

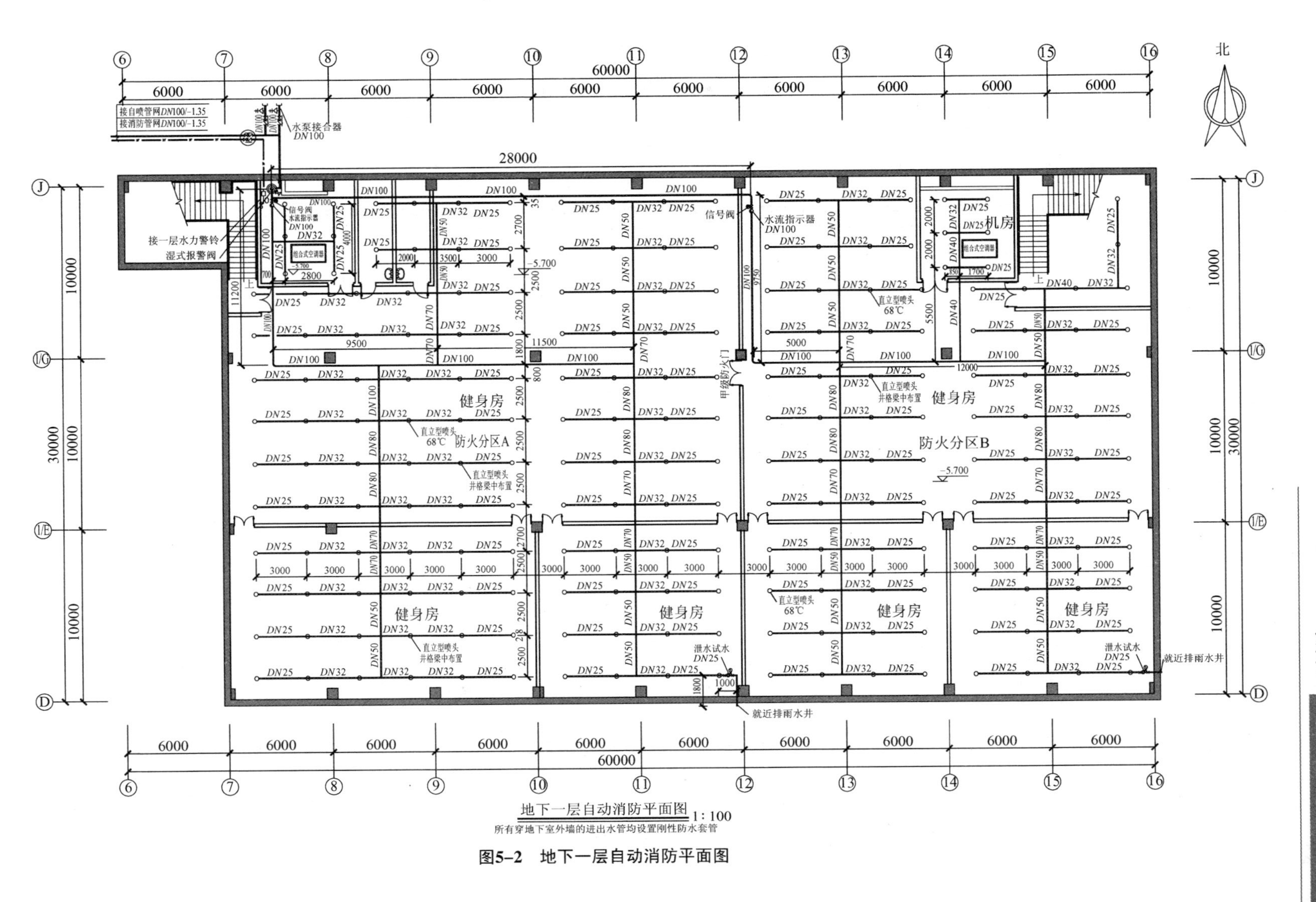

图5-2 地下一层自动消防平面图

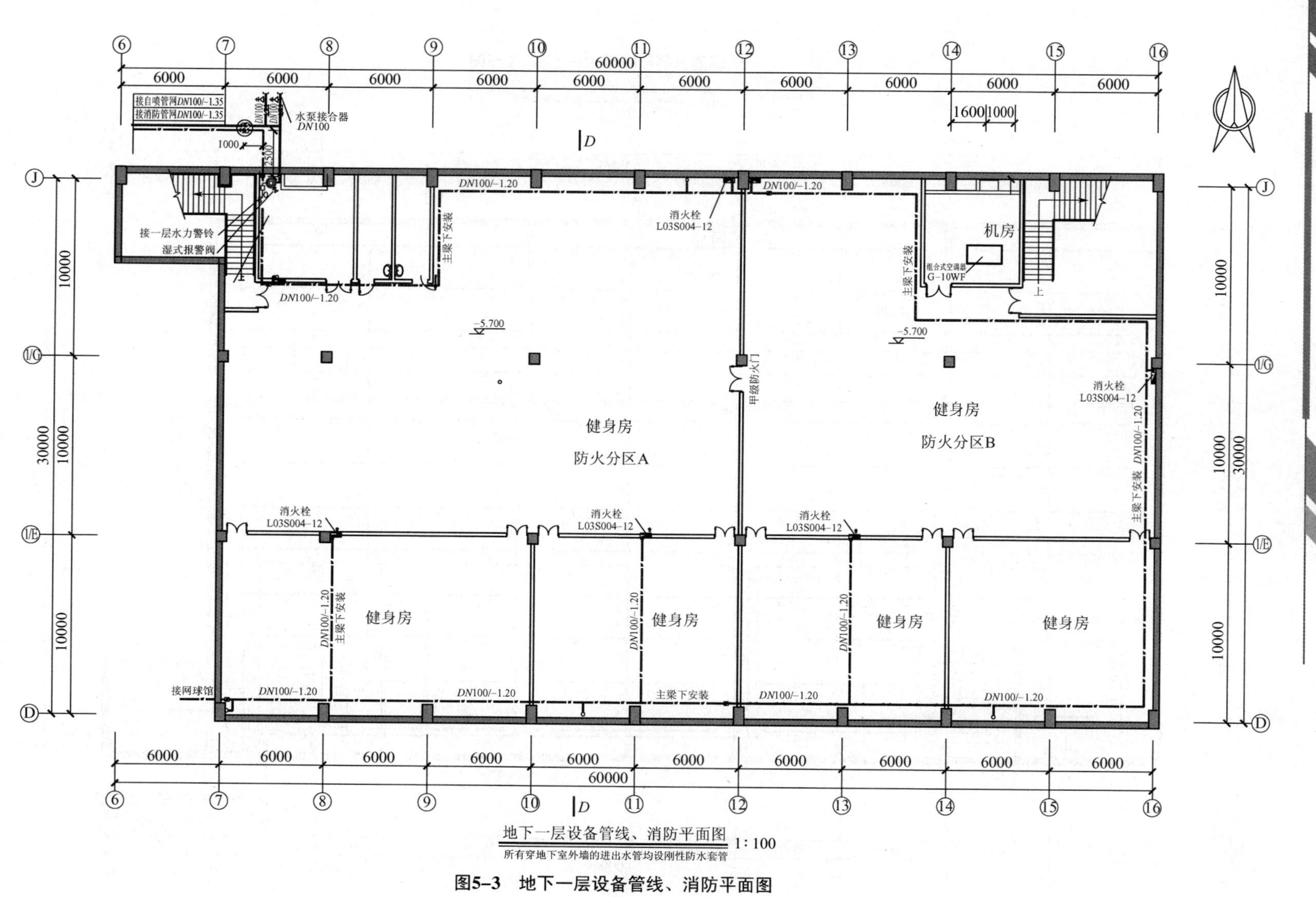

图5-3 地下一层设备管线、消防平面图

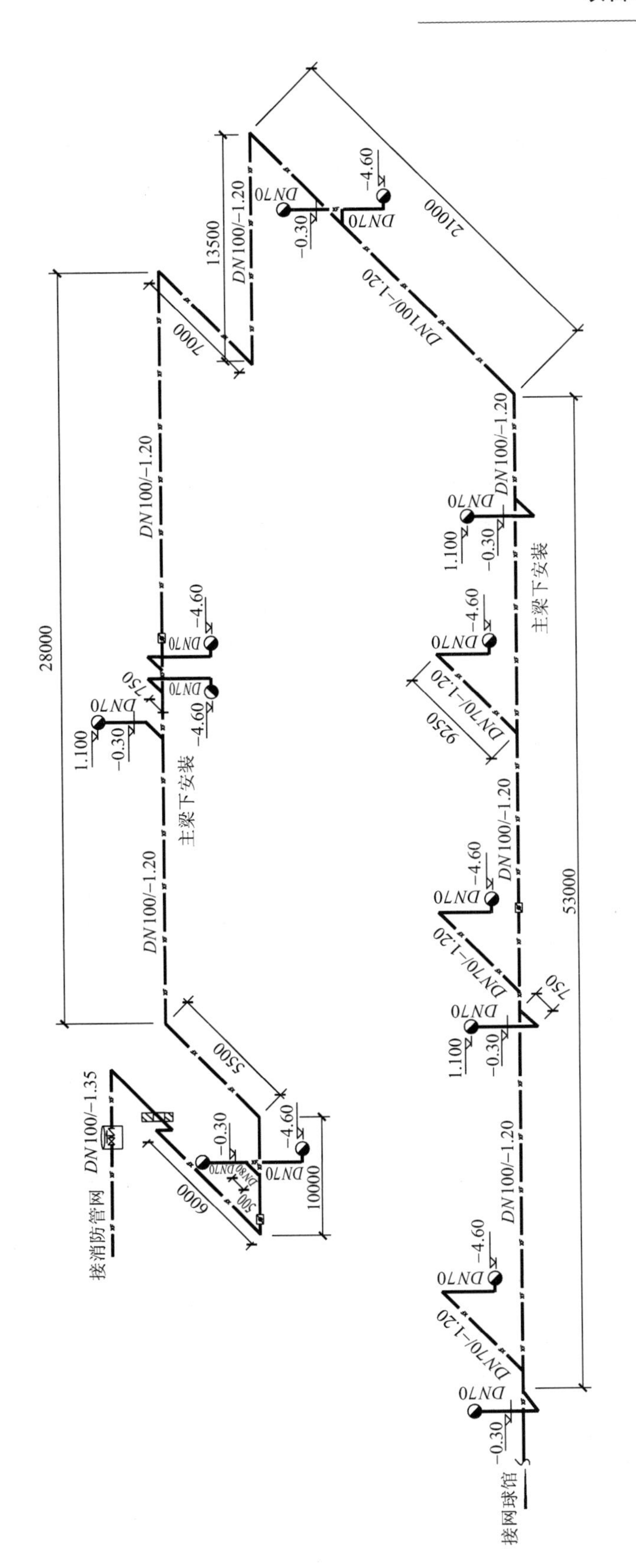
消防栓系统图 1:100
接消防管网
DN100/-1.35
接网球馆
DN100/-1.20
DN70/-1.20
DN70
主梁下安装
-0.30
-4.60
1.100
28000
53000
21000
13500
10000
9250
7000
6000
5500
750
500

图5-4 消防栓系统图

（2）消火栓系统采用SN65普通型消火栓（明装），19mm水枪一支，25m长衬里麻织水带一条。

（3）消防水管穿地下室外墙设刚性防水套管，穿墙和楼板时设一般钢套管。

（4）管道支架由∟50×5和∟40×4分别制作而成，合计质量76kg。

（5）施工完毕，整个系统应进行静水压力试验。系统工作压力：消火栓为0.40MPa；喷淋系统为0.55MPa。试验压力：消火栓系统为0.675MPa；喷淋系统为1.40MPa。

（6）图中标高均以米计，其他尺寸标注均以毫米计。

（7）本案例暂不计管道及支架刷油、保温等工作内容，阀门井内阀件暂不计。

（8）未尽事宜执行现行施工及验收规范的有关规定。

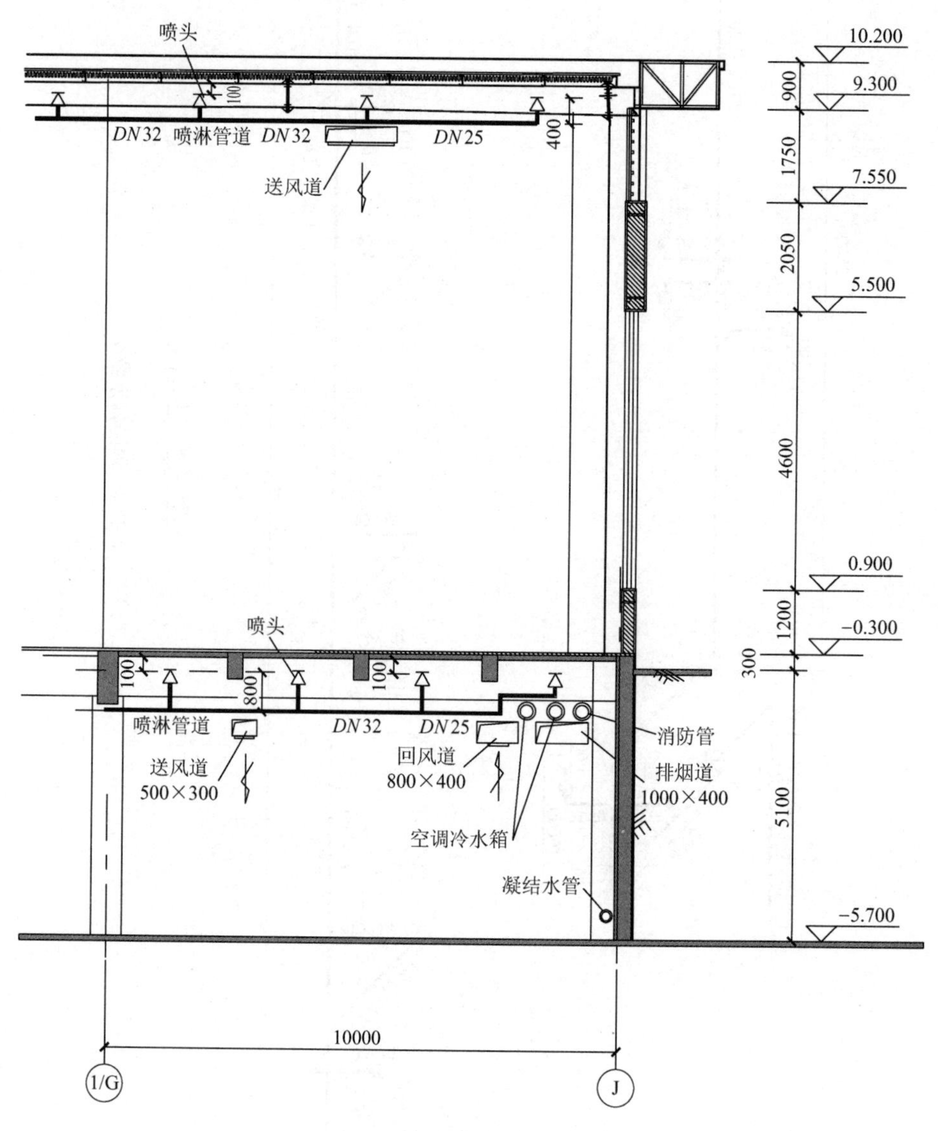

图5-5　D—D剖面图

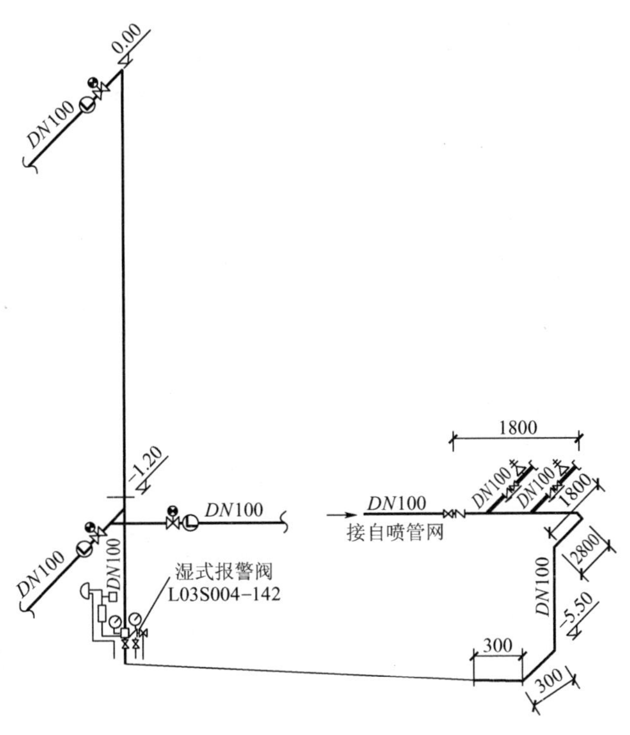

图 5-6 自动喷淋系统图

工作任务二

依据《山东省安装工程消耗量定额》(SD 02—31—2016) 第九册、《通用安装工程工程量计算规范》(GB 50856—2013) 等资料，计算下面某建筑消防火灾自动报警系统的工程量，并编制其分部分项工程量清单。

工程基本情况如下。

(1) 图 5-7～图 5-13 为某建筑消防火灾自动报警系统工程施工图，地上共四层，其中一层为厨房、二层为餐厅、三至四层为宿舍。

(2) 系统采用报警联动控制系统，通过装设于建筑物内的点型火灾探测器和手动报警按钮相结合的方式进行火灾自动报警，并对建筑物内的消火栓、防排烟、自动喷淋等系统进行监控，消防控制室设在一层。

(3) 联动控制要求如下。

① 室内消火栓系统。火灾情况下，通过消火栓按钮动作信号，直接启动消防水泵，并显示其工作故障状态，在消防控制室设有手动直接控制消防水泵的装置。

② 自动喷淋系统。火灾情况下，通过湿式报警阀动作信号，直接启动喷淋水泵，并显示其工作故障状态。

③ 防烟系统。火灾情况下，关闭正常排风使用的常开阀，联动关闭其系统风机。

④ 竖井内集中线路沿槽式桥架敷设，感温、感烟火灾报警线路采用穿焊接钢管埋墙、板敷设；控制、通信、报警、广播线路采用穿钢管埋地、墙等非燃烧体结构内敷设，由金属线槽、接线箱、穿线管等引至探测器、控制设备等，明敷线路采用金属软管保护。

（4）设备安装。

① 火灾报警接线箱挂墙距地1.4m明装；探测器吸顶安装；手动报警按钮、电话插孔、声光报警器墙上暗装；控制、监视模块配合所控制对象设置明装；模块箱距地1.4m暗装。

② 点型探测器至墙、梁边水平距离不小于0.5m，周围0.5m内不应有遮挡物。

（5）所有消防联动控制电源，均采用直流24V。

序　号	图例	名　称	规　格	安装方式
1	—G—	声光讯响线缆	ZR-RVS-2×1.5-SC20	埋墙，埋地暗设
2	—H—	消防电话线	RVVP-2×1.5-SC20	埋墙，埋地暗设
3	—F—	消火栓线缆	ZR-BV-2×2.5+ZR-RVS-2×1.5-SC20	埋墙，埋地暗设
4	—K—	控制模块线缆	ZR-BV-2×2.5+ZR-RVS-2×1.5-SC20	埋墙，埋地暗设
5	I/O	输入/输出模块	GST-LD-8301	模块箱内安装
6	Q	动作切换模块	GST-LD-8302A	模块箱内安装
7	SI	短路保护器	GST-LD-8313	模块箱内安装
8		消防电话分机	TS-200A	距地1.4m
9	GQ	消防广播切换模块	GST-LD-8305	模块箱内安装
10		水流指示器	见水施	
11	⋈	信号水阀	见水施	
12		防火阀	见暖施	70℃熔断
13		感温探测器	JTW-ZCD-G3N	吸顶安装
14		扬声器		距地2.2m
15		感烟探测器	JTP-GD-G3	吸顶安装
16		手动报警按钮带电话插座	J-SAP-8402	距地1.5m
17	I	单输入模块	GST-LE-8300	模块箱内安装

图5-7　消防火灾自动报警系统图例

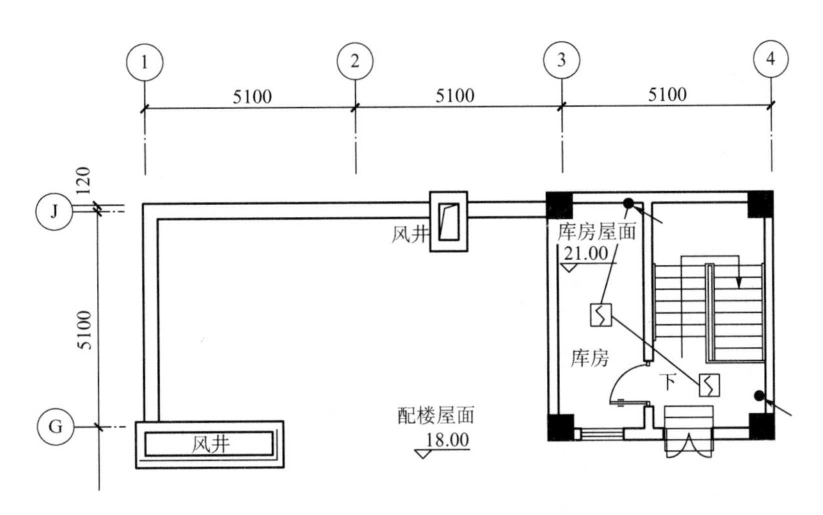

图 5-8 五层自动报警及联动平面图

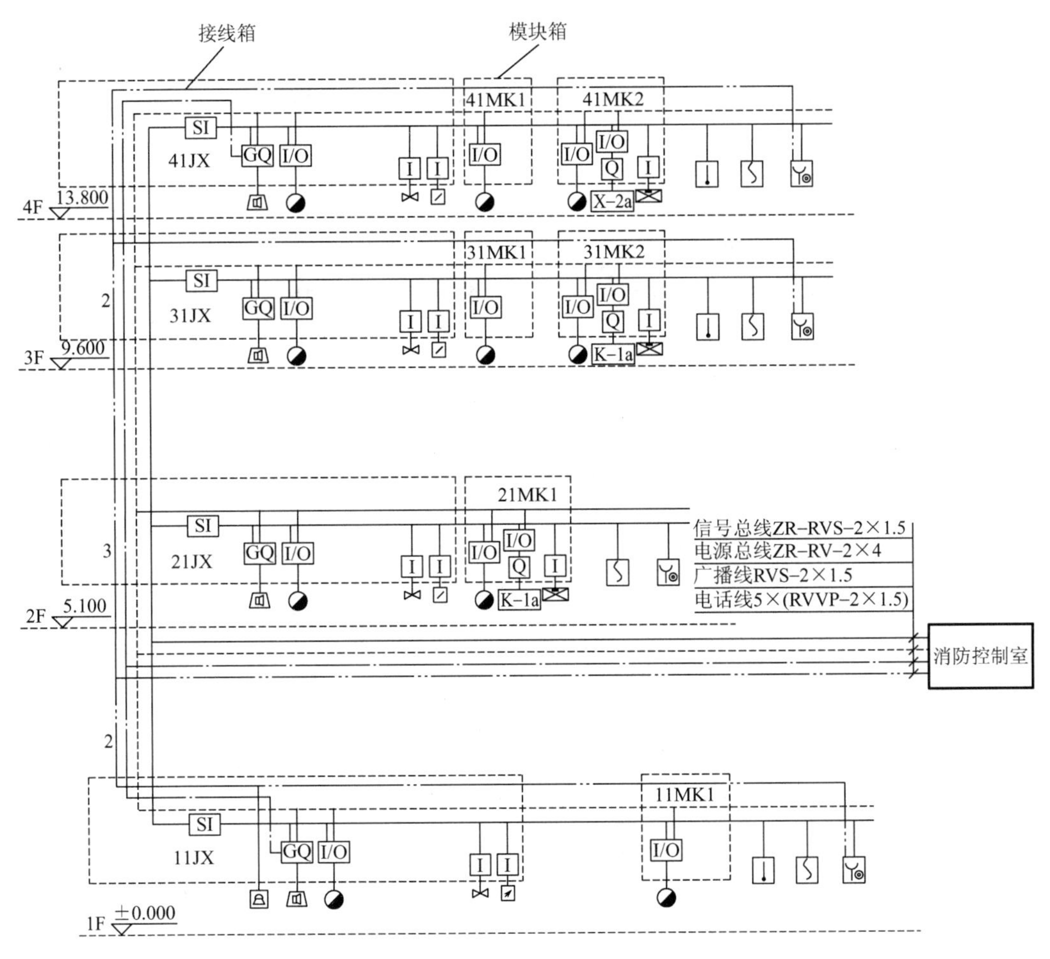

图 5-9 火灾自动报警及联动系统图

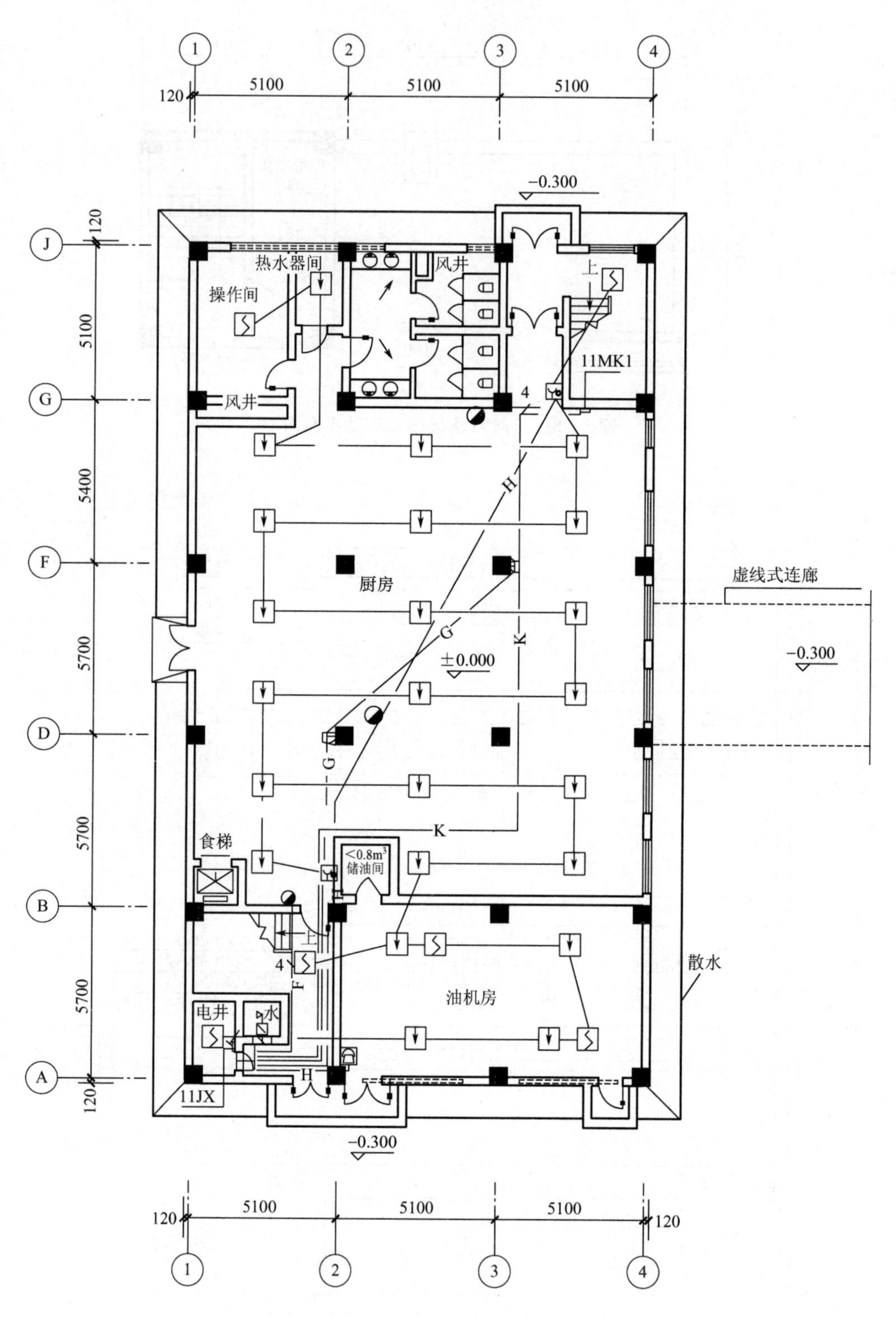

图 5-10　一层自动报警及联动平面图

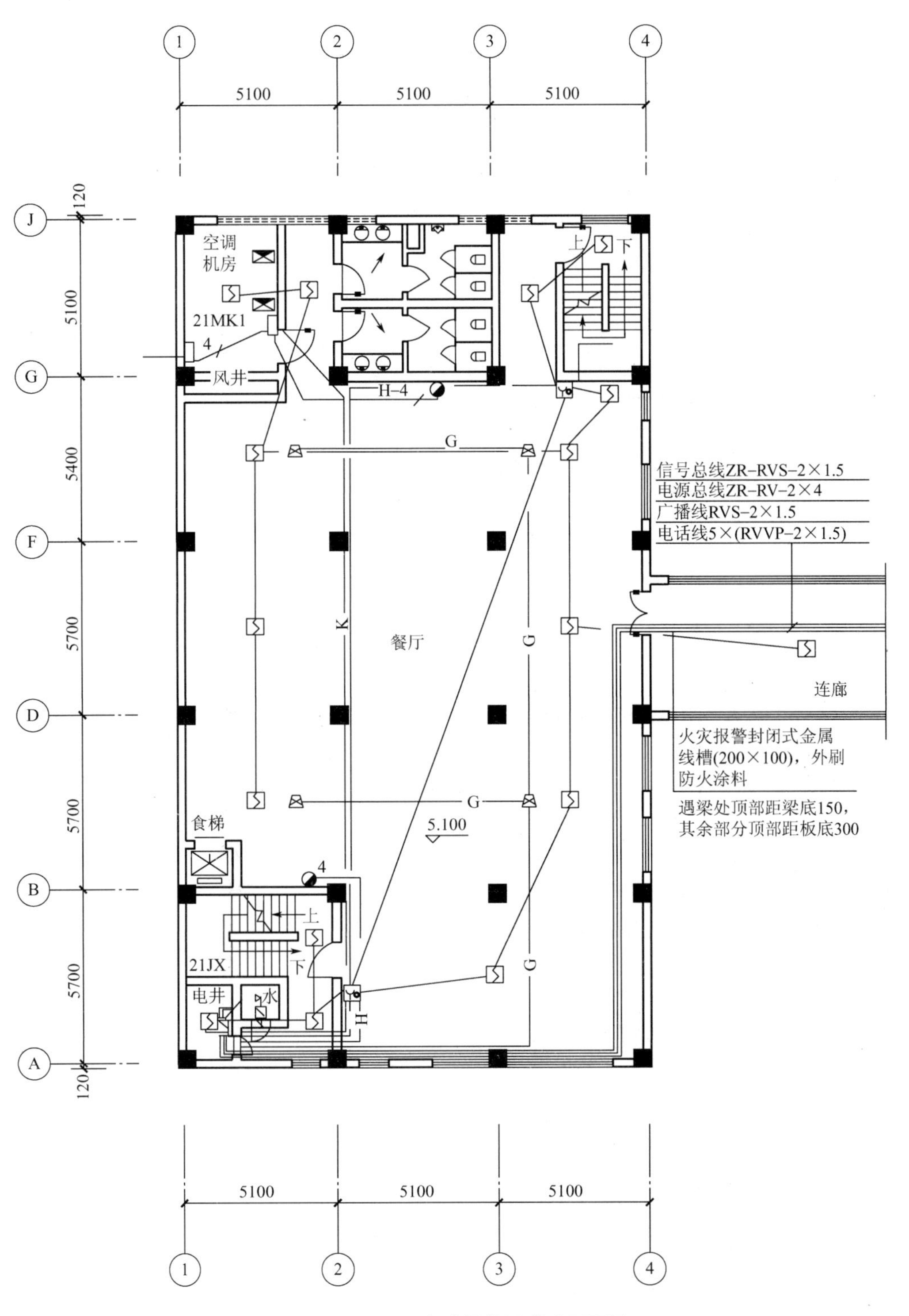

图 5－11 二层自动报警及联动平面图

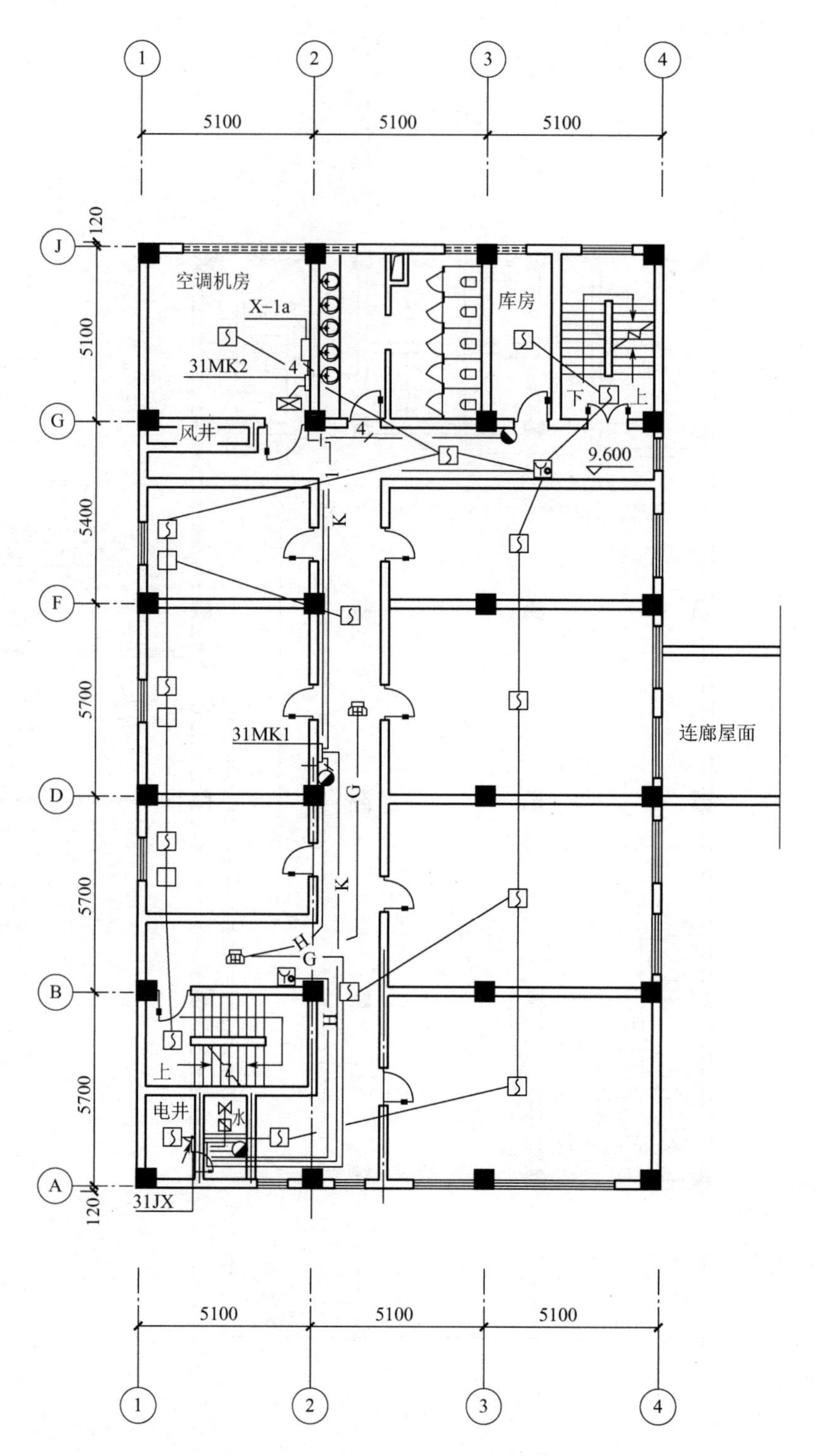

图 5－12　三层自动报警及联动平面图

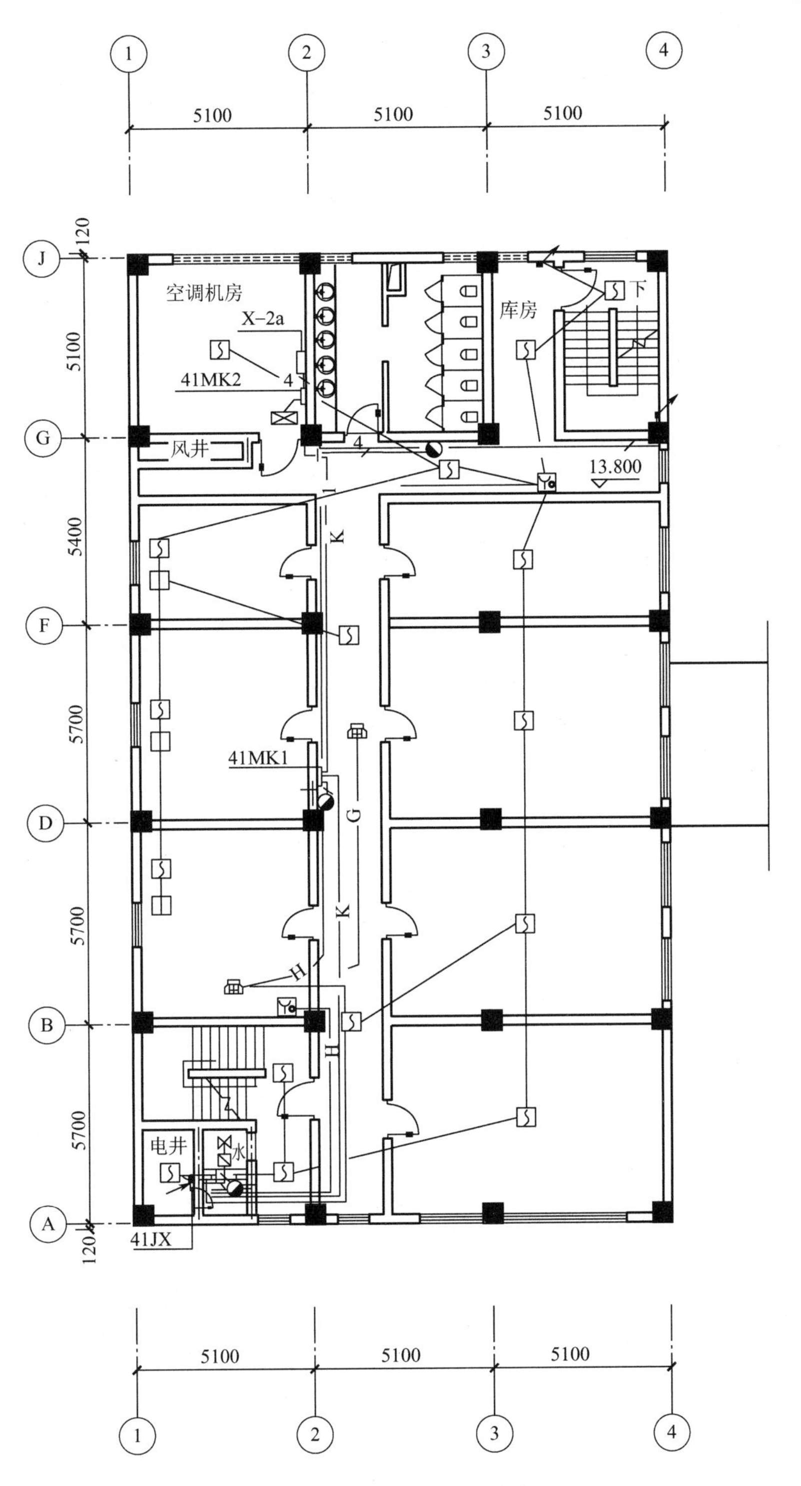

图5-13 四层自动报警及联动平面图

5.1 建筑消防工程识图基本知识

消防工程按灭火介质不同，可以分为水灭火系统和非水灭火系统；按照灭火设备构造不同，可以分为消火栓灭火系统（属于水灭火系统）和自动喷洒灭火系统（可以喷水，也可以喷其他介质，如气体或泡沫）。本部分以建筑消防给水系统为学习对象。

建筑消防给水系统是指以水为主要灭火剂的消防系统，是目前用于扑灭建筑一般性火灾的最经济有效的消防系统。

建筑消防给水系统主要有消火栓给水系统和自动喷水灭火系统两大类，除此之外还有水喷雾灭火系统。

5.1.1 消火栓给水灭火系统

消火栓灭火系统分为室外系统和室内系统。室外系统包括室外给水管网、消防水泵接合器及室外消火栓等；室内系统包括室内消防给水管网、室内消火栓、储水设备、升压设备、管路附件等。室内普通消防系统如图 5－14 所示，高层建筑分区室内消火栓给水系统如图 5－15 所示。

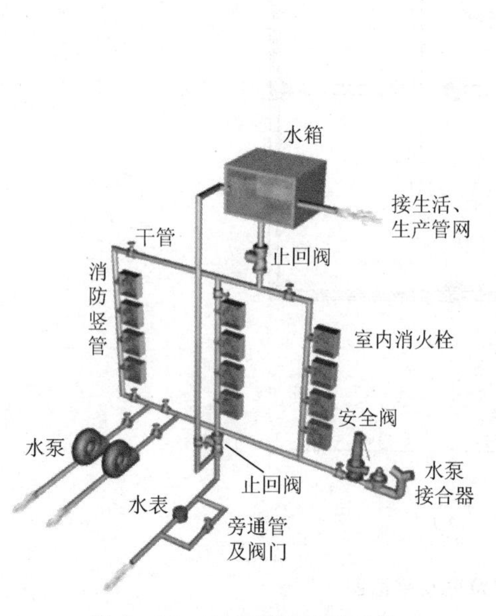

图 5－14　室内普通消防系统

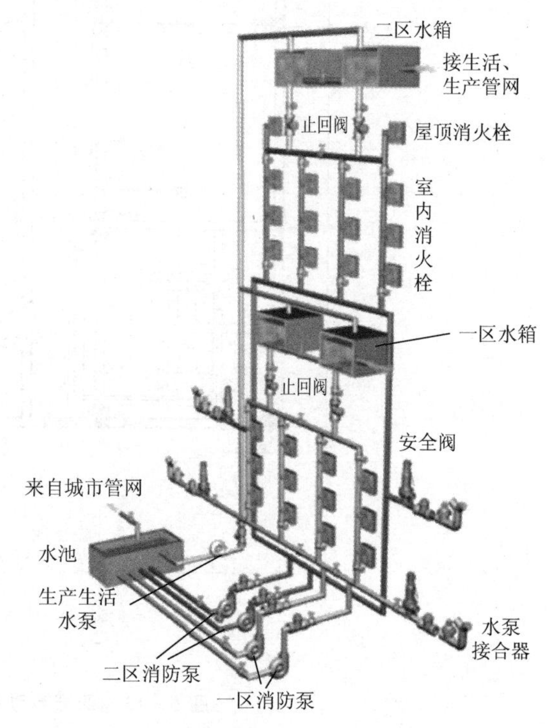

图 5－15　高层建筑分区室内消火栓给水系统

1. 消火栓设备

消火栓设备由水枪、水带和消火栓组成，均安装于消火栓箱内，如图 5－16 所示。室内消火栓应布置在建筑物内各层明显、易于取用和经常有人出入的地方，如楼梯间、走廊、大厅、车间的出入口和消防电梯的前室等处。设有室内消火栓的建筑如为平屋顶时，宜在平屋顶上设置试验和检查用的消火栓。

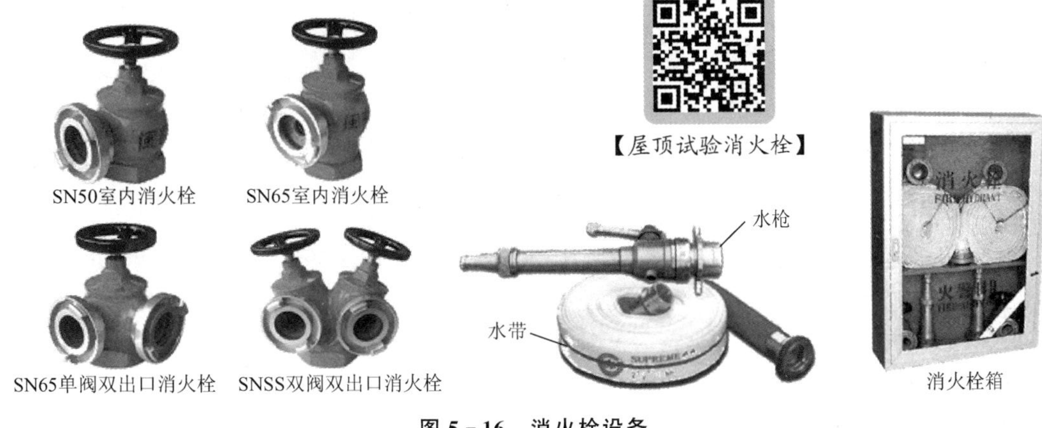

图 5－16 消火栓设备

2. 消防管网

建筑物内消防管网包括干管和支管。其常用管材为钢管，以环状布置为佳。

3. 消防水泵接合器

水泵接合器是连接消防车向室内消防给水系统加压供水的装置，一端由消防给水管网水平干管引出，另一端设于消防车易于接近的地方。水泵接合器分为地上式、地下式和墙壁式三种，如图 5－17 所示。

图 5－17 消防水泵接合器

5.1.2 自动喷水灭火系统

自动喷水灭火系统是一种在发生火灾时，能自动打开喷头喷水灭火并同时发出火警信号的消防灭火设施。

自动喷水灭火系统由管网、报警装置、水流指示器、喷头、消防水泵等组成。自动喷淋灭火系统根据系统中所使用喷头的形式不同，可分为闭式和开式两大类。闭式喷头是用控制设备（如低熔点金属或内装膨胀液的玻璃球）堵住喷头的出水口，当建筑物发生火灾，火场温度达到喷头开启温度时，喷头出水灭火；开式喷头的出水口是开启的，其控制设备在管网上，其喷头的开放是成组的。自动喷头如图 5－18 所示。

图 5－18　自动喷头

使用闭式自动喷水灭火系统，当室温上升到足以打开闭式喷头上的闭锁装置时，喷头立即自动打开喷水灭火，同时报警阀通过水力警铃发出报警信号。闭式自动喷水灭火系统管网有以下四种类型。

1. 湿式喷水系统

在准工作状态时管道内充满用于启动系统的有压水的闭式系统。当保护区内发生火灾时，室内空气温度上升致使喷头上的锁封易熔合金熔化，或玻璃球喷头上的密封玻璃泡爆碎，喷头即自行喷水灭火，同时发出警报信号。湿式自动喷水灭火系统演示如图 5－19 所示。

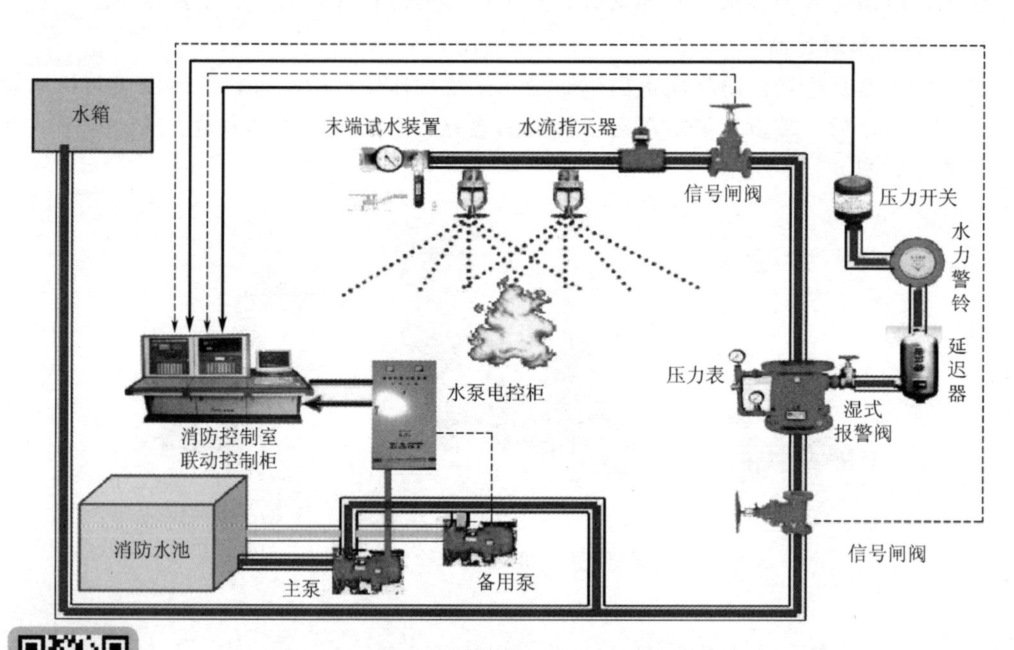

图 5－19　湿式自动喷水灭火系统演示示意图

【湿式自动喷水灭火系统工作原理】

(1) 报警阀。作用是开启和关闭管网的水流，传递控制信号至控制系统并启动水力警铃直接报警。有湿式、干式、干湿式和雨淋式 4 种类型。湿式报警阀如图 5－20 所示。

(2) 水流指示器。作用是某个喷头开启喷水或管网发生水量泄漏时，管道中的水产生流动；引起水流指示器中桨片随水流而动作；接通延时电路后，继电器触电吸合发出区域水流电信号，送至消防控制室。水流指示器如图 5－21 所示。

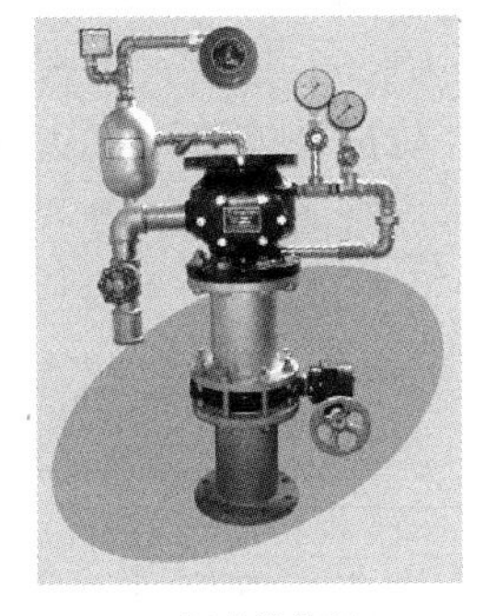

(a) 湿式报警阀

(b) 雨淋式报警阀

图 5－20　报警阀

(a) 马鞍型

(b) 法兰型

(c) 螺纹型

(d) 焊接型

【湿式报警阀工作原理】

图 5－21　水流指示器

2. 干式喷水系统

干式喷水系统平时管网中充满有压气体，只在报警阀前的管道中充满有压水。

3. 干湿式喷水系统

干湿式喷水系统冬季管网中充满有压气体，在温暖季节，管网中充满有压水。

4. 预作用喷水系统

预作用喷水系统喷水管网平时不充水，只充气体。发生火灾时，由火灾探测器接到信号后，自动启动预作用阀而向喷水管网中充水。当起火房间温度达到喷头开放温度时，喷头打开，喷水灭火。

5.1.3 火灾自动报警系统

1. 工作原理

【火灾自动报警与消防联动演示】

火灾自动报警系统是用于尽早探测初期火灾并发出警报，以便采取相应措施（如疏散人员、呼叫消防队、启动灭火系统、操作防火门、防火卷帘、防烟和排烟风机等）的系统。火灾自动报警与消防联动是现代消防工程的主要内容，其功能是自动监测区域内火灾发生时的热、光和烟雾，从而发出声光报警并联动其他设备的输出接点，控制自动灭火系统、紧急广播、事故照明、电梯、消防给水和排烟系统等，实现监测、报警和灭火自动化。

2. 系统组成

火灾自动报警系统由触发器件、火灾报警装置，以及具有其他辅助功能的装置组成。其中，火灾报警控制器是火灾报警和联动控制的心脏，它是给火灾探测器供电、接收显示及传递火灾报警信号，并能输送控制指令的一种自动报警装置。火灾报警控制器可单独作火灾自动报警用，也可与自动防灾及灭火系统联动，组成自动报警联动控制系统。火灾自动报警系统如图 5－22 所示。

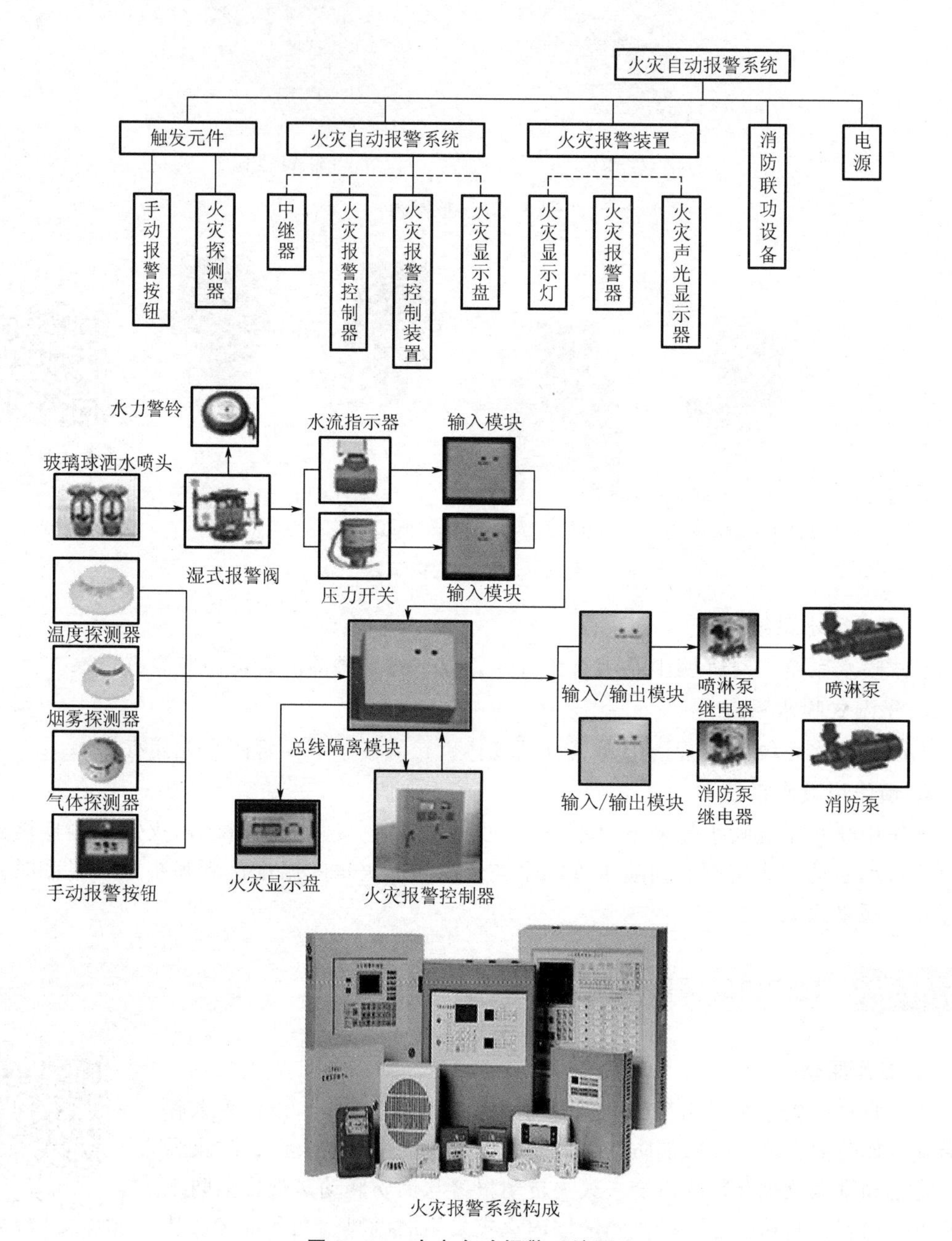

火灾报警系统构成

图 5－22　火灾自动报警系统图示

3. 火灾自动报警系统常用装置

1）各种探测器

（1）点型感烟探测器：对警戒范围中某一点周围的烟密度升高响应的火灾探测器。根据其工作原理不同，可分为离子感烟探测器和光电感烟探测器。

（2）点型感温探测器：对警戒范围中某一点周围的温度升高响应的探测器。根据其工作原理不同，可分为定温探测器和差温探测器。

（3）点型烟温复合探测器：又叫作复合式感烟感温火灾探测器、烟温一体探测器。所谓烟温是指感烟和感温，就是既可以探测烟雾浓度而报警，又可以探测温度变化而报警。

（4）光束探测器：将火灾的烟雾特征物理量对光束的影响转换成输出电信号的变化并立即发出报警信号的器件。它由光束发生器和接受器两个独立部分组成。

（5）火焰探测器：将火灾的辐射光特征物理量转换成电信号，并立即发出报警信号的器件。常用的有红外探测器和紫外探测器。

（6）可燃气体探测器：对监视范围内泄漏的可燃气体达到一定浓度时发出报警信号的器件。常用的有催化型可燃气体探测器和半导体可燃气体探测器。

（7）图像型火灾探测器：采用视频图像方式分析燃烧或加热过程中产生的烟雾、火焰、温度，进行火灾探测报警的装置。按探测原理不同，可分为图像型感烟火灾探测器、图像型火焰火灾探测器和图像型感温火灾探测器。按使用环境条件不同，可分为室内图像型火灾探测器和室外图像型火灾探测器。

（8）线型探测器：温度达到预定值时，利用两根载流导线间的热敏绝缘物溶化，使两根导线接触而动作的火灾探测器。

各种探测器如图 5－23 所示。

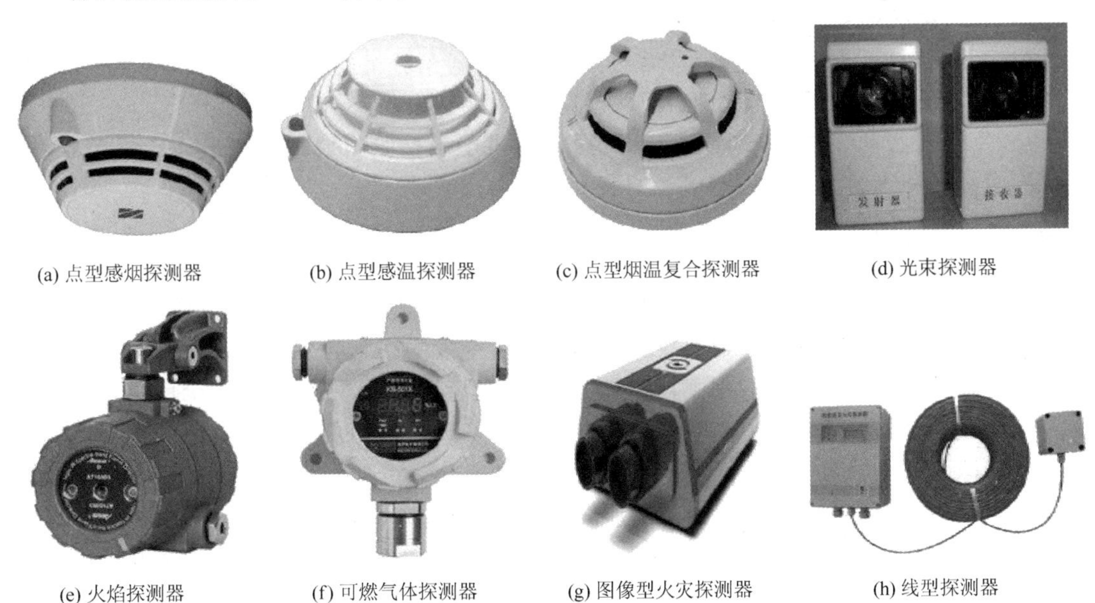

(a) 点型感烟探测器 (b) 点型感温探测器 (c) 点型烟温复合探测器 (d) 光束探测器

(e) 火焰探测器 (f) 可燃气体探测器 (g) 图像型火灾探测器 (h) 线型探测器

图 5－23 各种探测器

2）其他装置

（1）按钮：用手动方式发出火灾报警信号且可确认火灾的发生，以及启动灭火装置的器件。

（2）消防警铃：以音响方式发出火灾报警信号的装置。

（3）声光报警器：亦称为火警声光报警器或火警声光讯响器，是一种以音响方式和闪光方式发出火灾报警信号的装置。

（4）模块（模块箱）：在总线制消防联动系统中用于现场消防设备与联动控制器间传递动作信号和动作命令的器件。

（5）单输出：可输出单个信号。

（6）多输出：具有两次以上不同输出信号。

（7）端子箱：在总线制消防联动系统中配接于探测器与报警控制器间，向报警控制器传递火警信号的器件。

（8）报警控制器（箱）：能为火灾探测器供电、接收、显示和传递火灾报警信号的报警装置，用于接收现场探测器的故障、报警和动作信号。

（9）联动控制器（箱）：能接收由报警控制器传递来的报警信号，并对自动消防等装置发出控制信号的装置。它用于联动现场的模块，通过联动模块联动现场设备，如防火阀、卷帘门、电梯、水泵、电机等。

（10）远程控制器：可接收传送控制器发出的信号，对消防执行设备实行远距离控制的装置。

（11）重复显示器：在多区域多楼层报警控制系统中，用于某区域某楼层接收探测器发出的火灾报警信号，显示报警探测器位置，发出声光报警信号的控制器。

（12）消防广播控制柜：在火灾报警系统中集播放音源、功率放大器、输入混合分配器等于一体，可实现对现场扬声器控制，发出火灾报警语音信号的装置。

（13）功放：用于消防广播系统中的广播放大器。

（14）广播分配器：消防广播系统中对现场扬声器实现分区域控制的装置。

（15）消防电话主机：可利用送话器、受话器、通信分机进行对讲、呼叫的装置。

（16）消防备用电源：能提供给消防报警设备用直流电源的供电装置。

（17）报警联动一体机：即能为火灾探测器供电、接收、显示和传递火灾报警信号，又能对自动消防等装置发出控制信号的装置。

上述装置如图 5-24 所示。

3）智能消防应急疏散指示系统

该系统主要由应急照明控制器（监管主机）、消防应急灯具专用应急电源、应急照明分配电装置、各类型智能灯具等组成，形成了一套智能网络，在发生灾害时，应急照明控制器（监管主机）可提前生成预案，自动生成疏散线路，将人群疏散到安全地带，为消防人员作业提供有利的条件。该系统强调疏散的智能性、通信的可靠性、电源的安全性、操作的方便性、人机的友好。

（1）应急照明控制主机：为系统的中央指挥中枢，主要由工控机、液晶显示器、信号处理模块、应急电源模块等构成。有交互式操作软件支持，负责解析底层设备的工作故障状态信息，接受来自消防报警系统发出的火警联动信息，对火警信息进行决策，对底层灯具发送各种指令进行疏导。应急照明控制主机采用工控计算机系统，组态软件架构，可直接导入 CAD 图形，显示平面疏散图形，并具有缩放功能。应急照明控制主机放置于消防控制中心，需与消防自动化系统连接。

（2）消防应急灯具专用应急电源：为智能疏散指示系统专用供电设备，为区域内分配

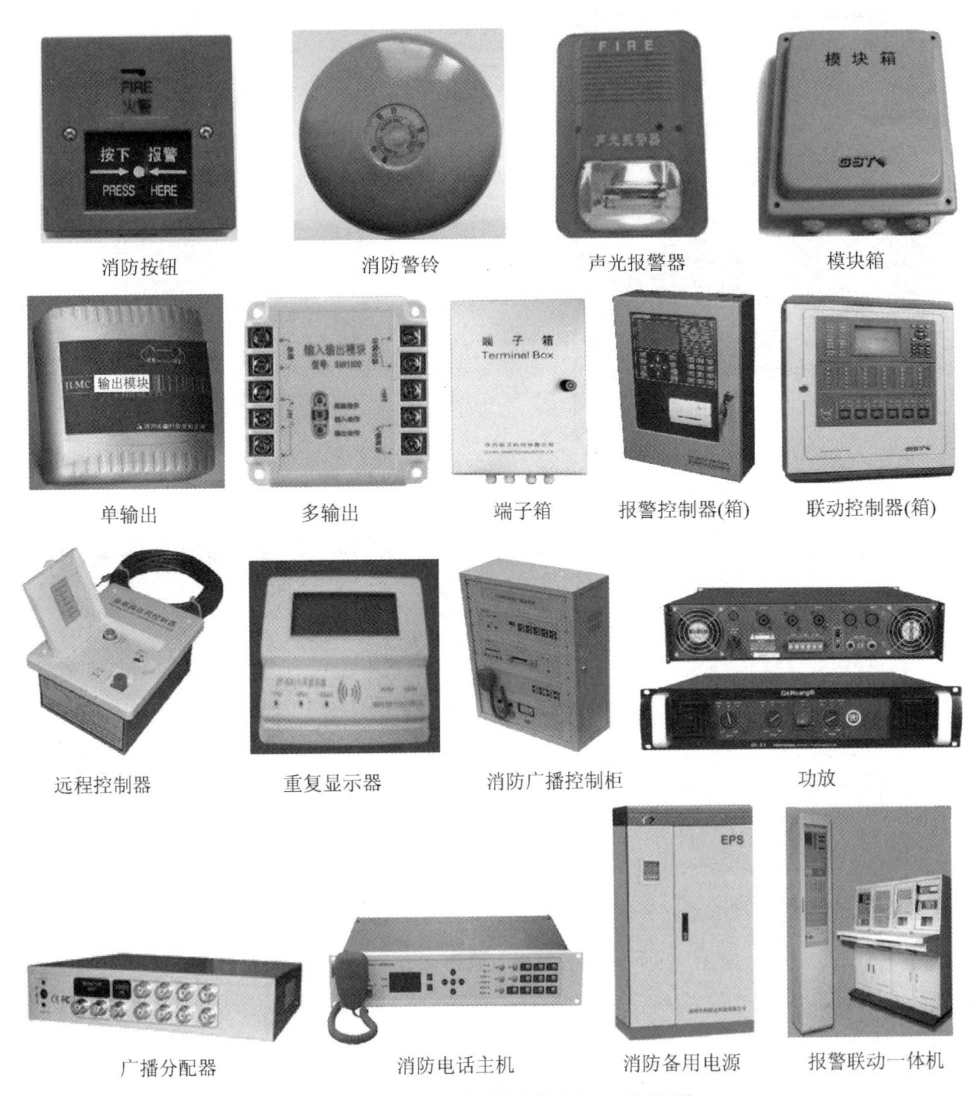

图 5－24 火灾自动报警系统常用装置

电装置提供工作电源。在正常情况时，由交流市电经过互投装置给重要负载供电，当交流市电断电后，互投装置将立即切换至电池组供电，当市电电压恢复时，应急电源将恢复为市电供电。集中电源通过 RS485 总线与应急照明控制器通信，将运营信息远传给应急照明控制器，并接受应急照明控制器控制。

(3) 应急照明分配电装置：为智能疏散指示系统的区域型控制主机，能够存储疏散预案，受控于系统应急照明控制器通讯。采用 RS485 总线与中央主机通讯，输出 DC24V 安全电压，可以对每个应急照明灯和疏散指示牌进行巡检并传送疏散指令和消防联动指示。

(4) 智能消防疏散指示灯具：具有巡检、常亮、灭灯、改变方向等功能，根据应急照明控制器下发的指令正确指向疏散方向，并对点亮指示箭头进行自检，出现故障有报警功能。工作电压为 DC24V。

智能消防应急疏散指示系统主要设备如图 5－25 所示。

(a) 应急照明控制主机

(b) 消防应急灯具专用应急电源

(c) 应急照明分配电装置

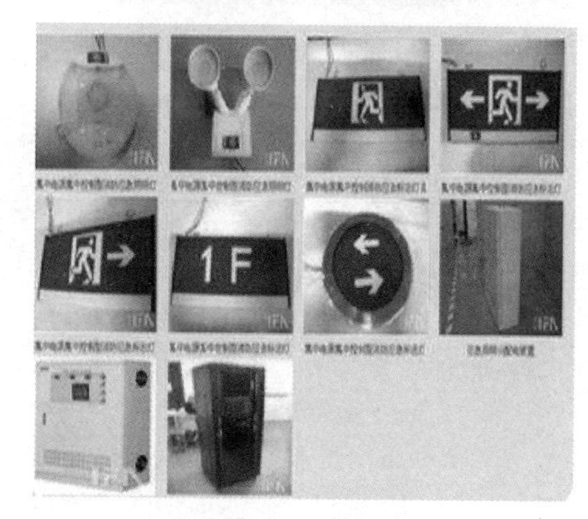

(d) 智能消防疏散指示灯具

图 5－25　智能消防应急疏散指示系统主要设备

5.2　建筑消防工程量计算

5.2.1　工程量计算及消耗量定额应用

【山东省安装工程消耗量定额（第九册）】

建筑消防给水工程使用《山东省安装工程消耗量定额》（SD 02—31—2016）第九册。该册定额适用于工业与民用建筑工程中的消防工程。

1. 水灭火系统安装

1）管道界线的划分

（1）室内外界线的划分：入口处设阀门者以阀门为界，无阀门者以建筑物外墙皮 1.5m 为界。

(2) 与市政给水管道的界限：以与市政给水管道碰头点或以计量表、阀门（井）为界。

2) 工程量计算规则

(1) 管道安装按设计图示管道中心线长度以“10m”为计量单位，不扣除阀门、管件及各种组件所占长度。

(2) 喷头、水流指示器按设计图示数量计算，按安装部位、方式、规格以“个”为计量单位。

(3) 报警装置、室内消火栓、室外消火栓、消防水泵接合器均按设计图示数量计算。报警装置、室内外消火栓、消防水泵接合器分形式，按成套装置及附件以“组”“套”为计量单位。成套装置及附件见表5-1。

表5-1 成套装置及附件包括的内容

序号	项目名称	包括内容
1	湿式报警装置	湿式阀、供水压力表、装置压力表、试验阀、泄放试验阀、试验管流量计、过滤器、延时器、水力警铃、报警截止阀、漏斗、压力开关
2	干湿两用报警装置	两用阀、装置截止阀、加速器、加速器压力表、供水压力表、试验阀、泄放阀、泄放试验阀（湿式）、泄放试验阀（干式）、挠性接头、试验管流量计、排气阀、截止阀、漏斗、过滤器、延时器、水力警铃、压力开关
3	电动雨淋报警装置	雨淋阀、压力表、泄放试验阀、流量表、截止阀、注水阀、止回阀、电磁阀、排水阀、应急手动球阀、报警试验阀、漏斗、压力开关、过滤器、水力警铃
4	预作用报警装置	干式报警阀、压力表（2块）、流量表、截止阀、排放阀、注水阀、止回阀、泄放阀、报警试验阀、液压切断阀、气压开关（2个）、试压电磁阀、应急手动试压器、漏斗、过滤器、水力警铃
5	室内消火栓	消火栓箱、消火栓、水枪、水龙带、水龙带接扣、挂架
6	室外消火栓	地下式消火栓、法兰接管、弯管底座或消火栓三通
7	室内消火栓（带自动卷盘）	消火栓箱、消火栓、水枪、水龙带、水龙带接扣、挂架、消防软管卷盘
8	消防水泵接合器	消防接口本体、止回阀、安全阀、闸（蝶）阀、弯管底座、标牌
9	水炮及模拟末端装置	水炮和模拟末端装置的本体

(4) 末端试水装置按设计图示数量计算，分规格以“组”为计量单位。

(5) 温感式水幕装置安装以“组”为计量单位。

(6) 灭火器按设计图示数量计算，分形式以“具”“组”“套”为计量单位。

(7) 消防水炮按设计图示数量计算，分规格以“台”为计量单位。

知识链接——温感水幕装置、末端试水装置、检验孔板、消防水炮

1. 温感水幕装置

温感水幕装置是通过温度感应以水幕灭火的装置。它利用密集喷洒所形成的水墙或水帘，喷头沿线装布置，喷水成水帘状，发生火灾时不直接扑灭火灾，而是阻挡火焰气流和热辐射向临近保护区扩散，对简易防火分割物（如防火卷帘、防火幕）进行冷却，提高其耐火性能，或阻隔火焰穿过开口部位，直接用作防火分隔的一种自动喷水消防系统。温感水幕装置由输出控制器或温感雨淋阀、水幕喷头、球阀及配管等组成。

2. 末端试水装置

末端试水装置是安装在系统管网或分区管网的末端，检验系统启动、报警及联动等功能的装置，是自动喷水灭火系统的重要组成部分，如图 5－26 所示。

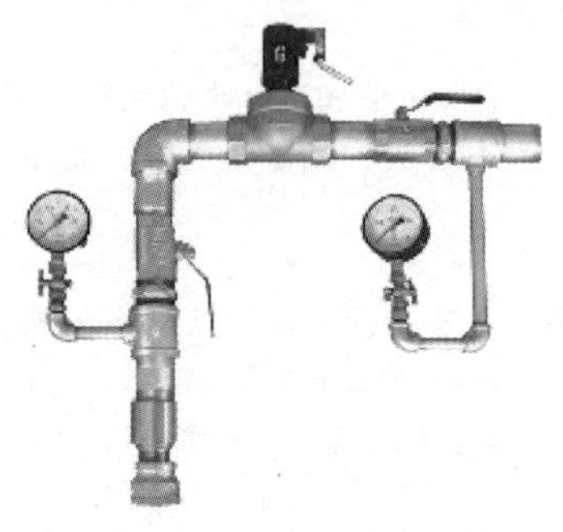

图 5－26　末端试水装置

3. 减压孔板

减压孔板是为了均衡各层管段的水流量，降低底层的自动喷水灭火设备和消火栓的出口压力及出口流量的装置，如图 5－27 所示。其工作原理是对液体的动压力（不含静压力）进行减压。目前，高层建筑由于层数较多，高层和低层所承受的静水压力不一样。出水时，低层的水流动压力比高层的水流动压力大很多。扑救火灾时，低层消防水带往往爆裂，减压板对水流的动压力具有减压功能。当流动的水经过减压孔板时，由于局部的阻力损失，在减压孔处产生压力降，从而满足消火栓的出口压力及流量的需要。

4. 消防水炮

消防水炮是一种以水为介质，远距离扑灭火灾的灭火设备，可用于灭火、冷却、隔热和排烟等消防作业，如图 5－28 所示。

图 5－27　减压孔板

图 5－28　消防水炮

3）定额应用说明

（1）管道安装项目中，均包括相应管件安装、水压试验及水冲洗工作内容。各种管件数量系综合取定，执行定额时，成品管件数量可依据设计文件及施工方案或参照本册附录“管道管件数量取定表”计算，定额中其他消耗量均不做调整。

（2）若设计或规范要求钢管需要镀锌，其镀锌及场外运输另行计算。

(3) 消火栓管道（沟槽连接）大于公称直径 $DN200$ 时，执行水喷淋钢管（沟槽连接）相关项目。

(4) 阀门安装执行本定额第十册《给排水、采暖、燃气工程》相应项目。

(5) 报警装置安装项目，定额中已包括装配管、泄放试验管及水力警铃出水管安装，水力警铃进水管按图示尺寸执行管道安装相应项目；其他报警装置适用于雨淋、干湿两用及预作用报警装置。

(6) 喷头、报警装置及水流指示器安装定额均是按管网系统试压、冲洗合格后安装考虑的，定额中已包括丝堵、临时短管的安装、拆除及摊销。

(7) 温感式水幕装置安装定额中已包括给水三通至喷头、阀门间的管道、管件、阀门、喷头等全部安装内容，但管道的主材数量按设计管道中心长度另加损耗计算；喷头数量按设计数量另加损耗计算。

(8) 落地组合式消防柜安装，执行室内消火栓（明装）定额项目。

(9) 室外消火栓、消防水泵接合器安装，定额中包括法兰接管及弯管底座（消火栓三通）的安装，其本身价值另行计算。

(10) 消防水炮及模拟末端装置项目，定额中仅包括本体安装，不包括型钢底座制作安装和混凝土基础砌筑。

2. 火灾自动报警系统安装

1) 工程量计算规则

(1) 点型探测器按设计图示数量计算，不分规格、型号、安装方式与位置，以“个”为计量单位。探测器安装包括了探头及底座的安装和本体调试。光束探测器以“对”为计量单位（光束探测器是成对使用的，在计算时一对为两只）。定额中包括了探头支架安装和探测器的调试以及对中安装。

(2) 线型探测器的安装方式按环绕、正弦、直线综合考虑，不分线制及保护形式，以“10m”为计量单位。

(3) 线性探测器信号转换装置，以“台”为计量单位。

(4) 光纤感温火灾探测信号处理器，以“台”为计量单位。

(5) 线型探测器终端（中间）盒，以“个”为计量单位。

(6) 按钮包括火灾报警按钮、带电话插孔报警按钮、消火栓报警按钮、紧急启停按钮，以“个”为计量单位。定额按照在轻质墙体和硬质墙体上安装两种方式综合考虑。

(7) 报警器包括消防警铃、声光报警器、放气指示灯，以“个”为计量单位。定额已包括其接线盒的安装，并按照在轻质墙体和硬质墙体上安装两种方式综合考虑。

(8) 空气采样型探测器包括空气采样管、极早期空气采样报警器，空气采样管依据图示设计长度，以“m”为计量单位，极早期空气采样报警器依据探测回路数按设计图示计算，以“台”为计量单位。

(9) 消防报警电话包括电话分机、无线电话分机、电话插孔，不分安装方式，以“个”为计量单位。

(10) 消防广播（扬声器）区分吸顶式、壁挂式及嵌入式三种安装方式，以“个”为计量单位。

(11) 消防模块包括单输入（输出）、多输入（输出）、单输入单输出及多输入多输出，不分安装方式，以“个”为计量单位。

(12) 模块箱、端子箱的安装，以“台”为计量单位，并按照在轻质墙体和硬质墙体上安装两种方式综合考虑。

(13) 区域报警控制箱不分线制，按其安装方式不同分为壁挂式和落地式，按照“点”数的不同划分子目，以“台”为计量单位。“点”是指区域报警控制箱内报警控制器所带的有地址编码的报警器件（火灾探测器、各种报警按钮、模块等）的数量，如果一个模块带数个探测器，则只能计为一点。

(14) 联动控制箱不分线制，按其安装方式不同分为壁挂式和落地式。按照“点”数的不同划分子目，以“台”为计量单位。“点”是指联动控制箱设备型号的点数。

(15) 远程控制箱按其控制回路数以“台”为计量单位。

(16) 家庭火灾报警控制箱（器）不分线制，不分规格、型号、安装方式，以“台”为计量单位。

(17) 重复显示器（楼层显示器）不分线制，不分规格、型号、安装方式，以“台”为计量单位。

(18) 多线制手动控制盘（柜）按照回路数的不同划分子目，以“台”为计量单位。

(19) 火灾报警系统控制主机不分线制，按其安装方式不同分为壁挂式和落地式。按照“点”数的不同划分子目，以“台”为计量单位。“点”是指设备主机型号的点数。

(20) 联动控制主机安装不分线制，按照“点”数的不同划分子目，以“台”为计量单位。“点”是指设备型号的点数。

(21) 消防广播控制柜是指安装成套广播设备的成品机柜，不分规格、型号以“台”为计量单位。

(22) 广播功率放大器、广播录放盘、矩阵及广播分配器的安装，不分规格、型号以“台”为计量单位。

(23) 消防电话主机按其控制回路数，以“台”为计量单位。

(24) 火灾报警控制微机、图形显示及打印终端的安装，以“套”为计量单位。

(25) 备用电源及电池主机柜综合考虑了规格、型号，以“台”为计量单位。

(26) 报警联动一体机不分线制，按其安装方式不同分为壁挂式和落地式。按照“点”数的不同划分子目，以“台”为计量单位。“点”是指设备型号的点数。

(27) 智能消防灯具是指带有地址编码的具有巡检、常亮、灭灯、改变方向等功能的灯具，按照其安装方式分为吊挂式、壁挂式、嵌墙式及地面式。依据设计图示数量计算，以“套”为计量单位。

(28) 应急照明分配电装置控制箱综合考虑了安装方式，按照“点”数的不同划分子目，以“台”为计量单位。“点”是指设备型号的点数。

(29) 应急照明控制主机安装，按其安装方式不同分为壁挂式和落地式，按照“点”数的不同划分子目，以“台”为计量单位。“点”是指主机设备型号的点数。

2) 定额应用说明

(1) 本章定额中均包括以下工作内容。

① 施工技术准备、施工机械准备、标准仪器准备、施工安全防护措施、安装位置的清理。

② 设备和箱、机及元件的搬运，开箱检查，清点，杂物回收，安装就位，接地，密封，箱、机内的校线、接线、压接端头（挂锡）、编码，测试，清洗，记录整理等。

③ 本体调试。

(2) 本章不包括以下工作内容。

① 设备支架、底座、基础的制作安装。

② 构件加工、制作。

③ 火灾报警控制微机安装中不包括消防系统应用软件开发内容。

④ 火警119直播外线电话。

(3) 点型防爆探测器安装，执行点型探测器安装，定额人工乘以系数1.2。

(4) 光束探测器包括红外光探测器和紫外光探测器。

(5) 安装定额中箱、机是以成套装置编制的；柜式及琴台式均执行落地式安装相应项目。

(6) 闪灯执行声光报警器。

(7) 消防广播模块执行输出模块安装；双切换模块执行输入输出模块安装。

(8) 电气火灾监控系统。

① 报警控制器按点数执行火灾自动报警控制器安装。

② 探测器模块按输入回路数量执行多输入模块安装。

③ 剩余电流互感器执行相关电气安装定额。

④ 温度传感器执行线性探测器安装定额。

(9) 应急照明集中电源柜执行本定额第四册《电气设备安装工程》相关定额子目。

3. 消防系统调试

知识链接——何为消防系统调试？

消防系统调试，是指一个单位工程的消防工程全系统安装完毕且连通，为检验其达到消防验收规范标准所进行的全系统的检测、调试和试验。其主要内容包括：检查系统的各线路设备安装是否符合要求，对系统各单元的设备进行单独通电检验；进行线路接口试验，并对设备进行功能确认；断开消防系统，进行加烟、加温、加光及标准校验气体模拟试验；按照设计要求进行报警与联动试验、整体试验及自动灭火试验；做好调试记录。

1) 工程量计算规则

(1) 自动报警系统调试区别不同点数根据集中报警器台数按系统计算，以“系统”为计量单位。自动报警系统包括各种探测器、报警器、报警按钮、报警控制器组成的报警系统，其点数按具有地址编码的器件数量计算。火灾事故广播、消防通信系统调试按消防广播喇叭、音箱、电话插孔数量分别以“10只”计算。消防通信的电话分机以“部”计算。

(2) 自动喷水灭火系统调试按水流指示器数量以“点”为计量单位；消火栓灭火系统按消火栓启泵按钮数量以“点”为计量单位；消防水炮控制装置系统调试按水炮数量以“点”为计量单位。

(3) 防火控制装置调试按设计图示数量计算。

(4) 气体灭火系统装置调试按调试、检验和验收所消耗的试验容器总数计算，以“点”为计量单位。

(5) 电气火灾监控系统调试按模块点数执行自动报警系统调试相应子目。

（6）消防应急疏散指示系统由应急照明控制器（监管主机）、消防应急灯具专用应急电源、应急照明分配电装置、各类型智能消防灯具等组成。其调试区别不同点数根据应急照明控制器台数按系统计算，以“系统”为计量单位。其点数按各类型带有地址编码的智能消防灯具数量计算。

2）定额应用说明

（1）系统调试是指消防报警、灭火系统、防火控制装置及智能消防应急疏散指示系统安装完毕且联通，并达到国家有关消防施工验收规范、标准后进行的全系统检测、调整和试验。

（2）定额中不包括气体灭火系统调试试验时采取的安全措施，应按施工组织设计另行计算。

（3）自动报警系统装置包括各种探测器、手动报警按钮和报警控制器；灭火系统控制装置包括消火栓、自动喷水、七氟丙烷、二氧化碳等固定灭火系统的控制装置；智能消防应急疏散指示系统装置包括智能疏散应急灯具、应急照明分配电装置、专用应急电源及应急照明控制器。

（4）切除非消防电源的点数以执行切除非消防电源的模块数量确定。

4. 使用消防工程定额的注意事项

1）定额不包括以下内容

（1）稳压装置安装，消防水箱、套管、支架制作安装（注明者除外）、剔槽打洞及恢复，执行本定额第十册《给排水、采暖、燃气工程》相应项目。

（2）各种消防泵安装，执行本定额第一册《机械设备安装工程》相应项目。

（3）不锈钢管、铜管管道安装，执行本定额第八册《工业管道工程》相应项目。

（4）刷油、防腐蚀、绝热工程，执行本定额第十二册《刷油、防腐蚀、绝热工程》相应项目。

（5）电缆敷设、桥架安装、配管配线、接线盒、电动机检查接线、防雷接地装置、液位显示装置、应急照明集中电源柜等安装，执行本定额第四册《电气设备安装工程》相应项目。

（6）各种仪表的安装及带电信号的阀门、报警终端电阻、压力开关、驱动装置及泄漏报警开关的接线、校线等执行本定额第五册《建筑智能化工程》相应项目。

（7）凡涉及管沟、基坑及井类的土方开挖、回填、运输、垫层、基础、砌筑、地沟盖板预制安装、路面开挖及修复、管道混凝土支墩的项目，执行相关定额项目。

2）下列费用可按系数分别计取

（1）脚手架搭拆费：按定额人工费的5%计算，其费用中人工费占35%。

（2）建筑物超高增加费：在建筑物层数大于6层或建筑物高度大于20m以上的工业与民用建筑上进行安装时，按表5-2计算建筑物超高增加的费用，其费用中人工费占65%。

表5-2　建筑物超高增加费系数表

建筑物高度(m)	≤40	≤60	≤80	≤100	≤120	≤140	≤160	≤180	≤200
建筑层数(层)	≤12	≤18	≤24	≤30	≤36	≤42	≤48	≤54	≤60
按人工费的百分比(%)	6	10	14	21	31	40	49	58	68

(3) 操作高度增加费：本册定额操作物高度是按距楼面或地面 5m 考虑的，当操作物高度超过 5m 时，超过部分工程量其定额人工、机械乘以表 5－3 中的系数。

表 5－3　操作高度增加费系数表

操作物高度(m)	≤10	≤30	≤50
系　　数	1.1	1.2	1.5

(4) 在已封闭的管道间（井）、地沟、吊顶内安装的项目，人工、机械乘以系数 1.20。

5.2.2 工程量计算任务实施

(1) 任务一：计算某活动中心建筑消防给水工程的工程量。工程量计算书见表 5－4。

表 5－4　某活动中心消防给水工程量计算书

工程名称：某活动中心室内消防给水系统　　　　第　页　共　页

定额编号	项 目 名 称	单位	数量	计 算 公 式
9－1－7	水喷淋镀锌钢管 *DN*100 （螺纹连接） （操作高度 5m 以下）	m	113.70	地下一层水平管：2.5＋0.8＋12＋5＋9.75＋28＋11.5＋9.5＋11.2＝90.25(m) 干管：1.8×3＋2.8＋0.3×2＋(5.5－1.35)＝12.95(m) 立管：5.0－(－5.50)＝10.50(m)
	主材： 1. 镀锌钢管 *DN*100 2. 水喷淋镀锌钢管(螺纹连接)管件 *DN*100	m 个	115.97 61.06	10.2/10×113.70＝115.97(m) 5.37/10×113.70＝61.06(个)
9－1－7	水喷淋镀锌钢管 *DN*100 （螺纹连接） （操作高度 5m 以上）	m	56.80	一层水平管：3.6×4＋3.4×5＋3.2×2＋15.0＝52.80(m) 立管：9－5＝4(m)
	主材： 1. 镀锌钢管 *DN*100 2. 水喷淋镀锌钢管(螺纹连接)管件 *DN*100	m 个	57.94 30.51	10.2/10×56.80＝57.94(m) 5.37/10×56.80＝30.51(个)
9－1－6	水喷淋镀锌钢管 *DN*80 （螺纹连接） （操作高度 5m 以下）	m	22.40	地下一层水平管：2.5×8＋0.8×3＝22.40(m)
	主材： 1. 镀锌钢管 *DN*80 2. 水喷淋镀锌钢管(螺纹连接)管件 *DN*80	m 个	23.52 13.46	10.2/10×22.40＝23.52(m) 6.01/10×22.40＝13.46(个)

（续）

定额编号	项目名称	单位	数量	计算公式
9-1-6	水喷淋镀锌钢管 *DN*80 （螺纹连接） （操作高度 5m 以上）	m	6.60	一层水平管：3.4+3.2=6.6(m)
	主材： 1. 镀锌钢管 *DN*80 2. 水喷淋镀锌钢管(螺纹连接)管件 *DN*80	m 个	6.73 3.97	10.2/10×6.60=6.73(m) 6.01/10×6.60=3.97(个)
9-1-5	水喷淋镀锌钢管 *DN*70 （螺纹连接） （操作高度 5m 以下）	m	28.70	地下一层水平管：(2.7+2.5)×4+2.5+1.8×3=28.70(m)
	主材： 1. 镀锌钢管 *DN*65 2. 水喷淋镀锌钢管(螺纹连接)管件 *DN*65	m 个	29.27 19.77	10.2/10×28.70=29.27(m) 6.89/10×28.70=19.77(个)
9-1-5	水喷淋镀锌钢管 *DN*65 （螺纹连接） （操作高度 5m 以上）	m	6.30	一层水平管：3.3+3.0=6.30(m)
	主材： 1. 镀锌钢管 *DN*65 2. 水喷淋镀锌钢管(螺纹连接)管件 *DN*65	m 个	6.43 4.34	10.2/10×6.30=6.43(m) 6.89/10×6.30=4.34(个)
9-1-4	水喷淋镀锌钢管 *DN*50 （螺纹连接） （操作高度 5m 以下）	m	50.60	地下一层水平管：2.5×(2+3×3)+1.8+2.5+2.5×2+2.5×2+2.7×3+0.7=50.60(m)
	主材： 1. 镀锌钢管 *DN*50 2. 水喷淋镀锌钢管(螺纹连接)管件 *DN*50	m 个	51.62 41.14	10.2/10×50.60=51.62(m) 8.13/10×50.60=41.14(个)
9-1-4	水喷淋镀锌钢管 *DN*50 （螺纹连接） （操作高度 5m 以上）	m	6.30	一层水平管：3.3+3.0=6.30(m)
	主材： 1. 镀锌钢管 *DN*50 2. 水喷淋镀锌钢管(螺纹连接)管件 *DN*50	m 个	6.43 5.12	10.2/10×6.30=6.43(m) 8.13/10×6.30=5.12(个)

（续）

定额编号	项目名称	单位	数量	计算公式
9-1-3	水喷淋镀锌钢管 *DN*40 （螺纹连接） （操作高度 5m 以下）	m	10.50	地下一层：3.0+2.0+5.5=10.50(m)
	主材： 1. 镀锌钢管 *DN*40 2. 水喷淋镀锌钢管（螺纹连接）管件 *DN*40	m 个	10.71 9.99	10.2/10×10.50=10.71(m) 9.51/10×10.50=9.99(个)
9-1-3	水喷淋镀锌钢管 *DN*40 （螺纹连接） （操作高度 5m 以上）	m	102.00	一层：3.4×(16+14)=102.00(m)
	主材： 1. 镀锌钢管 *DN*40 2. 水喷淋镀锌钢管（螺纹连接）管件 *DN*40	m 个	104.04 97.00	10.2/10×102.00=104.04(m) 9.51/10×102.00=97.00(个)
9-1-2	水喷淋镀锌钢管 *DN*32 （螺纹连接） （操作高度 5m 以下）	m	202.80	地下一层水平管：3×3×10+3.5+2.8+3×12+3×12+3×9+3.0+2.5+2.0=202.80(m)
	主材： 1. 镀锌钢管 *DN*32 2. 水喷淋镀锌钢管（螺纹连接）管件 *DN*32	m 个	212.94 183.13	10.2/10×202.80=212.94(m) 9.03/10×202.80=183.13(个)
9-1-2	水喷淋镀锌钢管 *DN*32 （螺纹连接） （操作高度 5m 以上）	m	224.40	一层水平管：3.4×[2×(18+14)+2]=224.40(m)
	主材： 1. 镀锌钢管 *DN*32 2. 水喷淋镀锌钢管（螺纹连接）管件 *DN*32	m 个	235.62 202.63	10.2/10×224.40=235.62(m) 9.03/10×224.40=202.63(个)
9-1-1	水喷淋镀锌钢管 *DN*25 （螺纹连接） （操作高度 5m 以下）	m	471.15	地下一层水平管：3×(2×10+2×12+2×10+2×12)+(0.85+1.70)×3+(2.0+3.0)×2+4×2+2.5+试水 1.0+1.8+1.8+0.8×218=471.15(m)（试水管竖向部分暂未考虑）
	主材： 1. 镀锌钢管 *DN*25 2. 水喷淋镀锌钢管（螺纹连接）管件 *DN*25	m 个	494.71 237.27	10.2/10×471.15=494.71(m) 5.80/10×471.15=237.27(个)

（续）

定额编号	项目名称	单位	数量	计算公式
9-1-1	水喷淋镀锌钢管 *DN*25 （螺纹连接） （操作高度 5m 以上）	m	185.20	一层水平管：3.4×(18+18)+试水 1.3+1.0+0.5+0.4×150=185.20(m)
	主材： 1. 镀锌钢管 *DN*25 2. 水喷淋镀锌钢管(螺纹连接)管件 *DN*25	m 个	194.46 107.42	10.2/10×185.20=194.46(m) 5.80/10×185.20=107.42(个)
9-1-27	消火栓镀锌钢管 *DN*100 （螺纹连接）	m	147.65	1.0+2.5+[−1.20−(−1.35)]+6+10+5.5+28+7+13.5+21+53=147.65(m)
	主材： 1. 镀锌钢管 *DN*100 2. 消火栓镀锌钢管(螺纹连接)管件 *DN*100	m 个	147.95 65.56	10.02/10×147.65=147.95(m) 4.44/10×147.65=65.56(个)
9-1-26	消火栓镀锌钢管 *DN*80 （螺纹连接）	m	1.00	0.5×2=1.00(m)
	主材： 1. 消火栓镀锌钢管 *DN*80 2. 消火栓镀锌钢管(螺纹连接)管件 *DN*80	m 个	1.02 0.47	10.02/10×1.00=1.02(m) 4.69/10×1.00=0.47(个)
9-1-25	消火栓镀锌钢管 *DN*70 （螺纹连接）	m	56.65	[1.1−(−1.2)]×6+0.75×6+9.25×3+[−1.20−(−4.60)]×7=56.65(m)
	主材： 1. 消火栓镀锌钢管 *DN*65 2. 消火栓镀锌钢管(螺纹连接)管件 *DN*65	m 个	57.78 36.65	10.02/10×56.65=57.78(m) 6.47/10×56.65=36.65(个)
9-1-42	水喷淋喷头 *DN*25 （无吊顶） （操作高度 5m 以下）	个	218	地下一层：6×10+8+6+4×12+4×12+4×10+8=218(m)
	主材： 喷头 *DN*25	个	220.18	1.01×218=220.18(个)
9-1-42	水喷淋喷头 *DN*25 （无吊顶） （操作高度 5m 以上）	个	150	一层：9×14+6×4=150(m)
	主材： 喷头 *DN*25	个	151.50	1.01×150=151.50(个)

（续）

定额编号	项 目 名 称	单位	数量	计 算 公 式
9-1-46	湿式报警装置 DN100	组	1	
	主材： 湿式报警装置 DN100	套	1	1.0×1=1(套)
9-1-59	水流指示器 DN100 （马鞍型连接） （操作高度 5m 以下）	个	2	地下一层：2 个
	主材： 水流指示器 DN100	个	2	1.0×2=2 个
9-1-59	水流指示器 DN100 （马鞍型连接） （操作高度 5m 以上）	个	1	一层:1 个
	主材： 水流指示器 DN100	个	1	1.0×1=1(个)
9-1-76	末端试水装置 DN25 （操作高度 5m 以下）	组	2	地下一层：2 组
	主材： 1. 压力表 0～2.5MPaϕ50（带表弯） 2. 球阀 DN25 1.6MPa	套 个	2 4.04	1.0×2=2(套) 2.02×2=4.04(个)
9-1-76	末端试水装置 DN25 （操作高度 5m 以上）	组	2	一层：1 组
	主材： 1. 压力表 0～2.5MPaϕ50（带表弯） 2. 球阀 DN25 1.6MPa	套 个	1 2.02	1.0×1=1(套) 2.02×1=2.02(个)
9-1-79	室内消火栓 DN65 （明装）	套	13	
	主材： 室内消火栓单栓 65	套	13	1.0×13=13(套)
9-1-95	消防水泵结合器 （地下式）DN100	套	2	入口处
	主材： 消防水泵结合器 DN100	套	2	1.0×2=2(套)

（续）

定额编号	项目名称	单位	数量	计算公式
9-5-12	消火栓灭火系统调试	点	13	按每套消火栓启泵按钮数量计算
9-5-13	自动喷水灭火系统调试	点	3	按水流指示器数量计算
10-5-70	法兰蝶阀 DN100	个	3	消火栓系统
	主材： 对夹式蝶阀	个	3	1.0×3=3(个)
10-5-70	法兰信号阀 DN100 （操作高度 5m 以下）	个	2	自喷系统地下一层：2 个
	主材： 法兰信号阀 DN100	个	2	1.0×2=2(个)
10-5-70	法兰信号阀 DN100 （操作高度 5m 以上）	个	2	自喷系统一层:1 个
	主材： 法兰信号阀 DN100	个	1	1.0×1=1(个)
10-5-142	碳钢平焊法兰 DN100 （操作高度 5m 以下）	副	6	消火栓系统 3 副;自动喷淋系统地下一层信号阀处 2 副；湿式报警装置处 1 副
	主材： 碳钢平焊法兰 DN100	片	12	2.0×6=12(片)
10-5-142	碳钢平焊法兰 DN100 （操作高度 5m 以下）	副	1	自动喷淋系统一层信号阀处 1 副
	主材： 碳钢平焊法兰 DN100	片	2	2.0×1=2(片)
10-11-1	管道支架制作 （5kg 以内）	kg	76	（见工程基本概况）
	主材： ∟50×5、∟40×4 角钢	kg	79.8	105/100×76=79.8(kg)
10-11-6	管道支架安装 （5kg 以内）	kg	76	
10-11-30	一般穿墙套管 DN100	个	12	消火栓系统 6 个;自动喷淋系统 6 个
	主材： 焊接钢管 DN150	m	3.82	0.318×12=3.82(m)

（续）

定额编号	项 目 名 称	单位	数量	计 算 公 式
10-11-28	一般穿墙套管 *DN*65	个	11	消火栓系统7个；自动喷淋系统4个
	主材： 焊接钢管 *DN*100	m	3.50	0.318×11=3.50(m)
10-11-27	一般穿墙套管 *DN*50	个	2	自动喷淋系统：*DN*50 1个； *DN*40 1个
	主材： 焊接钢管 *DN*80	m	0.64	0.318×2=0.636(m)
10-11-27	一般穿墙套管 *DN*32	个	4	自动喷淋系统：*DN*32 2个； *DN*25 2个
	主材： 焊接钢管 *DN*50	m	1.27	0.318×4=1.27(m)
10-11-71	刚性防水套管 *DN*100	个	2	消火栓系统1个；自动喷淋系统1个
	主材： 无缝钢管 *D*159×4.5	m	0.848	0.424×2=0.848(m)

（2）任务二：计算某建筑消防火灾自动报警系统工程的工程量。工程量计算书见表5-5。

表5-5 火灾自动报警系统工程量计算书

工程名称：某建筑消防火灾自动报警系统工程　　　　第　页　共　页

定额编号	项 目 名 称	单位	数量	计 算 过 程
	二层进户至电井接线箱： 金属线槽200×100	m	51.3	水平：8(连廊)+14.2+13+2.3=37.5(m) 电井内：(13.8+1.4)-1.4=13.8(m)
	信号总线 ZR-RVS-2×1.5	m	53.3	51.3+0.5(每层线槽至接线箱长估0.5m)×4层=53.3(m)
	电源总线 ZR-BV-4	m	106.6	(51.3+0.5×4)×2=106.6(m)
	广播线 RVS-2×1.5	m	53.3	51.3+0.5×4=53.3(m)
	电话线 RVVP-2×1.5	m	215.1	37.5×5+一层(4.8-1.4)×2+二层(0.3+1.4)+三层(0.3+1.4+4.5)+四层(0.3+1.4+4.5+4.2)+0.5×5=215.1(m)
	无端子外部接线2.5mm²以下	个	17	ZR-RVS-2×1.5：6个；RVS-2×1.5:6个； RVVP-2×1.5：5个
	无端子外部接线6mm²以下	个	6	ZR-BV-4：6个

（续）

定额编号	项目名称	单位	数量	计算过程
	一层：11JX-⊳⊲(距地 4.2m) SC20	m	6.6	1.4+1+4.2=6.6(个)
	ZR-RVS-2×1.5	m	6.6	6.6
	11JX-水流指示器 SC20	m	7.1	1.4+1+4.2+0.5=7.1(m)
	ZR-RVS-2×1.5	m	7.1	7.1m
	11JX-消防电话分机 SC20	m	7.6	1.4+4.8+1.4=7.6(m)
	-H-RVVP-2×1.5	m	7.6	7.6m
	11JX-探测器 SC20-CC	m	126.4	垂直(5.1-1.4)+水平(6.6+5.8+4.5+1.3+3.3+4.3+1.3+2.9+2.8+4.9+3.5×3+5.1×10+2.6+2.3+3.1+2+4.6+3+1.8+4.1)=126.4(m)
	ZR-RVS-2×1.5	m	126.4	126.4m
	11JX-手动报警按钮 SC20	m	33.8	垂直 1.4+水平(4.1+8.6+15.2)+垂直 1.5×3=33.8(m)
	-H-RVVP-2×1.5	m	33.8	
	11JX-扬声器 SC20	m	31	1.4+4.1+10.6+8.3+2.2×3=31(m)
	-G-RVS-2×1.5	m	31	
	11JX-11MK1 SC20(4 根)	m	34.8	垂直 1.4+水平(2.3+7.4+6.6+13.9+1.8)+垂直 1.4=34.8(m)
	11JX-消火栓 SC20(4 根)	m	9.3	垂直 1.4+水平(1.8+5)+垂直 1.1=9.3(m)
	11MK1-消火栓 SC20(4 根)	m	5.8	1.4+3.3+1.1=5.8(m)
	-F-、-K- ZR-BV-2.5	m	99.8	(34.8+9.3+5.8)×2=99.8(m)
	-F-、-K- ZR-RVS-2×1.5	m	49.9	34.8+9.3+5.8=49.9(m)
	无端子外部接线 2.5mm^{2}以下	个	18	ZR-RVS-2×1.5:7 个;RVS-2×1.5:1 个;RVVP-2×1.5:2 个;ZR-BV-2.5:8 个
	四层：11JX-⊳⊲(标高 17m) SC20	m	5.6	垂直 1.4+水平 1+垂直(17-13.8)=5.6(m)
	ZR-RVS-2×1.5	m	5.6	5.6m
	41JX-水流指示器 SC20	m	6.1	1.4+1+3.2+0.5=6.1(m)
	ZR-RVS-2×1.5	m	6.1	6.1m
	41JX-探测器 SC20-CC	m	94.64	垂直(18-13.8-1.4)+水平(3.3+7.4+5.8+5.9+1.98+5.8+4.5+2.3+3.96+3+2.8+3+7.6+9.1+1.2+5.8+3.6×2+1.2×2)+3(库房)+2.5+3.3=94.64(m)

（续）

定额编号	项目名称	单位	数量	计算过程
	ZR-RVS-2×1.5	m	94.64	94.64m
	41JX-手动报警按钮 SC20	m	38.8	垂直 1.4+水平(4.1+5.4+1.3+2+13.5+6.6)+垂直 1.5×3=38.8(m)
	-H-RVVP-2×1.5	m	38.8	38.8m
	41JX-扬声器 SC20	m	32.5	1.4+4.6+6.1+3.3+3.6+6.9+2.2×3=32.5(m)
	-G-RVS-2×1.5	m	32.5	32.5m
	41JX-41MK1 SC20(4 根)	m	19.3	垂直 1.4+水平(4.1+12.4)+垂直 1.4=19.3(m)
	41MK1-41MK2 SC20(4 根)	m	14.3	1.4+9.1+0.8+1.6+1.4=14.3(m)
	41JX-消火栓 SC20(4 根)	m	3.8	垂直 1.4+水平 1.3+垂直 1.1=3.8(m)
	41MK1-消火栓 SC20(4 根)	m	1.1	1.4−1.1+0.8=1.1(m)
	41MK2-消火栓 SC20(4 根)	m	7.9	1.4+1.6+3.8+1.1=7.9(m)
	41MK2-五层消火栓 SC20(4 根)	m	19.8	1.4+13.1+18+1.1−13.8=19.8(m)
	41MK2-X-2a(h=1.4m) SC20(4 根)	m	0.9	
	41MK2-防火阀(h=3.2m) SC20(2 根)	m	4.7	垂直(18−13.8−1.4)+水平 0.9+垂直 1=4.7(m)
	-F-、-K- ZR-BV-2.5	m	134.2	(19.3+14.3+3.8+1.1+7.9+19.8+0.9)×2=134.2(m)
	ZR-RVS-2×1.5	m	71.7	19.3+14.3+3.8+1.1+7.9+19.8+0.9=71.7(m)
	无端子外部接线 2.5mm² 以下	个	33	ZR-RVS-2×1.5：13 个；RVS-2×1.5：1 个；RVVP-2×1.5：1 个；ZR-BV-2.5：18 个
	二、三层管线计算同一、四层(略)			
	汇总			
4-9-113	(1)金属线槽 200×100	m	51.3	
	主材：线槽(带盖)(半周长 350mm 以下)	m	52.84	10.30/10×51.3=52.84(m)
4-12-72	(2)焊接钢管 SC20 敷设，沿砖、混凝土结构暗配	m	953.22	
	主材：焊接钢管 SC20	m	1000.88	105/100×953.22=1000.88(m)

（续）

定额编号	项目名称	单位	数量	计算过程
4-13-5	(3)ZR-BV-2.5 (管内穿铜芯线，照明穿线，导线截面面积 2.5mm^{2}以内)	m	417.28	
	主材： 铜芯聚氯乙烯绝缘导线 ZR-BV-2.5	m	484.04	116/100×417.28=484.04(m)
4-13-128	(4)ZR-BV-4 (线槽穿铜芯线，照明穿线，导线截面面积 6mm^{2}以内)	m	106.6	
	主材： 铜芯聚氯乙烯绝缘导线 ZR-BV-4	m	117.26	110/100×106.6=117.26(m)
4-13-137	(5)ZR-RVS-2×1.5 (线槽配线，二芯软导线，导线截面面积 1.5mm^{2}以内)	m	53.3	
	主材： 铜芯多股绝缘线 ZR-RVS-1.5	m	55.97	105/10×53.3=55.97(m)
4-13-40	(6)ZR-RVS-2×1.5 (管内穿线，二芯软导线，导线截面面积 1.5mm^{2}以内)	m	663.29	
	主材： 铜芯多股绝缘线 ZR-RVS-1.5	m	716.35	108/10×663.29=716.35(m)
4-13-137	(7)RVS-2×1.5 (线槽穿线，二芯软导线，导线截面面积 1.5mm^{2}以内)	m	53.3	
	主材： 铜芯多股绝缘线 RVS-1.5	m	55.97	105/10×53.3=55.97(m)
4-13-40	(8)RVS-2×1.5 (管内穿线，二芯软导线，导线截面面积 1.5mm^{2}以内)	m	145.03	
	主材： 铜芯多股绝缘线 RVS-1.5	m	156.63	108/10×145.03=214.20(m)

（续）

定额编号	项目名称	单位	数量	计算过程
4-13-40	(9)RVVP-2×1.5 (管内穿线，二芯软导线，导线截面面积 $1.5mm^2$ 以内)	m	403.9	
	主材： 铜芯多股绝缘线 RVVP-1.5	m	436.22	108/10×403.9=436.22(m)
4-4-18	(10)无端子外部接线 $2.5mm^2$ 以下	个	116	
4-4-19	(11)无端子外部接线 $6mm^2$ 以下	个	6	
9-4-28	(12)消防电话 (消防报警电话分机安装)	个	1	
4-15-5	(13)短路保护器 (空气开关 塑料外壳式 额定电流 60A)	个	4	
9-4-31	(14)扬声器 (吸顶式，3～5W)	个	10	
9-4-15	(15)带电话插孔的手动报警按钮	个	8	
9-4-1	(16)感烟探测器	个	53	6+15+15+17=53(cm)
9-4-2	(17)感温探测器	个	29	23+3+3=29(个)
9-4-16	(18)消火栓按钮	个	10	
9-4-35	(19)消防广播切换模块	个	10	
9-4-37	(20)输入输出模块	个	13	
9-4-35	(21)单输入模块	个	11	
9-4-37	(22)动作切换模块	个	3	
4-12-229	(23)JX 接线箱 (接线箱安装，暗装，半周长 1500mm 以内)	个	4	
	主材： 接线箱	个	4	10.0/10×4=4(个)
9-4-41	(24)MK 模块箱 (接线箱安装，暗装，半周长 1m 以内)	个	6	

（续）

定额编号	项目名称	单位	数量	计算过程
4-12-232	(25)接线盒 (接线盒暗装)	个	115	消防电话1+扬声器10+报警按钮8+探测器(53+29)+消火栓按钮10+二层分线4=115(个)
	主材： 钢制接线盒	个	117.30	10.2/10×115=117.30(个)
4-12-221	(26)金属软管(估0.5m/个) (金属软管敷设，公称口径20mm以内，每根长800mm以内)	m	7.5	(防火服4+水流指示器4+信号水阀4+空调机3)×0.5=7.5(m)
	主材： 金属软管(蛇皮管)	m	7.73	10.3/10×7.5=7.73(m)
4-9-414	(27)金属线槽外刷防火涂料	kg	20.52	(估：$1m^2/1kg$)0.4×51.3×1=20.52(kg)
4-7-4	(28)金属线槽固定支架或吊架制作 (一般铁构件制作)	kg	42.75	(估：1个/3m，2.5kg/个)51.3÷3×2.5=42.75(kg)
	主材： (1)角钢 (2)扁钢 (3)圆钢	 t t t	 0.032 0.009 0.003	 0.75/1000×42.75=0.032(t) 0.22/1000×42.75=0.009(t) 0.08/1000×42.75=0.003(t)
4-7-5	(29)金属线槽固定支架或吊架安装 (一般铁构件安装)	kg	42.75	
9-5-2	(30)自动报警系统调试(128点以下)	系统	1	

5.3 建筑消防工程分部分项工程量清单编制

5.3.1 分部分项工程量清单项目设置的内容

建筑消防给水项目的分部分项工程量清单编制使用《通用安装工程工程量计算规范》（GB 50856—2013）附录J，见表5-6。

表 5－6 消防工程工程量清单项目设置内容

项目编码	项目名称	分项工程项目
030901	水灭火系统	本部分包括水喷淋钢管、消火栓钢管、水喷淋（雾）喷头、报警装置、温感式水幕装置、水流指示器、减压孔板、末端试水装置、集热板制作安装、室内消火栓、室外消火栓、消防水泵接合器、灭火器、消防水炮共14个分项工程项目
030902	气体灭火系统	本部分包括无缝钢管、不锈钢管、不锈钢管管件、气体驱动装置管道、选择阀、气体喷头、贮存装置、称重检漏装置、无管网气体灭火装置共9个分项工程项目
030903	泡沫灭火系统	本部分包括碳钢管、不锈钢管、铜管、不锈钢管管件、铜管管件、泡沫发生器、泡沫比例混合器、泡沫液贮罐共8个分项工程项目
030904	火灾自动报警系统	本部分包括点型探测器、线型探测器、按钮、消防警铃、声光报警器、消防报警电话插孔（电话）、消防广播（扬声器）、模块（模块箱）、区域报警控制箱、联动控制箱、远程控制箱（柜）、火灾报警系统控制主机、联动控制主机、消防广播及对讲电话主机（柜）、火灾报警控制微机（CRT）、备用电源及电池主机（柜）、报警联动一体机共17个分项工程项目
030905	消防系统调试	本部分包括自动报警系统装置调试、水灭火系统控制装置调试、防火控制系统装置调试、气体灭火系统装置调试共4个分项工程项目

5.3.2 分部分项工程量清单编制任务实施

（1）任务一：根据某活动中心建筑消防给水工程的工程量计算书（表5－4）和《通用安装工程工程量计算规范》（GB 50856—2013），编制某活动中心建筑消防给水工程分部分项工程量清单，见表5－7。

表 5－7 分部分项工程量清单表

工程名称：某活动中心建筑消防给水工程　　标段：　　第　页　共　页

序号	项目编码	项目名称	项目特征	计量单位	工程数量
1	030901001001	水喷淋钢管	1. 安装部位：室内（5m以内） 2. 材质、规格：镀锌钢管、*DN*25 3. 连接方式：螺纹连接 4. 水压试验：试验压力1.40MPa	m	471.15
2	030901001002	水喷淋钢管	1. 安装部位：室内（5m以上） 2. 材质、规格：镀锌钢管、*DN*25 3. 连接方式：螺纹连接 4. 水压试验：试验压力1.40MPa	m	185.20

（续）

序号	项目编码	项目名称	项目特征	计量单位	工程数量
3	030901001003	水喷淋钢管	1. 安装部位：室内（5m以内） 2. 材质、规格：镀锌钢管、*DN*32 3. 连接方式：螺纹连接 4. 水压试验：试验压力1.40MPa	m	202.80
4	030901001004	水喷淋钢管	1. 安装部位：室内（5m以上） 2. 材质、规格：镀锌钢管、*DN*32 3. 连接方式：螺纹连接 4. 水压试验：试验压力1.40MPa	m	224.40
5	030901001005	水喷淋钢管	1. 安装部位：室内（5m以内） 2. 材质、规格：镀锌钢管、*DN*40 3. 连接方式：螺纹连接 4. 水压试验：试验压力1.40MPa	m	10.50
6	030901001006	水喷淋钢管	1. 安装部位：室内（5m以上） 2. 材质、规格：镀锌钢管、*DN*40 3. 连接方式：螺纹连接 4. 水压试验：试验压力1.40MPa	m	102.00
7	030901001007	水喷淋钢管	1. 安装部位：室内（5m以内） 2. 材质、规格：镀锌钢管、*DN*50 3. 连接方式：螺纹连接 4. 水压试验：试验压力1.40MPa	m	50.60
8	030901001008	水喷淋钢管	1. 安装部位：室内（5m以上） 2. 材质、规格：镀锌钢管、*DN*50 3. 连接方式：螺纹连接 4. 水压试验：试验压力1.40MPa	m	6.30
9	030901001009	水喷淋钢管	1. 安装部位：室内（5m以内） 2. 材质、规格：镀锌钢管、*DN*70 3. 连接方式：螺纹连接 4. 水压试验：试验压力1.40MPa	m	28.70
10	030901001010	水喷淋钢管	1. 安装部位：室内（5m以上） 2. 材质、规格：镀锌钢管、*DN*70 3. 连接方式：螺纹连接 4. 水压试验：试验压力1.40MPa	m	6.30
11	030901001011	水喷淋钢管	1. 安装部位：室内（5m以内） 2. 材质、规格：镀锌钢管、*DN*80 3. 连接方式：螺纹连接 4. 水压试验：试验压力1.40MPa	m	22.40

（续）

序号	项目编码	项目名称	项目特征	计量单位	工程数量
12	030901001012	水喷淋钢管	1. 安装部位：室内（5m以上） 2. 材质、规格：镀锌钢管、*DN*80 3. 连接方式：螺纹连接 4. 水压试验：试验压力1.40MPa	m	6.60
13	030901001013	水喷淋钢管	1. 安装部位：室内（5m以内） 2. 材质、规格：镀锌钢管、*DN*100 3. 连接方式：螺纹连接 4. 水压试验：试验压力1.40MPa	m	113.70
14	030901001014	水喷淋钢管	1. 安装部位：室内（5m以上） 2. 材质、规格：镀锌钢管、*DN*100 3. 连接方式：螺纹连接 4. 水压试验：试验压力1.40MPa	m	56.80
15	030901002001	消火栓钢管	1. 安装部位：室内 2. 材质：镀锌钢管 3. 规格：*DN*70 4. 连接方式：螺纹连接 5. 水压试验：试验压0.675MPa	m	56.65
16	030901002002	消火栓钢管	1. 安装部位：室内 2. 材质：镀锌钢管 3. 规格：*DN*80 4. 连接方式：螺纹连接 5. 水压试验：试验压0.675MPa	m	1.00
17	030901002003	消火栓钢管	1. 安装部位：室内 2. 材质：镀锌钢管 3. 规格：*DN*100 4. 连接方式：螺纹连接 5. 水压试验：试验压0.675MPa	m	147.65
18	030901003001	水喷淋喷头	1. 安装部位：地下室安装 2. 型号、规格：ZSTZ15/68 3. 安装形式：无吊顶	个	218
19	030901003002	水喷淋喷头	1. 安装部位：地上一层5m以上安装 2. 型号、规格：ZSTZ15/68 3. 安装形式：无吊顶	个	150

（续）

序号	项目编码	项目名称	项目特征	计量单位	工程数量
20	030901004001	报警装置	1. 名称：湿式报警装置 2. 型号、规格：ZSF100、*DN*100（地下室安装）	组	1
21	030901006001	水流指示器	1. 型号、规格：ZSJZ100、*DN*100 2. 连接形式：螺纹连接（地下室安装）	个	2
22	030901006002	水流指示器	1. 型号、规格：ZSJZ100、*DN*100 2. 连接形式：螺纹连接（地上一层5m以上安装）	个	1
23	030901008001	末端试水装置	规格：*DN*25（地下室安装）	组	2
24	030901008002	末端试水装置	规格：*DN*25（地上一层5m以上安装）	组	1
25	030901010001	消火栓安装	1. 安装部位：室内 2. 型号、规格：SN65型、*DN*65 3. 单栓	套	13
26	030901012001	消防水泵接合器	1. 安装部位：地下 2. 型号、规格：SQX100、*DN*100	套	2
27	030905002001	水灭火控制装置调试	系统形式：消火栓灭火系统	点	13
28	030905002002	水灭火控制装置调试	系统形式：水喷淋灭火系统	点	3
29	031002001001	管道支架	1. 材质：角钢 2. 管架形式：固定支架	kg	76
30	031002003001	套管	1. 名称、类型：刚性防水套管 2. 材质：碳钢 3. 规格：*DN*100以内 4. 填料材质：黏土填塞、水泥封口	个	2
31	031002003002	套管	1. 名称、类型：一般穿墙套管 2. 材质：碳钢 3. 规格：*DN*100以内 4. 填料材质：油麻	个	12

（续）

序号	项目编码	项目名称	项目特征	计量单位	工程数量
32	031002003003	套管	1. 名称、类型：一般穿墙套管 2. 材质：碳钢 3. 规格：*DN*65 以内 4. 填料材质：油麻	个	11
33	031002003004	套管	1. 名称、类型：一般穿墙套管 2. 材质：碳钢 3. 规格：*DN*50 以内 4. 填料材质：油麻	个	2
34	031002003005	套管	1. 名称、类型：一般穿墙套管 2. 材质：碳钢 3. 规格：*DN*32 以内 4. 填料材质：油麻	个	4
35	031003003001	焊接法兰阀门	1. 类型：ZSDF 型消防信号蝶阀 2. 材质：碳钢 3. 规格、压力：*DN*100	个	5
36	031003003002	焊接法兰阀门	1. 类型：ZSDF 型消防信号蝶阀 2. 材质：碳钢 3. 规格、压力：*DN*100（安装高度5m 以上）	个	1
37	031003011001	法兰	1. 材质：碳钢 2. 规格：*DN*100 3. 连接形式：平焊法兰	副	6
38	031003011002	法兰	1. 材质：碳钢 2. 规格：*DN*100 3. 连接形式：平焊法兰（安装高度5m 以上）	副	1
		分部小计			

（2）任务二：根据某建筑消防火灾自动报警系统工程的工程量计算书（表 5－5）和《通用安装工程工程量计算规范》（GB 50856—2013），编制某活动中心建筑消防给水工程分部分项工程量清单，见表 5－8。

表 5－8　分部分项工程量清单表

工程名称：某建筑消防火灾自动报警系统工程　　　　标段：　　　　第　页　共　页

序号	项目编码	项目名称	项目特征描述	计量单位	工程量
1	030411001001	配管	1. 名称：钢管 2. 材质：焊接钢管 3. 规格：SC20 4. 配置形式：沿混凝土结构暗配	m	953.22
2	030411001002	配管	1. 名称：软管（蛇皮管） 2. 材质：金属软管 3. 规格：20＃ 4. 配置形式：沿混凝土结构暗配	m	7.5
3	030411002001	线槽	1. 名称：线槽 2. 材质：金属线槽 3. 规格：200×100	m	51.3
4	030411004001	配线	1. 名称：线槽配线 2. 型号：ZR－RVS 3. 规格：1.5 4. 材质：铜芯线	m	53.3
5	030411004002	配线	1. 名称：线槽配线 2. 型号：ZR－BV 3. 规格：4 4. 材质：铜芯线	m	106.6
6	030411004003	配线	1. 名称：线槽配线 2. 型号：RVS 3. 规格：1.5 4. 材质：铜芯线	m	53.3
7	030411004004	配线	1. 名称：钢管配线 2. 型号：ZR－RVS 3. 规格：1.5 4. 材质：铜芯线	m	663.29
8	030411004005	配线	1. 名称：钢管配线 2. 型号：ZR－BV 3. 规格：2.5 4. 材质：铜芯线	m	417.28
9	030411004006	配线	1. 名称：钢管配线 2. 型号：RVS 3. 规格：1.5 4. 材质：铜芯线	m	145.03
10	030411004007	配线	1. 名称：钢管配线 2. 型号：RVVP 3. 规格：1.5 4. 材质：铜芯线	m	403.9

（续）

序号	项目编码	项目名称	项目特征描述	计量单位	工程量
11	030404019001	控制开关	1. 名称：自动空气开关 2. 型号：DZ20	个	4
12	030404032001	端子箱	1. 名称：端子板外部接线 2. 型号：无端子外部接线 3. 规格：2.5mm^2	个	116
13	030404032002	端子箱	1. 名称：端子板外部接线 2. 型号：无端子外部接线 3. 规格：6mm^2	个	6
14	030411006001	接线盒	1. 名称：接线盒 2. 材质：钢制接线盒 3. 安装形式：安装	个	115
15	030408010001	防火涂料	1. 名称：防火涂料 2. 部位：金属线槽外部涂刷	kg	20.52
16	030411005001	接线箱	1. 名称：JX接线箱 2. 规格：半周长1500mm以内 3. 安装形式：暗装	个	4
17	030413001001	铁构件	1. 名称：金属线槽固定支架或吊架 2. 材质：角钢、扁钢、圆钢	kg	42.75
18	030904001001	点型探测器	1. 名称：感温探测器 2. 线制：总线制 3. 类型：点型感温探测器	个	29
19	030904001002	点型探测器	1. 名称：感烟探测器 2. 线制：总线制 3. 类型：点型感烟探测器	个	53
20	030904003001	按钮	名称：手动报警按钮（带电话插孔）	个	8
21	030904003002	按钮	名称：消火栓启泵按钮	个	10
22	030904007001	消防广播（扬声器）	1. 名称：消防扬声器 2. 功率：5W 3. 安装方式：吸顶式	个	10
23	030904006001	消防报警电话插孔（电话）	1. 名称：消防电话 2. 安装方式：明装	个	1
24	030904008001	模块（模块箱）	1. 名称：模块 2. 类型：消防广播切换模块	个	10
25	030904008002	模块（模块箱）	1. 名称：模块 2. 类型：输入输出模块	个	13

（续）

序号	项目编码	项目名称	项目特征描述	计量单位	工程量
26	030904008003	模块（模块箱）	1. 名称：模块 2. 类型：单输入模块	个	11
27	030904008004	模块（模块箱）	1. 名称：模块 2. 类型：动作切换模块	个	3
28	030904008005	模块（模块箱）	1. 名称：模块箱 2. 类型：MK 模块箱 3. 规格：半周长 700mm 以内 4. 安装方式：暗装	个	6
29	030905001001	自动报警系统调试	1. 点数：128 点以下 2. 线制：总线制	系统	1
		分部小计			

小　结

本部分内容以编制两个建筑消防工程项目（某活动中心消防给水工程、某建筑消防火灾自动报警系统工程）分部分项工程量清单为线索，从识读工程图纸入手，详细介绍了建筑消防工程的工程量计算规则、相应的消耗量定额使用注意事项，以及《通用安装工程工程量计算规范》中对应的内容。通过学习本项目内容，培养学生独立编制建筑消防工程计量文件的能力。

自测练习

一、单项选择题

1. 室内消火栓安装定额不包括（　　）。

A. 消火栓箱　　B. 水枪　　C. 水龙带　　D. 阀门

2. 末端试水装置按设计图示数量计算，分规格以（　　）为计量单位。

A. 组　　B. 套　　C. 件　　D. 个

3. 消火栓系统中的管道阀门，应执行《山东省安装工程消耗量定额》（SD 02—31—2016）第（　　）册。

A. 七　　B. 八　　C. 九　　D. 十

4. 消火栓灭火系统按（　　）以“点”计量单位。

A. 消火栓启泵按钮数量　　B. 消火栓套数

C. 水枪规格　　D. 水龙带长度

5. 喷淋系统中，$DN100$ 镀锌钢管在清单计价时，需要描述的工作内容有（　　）。

A. 管道安装、支吊架安装、管件安装、阀门安装、刷油、冲洗

B. 管道安装、管件安装、套管安装、刷油、冲洗

C. 管道安装、支吊架安装、阀门安装、刷油、冲洗

D. 安装部位、材质规格、连接形式、镀锌钢管设计要求、压力实验及冲洗等

二、判断题

1. 湿式喷水系统平时管网中充满有压气体，只在报警阀前的管道中充满有压水。（　　）

2. 喷头、水流指示器按设计图示数量计算。按安装部位、方式、规格以“个”为计量单位。（　　）

3. 消火栓管道（沟槽连接）大于公称直径 $DN200$ 时，执行水喷淋钢管（沟槽连接）相关项目。（　　）

4. 报警装置安装项目，定额中不包括装配管、泄放试验管及水力警铃出水管安装，水力警铃进水管按图示尺寸执行管道安装相应项目。（　　）

5. 点型探测器按设计图示数量计算，不分规格、型号、安装方式与位置，以“个”为计量单位。（　　）

6. 自动喷水灭火系统调试按喷头数量以“点”为计量单位。（　　）

7. 消防管道安装定额中管道支架及除锈刷漆没有包括在内，需要另计。（　　）

8.《山东省安装工程消耗量定额》(SD 02—31—2016) 第九册中的脚手架搭拆费，按定额人工费的5%计算，其费用中人工费占35%。（　　）

9.《山东省安装工程消耗量定额》(SD 02—31—2016) 操作物高度是按距楼面或地面3.5m考虑的。（　　）

10. 各种消防泵安装，执行《山东省安装工程消耗量定额》(SD 02—31—2016) 第一册《机械设备安装工程》相应项目。（　　）

三、计算题

图5-29～图5-32为某宾馆消火栓和自动喷淋系统的一部分。请在认真识读该工程项目图纸的前提下，计算该项目的工程量，编制其分部分项工程量清单。

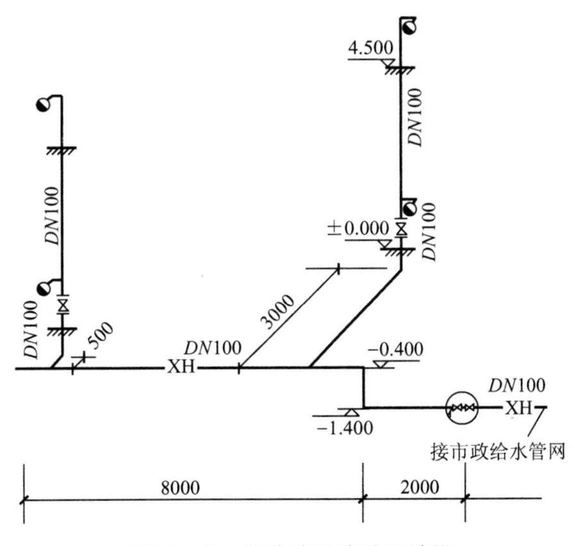

图5-29　自动喷淋消防系统图

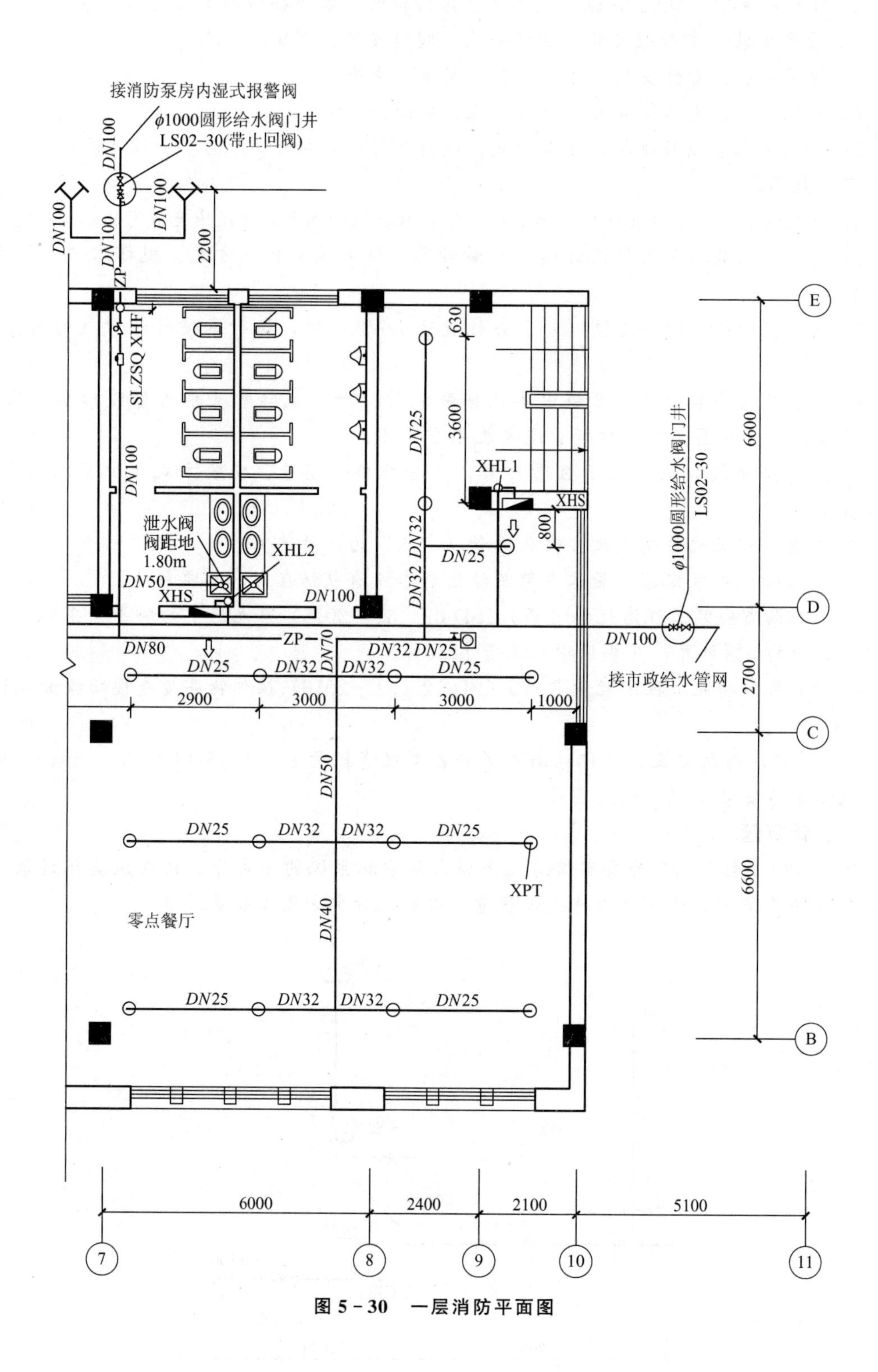

图 5－30　一层消防平面图

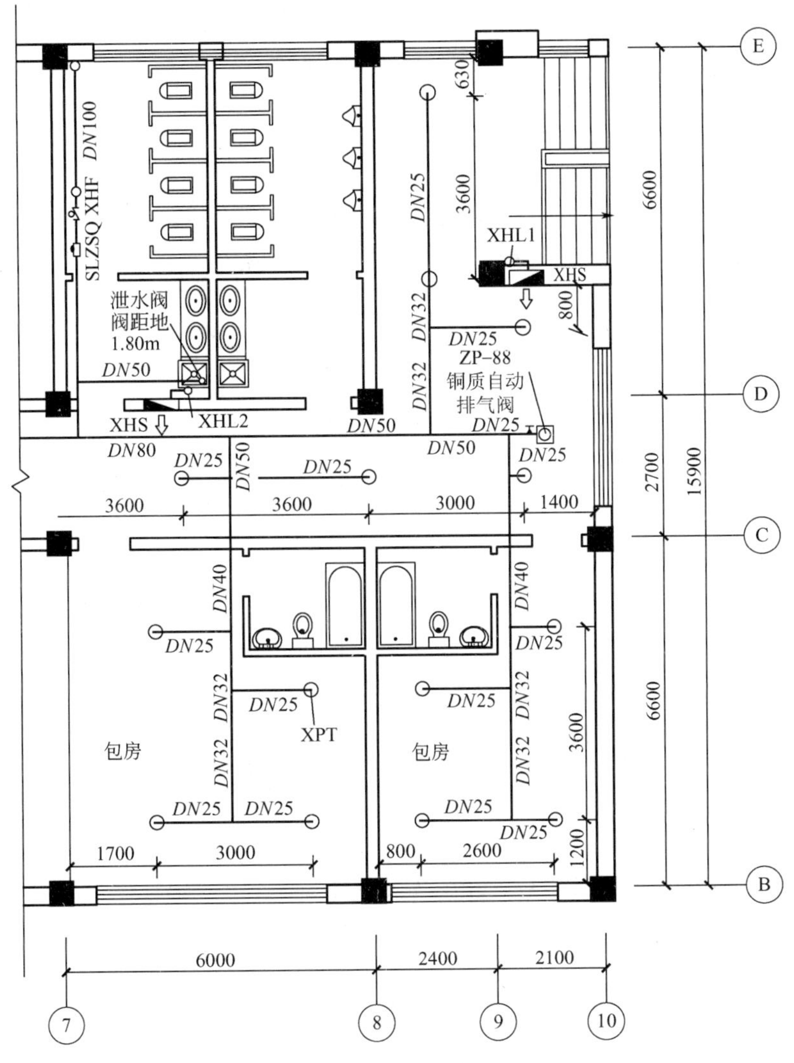

图 5-31　二层消防平面图

工程基本情况如下。

(1) 图中标高均以“m”计，其他尺寸标注均以毫米计。外墙厚为370mm，内墙厚为240mm。

(2) 消火栓和喷淋系统均采用热镀锌钢管，螺纹连接。

(3) 消火栓系统采用SN65普通型消火栓，19mm水枪一支，25m长衬里麻织水龙带一条。

(4) 消防水管穿基础侧墙设柔性防水套管，穿楼板时设一般钢套管；水平干管在吊顶内敷设。

(5) 施工完毕，整个系统应进行静水压力试验。系统工作压力：消火栓系统为0.40MPa；喷淋系统为0.55MPa；试验压力：消火栓系统为0.675MPa，喷淋系统为1.40MPa。

(6) 本项目暂不计管道支架、刷油、保温等工作内容，阀门井内阀件暂不计。

(7) 未尽事宜执行现行施工及验收规范的有关规定。

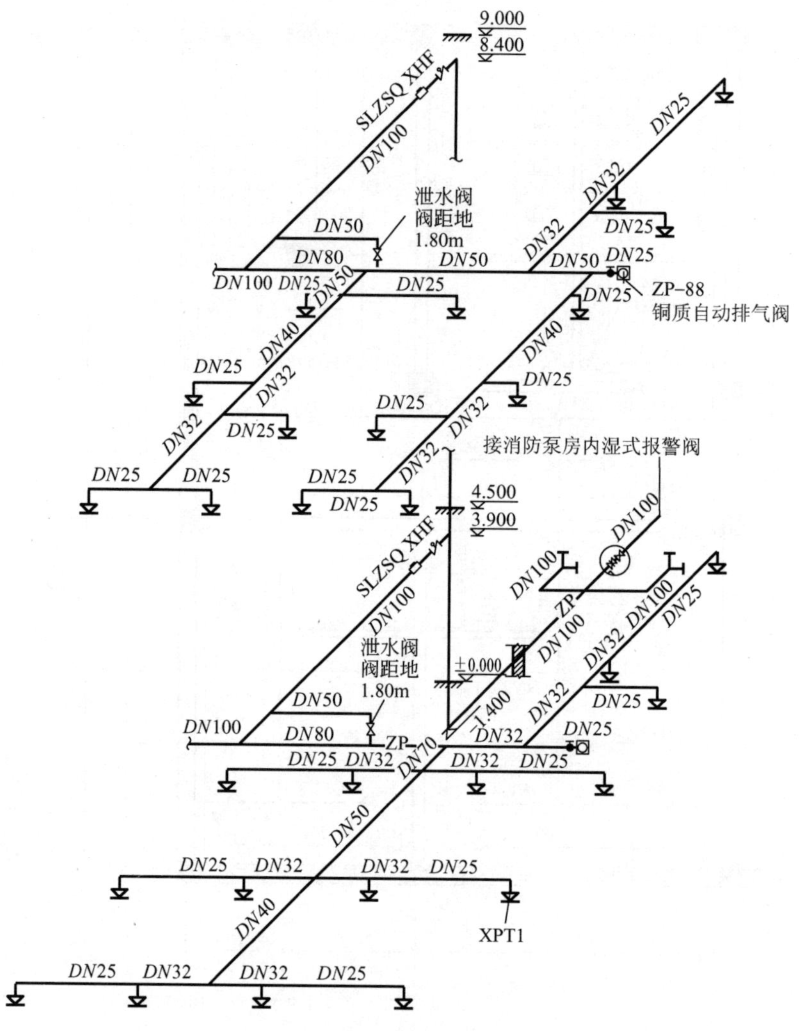

图 5-32 自动喷淋消防系统图

【项目5自测练习答案】

项目6 通风空调工程计量

学习目标

1. 了解通风空调工程的基本概念、常用设备及其工作原理，能够熟练识读通风空调工程施工图，为工程计量奠定好基础。

2. 熟悉通风空调工程消耗量定额的内容及使用定额的注意事项。

3. 掌握通风空调工程量计算规则，能熟练计算通风空调工程的工程量。

4. 熟悉通风空调工程量清单项目设置的内容，能独立编制通风空调分部分项工程量清单。

教学活动设计

1. 采用多媒体等多种信息化教学手段，以实际工程为载体，讲解通风空调工程消耗量定额的内容及使用定额的注意事项。

2. 以实际工程为载体，讲解通风空调工程量计算规则、工程量清单项目设置的内容及工程量清单的编制方法。

工作任务一

依据《山东省安装工程消耗量定额》(SD 02—31—2016)、《通用安装工程工程量计算规范》(GB 50856—2013) 等资料，计算下面某大厦多功能厅全空气空调工程的工程量，并编制其分部分项工程量清单。

工程基本情况如下。

图 6-1～图 6-3 为某大厦多功能厅全空气空调工程施工图，图中标高以“m”计，其余以“mm”计。

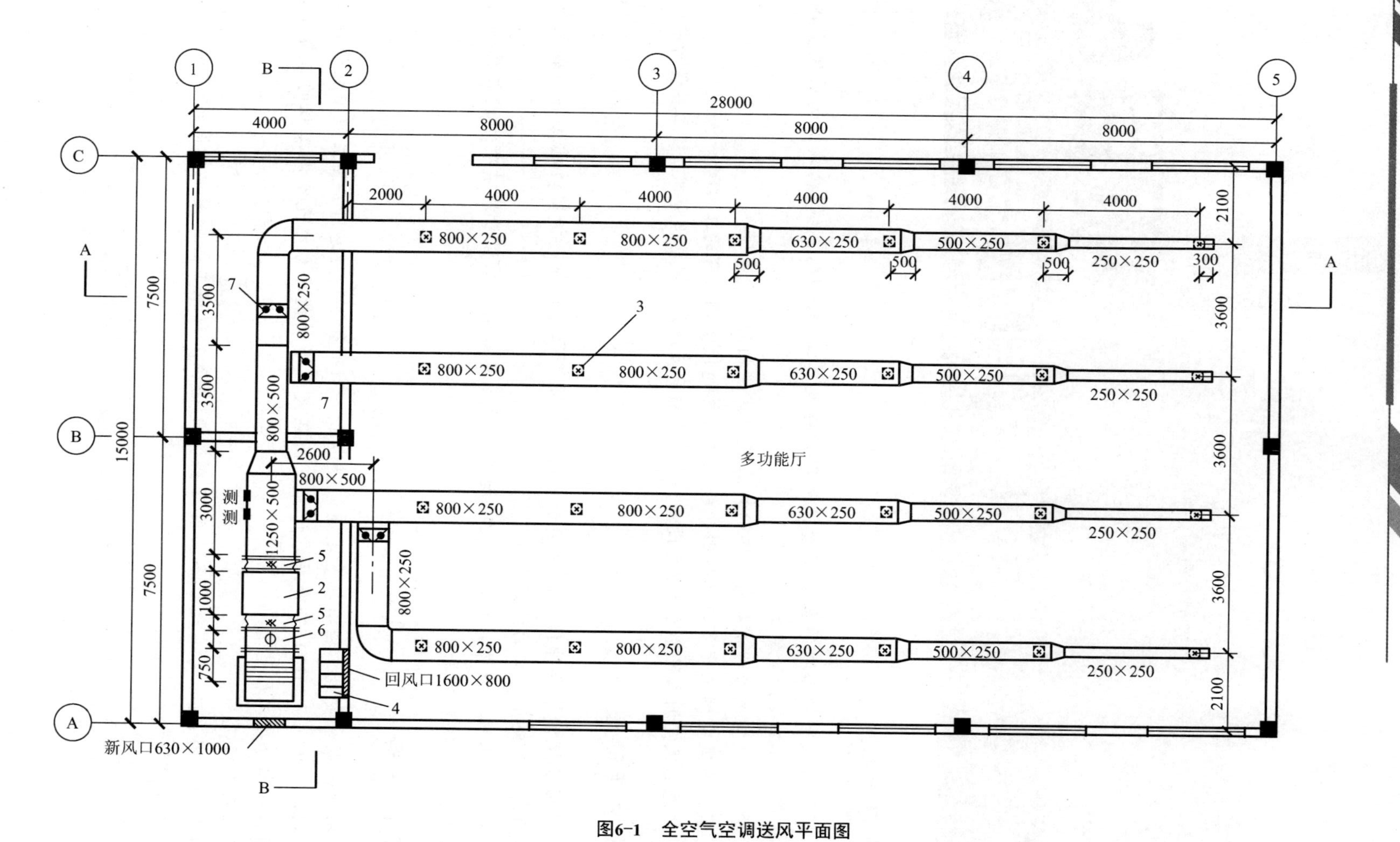

图6-1　全空气空调送风平面图

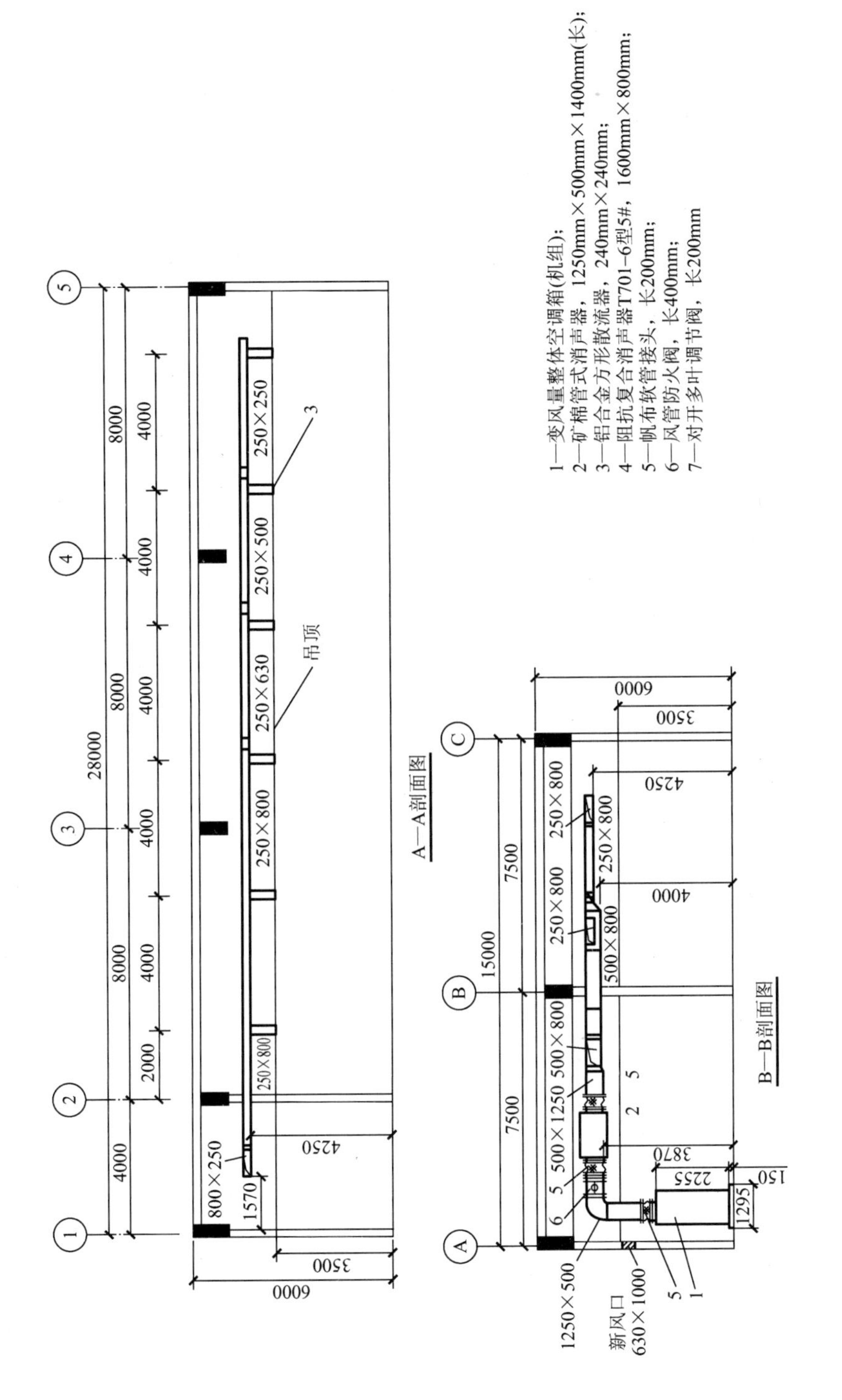

A—A剖面图
B—B剖面图
28000
8000
4000
2000
4250
3500
6000
1570
800×250
250×800
250×630
250×500
250×250
吊顶
15000
7500
500×800
500×1250
1250×500
新风口
630×1000
3870
2255
150
1295
1—变风量整体空调箱(机组);
2—矿棉管式消声器，1250mm×500mm×1400mm(长);
3—铝合金方形散流器，240mm×240mm;
4—阻抗复合消声器T701-6型5#，1600mm×800mm;
5—帆布软管接头，长200mm;
6—风管防火阀，长400mm;
7—对开多叶调节阀，长200mm

图6-2 送风管道剖面图

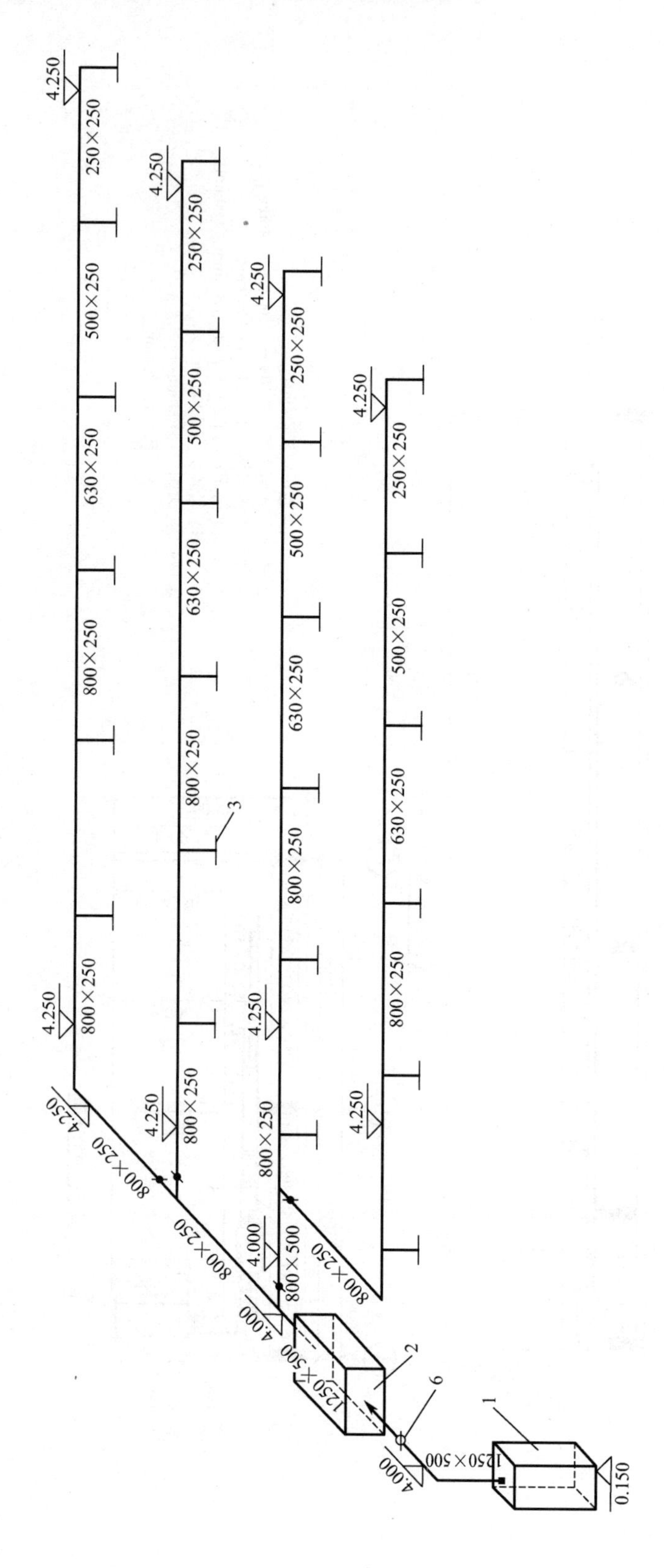
4.250
250×250
500×250
630×250
800×250
800×500
1250×500
4.000
0.150
1
2
3
6

图6-3 通风系统图

（1）空气处理由位于图中①和②轴线的空气处理室内的变风量整体空调箱（机组）完成，其规格为8000(m^3/h)/0.6(t)。在空气处理室Ⓐ轴线外墙上，安装了一个630mm×1000mm的铝合金防雨单层百叶新风口（带过滤网），其底部距地面2.8m；在空气处理室②轴线内墙上距地面1.0m处，装有一个1600mm×800mm的铝合金百叶回风口，其后面接有一个阻抗复合消声器，型号为T701-6型5#，二者组成回风管。室内大部分空气由此消声器吸入，回到空气处理室，与新风混合后吸入空调箱，处理后经风管送入多功能厅内。

（2）本工程风管采用镀锌薄钢板，咬口连接。其中矩形风管240mm×240mm、250mm×250mm，铁皮厚度δ=0.75mm；矩形风管800mm×250mm、800mm×500mm、630mm×250mm、500mm×250mm，铁皮厚度δ=1.0mm；矩形风管1250mm×500mm，铁皮厚度δ=1.2mm。

（3）回风管上的阻抗复合消声器、送风管上的管式消声器均为成品安装。

（4）图中风管防火阀、对开多叶风量调节阀、铝合金新风口、铝合金回风口、铝合金方形散流器均为成品安装。

（5）主风管（1250mm×500mm）上，设置温度测定孔和风量测定孔各一个。

（6）风管保温采用岩棉板，δ=25mm，外缠玻璃丝布一道，玻璃丝布不刷油漆。保温时使用黏结剂、保温钉。

未尽事宜，按现行施工及验收规范的有关内容执行。

工作任务二

依据《山东省安装工程消耗量定额》(SD 02—31—2016)、《通用安装工程工程量计算规范》(GB 50856—2013）等资料，计算下面某办公楼（一层部分房间）风机盘管工程的工程量，并编制其分部分项工程量清单。

工程基本情况如下。

图6-4～图6-7为某办公楼（一层部分房间）风机盘管工程施工图。图中标高以“m”计，其余以“mm”计。

（1）风机盘管采用卧式暗装（吊顶式），风机盘管连接管采用镀锌薄钢板，铁皮厚度δ=1.0mm，截面尺寸为1000mm×200mm。

（2）风机盘管送风口为铝合金双层百叶风口，回风口为铝合金单层百叶风口，均采用成品安装。

（3）空调供水、回水及凝结水管均采用镀锌钢管，螺纹连接。进出风机盘管供、回水支管均装金属软管（丝接）各一个，连接凝结水管与风机盘管需装橡胶软管（丝接）一个。

（4）图中阀门均采用铜球阀，规格同管径。管道穿墙均设一般钢套管。

（5）管道安装完毕后要求试压，空调系统试验压力为1.3MPa，凝结水管做灌水试验。

（6）本案例暂不考虑管道支架及管道保温等项目。

（7）未尽事宜均参照有关标准或规范执行。

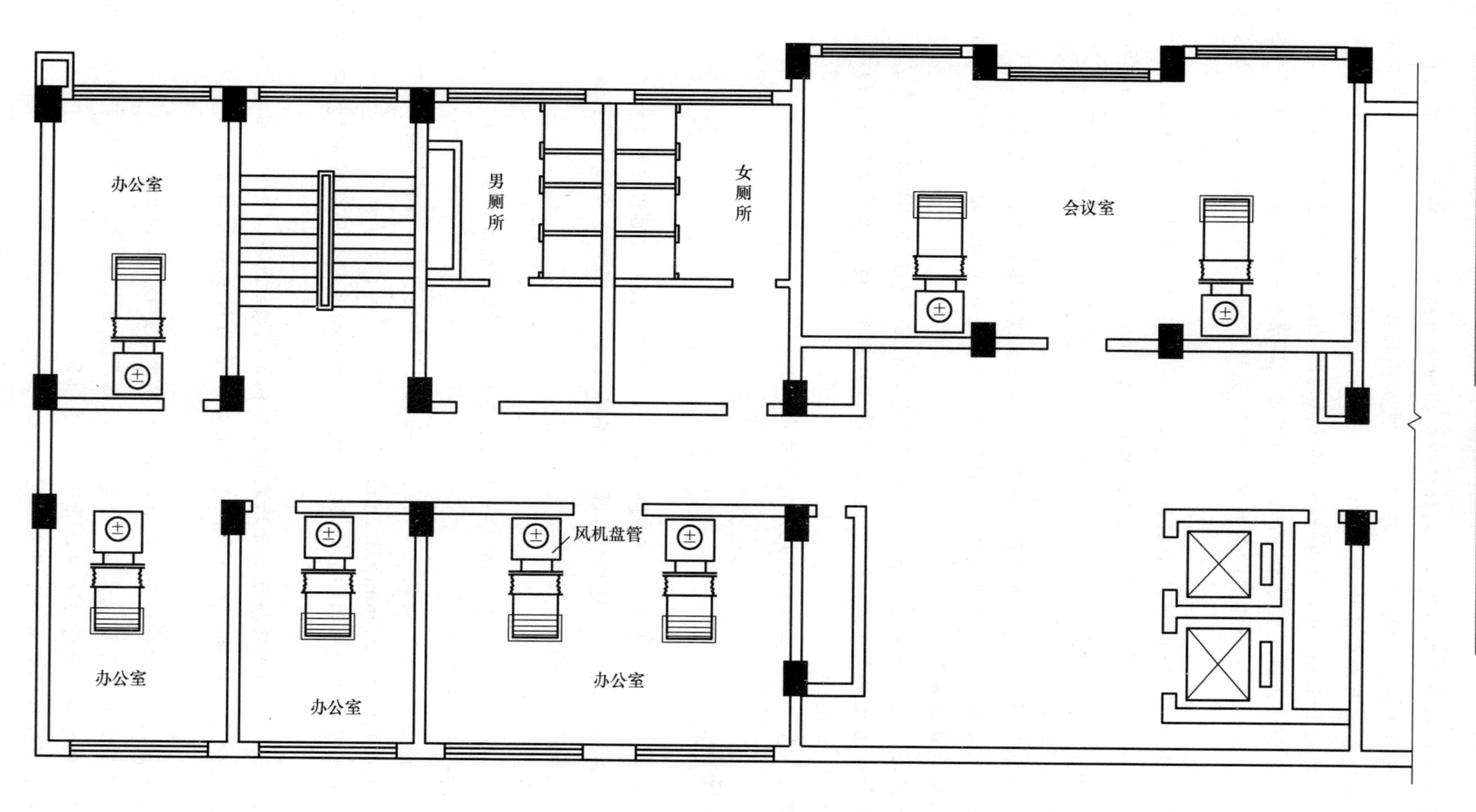

图6-4 风机盘管布置平面图

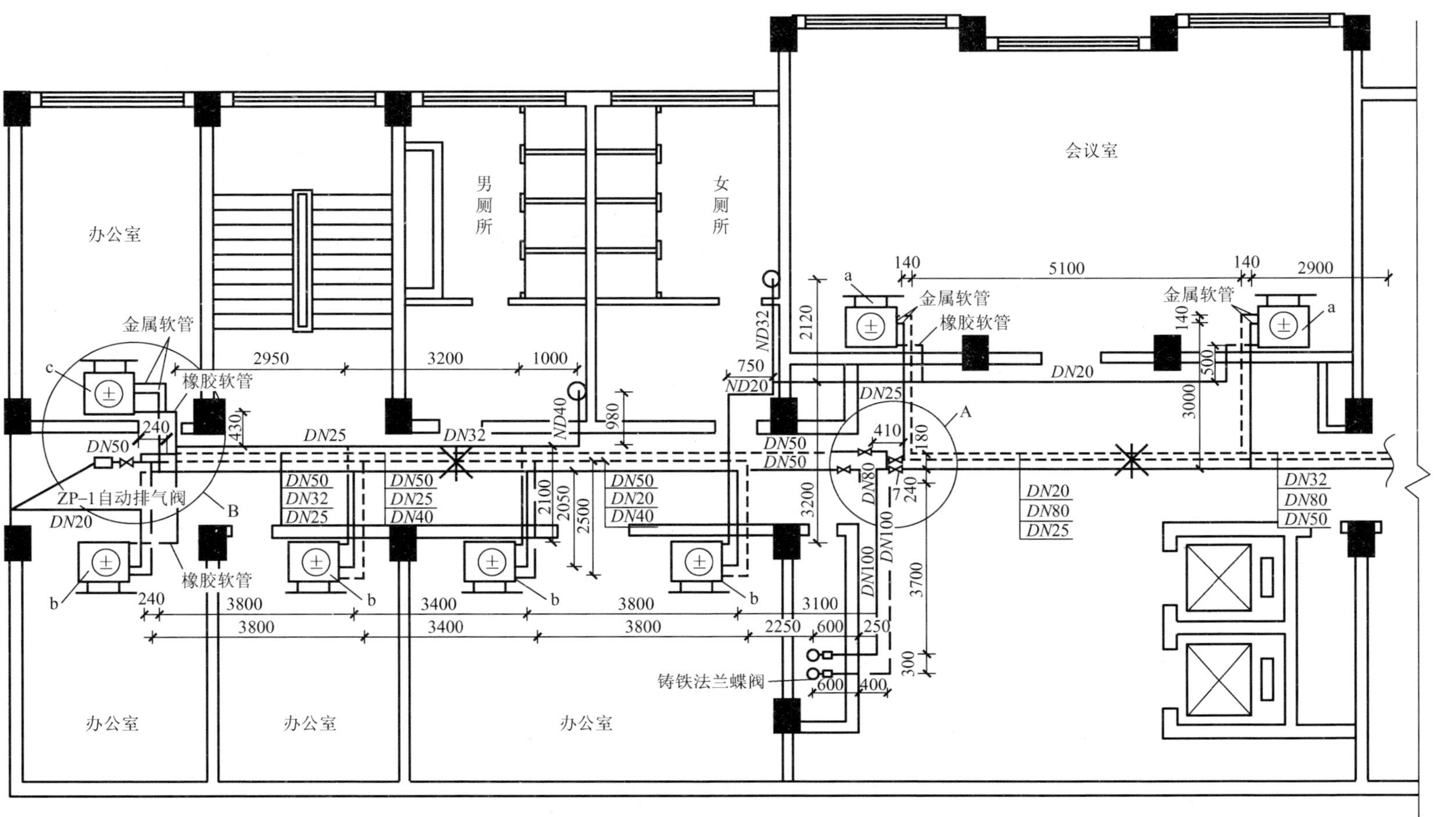

图6-5 空调水管道布置平面图

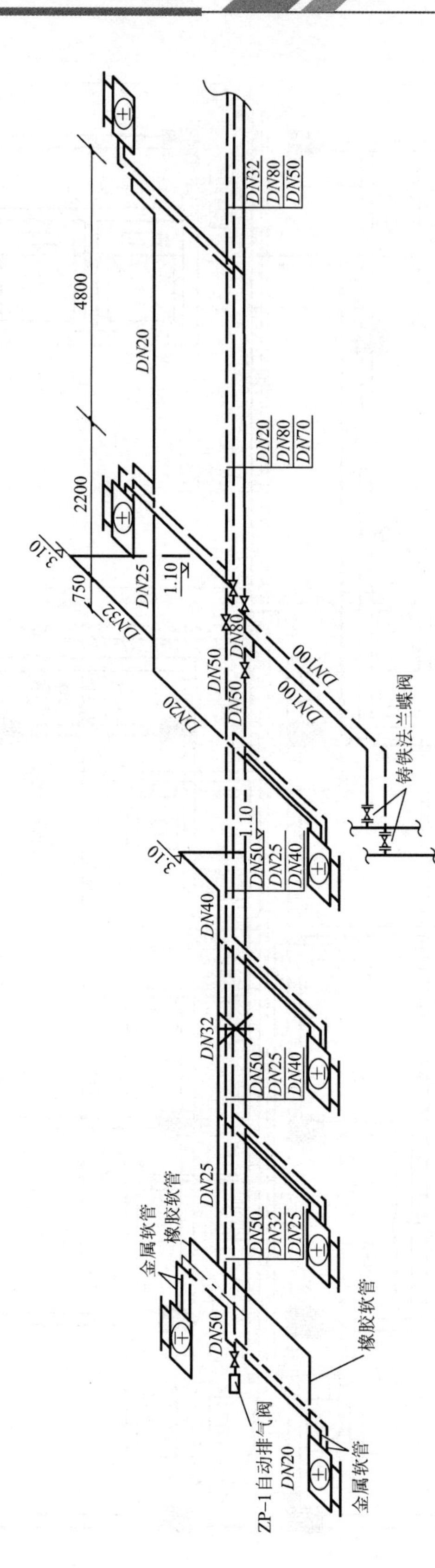

图6-6　空调水管道系统图

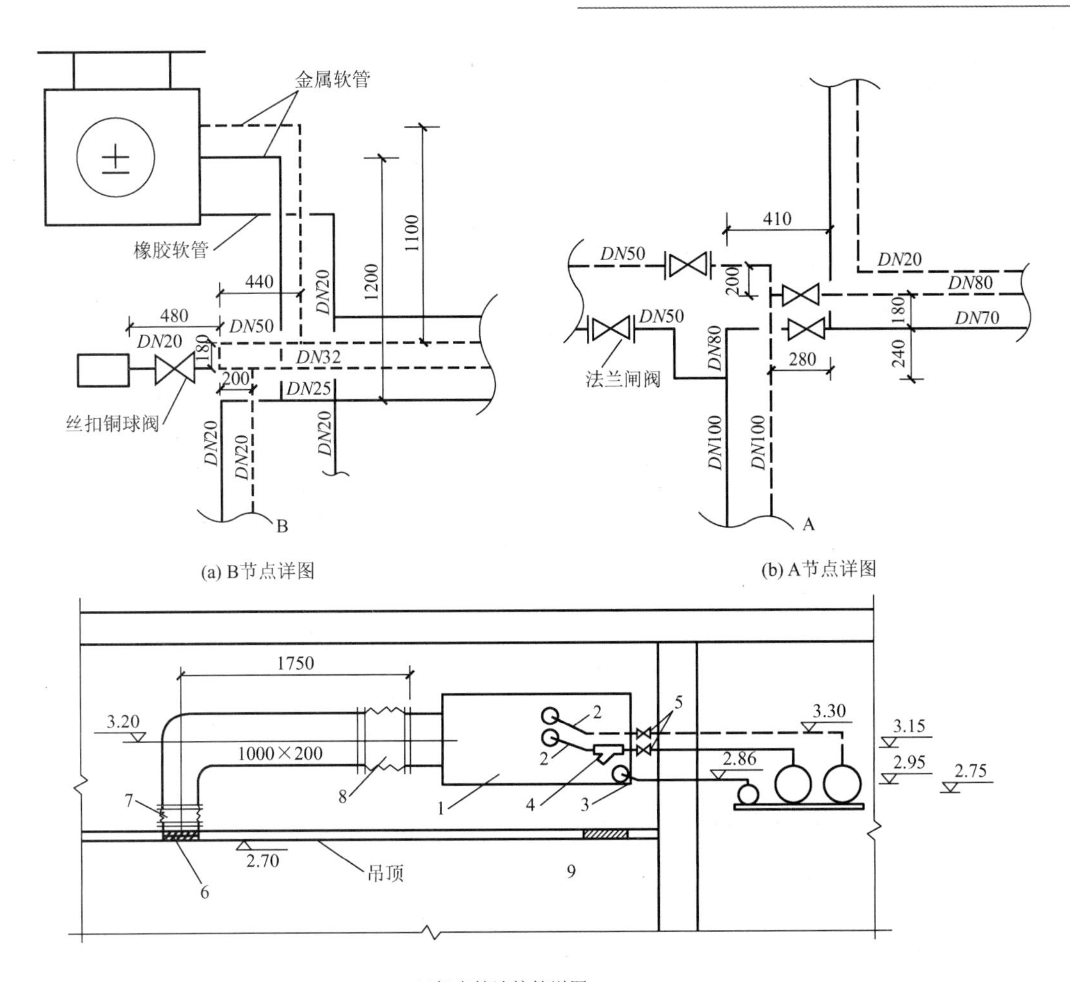

图6－7 风机盘管安装详图及节点图

1—风机盘管；2—金属软管；3—橡胶软管；4—过滤器；5—丝扣铜球阀；
6—铝合金双层百叶送风口（1000mm×200mm）；7—帆布软管接口，长200mm；
8—帆布软管接口，长300mm；9—铝合金回风口（400mm×250mm）

6.1 通风空调工程识图基本知识

6.1.1 通风工程的概念与分类

室内通风是利用自然或机械换气的方式，把室内被污染的空气直接或经过净化后排至室外，同时向室内送入清洁的空气，使室内空气质量达到人们生活生产的标准，送入的空气可以是经过处理的，也可以是未经过处理的。为了达到换气的目的，需要室内通风系统。按通风系统的工作动力不同，通风可分为自然通风和机械通风。

1. 自然通风

自然通风是借助于风压作用和热压作用来使室内外的空气进行交换，从而实现空气环境的改变，如图 6－8 所示。

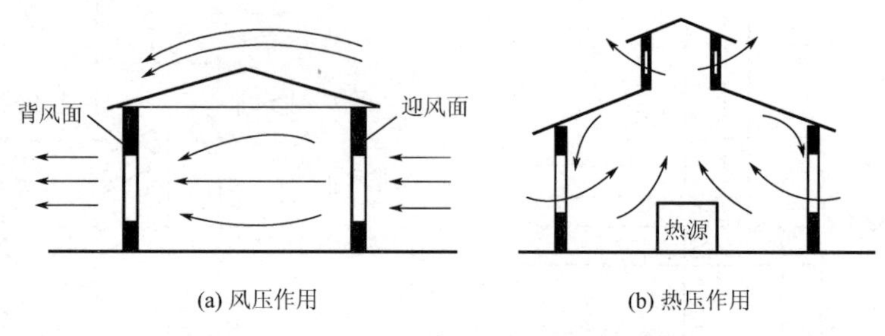

图 6－8　风压作用和热压作用的自然通风

2. 机械通风

机械通风就是利用依靠机械的动力（风机的压力），并借助于通风管网进行室内外空气交换的通风方式。按机械通风系统的作用范围，可分为局部通风（又分为局部送风、局部排风、局部送排风）和全面通风（又分为全面送风、全面排风、全面送排风），如图 6－9 所示。

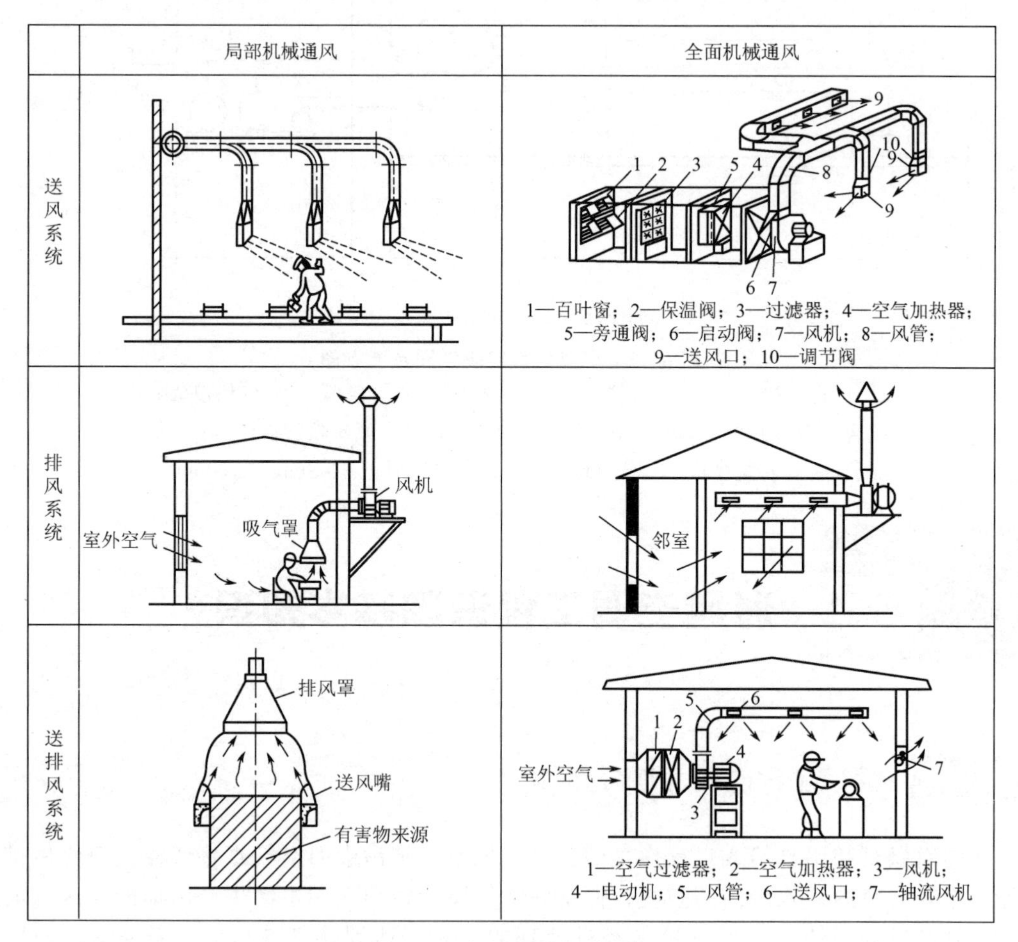

图 6－9　机械通风系统分类

6.1.2 通风系统常用设备、附件

1. 通风管道

【矩形镀锌钢板风管制作】

风管是通风系统中的主要部件之一，其作用是输送空气。常用风管材料有镀锌薄钢板风管、塑料风管、玻璃钢风管、铝制风管、复合风管等。风管截面形状有圆形和矩形两种，其中圆形风管规格用“直径 D”表示（如 D300），矩形风管规格用截面“宽×高”表示（如 800mm×250mm）。风管如图 6－10 所示。

(a) 镀锌薄钢板圆形风管

(b) 镀锌薄钢板矩形风管

图 6－10　镀锌薄钢板风管

2. 风口

室内风口分送风口和排风口。送风口的任务是将各送风风管中的风量按一定方向和流速均匀地送入室内；排风口的任务是将被污染的空气收集并送入排风管道。常用风口有活动百叶风口、散流器、球形风口等，如图 6－11 所示。

(a) 双层百叶风口

(b) 单层百叶风口

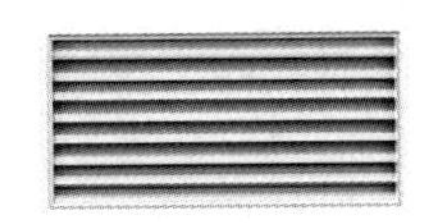

(c) 单层防雨百叶风口

(d) 球形风口

(e) 方形散流器

(f) 圆形散流器

图 6－11　常见各种风口

3. 风阀

通风系统中的风管阀门（简称风阀）主要用于启动风机，关闭风道、风口，调节管道内空气量，平衡阻力等。风阀安装在风机出口的风道上、主干风道上、分支风道上或空气分布器之前等位置。常用的风阀有插板阀、蝶阀、止回阀、防火阀等，如图 6－12 所示。

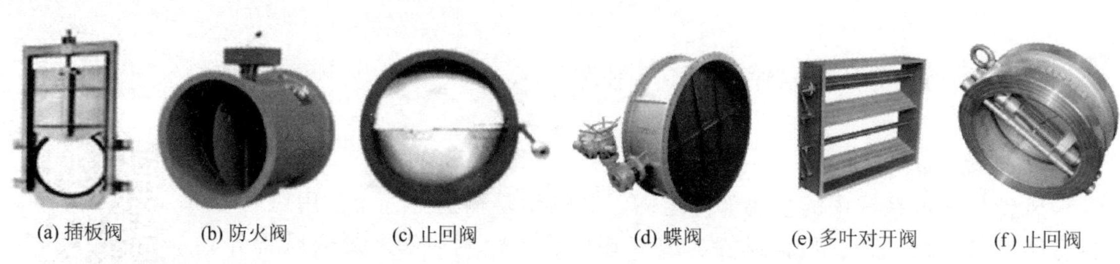
(a) 插板阀　(b) 防火阀　(c) 止回阀　(d) 蝶阀　(e) 多叶对开阀　(f) 止回阀

图 6－12　常见风阀

4. 风机

通风机是用于为空气气流提供必需的动力以克服输送过程中的压力损失的主要设备。根据作用原理的不同，通风机可分为离心式风机和轴流式风机两类，如图 6－13 所示。

(a) 离心式风机　(b) 轴流式风机

图 6－13　风机

5. 排风除尘设备

在一些机械排风系统中，排出的空气中往往含有大量的粉尘，如果直接排入大气，就会使周围的空气受到污染，影响环境卫生并危害居民健康，因此必须对排出的空气进行适当净化，净化时还能够收回有用的物料。除掉粉尘所用的设备称为除尘器。常用的除尘器有重力除尘室、旋风除尘器、袋式除尘器、水膜除尘器、静电除尘器等，如图 6－14 所示。

(a) 旋风除尘器　(b) 袋式除尘器

图 6－14　除尘设备

6.1.3　空气调节的概念与分类

1. 空气调节的概念

空气调节（简称为空调），是指对某一房间和空间内的温度、湿度、空气流动速度和洁净度（简称为“四度”）等进行调节与控制，并提供足够量的新鲜空气，为人们的生活提供一个舒适的室内环境或者为生产提供所要求的空间环境。

2. 空调系统的分类

空调系统分类方法为以下几种方式。

1）按空调设备的设置情况分类

（1）集中式空调系统：集中式空调系统是将各种空气处理设备和风机都集中设置在一个专用的机房里，对空气进行集中处理，然后由送风系统将处理好的空气送至各个空调房间中去。

（2）半集中式空调系统：除有集中的空气处理室外，在各空调房间内还设有二次处理设备，对来自集中处理室的空气进一步补充处理。

（3）全分散式空调系统：把空气处理设备、风机、自动控制系统及冷、热源等统统组装在一起的空调机组，直接放在空调房间内就地处理空气的一种局部空调方式。

2）按负担室内负荷所用的介质种类分类

（1）全空气系统：空调房间内的热、湿负荷全部由经过处理的空气来承担的空调系统。

（2）全水系统：空调房间内热、湿负荷全靠水作为冷热介质来承担的空调系统。

（3）空气-水系统：空调房间的热、湿负荷由经过处理的空气和水共同承担的空调系统。

（4）制冷剂系统：依靠制冷系统蒸发器中的氟利昂来直接吸收房间热、湿负荷的空调系统。

3. 典型的空调系统

比较典型的空调系统为集中式（全空气）空调系统、半集中式（空气-水）系统及分散式空调系统。下面我们依次介绍。

1）集中式空调系统

集中式空调系统将空气集中处理后由风机将其输送到各个房间，亦可称作全空气空调系统，如图 6 - 15 所示。一般适用于商场、候车（机）大厅等大空间的地方。空气集中处理设备称为空调机组，如图 6 - 16 所示为分段组装式空调机组。

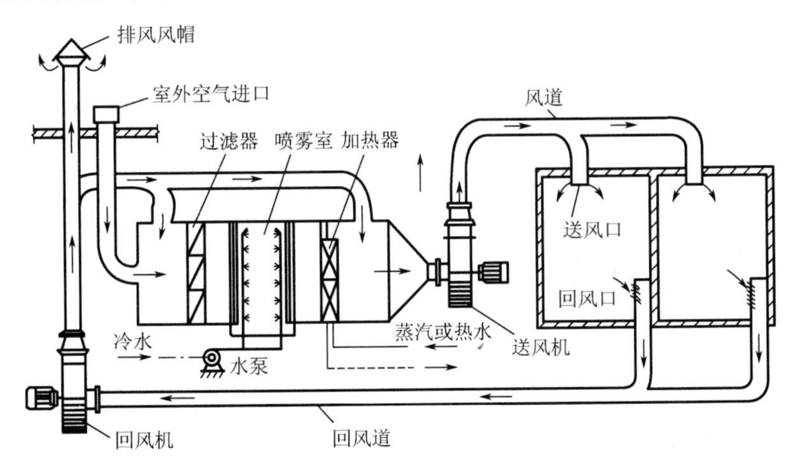

图 6 - 15　集中式空调系统

图 6－16 分段组装式空调机组

2）半集中式空调系统

半集中式空调系统除了设有集中的空调机房外，还设有分散在各个房间里的二次设备（又称为末端设备）来承担一部分热湿负荷，一般是由空气和水共同承担室内热湿负荷，分为诱导器系统和风机盘管系统两类，这种系统除了向室内送入经处理的空气外，还在室内设有以水做介质的末端设备对室内空气进行冷却或加热。一般办公楼、宾馆等房间较多的建筑常采用风机盘管系统，如图 6－17 所示。风机盘管设备如图 6－18 所示。

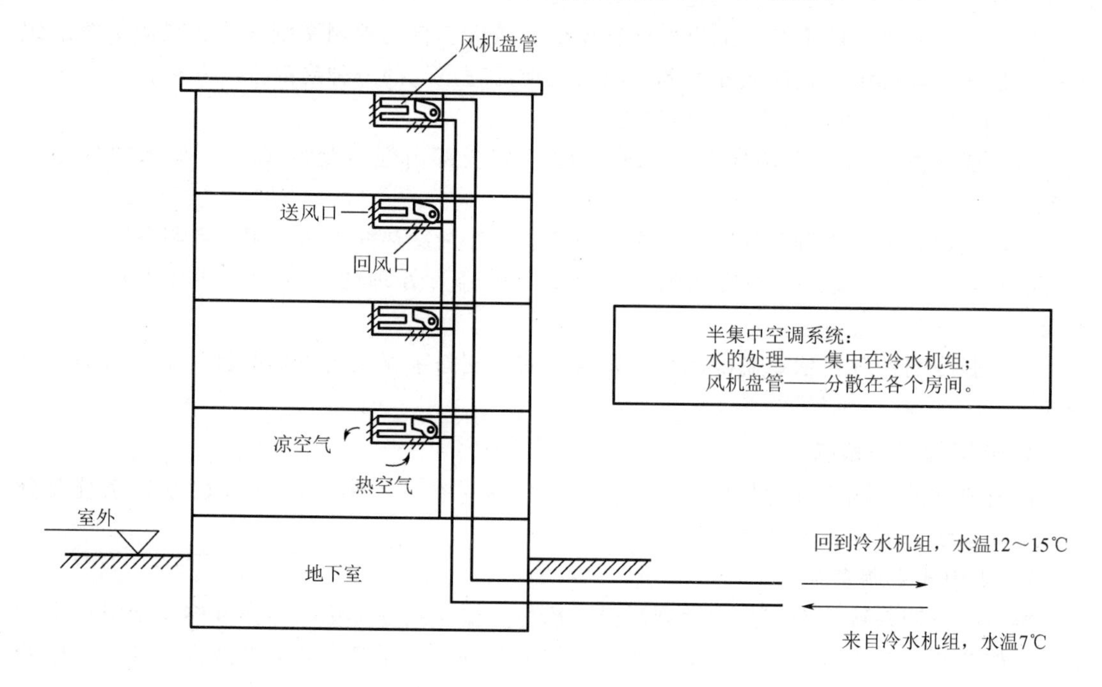

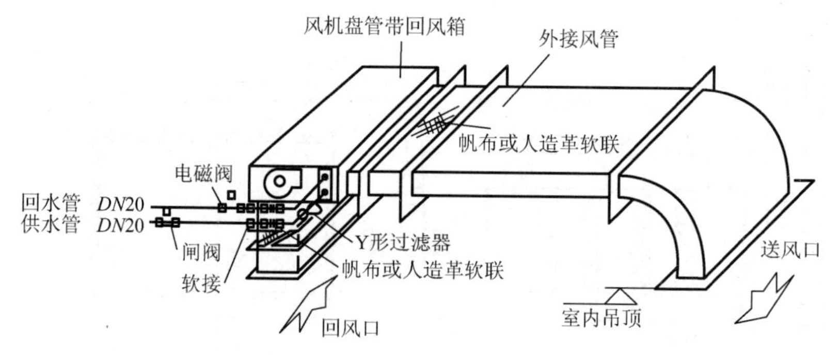

图 6－17 风机盘管系统

3）分散式空调系统

分散式空调系统又称为局部空调系统，亦是制冷剂系统的典型应用，是指将空气设备

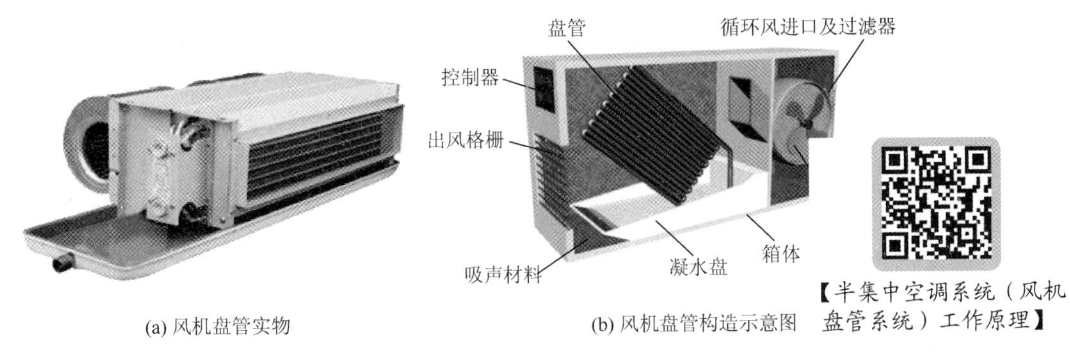

(a) 风机盘管实物　(b) 风机盘管构造示意图

【半集中空调系统（风机盘管系统）工作原理】

图 6-18　风机盘管设备

直接或就近安装在需要空气调节的房间，就地调节空气。常用的由壁挂式、立式等，如图 6-19 所示。此处介绍一下中央多联机变频空调系统，如图 6-20 所示。其最大的特点是“一拖多”，指的是一台室外机通过配管连接两台或两台以上室内机，一般由室外机、室内机、制冷机管道和自动控制器件组成，亦称之为 VRV 变频空调系统。目前多联机日益广泛地应用于中小型建筑和部分公共建筑上。

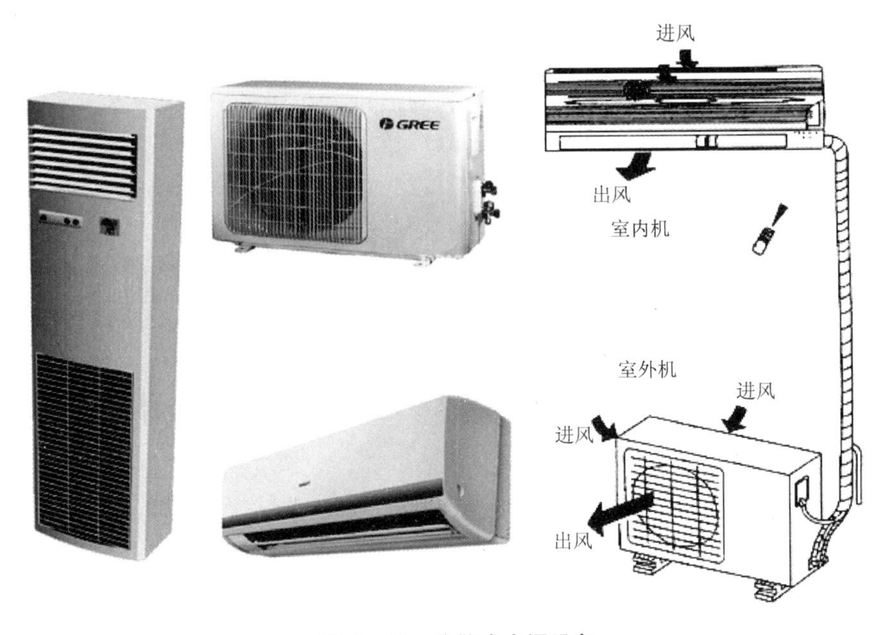

【局部空调系统工作原理】

图 6-19　分散式空调设备

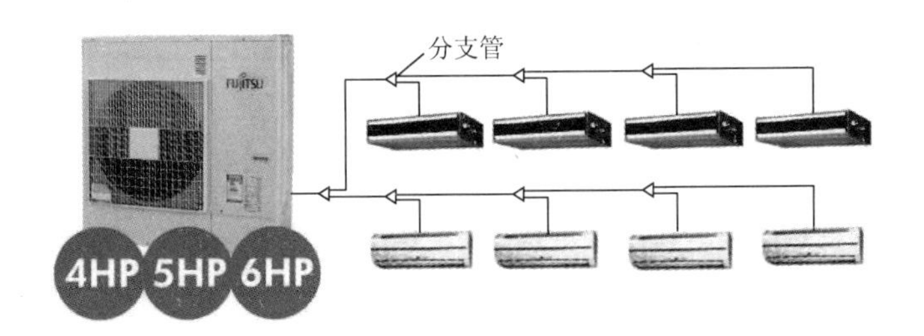

图 6-20　多联机空调系统（一拖多）

多联机运用全新理念，集一拖多技术、智能控制技术、多重健康技术、节能技术和网络控制技术等多种高新技术于一体，其中一拖多的特点就是采用一台室外机连接控制多台室内机，能够适应多个房间的制冷需求。

6.1.4 空调系统常用设备

1. 空气过滤器

空气过滤器是用来对空气进行净化处理的设备，根据过滤效率的高低，通常分为粗效、中效和高效过滤器三种类型。

（1）粗效过滤器的主要作用是除掉 5μm 以上的大颗粒灰尘，在洁净空调系统中作为预过滤器，以保护中效、高效过滤器和空调箱内其他配件并延长其使用寿命。粗效过滤器形式主要有浸油金属网格过滤器、干式玻璃丝填充式过滤器、粗中孔泡沫塑料过滤器和滤材自动卷绕过滤器等。

（2）中效过滤器的作用主要是除去 1μm 以上的灰尘粒子，在洁净空调系统和局部净化设备中作为中间过滤器。其目的是减少高效过滤器的负担，延长高效过滤器和设备中其他配件的寿命。这种过滤器的滤料有玻璃纤维、中细孔泡沫塑料和涤纶、丙纶、腈纶等原料制成的合成纤维（俗称无纺布）。

（3）高效过滤器是洁净空调系统的终端过滤设备和净化设备的核心，能去除 0.5μm 以下的灰尘粒子。这种过滤器的滤料有超细玻璃纤维、超细石棉纤维和滤纸类过滤材料等。

空气过滤器如图 6-21 所示。

(a) 粗效过滤器

(b) 中效袋式过滤器

(c) 高效隔板过滤器

图 6-21　空气过滤器

2. 表面式换热器

表面式换热器是对空气进行冷热处理的一种常用设备，空气进行冷热交换时不与热（冷）媒直接接触，而是通过交换器的金属管表面进行。表面式换热器如图 6-22 所示。

3. 喷水室

喷水室是空调系统中夏季对空气进行冷却除湿、冬季对空气进行加热加湿的设备。在喷水室中喷入不同温度的水，当空气和水直接接触时，两者之间就会发生热和湿的交换，用喷水室进行空气处理就是利用这一原理进行的。在喷水室中喷不同温度的水，可以实现对空气的加热、冷却、加湿、减湿等多种空气处理过程。同时它还有一定的净化空气的能力。喷水室构造如图 6-23 所示。

4. 加湿器

加湿器是对空气进行加湿处理的设备，常用的有干蒸汽加湿器和电加湿器两种，如图 6-24 所示为干蒸汽加湿器构造图。

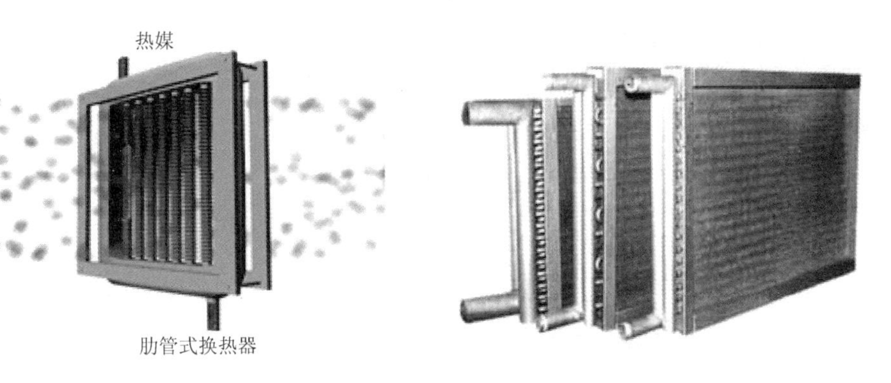

图 6－22 表面式换热器

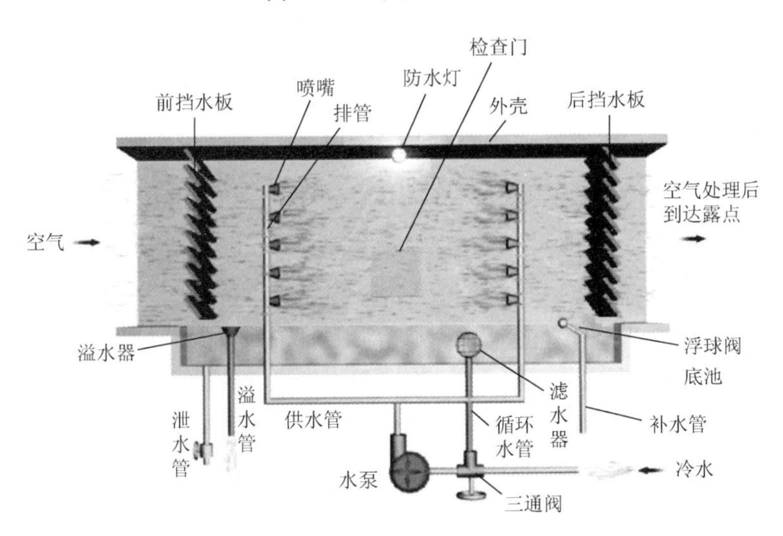

图 6－23 喷水室构造

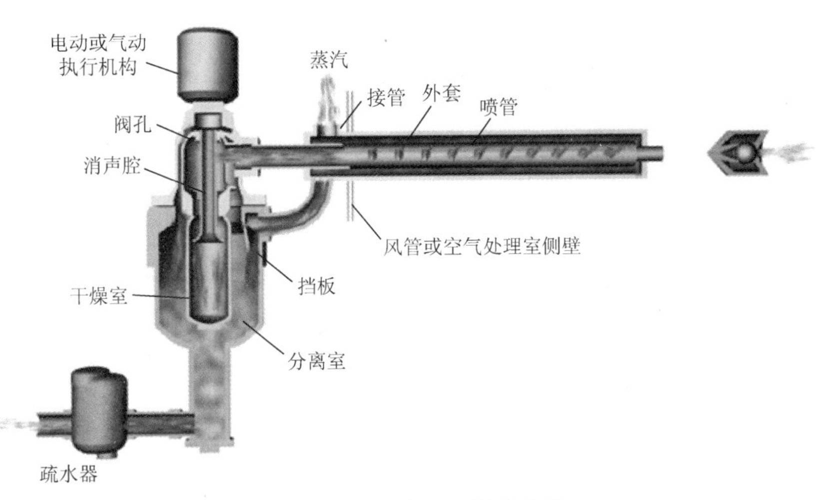

图 6－24 干蒸汽加湿器构造图

5. VAV 变风量末端装置

变风量末端装置是变风量空调系统的关键设备之一，如图 6－25 所示。空调系统通过末端装置调节一次风送风量，跟踪负荷变化，维持室温。

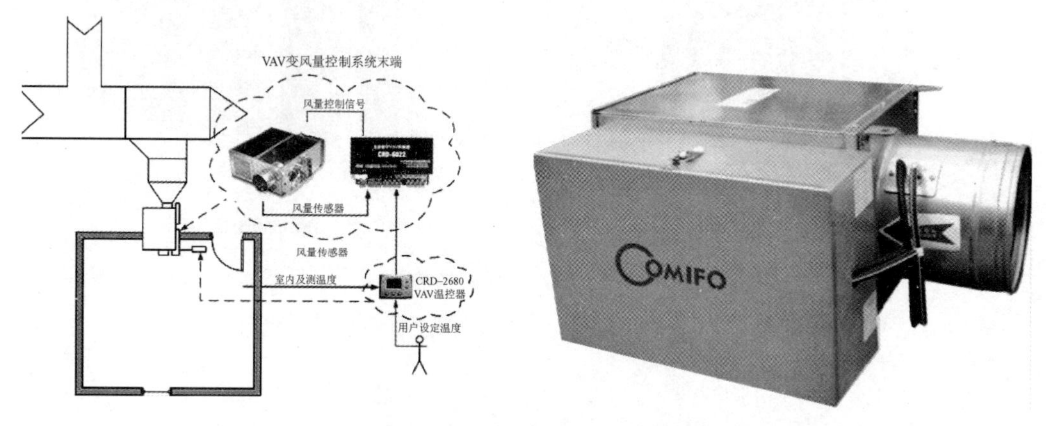

图 6－25　VAV 变风量末端装置

6. 冷水机组

冷水机组俗称冷冻机、制冷机、冰水机、冻水机、冷却机等，是用来生产冷冻水的主要设备。根据制冷原理分为蒸发式制冷机组和吸收式制冷机组，其中蒸发式制冷机组比较常见，蒸发式制冷机组根据压缩机的工作原理又分为螺杆式冷水机组和涡旋式冷水机组等。常用的蒸发式制冷机组包括四个主要组成部分：压缩机，蒸发器，冷凝器，膨胀阀。根据制冷剂在冷凝器中的冷却方法不同又可分为水冷制冷机组和风冷制冷机组。水冷冷水机组工作原理如图 6－26 所示，水冷冷水机组系统组成如图 6－27 所示，冷水机组设备实物如图 6－28 所示。

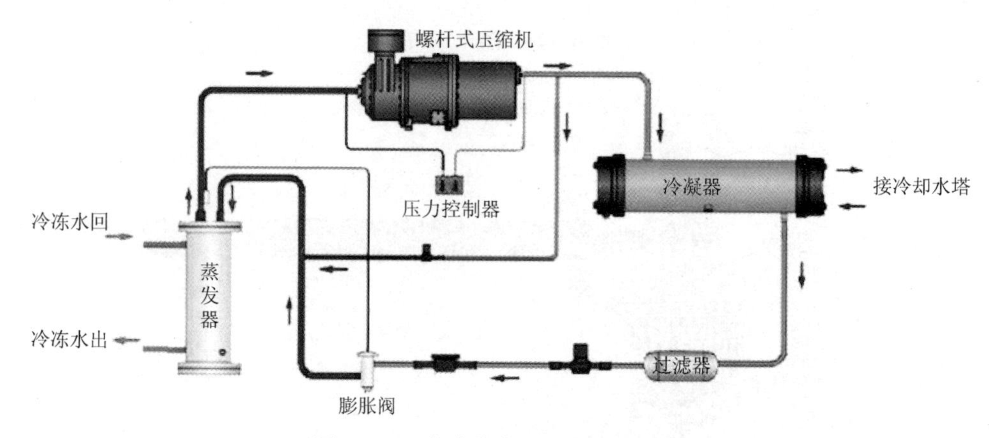

图 6－26　水冷冷水机组工作原理图

7. 诱导风机

诱导风机又称射流风机、接力风机。在无风管的条件下将其送到所要求的区域，实现最佳的室内气流组织，以达到高效、经济的通风换气效果。诱导风机内置高效率离心风机，具有明显的噪声低、体积小、自重轻、吊装方便（立式、卧式均可）、维护简单的特

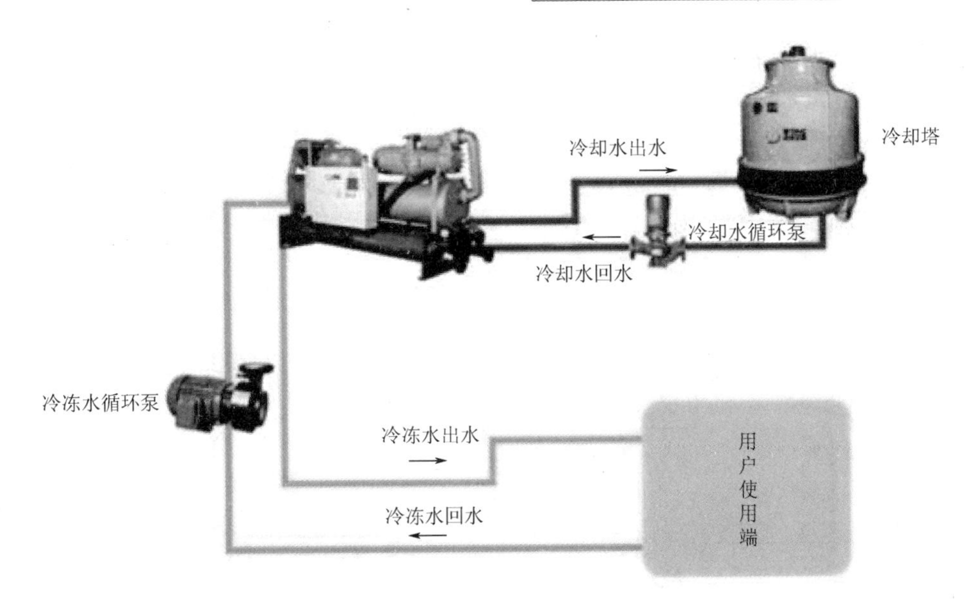

图 6－27 水冷冷水机组系统组成图

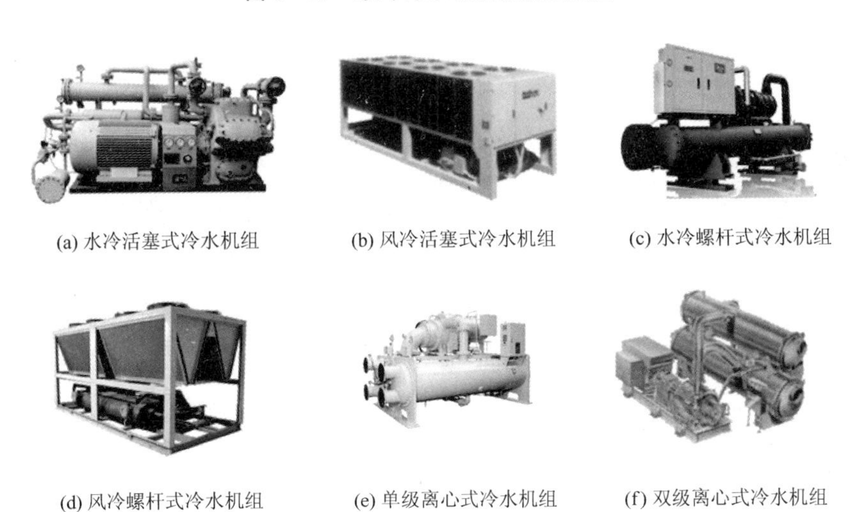

图 6－28 冷水机组设备实物

点，已广泛应用于地下停车场、体育馆、车间、仓库、商场、超市、娱乐场所等大型场所的通风。诱导风机如图 6－29 所示。

图 6－29 诱导风机

8. 消声器及减振装置

（1）消声器。消声器是空调系统中用来降低沿通风管道传播的空气动力噪声的装置，根据其工作原理不同，分为阻性消声器（包括管式、片式、格式、折板式、声流式等）、抗性消声器、共振型消声器、复合式消声器等。另外，还有消声弯头、消声静压箱等。消声器如图 6－30 所示。

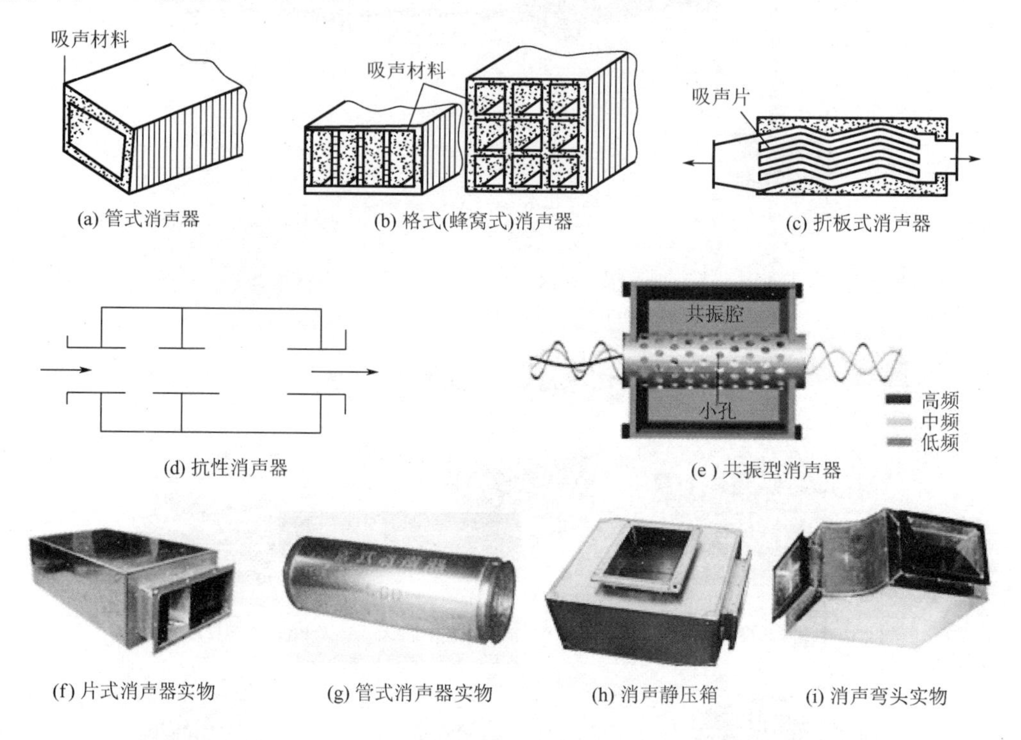

图 6－30 消声器

（2）帆布软管接口。空调风管用帆布软管接口起到减少风管与设备共振的作用，多采用帆布、涂胶帆布、陶瓷帆布，如图 6－31 所示。

图 6－31 帆布软管接口

（3）设备隔振。机房内各种有运动部件的设备（风机、水泵、制冷压缩机）在运转时都会产生振动，它直接传给基础和连接的管件，并以弹性波的形式从机器基础沿房屋结构传到其他房间去，又以噪声的形式出现。另外，振动还会引起构件（楼板）或管道振动，有时危害安全。因此，对振源需要采取隔振措施。设备减振措施如图 6－32 所示。

(a) 设备用金属弹簧隔振器

(b) 设备基础下的橡胶垫片

图 6-32 设备减振措施

9. 空调水系统

空调水系统包括冷、热水系统，冷却水系统及冷凝水系统三部分。

(1) 冷、热水系统：空调冷、热源制取的冷、热水，要通过管道输送到空调机组或风机盘管或诱导器等末端处，输送冷、热水的系统称为冷、热水系统。

(2) 冷却水系统：空调系统中专为水冷冷水机组冷凝器、压缩机或水冷直接蒸发式整体空调机组提供冷却水的系统，称为冷却水系统。

(3) 冷凝水系统：空调系统中为空气处理设备排除空气去湿过程中的冷凝水而设置的水系统，称为冷凝水系统。

图 6-33 为空调水系统的组成及循环示意图。

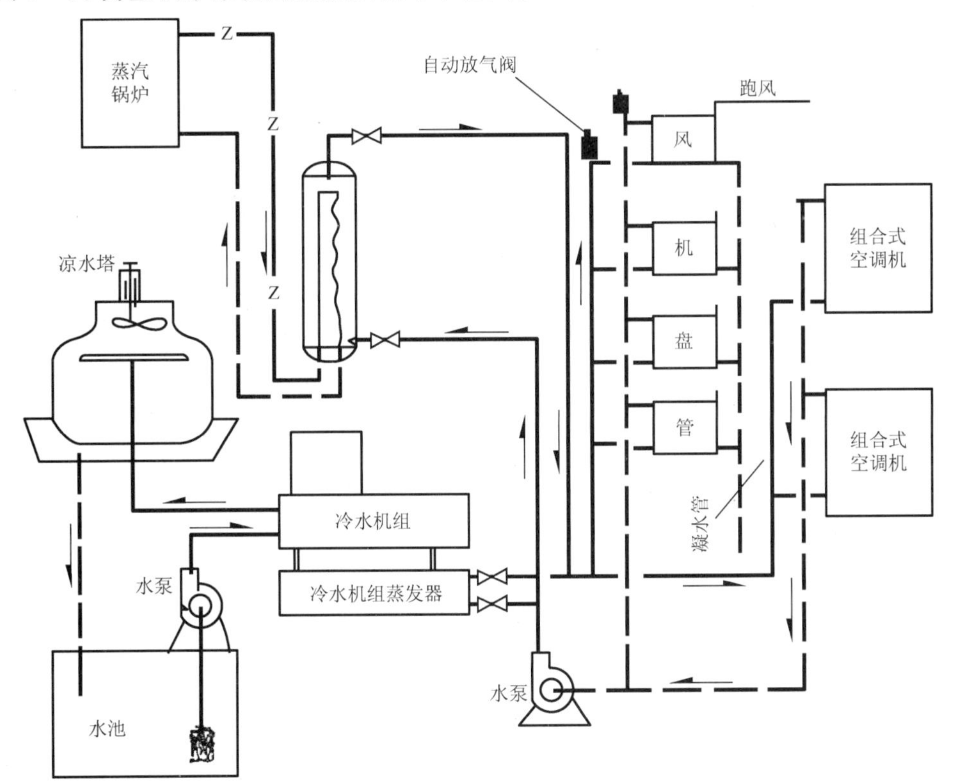

图 6-33 空调水系统的组成及循环示意图

6.2 通风空调工程量计算

6.2.1 工程量计算及消耗量定额应用

【山东省安装工程消耗量定额（第七册）】

通风空调工程使用《山东省安装工程消耗量定额》（SD 02—31—2016）第七册。

1. 通风空调设备及部件制作安装

本部分内容包括空气加热器（冷却器），除尘设备，空调器，多联体空调室外机，风机盘管，空气幕，VAV变风量末端装置，钢板密闭门，钢板挡水板，滤水器和溢水盘制作、安装，金属壳体制作、安装，过滤器安装，过滤器框架制作、安装，净化工作台、风淋室，通风机，制冷剂管路安装。

1）工程量计算规则

（1）空气加热器（冷却器）安装按设计图示数量计算，以“台”为计量单位。

（2）除尘设备安装按设计图示数量计算，以“台”为计量单位。

（3）空调器（吊顶式、落地式、壁挂式）、整体式空调机组按设计图示数量计算，以“台”为量单位。

（4）分段组装式空调机组安装，按设计图示质量计算，以“100kg”为计量单位。

（5）多联体空调机室外机安装依据制冷量，按设计图示数量计算，以“台”为计量单位。

（6）风机盘管安装按设计图示数量计算，以“台”为计量单位。

（7）空气幕安装按设计图示数量计算，以“台”为计量单位。

【空气幕】

（8）VAV变风量末端装置安装按设计图示数量计算，以“台”为计量单位。

（9）钢板密闭门安装按设计图示数量计算，以“个”为计量单位。

（10）钢板挡水板安装按设计图示尺寸以空调器断面面积计算，以“m^2”为计量单位。

（11）滤水器、溢水盘、电加热器外壳、金属空调器壳体制作安装按设计图示尺寸按质量计算以“100kg”为计量单位。非标准部件制作安装按成品质量计算。

（12）高、中、低效过滤器安装，净化工作台、风淋室安装按设计图示数量计算，以“台”为量单位。

（13）过滤器框架制作安装按设计图示尺寸以质量计算，以“100kg”为计量单位，

（14）通风机安装依据风机型号，按设计图示数量计算，以“台”为计量单位。

（15）风机箱安装按设计图示数量计算，以“台”为计量单位。

（16）空调制冷剂管路。

① 本定额所称空调制冷剂管路，系指商用中央空调（一拖多）系统中，室内外机（机组）接的制冷剂气、液管路。按设计图示延长米计算，以“10m”为计量单位。

② 空调制冷剂管路安装（钎焊），管道试压、吹扫、严密性试验均以氮气考虑。

③ 空调制冷机管路的制冷剂（定额内按 R410A 考虑）灌充已包括在定额内，如因制冷剂品种不同或不同厂家设备技术性能要求差异造成制冷剂灌充量不同的，可按实调整。

④ 制冷剂管路中的分液器、专用阀安装，按相应定额项目计算。

⑤ 制冷剂管路橡塑管套绝热及保护带包扎定额中：

a. 闭孔橡塑管套按设计选用规格计算主材费。

b. 塑料保护带消耗量中已包括缠绕压边（不低于 50%）用量，并已考虑绝热后的气、液与电源线、控制线共同包扎的因素。

c. 制冷剂管路中管件、阀件绝热所需人工、材料已综合考虑在定额内，不再单独计算。

2）定额应用说明

(1) 通风机安装子目内包括电动机安装，其安装形式包括 A、B、C、D 等型，适用于碳钢、不锈钢、塑料通风机安装。

(2) 风机箱减振台座上安装定额未包括减振台座的安装。设备减振台座安装执行第一册相关定额。

(3) 多联体空调系统的室内机根据不同安装方式执行风机盘管安装相应定额。

(4) VAV 变风量末端装置适用单风道变风量末端和双风道变风量末端装置，风机动力型变风量末端装置人工乘以系数 1.1。

(5) 双热源空调室内机安装执行风机盘管安装相应定额乘以系数 1.5。

(6) 洁净室安装执行分段组装式空调机组安装定额。

(7) 玻璃钢和 PVC 挡水板安装执行钢板挡水板定额。

(8) 低效过滤器包括 M-A 型、WL 型、LWP 型等系列；中效过滤器包括 ZKL 型、YB 型、M 型、ZX-I 型等系列；高效过滤器包括 GB 型、GS 型、JX-20 型等系列。

(9) 净化工作台包括 XHK 型、BZK 型、SXP 型、SZP 型、SZX 型、SW 型、SZ 型、SXZ 型、TJ 型、CJ 型等系列。

(10) 本项目除空气幕安装、风机盘管（吊顶式、卡式嵌入式）安装、VAV 变风量末端装置安装、诱导风机安装外，其余设备均未包括支架安装。设备支架安装执行第十册《给排水、采暖、燃气工程》相应定额。

(11) 通风空调设备的电气接线执行第四册《电气设备安装工程》相应定额。

2. 通风管道制作安装

本部分内容包括镀锌薄钢板风管制作、安装，镀锌薄钢板共板法兰风管制作、安装，普通钢板制作、安装，镀锌薄钢板矩形净化风管制作、安装，不锈钢板风管制作、安装，铝板风管制作、安装，塑料风管制作、安装，玻璃钢风管制作、安装，柔性软风管安装，弯头导流叶片及其他。

1）工程量计算规则

(1) 薄钢板风管、净化风管、不锈钢风管、铝板风管、塑料风管、玻璃钢风管、复合型风管按设计图示规格（其中玻璃钢风管、复合型风管按设计图示外径尺寸）以展开面积（包括风管末端堵头）计算，以“$10m^2$”为单位，不扣除检查孔、测定孔、送风口、吸风口等所占面积。咬口重叠部分已包括在定额内，不再另行计算。计算公式如下。

圆形风管：$F=\pi\times D\times L$

矩形风管：$F=2\times(A+B)\times L$

式中 F——风管展开面积（m^2）；

D——圆形风管内直径(m)；

L——管道中心线长度(m)；

A——矩形风管长边尺寸(m)；

B——矩形风管短边尺寸(m)。

某工程设计图示矩形镀锌薄钢板（δ=1.2mm）风管规格为300mm×350mm，长度为8.18m，咬口连接。试计算风管工作量及主材消耗量，并说明如何套用定额。

【解】 依据已知条件及上述计算公式：

$F_{矩}=2\times(0.3+0.35)\times8.18=10.63(m^2)=1.063(10m^2)$。因长边长为350mm，套用定额7-2-7。

主材即为该镀锌薄钢板本身，其消耗量为：$1.063\times11.38=12.097(m^2)$。

(2) 风管长度以设计图示中心线长度为准（主管与支管以其中心线交点划分），包括弯头、三通（图6-34～图6-36）、变径管、天圆地方等管件的长度，不包括部件（阀门、消声器等）所占长度。

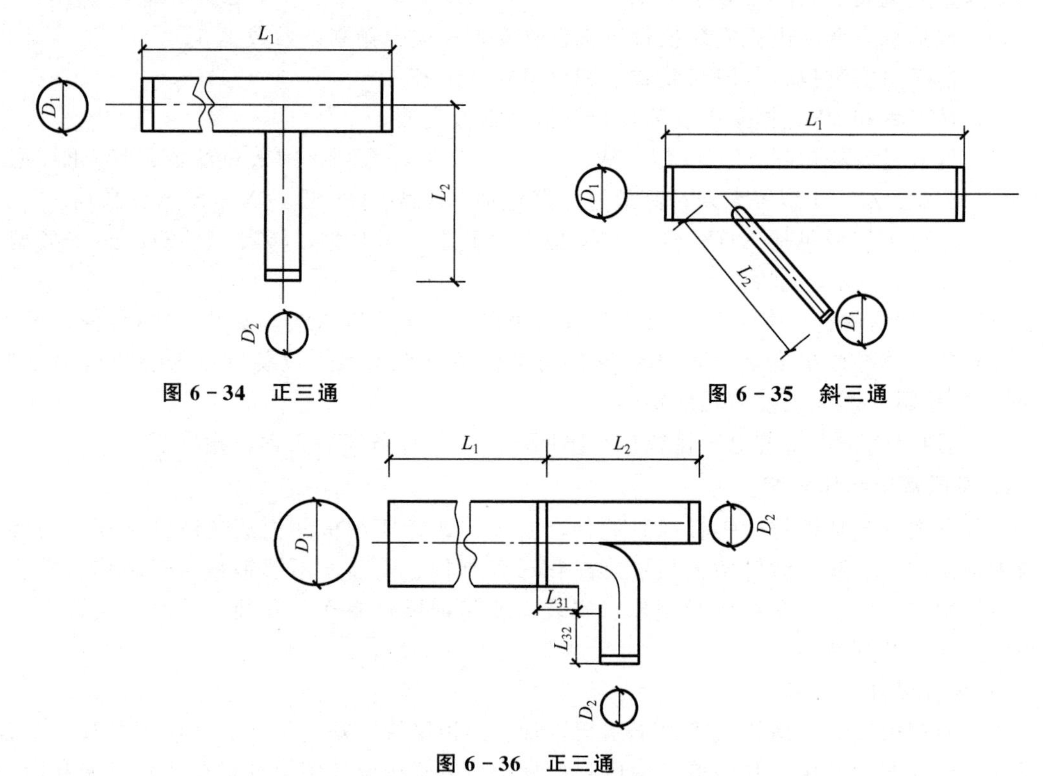

图6-34 正三通

图6-35 斜三通

图6-36 正三通

说明：在图6-34和图6-35中，主管展开面积为$S_1=\pi D_1L_1$，支管展开面积均为$S_2=\pi D_2L_2$；在图6-36中，主管展开面积为$S_1=\pi D_1L_1$，支管1展开面积为$S_2=\pi D_2L_2$，

支管 2 展开面积为 $S_3=\pi D_3(L_{31}+L_{32}+r\theta)$，式中 θ 为弧度，θ=角度×0.01745，角度为中心线夹角，r 为弯曲半径。

图 6-37 为某通风空调系统部分管道平面图，采用镀锌铁皮，板厚均为 1.0mm，试计算该风管的工程量。

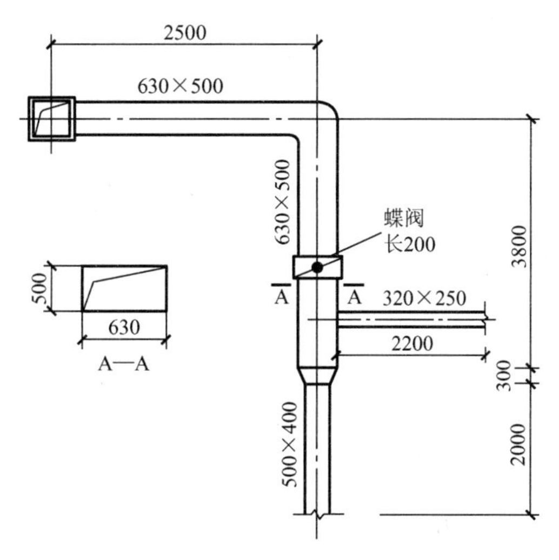

图 6-37 风管长度计算

【解】(1) 630mm×500mm 段。

$L_1=2.50+3.80+0.30-0.20=6.40(m)$

$F_1=2(0.63+0.50)\times 6.4=14.46(m^2)$

(2) 500mm×400mm 段。

$L_2=2.0m$

$F_2=2(0.50+0.40)\times 2=3.60(m^2)$

(3) 320mm×250mm（长边长≤320mm 风管）段。

$L_3=2.20+0.63/2=2.515(m)$

$F_3=2(0.32+0.25)\times 2.515=2.81(m^2)$

$F=F_1+F_2+F_3=14.46+3.60+2.87=20.93(m^3)$

(3) 风管直径和长边长以图示尺寸为准，变径管、天圆地方均按大头口径尺寸计算。风管通风系统设计采用渐缩管均匀送风者，圆形风管按平均直径、矩形风管按平均长边长计算工程量，其人工乘以系数 2.5。

某化工厂氯化车间设计图示圆形渐缩送风管道中心线长度 $L_{中}$ 为 32.16m，大头直径（$D_{大}$）为 500mm，小头直径（$D_{小}$）为 200mm，采用镀锌钢板风管（δ=1.2mm），咬口连接。试计算其平均直径和总展开面积各为多少？如何套用定额？

【解】平均直径$(D_{平})=(D_{大}+D_{小})/2=(0.5+0.2)/2=0.35(m)$

展开面积$(F)=\pi\times D_{平}\times L_{中}=3.1416\times 0.35\times 32.16=35.36(m^2)$

套用定额 7-2-2，定额人工消耗量乘以系数 2.5。

(4) 柔性软风管安装按设计图示中心线长度计算，以“m”为计量单位。

(5) 弯头导流叶片制作安装按设计图示叶片的面积计算，以“m^2”为计量单位。

(6) 软管（帆布）接口制作安装按设计图示尺寸，以展开面积计算，以“m^2”为计量单位。

(7) 风管检查孔制作安装按设计图示尺寸质量计算，以“100kg”为计量单位。

(8) 温度、风量测定孔制作安装依据其型号，按设计图示数量计算，以“个”为计量单位。

2）定额应用说明

（1）空气幕送风管的制作安装执行相应风管制作安装定额，其人工乘以系数3，其余不变。

（2）风机盘管的送吸风连接管，即风机盘管接至送、回风口的管段，按相应风管制作安装定额乘以系数1.1。

（3）本项目各类风管制作安装子目中所包含的内容见表6-1。

表6-1　各类风管制作安装子目中包含的内容

序号	项目名称	弯头、三通、变径管、天圆地方等管件制作、安装	法兰及加固框制作安装	吊托支架制作安装	塑钢刷漆	钢板刷漆	落地支架
1	镀锌薄钢板法兰风管制作安装	√	√	√	√	×	×
2	镀锌薄钢板共板法兰风管制作安装	√	√	√	√	×	×
3	普通钢板法兰风管制作安装	√	√	√	√	√	×
4	镀锌薄钢板矩形净化风管制作安装	√	√	√	√	×	×
5	不锈钢板风管制作安装	√	×	×	×	×	×
6	铝板风管制作安装	√	×	×	×	×	×
7	玻璃钢风管制作安装	管件安装 √	√	√	√	×	×
8	塑料风管制作安装	√	√	×	×	×	×
9	复合风管制作安装	√	√	√	√	×	×

注：1.“√”为包含；“×”为不含。

2.不锈钢板风管、铝板风管的法兰和吊托支架制作安装执行本册相应定额。

3.塑料风管吊托支架制作安装执行第十册设备支架制作安装相应定额。

4.落地支架制作安装执行第十册设备支架制作安装相应定额。

（4）普通钢板风管制作安装子目已包括风管、型钢支架的除锈、刷红丹防锈漆及调和漆各两遍，如设计要求刷其他漆种时可进行换算。

（5）净化风管涂密封胶按全部口缝外表面涂抹考虑。如设计要求口缝不涂抹而只在法兰处涂抹时，每10m^{2}风管应减去密封胶1.5kg和0.37个工日。

（6）净化风管及部件制作安装子目中，型钢未包括镀锌费，如设计要求镀锌时，应另加镀锌费。

（7）净化通风管道子目按空气洁净度100000级编制。

（8）塑料通风管道胎具材料摊销已包括在风管制作安装定额内。

（9）不锈钢板风管咬口连接制作安装按本项目镀锌薄钢板风管咬口连接相应定额，人工、机械乘以系数 1.2，材料按设计要求换算。

（10）本定额玻璃钢风管及管件按外加工订做考虑，风管修补费用应按实际发生计算在主材费内。

（11）软管接口定额是按帆布配置角钢法兰编制的，如使用其他材料而不使用帆布材料可以换算。

（12）风管导流叶片不分单叶片和双叶片，均执行同一子目。

（13）子目中的法兰垫料按橡胶板编制，如与设计要求使用的材料品种不同时可以换算，但人工不变。使用泡沫塑料者，每 1kg 橡胶板换算为泡沫塑料 0.125kg；使用闭孔乳胶海绵者，每 1kg 橡胶板换算为闭孔乳胶海绵 0.5kg。

（14）柔性软风管适用于由金属、涂塑化纤织物、聚酯、聚乙烯、聚氯乙烯薄膜、铝箔等材料制成的软风管。

3. 通风管道部件制作安装

本部分内容包括碳钢调节阀安装，柔性软风管阀门安装，风口安装，不锈钢法兰和吊托支架制作、安装，铝制孔板口安装，碳钢风帽制作、安装，塑料风帽和伸缩节制作、安装，铝板风帽和法兰制作、安装，玻璃钢风帽安装，碳钢罩类制作、安装，塑料风罩制作、安装，消声器安装，消声静压箱安装，静压箱制作、安装，人防排气阀门安装，人防手动密闭阀门安装，人防其他部件制作、安装。

1）工程量计算规则

（1）碳钢调节阀安装依据其类型、直径（圆形）或周长（方形），按设计图示数量计算，以“个”为计量单位。

（2）柔性软风管阀门安装按设计图示数量计算，以“个”为计量单位。

（3）各类风口、散流器的安装依据类型、规格尺寸按设计图示数量计算，以“个”为计量单位。

（4）钢百叶窗安装依据规格尺寸按设计图示数量计算，以“个”为计量单位。

（5）不锈钢圆形、矩形法兰制作安装按设计图示尺寸以质量计算，以“100kg”为计量单位。

（6）不锈钢板风管吊托支架制作安装按设计图示尺寸以质量计算，以“100kg”为计量单位。

（7）铝制孔板口安装按图示数量计算，以“个”为计量单位。

（8）碳钢风帽的制作安装均按其质量以“100kg”为计量单位。各种风帽如图 6－38 所示。

图 6－38　各种风帽

(9) 滴水盘制作安装按设计图示尺寸以质量计算，以“100kg”为计量单位。

(10) 碳钢风帽筝绳制作安装按设计图示规格长度以质量计算，以“100kg”为计量单位。

(11) 碳钢风帽泛水制作安装按设计图示尺寸以展开面积计算，以“m^2”为计量单位。

(12) 塑料风帽、罩类的制作安装均按其质量，以“100kg”为计量单位。

(13) 塑料通风管道柔性接口及伸缩节制作安装依据连接方式，按设计图示尺寸以展开面积计算，以“m^2”为计量单位。

(14) 铝板风帽，圆形、矩形法兰制作安装按设计图示尺寸以质量计算，以“100kg”为计量单位。

(15) 玻璃钢风帽安装依据成品质量按设计图示数量计算，以“100kg”为计量单位。

(16) 碳钢罩类的制作安装均按其质量以“100kg”为计量单位。各种罩类如图 6－39 所示。

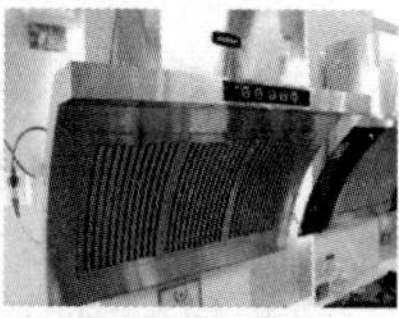

图 6－39　各种罩类

(17) 微穿孔板消声器、管式消声器、阻抗式消声器成品安装按设计图示数量计算，以“节”为计量单位。

(18) 消声弯头安装按设计图示数量计算，以“个”为计量单位。

(19) 消声静压箱安装按设计图示数量计算，以“个”为计量单位。

(20) 静压箱制作安装、贴吸音材料按设计图示尺寸以展开面积计算，以“$10m^2$”为计量单位。

(21) 人防阀门安装按设计图示数量计算，以“个”为计量单位。

(22) 人防通风机安装按设计图示数量计算，以“台”为计量单位。

(23) LWP 型滤尘器制作安装按设计图示尺寸以面积计算，以“m^2”为计量单位。

(24) 探头式含磷毒气报警器及 γ 射线报警器安装按设计图示数量计算，以“台”为计量单位。

(25) 过滤吸收器、预滤器、除湿器安装按设计图示数量计算，以“台”为计量单位。

(26) 密闭穿墙管制作安装按设计图示数量计算，以“个”为计量单位。

(27) 密闭穿墙管填塞按设计图示数量计算，以“个”为计量单位。

(28) 测压装置安装按设计图示数量计算，以“套”为计量单位。

(29) 换气堵头安装按设计图示数量计算，以“个”为计量单位。

(30) 波导窗安装按设计图示数量计算，以“个”为计量单位。

2) 定额应用说明

(1) 百叶风口安装定额适用于带调节板活动百叶风口、单层百叶风口、双层百叶风口、三层百叶风口、连动百叶风口、活动金属百叶风口。

(2) 风口的宽与长之比小于或等于 0.125 的为条缝形风口，执行百叶风口定额，人工乘以系数 1.1。

（3）电动密闭阀安装执行手动密闭阀定额，人工乘以系数1.05。

（4）风机防虫网罩定额执行风口安装相应定额，乘以系数0.8。

（5）蝶阀安装定额适用于圆形、矩形（保温、不保温）蝶阀安装。

（6）对开多叶调节阀安装定额适用于密闭式对开多叶调节阀安装。

（7）送（吸）风口安装定额适用于单面、双面送（吸）风口安装。

（8）球形喷口定额适用于旋转风口安装。

（9）铝制孔板风口如需电化处理时，电化费另行计算。

（10）本项目风管防火阀安装、消声器安装、消声弯头安装均已包括支架制作安装及除锈、刷防锈漆、调和漆各两遍。如设计要求刷其他漆种时可进行换算。

（11）碳钢罩类制作安装定额中均已包括普通钢板、型钢及支架刷防锈漆、调和漆各两遍。如设计要求刷其他漆种时可进行换算。

（12）探头式含磷毒气报警器安装包括探头固定和三角支架制作安装，报警器保护孔按建筑预留考虑。

（13）γ射线报警器安装定额，探头安装孔按钢套管编制，地脚螺栓（M12×200，6个）按设备自带考虑。定额包括安装孔孔底电缆穿管0.5m，不包括电缆敷设。如电缆穿管长度大于0.5m，超过部分另外计算。

（14）密闭穿墙管制作安装分类：Ⅰ型为直接浇入混凝土墙内的密闭穿墙管；Ⅱ型为取样管用密闭穿墙管；Ⅲ型为通过套管穿墙的密闭穿墙管。

（15）密闭穿墙管按墙厚0.3m编制，如与设计墙厚不同，管材可以换算，其余不变。

（16）密闭穿墙管填塞定额按油麻丝、黄油封堵考虑，如填料不同，不做调整。

4. 空调水管道工程

空调水系统管道工程使用《山东省安装工程消耗量定额》（SD 20—31—2016）第十册第三章。本部分定额适用于集中或半集中式空调系统的室内空调供水（含凝结水）管道安装，其室外管道使用第十册定额第二章采暖室外管道安装相应项目。

1）工程量计算规则

（1）管道定额的界线划分。

① 室内外管道以建筑物外墙皮1.5m为界。

② 建筑物入口处设阀门者以阀门为界。

③ 与设在建筑物内的空调机房管道以机房外墙皮为界。

（2）各类管道安装工程量，安装按室内外、材质、连接形式、规格分别列项，均按设计管道中心线长度，以“10m”为计量单位，不扣除阀门、管件、附件所占长度。定额中除塑料管按公称外径表示外，其他管道均按公称直径表示。

（3）方形补偿器所占长度计入管道安装工程量。方形补偿器制作安装应执行本册定额第五章相应项目。

2）定额应用说明

（1）管道安装项目中，均包括相应管件安装、水压试验及水冲洗工作内容。各种管件数量系综合取定，执行定额时，成品管件数量可依据设计文件及施工方案或参照本册定额附录“管道管件数量取定表”计算，定额中其他消耗量均不做调整。本册定额管件含量中不含与螺纹阀门配套的活接、对丝，其用量含在螺纹阀门安装项目中。

(2) 钢管焊接安装项目中均综合考虑了成品管件和现场煨制弯管、摔制大小头、挖眼三通。

(3) 管道安装项目中，均不包括管道支架、管卡、托钩等制作安装，以及管道穿墙、楼板套管制作安装、预留孔洞、堵洞、打洞、凿槽等工作内容，发生时，应按本册定额第十一章相应项目另行计算。

(4) 镀锌钢管（螺纹连接）安装项目也适用于空调水系统中采用螺纹连接的焊接钢管、钢塑复合管的安装项目。

(5) 空调冷热水镀锌钢管（沟槽连接）安装项目也适用于空调冷热水系统中采用沟槽连接的 $DN150$ 以下焊接钢管的安装。

(6) 室内空调机房与空调冷却塔之间的冷却水管道执行空调冷热水管道。

(7) 空调凝结水管道安装项目是按集中空调系统编制的，并适用于户用单体空调设备的凝结水管道系统的安装。

(8) 室内空调水管道在过路口或跨绕梁、柱等障碍时，如发生类似于方形补偿器的管道安装形式，执行方形补偿器制作安装项目。

(9) 安装带保温层的管道时，可执行相应材质及连接形式的管道安装项目，其人工乘以系数1.1；管道接头保温执行本定额第十二册《刷油、防腐蚀、绝热工程》，其人工、机械乘以系数2.0，材料消耗量乘以系数1.2。

5. 使用通风空调定额的注意事项

(1) 本册定额通风设备、除尘设备为专供通风工程配套的各种风机及除尘设备。其他工业用风机（如热力设备用风机）及除尘设备安装执行本定额第一册《机械设备安装工程》、第二册《热力设备安装工程》相应项目。

(2) 空调水系统管道安装执行本定额第十册《给排水、采暖、燃气工程》相应项目，制冷机房、锅炉房管道执行本定额第八册《工业管道工程》相应项目。

(3) 通风空调工程所用型钢及普通钢板的除锈、刷漆，除各章节另有说明外，定额中均已包括。型钢及部件用普通钢板按红丹防锈漆及调和漆各两遍、普通钢板风管按内外红丹防锈漆两遍考虑，如设计要求刷其他漆种时可进行换算。

(4) 本册定额中未包括的刷油和绝热、防腐蚀项目，执行本定额第十二册《刷油、防腐蚀、绝热工程》相应项目。

(5) 除各章节另有说明外，风管、部件及通风空调设备定额项目中没有包括的型钢支架执行第十册《给排水、采暖、燃气工程》相应项目。支架中所用的减振吊钩、弹簧减振器、橡胶减振垫等材料按实计入材料费。

(6) 本册定额按膨胀螺栓固定支架、吊架考虑。

(7) 本册定额中均未包括设备的基础灌浆和地脚螺栓孔的灌浆，发生时，按本定额第一册《机械设备安装工程》相应项目另行计算。

(8) 下列费用可按系数分别计取。

① 脚手架搭拆费：按定额人工费的4%计算，其费用中人工费占35%。

② 建筑物超高增加费：在建筑物层数大于6层或建筑物高度大于20m以上的工业与民用建筑上进行安装时，按表6-2计算建筑物超高增加的费用，其费用中人工费占65%。

表 6-2 建筑物超高增加费系数表

建筑物高度(m)	≤40	≤60	≤80	≤100	≤120	≤140	≤160	≤180	≤200
建筑层数(层)	≤12	≤18	≤24	≤30	≤36	≤42	≤48	≤54	≤60
按人工费的百分比(%)	6	10	14	21	31	40	49	58	68

某微电子工程公司住宅楼共25层（85m），通风空调安装工程费为64741.86元，其中人工费为32082.90元。试计算该建筑超高增加费。

【解】 该住宅楼层及高度介于24层（80m）以上与30层（100m）以下，按照就高不就低的计算原则，其费用按30层（100m）以下费率计算如下：

建筑物超高增加费　32082.90×21%=6737.41(元)

其中人工费　6737.41×65%=4379.32(元)

③ 操作高度增加费：本册定额操作物高度是按距楼面或地面6m以内考虑的，当操作物高度超过6m时，超过部分工程量其定额人工、机械乘以表6-3中的系数。

表 6-3 操作高度增加费系数表

操作物高度（m）	≤10	≤30	≤50
系　　数	1.1	1.2	1.5

④ 系统调整费：按系统工程人工费7%计取，其费用中人工费占35%。

(9) 定额中制作和安装的人工、材料、机械比例见表6-4。

表 6-4 定额中相关制作和安装的人工、材料、机械比例表

序号	项目名称	制作（%）			安装（%）		
		人工	材料	机械	人工	材料	机械
1	空调部件制作安装	86	98	95	14	2	5
2	镀锌薄钢板法兰通风管道制作安装	60	95	95	40	5	5
3	镀锌薄钢板共板法兰通风管道制作安装	40	95	95	60	5	5
4	普通钢板法兰风管制作安装	60	95	95	40	5	5
5	净化通风管道及部件制作安装	40	85	95	60	15	5
6	不锈钢板通风管道及部件制作安装	72	95	95	28	5	5
7	铝板通风管道及部件制作安装	68	95	95	32	5	5
8	塑料通风管道及部件制作安装	85	95	95	15	5	5
9	复合型风管制作安装	55	70	99	45	30	1
10	风帽制作安装	75	80	99	25	20	1
11	罩类制作安装	78	98	95	22	2	5

6.2.2 工程量计算任务实施

（1）任务一：某大厦多功能厅全空气空调工程，进行工程量计算，见表6-5。

表6-5　通风空调工程量计算书

工程名称：某大厦多功能厅全空气空调工程　　　　第1页　共1页

定额编号	项目名称	单位	数量	计算公式
7-2-9	镀锌薄钢板风管(咬口)长边长≤2000mm (δ=1.2mm)	m^2	17.71	风管截面：1250mm×500mm L=(3.87-2.255-0.15-0.2+0.50÷2)(垂直部分)+(0.75+3)(水平部分)=5.06(m) F=2×(1.25+0.5)×5.06=17.71(m^2)
	主材：镀锌薄钢板 δ=1.2mm	m^2	20.15	11.38/10×17.71=20.15(m^2)
7-2-8	镀锌薄钢板风管(咬口)长边长≤1000mm (δ=1.0mm)	m^2	130.31	① 风管截面：800mm×500mm L=3.5+2.6-0.2=5.9(m) F=2×(0.8+0.5)×5.9=15.86(m^2) ② 风管截面：800mm×250mm L=3.5+(4÷2+2+4+4+0.5)×3+[(4÷2+2+4+4+0.5)-2.6]+3.6-0.2×3=53.9(m) F=2×(0.8+0.25)×53.9=114.45(m^2)
	主材：镀锌薄钢板 δ=1.2mm	m^2	148.30	11.38/10×130.31=148.30(m^2)
7-2-7	镀锌薄钢板风管(咬口)长边长≤630mm (δ=1.0mm)	m^2	52.16	① 风管截面：630mm×250mm L=(4+0.5-0.5)×4=16(m) F=2×(0.63+0.25)×16=28.16(m^2) ② 风管截面：500m×250mm L=(4+0.5-0.5)×4=16(m) F=2×(0.5+0.25)×16=24(m^2)
	主材：镀锌薄钢板 δ=1.0mm	m^2	59.31	11.38/10×52.12=59.31(m^2)
7-2-6	镀锌薄钢板风管(咬口)长边长≤320mm (δ=0.75mm)	m^2	36.96	① 风管截面：250mm×250mm L=(4-0.5+0.3)×4=16.8(m) F=2×(0.25+0.25)×16.8=16.8(m^2) ② 风管截面：240mm×240mm(接散流器支管) L=(4.25-3.5+0.25÷2)×24=21(m) F=2×(0.24+0.24)×21=20.16(m^2)
	主材：镀锌薄钢板 δ=0.8mm	m^2	42.06	11.38/10×36.96=62.06(m^2)

定额编号	项目名称	单位	数量	计算公式
7-1-23	变风量整体空调箱(机组) 8000(m^3/h)/0.6(t)	台	1	
7-3-192	阻抗复合消声器安装　周长4800mm	节	1	周长=2×(1600+800)=4800(mm)
	主材： 阻抗式消声器	节	1	1.0×1=1(节)
7-3-196	管式消声器安装　周长3500mm	节	1	周长=2×(1250+500)=3500(mm)
	主材： 管式消声器	节	1	1.0×1=1(节)
7-3-26	风管防火阀安装	个	1	周长=2×(1250+500)=3500(mm)
	主材： 风管防火阀	个	1	1.0×1=1(个)
7-3-19	对开多叶风量调节阀安装	个	3	周长=2×(800+250)=2100(mm)
	主材： 对开多叶风量调节阀	个	3	1.0×3=3(个)
7-3-19	对开多叶风量调节阀安装	个	1	周长=2×(800+500)=2600(mm)
	主材： 对开多叶风量调节阀	个	1	1.0×1=1(个)
7-3-42	铝合金防雨单层百叶新风口安装	个	1	周长=2×(630+1000)=3260(mm)
	主材： 百叶新口	个	1	1.0×1=1(个)
7-3-43	铝合金百叶回风口安装	个	1	周长=2×(1600+800)=4800(mm)
	主材： 百叶新口	个	1	1.0×1=1(个)
7-3-56	铝合金方形散流器安装(240mm×240mm)	个	24	周长=2×(240+240)=960(mm)
	主材： 散流器	个	24	1.0×24=24(个)
7-2-139	帆布软管接口	m^2	2.1	$F=2\times(1.25+0.5)\times0.2\times3=2.1(m^2)$
7-2-141	温度测定孔	个	1	
7-2-141	风量测定孔	个	1	
12-4-28	风管岩棉板保温体积(δ=25mm)	m^3	6.86	①风管截面：1250mm×500mm $L=5.06$m $V=2\times[(1.25+0.5)\times1.033\times0.025+4(1.033\times0.025)^2]\times5.06=0.499(m^3)$

（续）

定额编号	项目名称	单位	数量	计算公式
12－4－28	风管岩棉板保温体积(δ=25mm)	m^3	6.86	② 风管截面:800mm×500mm $L=5.9m$ $V=2\times[(0.80+0.5)\times1.033\times0.025+4(1.033\times0.025)^2]\times5.9=0.442(m^3)$ ③ 风管截面:800mm×250mm $L=54.5m$ $V=2\times[(0.80+0.25)\times1.033\times0.025+4(1.033\times0.025)^2]\times54.5=3.246(m^3)$ ④ 风管截面:630mm×250mm $L=16m$ $V=2\times[(0.63+0.25)\times1.033\times0.025+4(1.033\times0.025)^2]\times16=0.813(m^3)$ ⑤ 风管截面:500mm×250mm $L=16m$ $V=2\times[(0.50+0.25)\times1.033\times0.025+4(1.033\times0.025)^2]\times16=0.705(m^3)$ ⑥ 风管截面:250mm×250mm $L=16.8m$ $V=2\times[(0.25+0.25)\times1.033\times0.025+4(1.033\times0.025)^2]\times16.8=0.523(m^3)$ ⑦ 风管截面:240mm×240mm(接散流器支管) $L=21m$ $V=2\times[(0.24+0.24)\times1.033\times0.025+4(1.033\times0.025)^2]\times21=0.633(m^3)$
	主材： 岩棉板	m^3	7.20	$1.05\times6.86=7.20(m^3)$
12－4－135	玻璃丝布保护层面积	m^2	303.52	①风管截面:1250mm×500mm $L=5.06m$ $S=2\times[(1.25+0.5)+8(1.05\times0.025+0.0041)]\times5.06=20.765(m^2)$ ② 风管截面:800mm×500mm $L=5.9m$ $S=2\times[(0.80+0.5)+8(1.05\times0.025+0.0041)]\times5.9=18.822(m^2)$ ③ 风管截面:800mm×250mm $L=54.5m$ $S=2\times[(0.80+0.25)+8(1.05\times0.025+0.0041)]\times54.5=140.915(m^2)$ ④ 风管截面:630mm×250mm $L=16m$

（续）

定额编号	项 目 名 称	单位	数量	计 算 公 式
12-4-135	玻璃丝布保护层面积	m^2	303.52	$S=2\times[(0.63+0.25)+8(1.05\times0.025+0.0041)]\times16=35.930(m^2)$ ⑤ 风管截面：500mm×250mm $L=16m$ $S=2\times[(0.50+0.25)+8(1.05\times0.025+0.0041)]\times16=31.770(m^2)$ ⑥ 风管截面：250mm×250mm $L=16.8m$ $S=2\times[(0.25+0.25)+8(1.05\times0.025+0.0041)]\times16.8=24.959(m^2)$ ⑦ 风管截面：240mm×240mm(接散流器支管) $L=21m$ $S=2\times[(0.24+0.24)+8(1.05\times0.025+0.0041)]\times21=30.358(m^2)$
	主材： 玻璃丝布 $\delta=0.5mm$	m^2	424.93	$14.0/10\times303.52=424.93(m^2)$

（2）任务二：某办公楼（一层部分房间）风机盘管工程，进行工程量计算，见表6-6。

表6-6 风机盘管工程量计算书

工程名称：某办公楼（一层部分房间）风机盘管工程 第1页 共1页

定额编号	项 目 名 称	单位	数量	计 算 公 式
7-2-8 （×系数1.1）	风机盘管连接管(咬口) 长边长≤1000mm $\delta=1.0mm$	m^2	29.40	风管截面：1000mm×200mm $L=[1.75-0.30+(3.2-0.20-2.70)]\times7=12.25(m)$ $F=2\times(1.0+0.2)\times12.25=29.40(m^2)$
	主材： 镀锌薄钢板 $\delta=1.0mm$	m^2	33.46	$11.38/10\times29.40=33.46(m^2)$
7-1-40	风机盘管暗装(吊顶式)	台	7	
7-3-41	铝合金百叶送风口安装 (周长2400mm)	个	7	周长：$2\times(1000+200)=2400(mm)$
	主材： 百叶风口	个	7	$1.0\times7=7$(个)
7-3-40	铝合金百叶回风口安装 (周长1300mm)	个	7	周长：$2\times(400+250)=1300(mm)$
	主材： 百叶风口	个	7	$1.0\times7=7$(个)

（续）

定额编号	项目名称	单位	数量	计算公式
7-2-139	帆布软管接口制作安装	m^2	8.40	1000×200×200（mm） $F=[2\times(1.0+0.2)\times0.2]\times7=3.36(m^2)$ 1000×200×300（mm） $F=[2\times(1.0+0.2)\times0.3]\times7=5.04(m^2)$
10-3-9（人工、机械）×系数1.2	空调冷热水镀锌钢管（螺纹连接）*DN*100（管井内）	m	1.20	管井内：0.6（供水）+0.6（回水）=1.20（m）
	主材： 1. 镀锌钢管 2. 空调冷热水室内镀锌钢管螺纹管件	m 个		10.02/10×1.20=1.22（m） 5.06/10×1.20=0.61（个）
10-3-9	空调冷热水镀锌钢管（螺纹连接）*DN*100	m	8.77	（0.25+3.70）（供水）+（0.40+0.30+3.70+0.24+0.18）（回水）=8.77（m）
	主材： 1. 镀锌钢管 2. 空调冷热水室内镀锌钢管螺纹管件	m 个	8.95 4.44	10.02/10×8.77=8.95（m） 5.06/10×8.77=4.44（个）
10-3-8	空调冷热水镀锌钢管（螺纹连接）*DN*80	m	9.21	（0.24+0.41）（供水）+（0.28+0.14+5.10+0.14+2.90）（回水）=9.21（m）
	主材： 1. 镀锌钢管 2. 空调冷热水室内镀锌钢管螺纹管件	m 个	9.39 4.97	10.02/10×9.21=9.39（m） 5.40/10×9.21=4.97（个）
10-3-7	空调冷热水镀锌钢管（螺纹连接）*DN*70	m	5.38	（0.14+5.10+0.14）（供水）=5.38（m）
	主材： 1. 镀锌钢管 2. 空调冷热水室内镀锌钢管螺纹管件	m 个	5.49 3.04	10.02/10×5.38=5.49（m） 5.65/10×5.38=3.04（个）
10-3-6	空调冷热水镀锌钢管（螺纹连接）*DN*50	m	21.51	2.90（供水右）+（3.10+0.24）（供水左）+（0.40+0.20+0.60+2.25+3.80+3.40+3.80+0.20+0.18+0.44）（回水左）=21.51（m）
	主材： 1. 镀锌钢管 2. 空调冷热水室内镀锌钢管螺纹管件	m 个	22.16 14.02	10.02/10×21.51=22.16（m） 6.52/10×21.51=14.02（个）

（续）

定额编号	项 目 名 称	单位	数量	计 算 公 式
10-3-5	空调冷热水镀锌钢管（螺纹连接）DN40	m	7.20	(3.40+3.80)(供水左)=7.20(m)
	主材： 1. 镀锌钢管 2. 空调冷热水室内镀锌钢管螺纹管件	m 个	7.19 5.16	9.98/10×7.20=7.19(m) 7.16/10×7.20=5.16(个)
10-3-4	空调冷热水镀锌钢管（螺纹连接）DN32	m	6.84	3.80(回水左)+(0.14+2.90)(回水右)=6.84(m)
	主材： 1. 镀锌钢管 2. 空调冷热水室内镀锌钢管螺纹管件	m 个	6.83 6.22	9.98/10×6.84=6.83(m) 9.09/10×6.84=6.22(个)
10-3-3	空调冷热水镀锌钢管（螺纹连接）DN25	m	7.44	(3.80+0.24)(供水左)+(3.40+3.80)(回水左)=11.24(m)
	主材： 1. 镀锌钢管 2. 空调冷热水室内镀锌钢管螺纹管件	m 个	11.02 10.78	9.80/10×11.24=11.02(m) 9.59/10×11.24=10.78(个)
10-3-2	镀锌钢管（螺纹连接）DN20	m	38.78	0.48(供水左)+5.10(回水右)+a 盘管支管(供 0.21+3.0+回 3.00+0.14)×2+b 盘管支管(供 2.05+回 2.50)×4+c 盘管支管(供 1.20+回 1.10)=38.78(m)
	主材： 1. 镀锌钢管 2. 空调冷热水室内镀锌钢管螺纹管件	m 个	38.98 37.35	9.80/10×39.78=38.98(m) 9.39/10×39.78=37.35(个)
10-3-16	空调凝结水镀锌钢管（螺纹连接）DN40	m	3.98	1.00+0.98+(3.10−1.10)=3.98(m)
	主材： 1. 镀锌钢管 2. 空调凝结水室内镀锌钢管螺纹管件	m 个	4.04 2.02	10.15/10×3.98=4.04(m) 5.08/10×3.98=2.02(个)

（续）

定额编号	项 目 名 称	单位	数量	计 算 公 式
10-3-15	空调凝结水镀锌钢管（螺纹连接）DN32	m	7.32	3.20+2.12+(3.10−1.10)=7.32(m)
	主材： 1. 镀锌钢管 2. 空调凝结水室内镀锌钢管螺纹管件	m 个	7.43 4.25	10.15/10×7.32=7.43(m) 5.80/10×7.32=4.25(个)
10-3-14	空调凝结水镀锌钢管（螺纹连接）DN25	m	6.05	2.95+3.10=6.05(m)
	主材： 1. 镀锌钢管 2. 空调凝结水室内镀锌钢管螺纹管件	m 个	6.14 4.30	10.15/10×6.05=6.14(m) 7.11/10×6.05=4.30(个)
10-3-13	空调凝结水镀锌钢管（螺纹连接）DN20	m	14.43	4.60+0.50×2（a盘管凝结水支管）+2.10×4(b盘管凝结水支管)+0.43（c盘管凝结水支管）=14.43(m)
	主材： 1. 镀锌钢管 2. 空调凝结水室内镀锌钢管螺纹管件	m 个	14.69 8.51	10.18/10×14.43=14.69(m) 5.90/10×14.43=8.51(个)
10-5-42（人工、机械）×系数1.2	钢制法兰蝶阀DN100(管井内)	个	2	
	主材： 钢制法兰蝶阀DN100	个	2	1.0×2=2(个)
10-5-41	法兰闸阀DN80	个	2	
	主材： 钢制法兰闸阀DN80	个	2	1.0×2=2(个)
10-5-39	法兰闸阀DN50	个	2	
	主材： 钢制法兰闸阀DN50	个	2	1.0×2=2(个)
10-5-2	丝扣铜球阀DN20	个	15	
	主材： 丝扣铜球阀DN20	个	15.15	1.01×15=15.15(个)

（续）

定额编号	项目名称	单位	数量	计算公式
10-5-2	Y型过滤器 *DN*20	个	7	
	主材： Y型过滤器 *DN*20	个	7.07	1.01×7=7.07(个)
10-5-29	自动排气阀 *DN*20	个	1	
	主材： 自动排气阀 *DN*20	个	1	1.0×1=1(个)
10-5-142 (人工、机械)× 系数1.2	碳钢平焊法兰 *DN*100(管井内)	副	2	
	主材： 碳钢平焊法兰 *DN*100	片	4	2.0×2=4(片)
10-5-141	碳钢平焊法兰 *DN*80	副	2	
	主材： 碳钢平焊法兰 *DN*80	片	4	2.0×2=4(片)
10-5-139	碳钢平焊法兰 *DN*50	副	2	
	主材： 碳钢平焊法兰 *DN*50	片	4	2.0×2=4(片)
10-5-456	金属软管 *DN*20(丝接)	根	14	
	主材： 金属软管 *DN*20	根	14	1.0×14=14(根)
10-5-456	橡胶软管 *DN*20(丝接)	根	7	
	主材： 橡胶软管 *DN*20	根	7	1.0×7=7(根)
10-11-30	一般穿墙套管 *DN*100	个	2	供1　回1
	主材： 焊接钢管 *DN*150	m	0.64	0.318×2=0.64(m)
10-11-25	一般穿墙套管 *DN*20	个	21	供7+回7+凝7=21(个)
	主材： 焊接钢管 *DN*32	m	6.68	0.318×21=6.68(m)

6.3 通风空调工程分部分项工程量清单编制

6.3.1 分部分项工程量清单项目设置的内容

工业管道工程项目的分部分项工程量清单编制使用《通用安装工程工程量计算规范》（GB 50856—2013）附录G，见表6-7。

表6-7 通风空调工程工程量清单项目设置内容

项目编码	项目名称	分项工程项目
030701	通风及空调设备及部件制作安装	本部分包括空气加热器（冷却器）、除尘设备、空调器、风机盘管、表冷器、密闭门、挡水板、滤水器、溢水盘、金属壳体、过滤器、净化工作台、风淋室、洁净室、除湿机、人工过滤吸收器共15个分项工程项目
030702	通风管道制作安装	本部分包括碳钢通风管道、净化通风管道、不锈钢板通风管道、铝板通风管道、塑料通风管道、玻璃钢通风管道、复合型风管、柔性软风管、弯头导流叶片、风管检查孔、温度/风量测定孔共11个分项工程项目
030703	通风管道部件制作安装	本部分包括碳钢阀门、柔性软风管阀门、铝蝶阀、不锈钢蝶阀、塑料阀门、玻璃钢阀门、碳钢风口/散流器/百叶窗、不锈钢风口/散流器/百叶窗、塑料风口/散流器/百叶窗、玻璃钢风口、铝及铝合金风口/散流器、碳钢风帽、不锈钢风帽、塑料风帽、铝板伞形风帽、玻璃钢风帽、碳钢罩类、塑料罩类、柔性接口、消声器、静压箱、人防超压自动排气阀、人防手动密闭阀、人防其他部件共21个分项工程项目
030704	通风工程检测、调试	本部分检测的内容包括通风工程检测/调试、风管漏光试压/漏风试验工2个分项工程项目

6.3.2 分部分项工程量清单编制任务实施

（1）任务一：根据某大厦多功能厅全空气空调工程的工程量计算书（表6-5）和《通用安装工程工程量计算规范》，编制该工程分部分项工程量清单，见表6-8。

表6－8 分部分项工程量清单表

工程名称：某大厦多功能厅全空气空调工程　　标段：　　第 页 共 页

序号	项目编码	项目名称	项目特征描述	计量单位	工程量
1	030701003001	空调器	1. 名称：恒温恒湿机整体机组 2. 型号：YSL－DHS－225 3. 风量、质量： 8000（m^3/h）/0.6（t） 4. 安装形式：悬挂安装	台	1
2	030702001001	碳钢通风管道	1. 名称：通风管道 2. 材质：镀锌钢板 3. 形状、规格：矩形 250mm×250mm、 240mm×240mm 4. 板材厚度：0.75mm 5. 接口形式：咬口 6. 支架要求：厂配	m^2	36.96
3	030702001002	碳钢通风管道	1. 名称：通风管道 2. 材质：镀锌钢板 3. 形状、规格：矩形 800mm×500mm、 800mm×250mm、 630mm×250mm、 500mm×250mm 4. 板材厚度：1.0mm 5. 接口形式：咬口 6. 支架要求：厂配	m^2	182.47
4	030702001003	碳钢通风管道	1. 名称：通风管道 2. 材质：镀锌钢板 3. 形状、规格：矩形 1250mm×500mm 4. 板材厚度：1.2mm 5. 接口形式：咬口 6. 支架要求：厂配	m^2	18.24
5	030702011001	温度、风量测定孔	1. 名称：温度、风量测定孔 2. 材质：铝合金 3. 规格：ϕ25mm	个	2

（续）

序号	项目编码	项目名称	项目特征描述	计量单位	工程量
6	030703001001	碳钢阀门	1. 名称：手动对开多叶风量调节阀 2. 周长：2100mm 3. 成品安装	个	4
7	030703001002	碳钢阀门	1. 名称：风管防火阀 2. 周长：3500mm 3. 成品安装	个	1
8	030703011001	铝合金风口	1. 名称：铝合金防雨单层百叶新风口 2. 规格：周长 3260mm 3. 成品安装	个	1
9	030703011002	铝合金风口	1. 名称：铝合金百叶回风口 2. 规格：周长 4800mm 3. 成品安装	个	1
10	030703011003	铝合金风口	1. 名称：铝合金方形散流器 2. 规格：240mm×240mm 3. 成品安装	个	24
11	030703019001	柔性接口	1. 名称：软接口 2. 规格：1250mm×500mm×200mm 3. 材质：帆布	m^2	2.1
12	030703020001	消声器	1. 名称：阻抗复合消声器 2. 规格：T701－6 型 5＃ 3. 制作安装	个	1
13	030703020002	消声器	1. 名称：管式消声器 2. 周长：3500mm 3. 成品安装	节	1
14	031208003001	通风管道绝热	1. 绝热材料：岩棉板 2. 绝热厚度：25mm	m^3	6.86
15	031208007001	防潮层、保护层	1. 材料：玻璃丝布 2. 厚度：0.5mm 3. 层数：一层 4. 对象：通风管道	m^2	303.52
16	030704001001	通风工程检测、调试	风管工程量：通风系统	系统	1

（2）任务二：根据某办公楼（一层部分房间）风机盘管工程的工程量计算书（表6-6）和《通用安装工程工程量计算规范》，编制该工程分部分项工程量清单，见表6-9。

表6-9 分部分项工程量清单表

工程名称：某办公楼（一层部分房间）风机盘管工程　　标段：　　第　页　共　页

序号	项目编码	项目名称	项目特征描述	计量单位	工程量
1	030701004001	风机盘管	1. 名称：卧式风机盘管 2. 型号：FP-WAI 3. 规格：350～2500m^3/h 4. 安装形式：吊顶式暗装 5. 减震器、支架形式、材质：厂配 6. 试压要求：按规范要求	台	7
2	030702001001	碳钢通风管道	1. 名称：风机盘管连接管 2. 材质：镀锌薄钢板 3. 形状：矩形 4. 规格：风管截面1000mm×200mm 5. 板材厚度：1.0mm 6. 管件、法兰等附件及支架设计要求：厂配 7. 接口形式：咬口连接	m^2	29.40
3	030703011001	铝合金风口	1. 名称：铝合金百叶回风口 2. 型号：FQ023 3. 规格：周长2400mm 4. 形式：成品安装	个	7
4	030703011002	铝合金风口	1. 名称：铝合金百叶送风口 2. 型号：FQ023 3. 规格：周长1300mm 4. 形式：成品安装	个	7
5	030703019001	柔性接口	1. 名称：软接口 2. 规格：1000mm×200mm×200mm 3. 材质：帆布	m^2	8.40
6	031001001001	镀锌钢管	1. 安装部位：室内（管井内安装） 2. 介质：空调冷热水 3. 规格：*DN*100 4. 连接形式：螺纹连接	m	1.20
7	031001001002	镀锌钢管	1. 安装部位：室内 2. 介质：空调冷热水 3. 规格：*DN*100 4. 连接形式：螺纹连接	m	8.77

（续）

序号	项目编码	项目名称	项目特征描述	计量单位	工程量
8	031001001003	镀锌钢管	1. 安装部位：室内 2. 介质：空调冷热水 3. 规格：*DN*80 4. 连接形式：螺纹连接	m	9.21
9	031001001004	镀锌钢管	1. 安装部位：室内 2. 介质：空调冷热水 3. 规格：*DN*70 4. 连接形式：螺纹连接	m	5.38
10	031001001005	镀锌钢管	1. 安装部位：室内 2. 介质：空调冷热水 3. 规格：*DN*50 4. 连接形式：螺纹连接	m	21.51
11	031001001006	镀锌钢管	1. 安装部位：室内 2. 介质：空调冷热水 3. 规格：*DN*40 4. 连接形式：螺纹连接	m	7.20
12	031001001007	镀锌钢管	1. 安装部位：室内 2. 介质：空调冷热水 3. 规格：*DN*32 4. 连接形式：螺纹连接	m	6.84
13	031001001008	镀锌钢管	1. 安装部位：室内 2. 介质：空调冷热水 3. 规格：*DN*25 4. 连接形式：螺纹连接	m	11.24
14	031001001009	镀锌钢管	1. 安装部位：室内 2. 介质：空调冷热水 3. 规格：*DN*20 4. 连接形式：螺纹连接	m	39.78
15	031001001010	镀锌钢管	1. 安装部位：室内 2. 介质：空调凝结水 3. 规格：*DN*40 4. 连接形式：螺纹连接	m	3.98
16	031001001011	镀锌钢管	1. 安装部位：室内 2. 介质：空调凝结水 3. 规格：*DN*32 4. 连接形式：螺纹连接	m	7.32

（续）

序号	项 目 编 码	项 目 名 称	项目特征描述	计量单位	工程量
17	031001001012	镀锌钢管	1. 安装部位：室内 2. 介质：空调凝结水 3. 规格：*DN*25 4. 连接形式：螺纹连接	m	6.05
18	031001001013	镀锌钢管	1. 安装部位：室内 2. 介质：空调凝结水 3. 规格：*DN*20 4. 连接形式：螺纹连接	m	14.43
19	031002003001	套管	1. 名称、类型：一般穿墙套管 2. 材质：碳钢 3. 规格：*DN*100 4. 填料材质：油麻	个	2
20	031002003002	套管	1. 名称、类型：一般穿墙套管 2. 材质：碳钢 3. 规格：*DN*20 4. 填料材质：油麻	个	21
21	031003001001	螺纹阀门	1. 类型：Q11F－16T 球阀 2. 材质：铜质 3. 规格：*DN*20 4. 连接形式：螺纹连接	个	15
22	031003001002	螺纹阀门	1. 类型：ZP—05 自动排气阀 2. 材质：铜质 3. 规格：*DN*20 4. 连接形式：螺纹连接	个	1
23	031003001003	螺纹阀门	1. 类型：Y 型过滤器 2. 材质：铜质 3. 规格：*DN*20 4. 连接形式：螺纹连接	个	7
24	031003003001	焊接法兰阀门	1. 类型：闸阀 2. 材质：铸铁 3. 规格：*DN*50 4. 连接形式：法兰连接	个	2
25	031003003002	焊接法兰阀门	1. 类型：闸阀 2. 材质：铸铁 3. 规格：*DN*80 4. 连接形式：法兰连接	个	2

（续）

序号	项目编码	项目名称	项目特征描述	计量单位	工程量
26	031003003003	焊接法兰阀门	1. 类型：闸阀 2. 材质：铸铁 3. 规格：DN100 4. 连接形式：法兰连接（管井内安装）	个	2
27	031003010001	软管	1. 材质：金属 2. 规格：DN20 3. 连接形式：螺纹连接	个	14
28	031003010002	软管	1. 材质：橡胶 2. 规格：DN20 3. 连接形式：螺纹连接	个	7
29	031003011001	法兰	1. 材质：碳钢 2. 规格：DN100 3. 连接形式：平焊法兰（管井内安装）	副	2
30	031003011002	法兰	1. 材质：碳钢 2. 规格：DN80 3. 连接形式：平焊法兰	副	2
31	031003011003	法兰	1. 材质：碳钢 2. 规格：DN50 3. 连接形式：平焊法兰	副	2
32	030704001001	通风工程检测、调试	风管工程量：通风系统	系统	1
33	031009002001	空调水工程系统调试	空调水管道工程量	系统	1

小结

本部分内容分别以编制某大厦多功能厅通风空调工程项目分部分项工程量清单和编制某办公楼（一层部分房间）风机盘管工程分部分项工程量清单为线索，从识读工程图纸入手，详细介绍了通风空调工程的工程量计算规则、相应的消耗量定额使用注意事项，以及《通用安装工程工程量计算规范》中对应的内容。通过学习本项目内容，培养学生独立编制通风空调工程计量文件的能力。

自测练习

一、单项选择题

1. 整体式空调机组安装，以（　　）为计量单位。

A. 台　　B. 套　　C. 个　　D. 千克

2. 中央空调系统中的核心组成部分是（　　）。

A. 空气处理设备　　B. 空气净化设备

C. 空气洗涤设备　　D. 空气加热处理设备

3. 风机盘管系统为（　　）。

A. 半集中式空调系统　　B. 集中式空调系统

C. 局部空调机系统　　D. 分散式空调系统

4. 空调工程水管安装应执行（　　）定额。

A. 第七册　　B. 第八册　　C. 第九册　　D. 第十册

5. 风机盘管的送吸风连接管，按相应风管制作安装定额乘以系数（　　）。

A. 0.6　　B. 0.8　　C. 1.0　　D. 1.1

6. 风管长度一律以施工图中心线长度为准，不包括（　　）的长度。

A. 弯头　　B. 三通　　C. 变径管　　D. 阀门

7. 薄钢板矩形风管定额是以（　　）划分子目的。

A. 钢板厚度　　B. 截面长边长　　C. 截面短边长　　D. 截面面积

8. 计算风管长度时，天圆地方应按（　　）尺寸计算。

A. 大头口径　　B. 小头口径　　C. 圆管　　D. 方管

9. 通风系统采用渐缩管均匀送风时，圆形风管采用（　　）计算工程量。

A. 大头直径　　B. 小头直径　　C. 平均直径　　D. 平均面积

10. 风口的宽与长之比小于或等于（　　）为条缝形风口，执行百叶风口定额，人工乘以系数1.1。

A. 1　　B. 0.5　　C. 0.25　　D. 0.125

二、判断题

1. 在通风空调工程量计算中，风管长度一律以施工图示中心线长度为准（主管与支管以其中心线交点划分），包括弯头、三通、变径管、天圆地方等管件的长度，但不包括风阀、消声器等部件所占长度。（　　）

2. 风管制作安装以施工图规格不同按展开面积计算，不扣除检查孔、测定孔、送风口、吸风口等所占面积。（　　）

3. 整个通风系统设计采用渐缩管均匀送风者，圆形风管按平均直径、矩形风管按平均周长计算。（　　）

4. VAV变风量末端装置适用于单风道变风量末端和双风道变风量末端装置，风机动力型变风量末端装置人工乘以系数1.1。（　　）

5. 风机盘管连接管以“m”为计量单位，套用第七册相应定额。（　　）

6. 风机盘管安装按安装方式不同以“台”为计量单位。（　　）

7. 镀锌薄钢板法兰风管制作安装定额包括法兰及加固框制作安装。 （ ）

8. 空调水管道安装均以管道中心线长度计算延长米，不扣除管件、阀门及各种附件所占长度。 （ ）

9. 通风空调工程的保温、防腐蚀、绝热部分不计取高层建筑增加费。 （ ）

10. 空调冷热水钢管与空调凝结水管道安装执行同一个定额项目。 （ ）

11. 帆布软管定额单位为“m^2”，执行柔性软风管安装定额。 （ ）

12. 第七册定额脚手架搭拆费按定额人工费的4%计算，其费用中人工费占35%。 （ ）

13. 通风空调系统调整费按系统工程人工费7%计取，其费用中人工费占35%。 （ ）

14. 通风空调工程的建筑物超高增加费取人工费的7%。 （ ）

15. 通风工程检测、调试清单项目包括通风工程检测/调试、风管漏光试验/漏风试验2个分项工程项目。 （ ）

三、计算题

图6-40为某单位办公室舒适性空调工程项目。请在认真识读该工程项目图纸的前提下，计算该项目的工程量，编制其分部分项工程量清单。

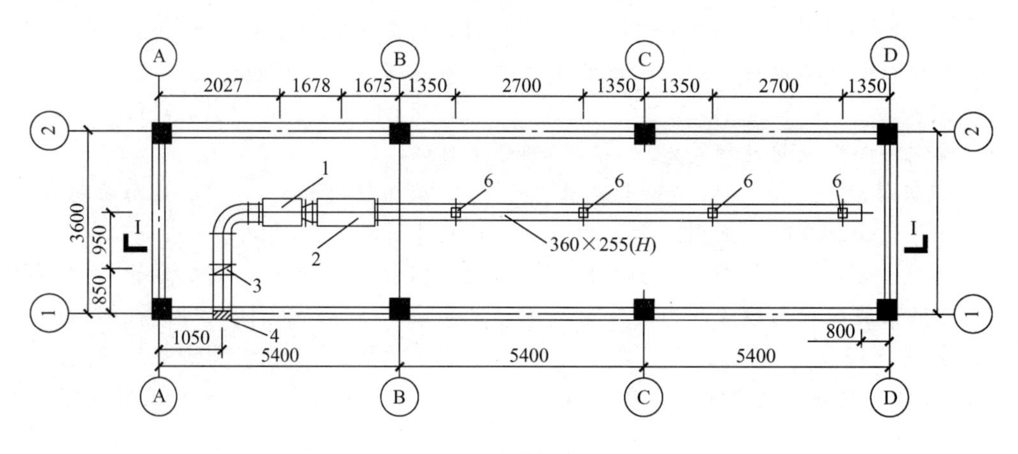

(a) 平面图

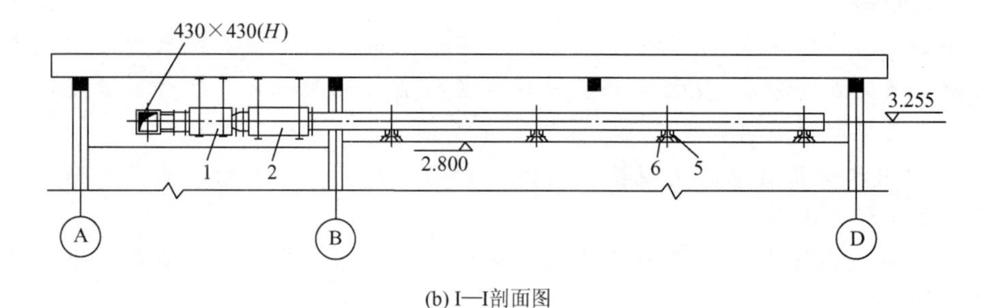

(b) I—I剖面图

图6-40 某单位办公室舒适性空调工程平面图和剖面图

1. 工程概况

图中1为新风机组（规格为3000m^3/h），长1100mm；2为阻抗复合消声器，规格为

1760mm×500mm（*H*）；3为密闭对开多叶调节阀，规格为430mm×430mm，长200mm；4为百叶新风口，规格为430mm×430mm；5为风管蝶阀，规格为240mm×240mm，长150mm；6为方形散流器，规格为240mm×240mm。以上设备及配件均为成品安装。风管采用镀锌薄钢板，板厚为0.75mm，咬口连接。

2. 工作任务

(1) 按照《山东省安装工程消耗量定额》（SD 02—31—2016）的有关内容，计算工程量。

(2) 根据现行的《通用安装工程工程量计算规范》（GB 50856—2013）附录G，编制该工程分部分项工程量清单。

【项目6自测练习答案】

项目7 工业管道工程计量

学习目标

1. 了解工业管道工程识图的基本知识，能熟练识读工业管道工程施工图，为工程计量奠定好基础。

2. 熟悉工业管道工程消耗量定额的内容及使用定额的注意事项。

3. 掌握工业管道工程量计算规则，能熟练计算工业管道工程的工程量。

4. 熟悉工业管道工程量清单项目设置的内容，能独立编制工业管道分部分项工程量清单。

教学活动设计

1. 采用多媒体等多种信息化教学手段，以实际工程为载体，讲解工业管道工程消耗量定额的内容及使用定额的注意事项。

2. 以实际工程为载体，讲解工业管道工程量计算规则、工程量清单项目设置的内容及工程量清单的编制方法。

工作任务

依据《山东省安装工程消耗量定额》(SD 02—31—2016)、《通用安装工程工程量计算规范》(GB 50856—2013) 等资料及施工平面图、剖面图，绘制下面某工厂油泵车间工业管道安装工程的系统图，计算其工程量，并编制其分部分项工程量清单。

工程基本情况如下。

图 7-1～图 7-3 为济南市某工厂油泵车间工业管道安装工程施工图。

(1) 管道采用热轧无缝钢管，手工电弧焊接，焊缝不进行无损探伤，公称压力为 1.6MPa，要求进行压缩空气吹扫和液压试验。

(2) 管道中的阀门分别为法兰截止阀 (J41T-1.6)、法兰止回阀 (H44T-1.6)，采用碳钢平焊法兰连接。三通主管现场挖眼制作，大小头为成品大小头，弯头为成品冲压弯头。

(3) 管道支架综合计算后共计 86kg。

(4) 管道及管道支架人工除微锈后，刷红丹防锈漆二遍，再刷调和漆二遍。

未尽事宜，按现行施工及验收规范的有关内容执行。

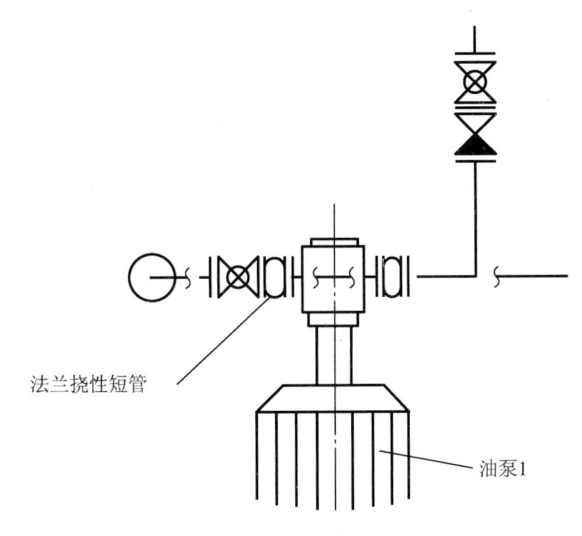

图 7-1 油泵接点大样

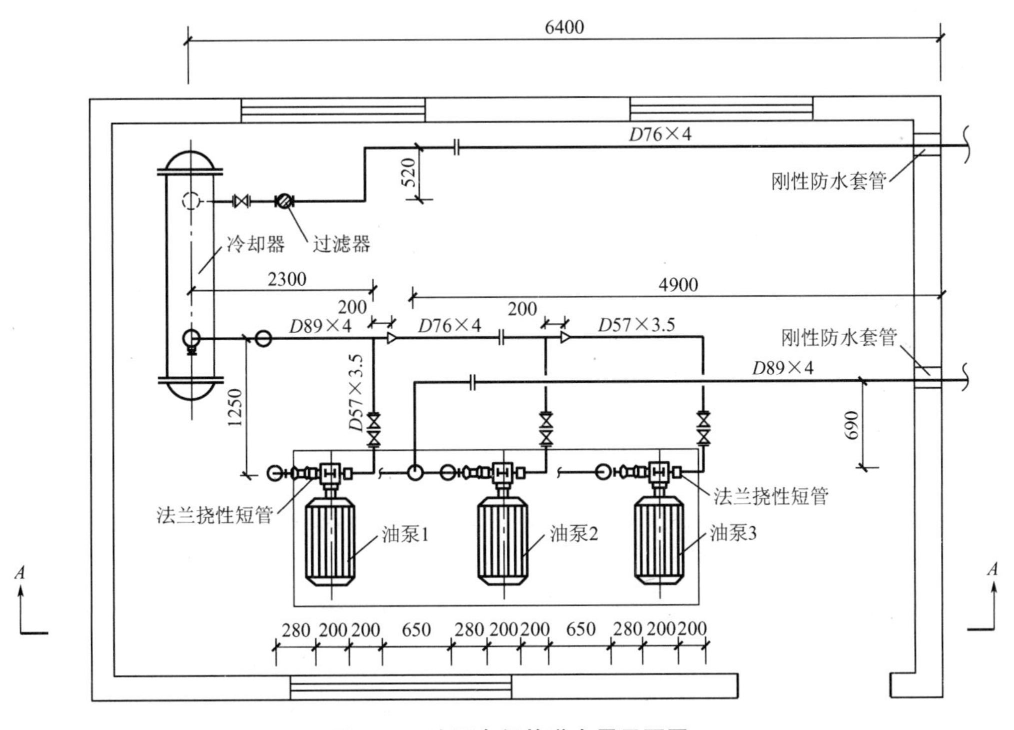

图 7-2 油泵车间管道布置平面图

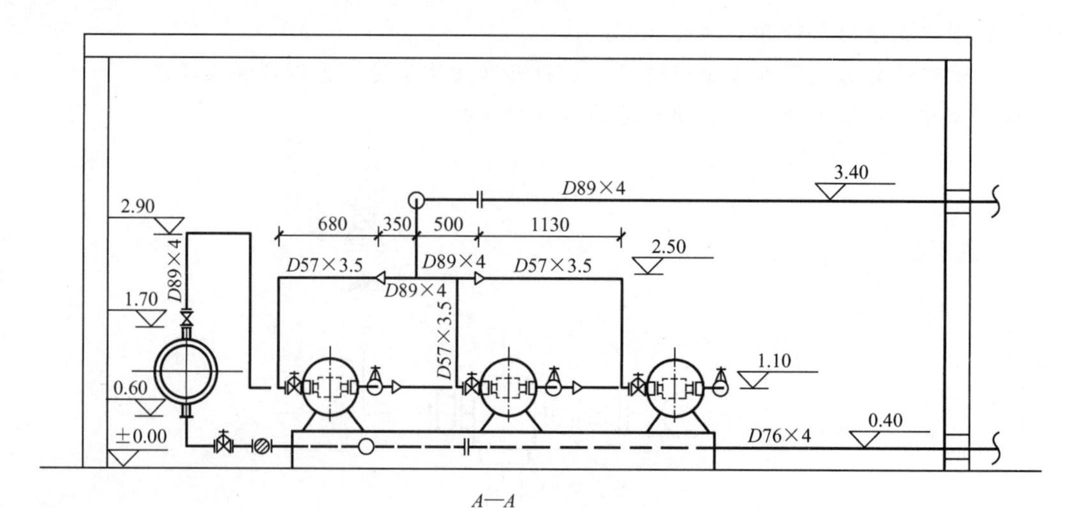

图 7－3　A—A 剖面图

7.1　工业管道工程识图基本知识

7.1.1　工业管道工程相关知识

1. 工业管道工程的定义

工业生产中，用来把单个机械设备或车间连接成完整的生产工艺系统的管道，称为工业管道。

工业管道工程在工业建设中占有非常重要的地位，特别是在石油化工、冶金工业中尤为突出。在一个大中型综合性的安装工程中，除了成群高大的设备外，最多的就是密布成行的工业管道。它们从地下到高空，从厂内到厂外，交错纵横，把厂区各个生产装置、各个工段、各种大小不同的设备连接起来，形成一个有机的整体，如图 7－4 所示。

(a) 某设备工业管道(模型)

(b) 某石化厂工业管道

图 7－4　工业管道

工业管道安装工程所需的各种管材、阀门、法兰和管件等，绝大多数价格都比较高，它们都以主材的形式计入安装工程直接费，在整个安装工程费用中占很大比重。

2. 工业管道工程用管材的种类

工业管道工程用管材种类较多（图 7-5），其中无缝钢管使用较多，在规格表示上，无缝钢管以“外径×壁厚”表示，如 ϕ108×4 表示无缝钢管外径为 108mm，管壁厚度为 4mm。

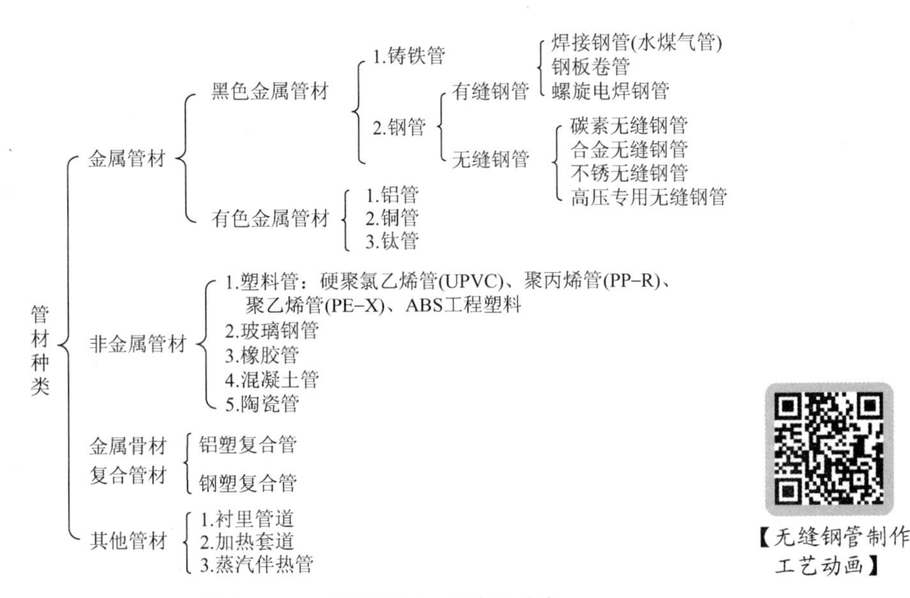

图 7-5 工业管道工程用管材种类

3. 工业管道工程常用管件

工业管道管件主要包括弯头（含冲压、煨制、焊接弯头）、三通（四通）、异径管（又称大小头）、管接头、管帽、仪表凸台、焊接盲板等。

1）弯头

弯头按制造方法可分为以下几种。

（1）冲压弯头。冲压无缝弯头：直径<200mm，直接用无缝钢管压制，一次成形，不需焊接，如图 7-6 所示。

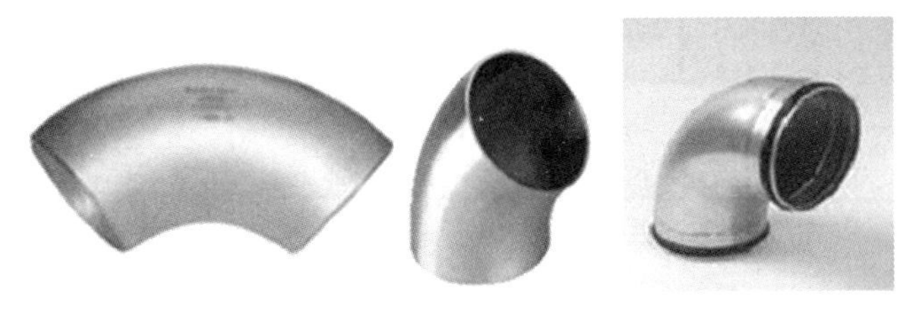

图 7-6 冲压弯头

（2）煨制弯头。用管材直接煨制而成，一般用于小口径或弯曲半径没有要求的管道。

（3）焊接弯头。用钢板卷制或用钢管焊接（俗称虾壳弯）制成，如图 7-7 所示。

2）现场摔制大小头

所谓现场摔制大小头就是缩口，将大口径管的一端加热到红热状态，用锤砸，使其口

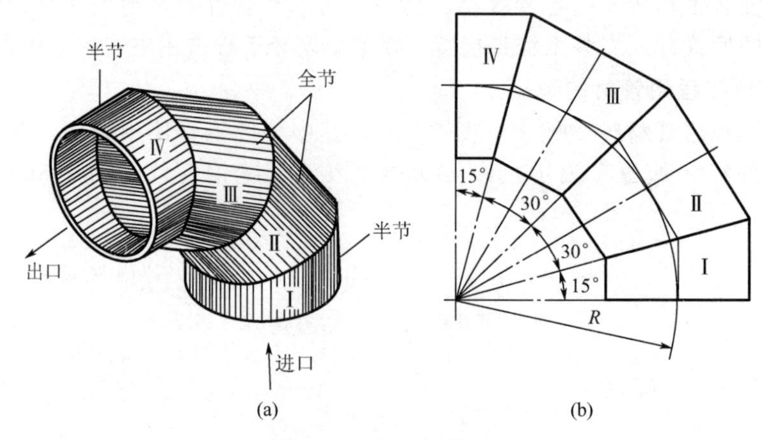

图 7-7　焊接弯头

径缩小，成为一头大一头小的管件，俗称“大小头”或“变径”。有时两端口径差异太大，就把大口径管的一端先割去几条弧面三角形片，然后加热到红热状态，再用锤砸，使其割去的缺口再靠到一起形成接缝处，并将形成的小端口整圆，最后将接缝焊好。

3）主管挖眼三通

所谓主管挖眼三通，就是直接在主干管上挖个洞接上分支管。

4. 常用法兰、垫片及螺栓

1）法兰种类（图 7-8 和图 7-9）

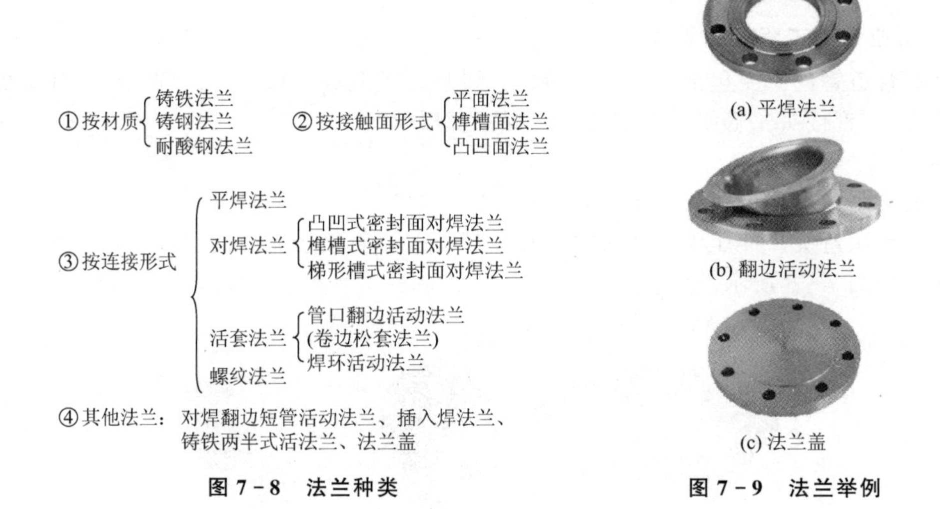

图 7-8　法兰种类　　　图 7-9　法兰举例

2）法兰垫片

法兰垫片种类较多，常用的有橡胶石棉垫片、橡胶垫片、塑料垫片等，如图 7-10 所示。

3）螺栓螺母

工业管道法兰用螺栓分单头螺栓和双头螺栓两种，如图 7-11 所示。

(a) 橡胶石棉垫片　(b) 橡胶垫片　(c) 塑料垫片

图 7-10　法兰垫片

(a) 单头螺栓　(b) 双头螺栓　(c) 螺母

图 7-11　螺栓螺母

5. 管道压力试验

在一个工程项目中，某个系统的工艺管道安装完毕以后，就要按设计规定对管道进行系统强度试验和气密性试验，其目的是检查管道承受压力情况和各个连接部位的严密性。管道压力试验可分为液压试验（用于输送液体介质的管道，常用水压试验）和气压试验（用于输送气体介质的管道）两种。

6. 管道吹扫与清洗

管道安装完后，清除管内遗留物的方法一般是用压缩空气吹除或水冲洗，统称为吹洗。常用方法有水冲洗、空气吹扫、蒸汽吹扫、油清洗（适用于大型机械的润滑油、密封油等油管道系统的清洗）、管道脱脂（除掉管内的油迹）等。

7. 焊口热处理

焊口热处理包括焊前预热和焊后加热，是为了降低焊缝的冷却速度，防止接头生成淬硬组织，产生冷裂纹的一种工艺手段。

8. 无损探伤

无损探伤是指在不损伤被测材料的情况下，检查材料的内在或表面缺陷，或测定材料的某些物理量、性能、组织状态等的检测技术。无损探伤广泛用于金属材料、非金属材料、复合材料及其制品，以及一些电子元器件的检测。常用的无损检测技术有射线探伤、超声检测、声发射检测、渗透探伤、磁粉探伤等。

7.1.2 工业管道图示注意事项

1. 管件单线图的表示方法

弯头、三通、大小头等常用管件单线图表示方法，如图 7-12 所示。

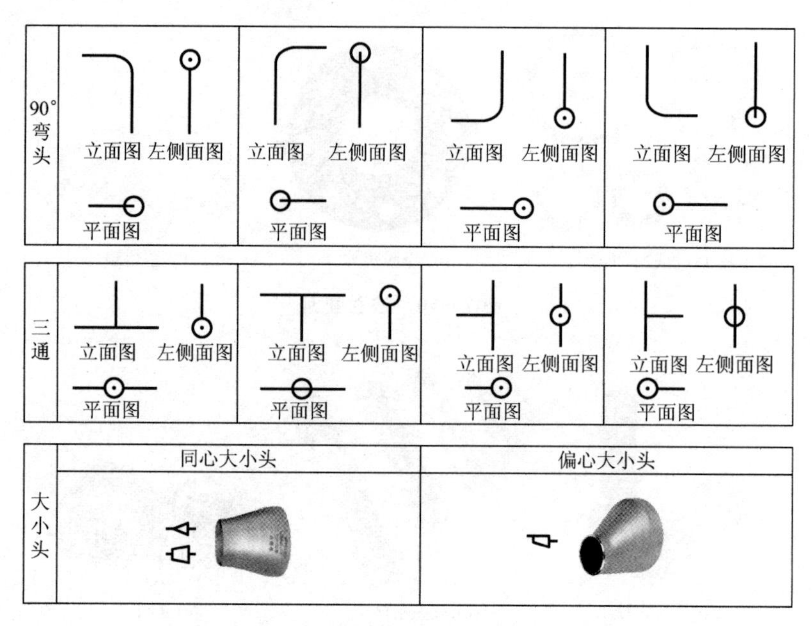

图 7－12　工业管道管件单线图的表示方法

2. 阀门

以截止阀为例说明单线图的表示方法，如图 7－13 所示。

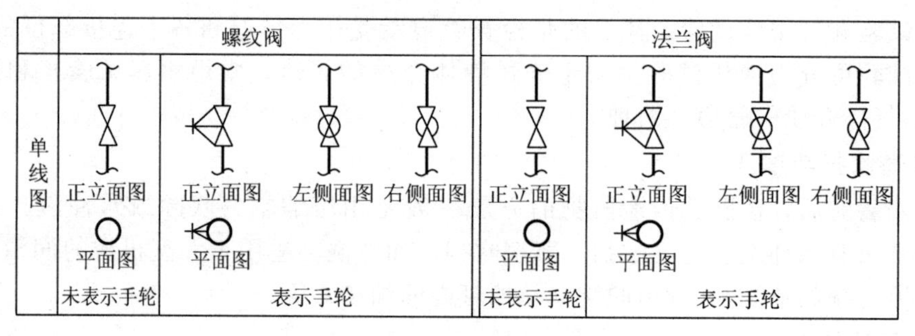

图 7－13　阀门单线图的表示方法

3. 管道重叠的表示方法

管道重叠的表示方法如图 7－14 和图 7－15 所示。

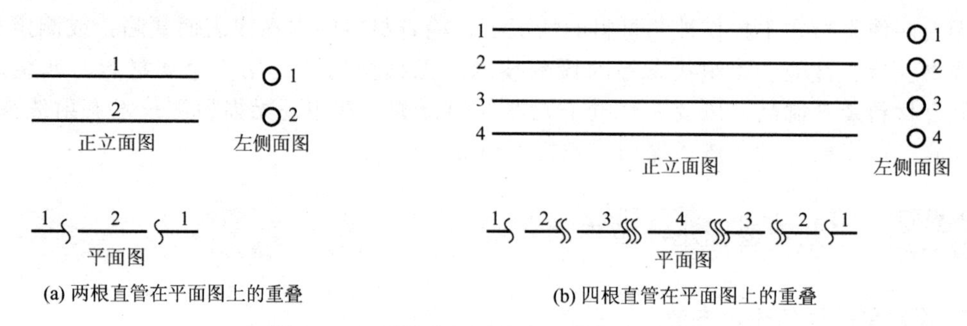

图 7－14　管道在平面图上重叠的表示方法

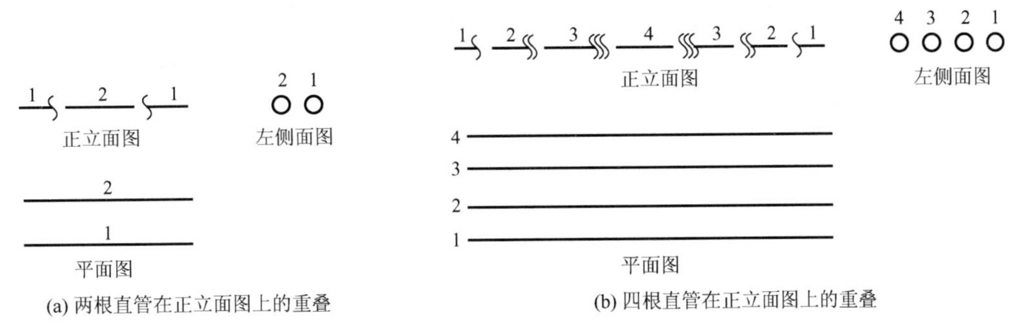

(a) 两根直管在正立面图上的重叠　(b) 四根直管在正立面图上的重叠

图 7-15　管道在立面图上重叠的表示方法

4. 管道交叉的表示方法

管道交叉的表示方法如图 7-16 所示。

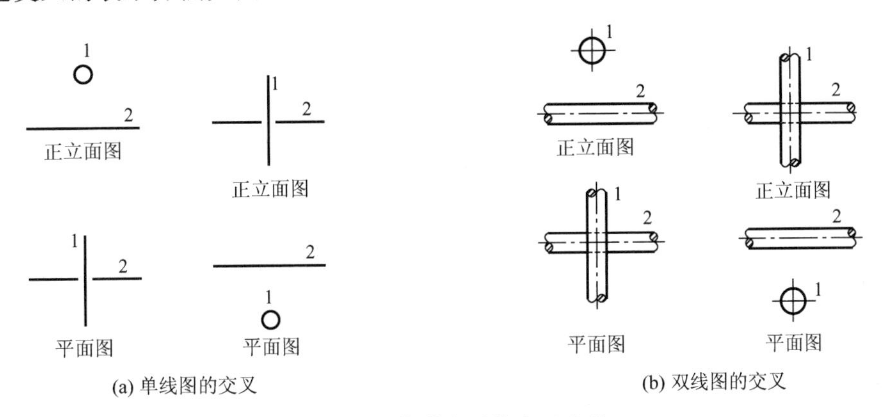

(a) 单线图的交叉　(b) 双线图的交叉

图 7-16　管道交叉的表示方法

7.2 工业管道工程量计算

7.2.1 工程量计算及消耗量定额应用

工业管道工程使用《山东省安装工程消耗量定额》(SD 02—31—2016)第八册。该册定额适用于厂区范围内的车间、装置、站、罐区及其相互之间各种生产用介质输送管道，厂区第一个连接点以内的生产用（包括生产和生活共用）给水、排水、蒸汽、燃气等输送管道的安装工程。其中给水以入口水表井为界；排水以厂区围墙外第一个污水井为界；蒸汽和燃气以入口第一个计量表（阀门）为界；锅炉房、水泵房以墙皮为界。

【山东省安装工程消耗量定额（第8册）】

工业管道压力等级的划分：

低压：$0<P\leqslant1.6\text{MPa}$；

中压：1.6MPa＜P≤10MPa；

高压：10MPa＜P≤42MPa。

蒸汽管道 P≥9MPa、工作温度≥500℃时为高压。

1. 管道安装

1）工程量计算规则

(1) 管道安装按不同压力、材质、连接形式，以“10m”为计量单位。定额的管道壁厚是考虑了压力等级所涉及的壁厚范围综合取定的。执行定额时不区分管道壁厚，均按工作介质的设计压力及材质、规格执行定额。

(2) 各种管道安装工程量，按设计管道中心线以“延长米”计算，不扣除阀门及各种管件所占长度。

(3) 加热套管安装内、外管分别计算工程量，执行相应定额。

(4) 金属软管安装按不同连接方式，以“根”为计量单位。

(5) 钢套管预制直埋保温管管径以介质管道（内管）管径为准。其管道主材耗用量以管道安装工程量扣除管件、附件、阀门实际所占长度后，另加4%损耗计算。

2）定额应用说明

(1) 碳钢管适用于焊接钢管、无缝钢管、16Mn钢管；碳钢板卷管安装适用于普通碳钢板卷管和16Mn钢板卷管；铜管适用于紫铜、黄铜、青铜管。

(2) 管道安装定额中除另有说明外不包括管件连接、阀门安装、法兰安装、管道压力试验、吹扫与清洗、焊口无损检测、预热与后热、热处理、硬度测定、光谱分析、管道支吊架制作与安装、穿墙套管制作与安装等内容，应执行本册有关章节相应项目。

(3) 衬里管道预制安装，管件按成品，管件两端按接短管焊法兰考虑，定额中包括了直管、管件法兰全部安装工作内容（两次安装、一次拆除），但不包括衬里及场外运输。

(4) 管廊、厂区架空管道及地下管道（管沟内管道、埋地管道）主材用量，按施工图净用量加规定的损耗量计算。

(5) 法兰连续金属软管安装，包括一副法兰用螺栓的安装，螺栓材料量按施工图设计用量加规定的损耗量计算。

2. 管件连接

1）工程量计算规则

(1) 各种管件连接均按不同压力、材质、连接形式，不分种类，以“10个”为计量单位。

(2) 各种管道在主管道上挖眼接管三通、摔制异径管，应按不同压力、材质、规格执行管件连接相应项目，不另计制作费和主材费。

(3) 挖眼接管三通支管管径小于或等于主管径1/2时，按支管管径计算管件工程量，支管管径大于主管径1/2时，按主管径计算管件工程量；在主管上挖眼焊接管接头、凸台等配件，按配件管径计算管件工程量；摔制异径管按大口径计算管件工程量。

(4) 定额中已综合考虑了弯头、三通、异径管、管帽、管接头等管口含量的差异，使用定额时按设计用量，不分种类，执行同一定额。

(5) 成品四通的安装可按相应管件连接定额乘以1.40的系数计算。

(6) 全加热套管的外套管件安装，定额按两半管件考虑的，包括两个纵缝和两个环缝。全加热套管的外套两半封闭式短管执行加热外套碳钢管件（两半）（电弧焊）、加热外套不锈钢管件（两半）（电弧焊）项目。

（7）半加热外套管摔口后焊在内套管上，每个焊口按一个管件计算。外套碳钢管如焊在不锈钢管内套管上时，焊口间需加不锈钢短管衬垫，每个焊口按两个管件计算，衬垫短管按设计长度计算。如设计无规定时，按 50mm 长度计算其价值，如图 7－17 所示。

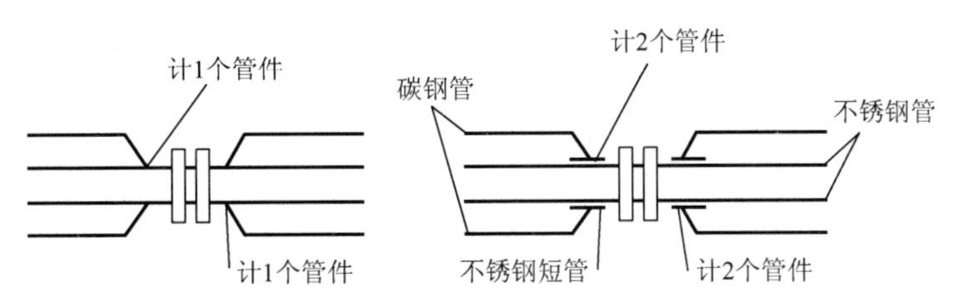

图 7－17　关于加热套管的计算

2）定额应用说明

（1）钢套钢预制直埋保温管附件系指固定支架、滑动支架及补偿器，所有管件、附件等均按成品件考虑套用定额时，管件、附件均以介质管道（内管）管径为准，外套管接口以外管管径为准。

（2）钢套钢预制直埋保温管管件接头的除锈、刷油（防腐）、绝热补口工作，按发生数量套用第十二册《刷油、防腐蚀、绝热工程》相应定额项目，其中刷油（防腐）、绝热定额人工、机械乘以系数 2.0，材料乘以系数 1.20。

（3）在管道上安装的仪表一次部件，执行本项目管件连接相应项目定额乘以系数 0.7。

（4）仪表的温度计扩大管制作与安装，执行本项目管件连接相应项目定额乘以系数 1.5。

（5）焊接盲板执行本项目管件连接相应项目定额乘以系数 0.6，且计主材费；焊接管帽（椭圆形管封头）直接套用管件连接定额项目，无须调整。关于管帽、焊接盲板的计算如图 7－18 所示。

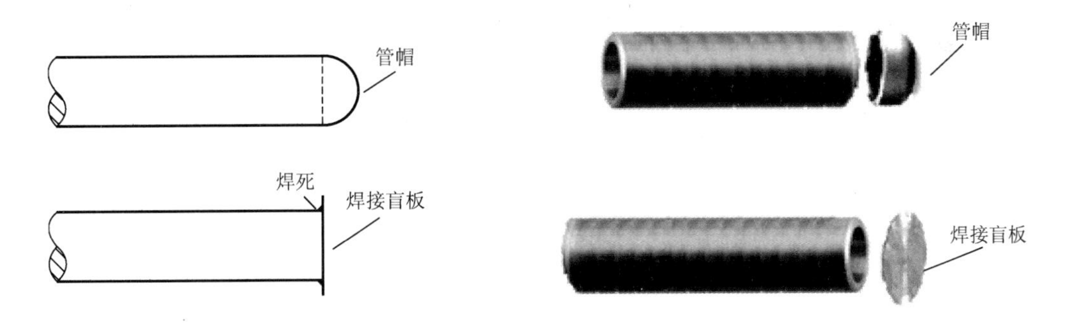

注意：①焊接盲板执行本项目管件连接相应项目定额乘以系数0.6，且计主材费；
②焊接管帽(椭圆形管封头)直接套用管件连接定额项目，不需调整。

图 7－18　关于管帽、焊接盲板的计算

3. 阀门安装

1）工程量计算规则

（1）各种阀门按不同压力、连接形式，以“个”为计量单位。

（2）各种法兰阀门的安装与配套法兰的安装，分别计算工程量。

（3）阀门安装中螺栓材料量按施工图设计用量加规定的损耗量计算。

（4）减压阀安装按高压侧直径执行相应定额。

2）定额应用说明

（1）阀门安装包括低、中、高压管道上的各种阀门安装，也适用于螺纹连接、焊接（对焊、承插焊）或法兰连接形式的减压阀、疏水阀、除污器、阻火器、窥视镜等的安装，如图 7－19 所示。

(a) 阻火器　(b) 窥视镜

图 7－19　阻火器与窥视镜

（2）本项目各种阀门安装（调节阀门除外）均包括壳体压力试验和密封试验工作内容，执行本项目中的项目时不因现场情况不同而调整。阀门壳体压力试验和密封试验是按水考虑的，如设计要求其他介质，可按实计算。

【限流孔板、八字盲板】

（3）本项目各种阀门安装不包括阀体磁粉检测和阀杆密封填料更换工作内容。

（4）仪表流量计安装，执行阀门安装相应项目定额乘以系数 0.6。

（5）限流孔板、八字盲板执行阀门安装相应项目定额乘以系数 0.4。

（6）法兰阀门安装包括一个垫片和一副法兰用螺栓的安装。

（7）焊接阀门是按碳钢焊接编制的，设计为其他材质，焊材可替换，消耗量不变。

（8）法兰阀门安装使用垫片是按石棉橡胶板考虑的，实际施工与定额不同时，可替换。

（9）齿轮、液压传动、电动阀门安装已包括齿轮、液压传动、电动机安装，检查接线执行其他册相应定额。

4. 法兰安装

1）工程量计算规则

（1）各种法兰安装按不同压力、材质、连接形式和种类，以“副”为计量单位。

（2）法兰安装中的螺栓材料量按施工图设计用量加规定的损耗量计算。

2）定额应用说明

（1）各种法兰安装，消耗量中只包括一个垫片和一副法兰用的螺栓。

（2）法兰安装使用垫片是按石棉橡胶板考虑的，实际施工与定额不同时，可替换。

（3）法兰安装不包括安装后系统调试运转中的冷、热态紧固内容，发生时可另行计算。

（4）全加热套管法兰安装，按内套管法兰直径执行相应项目，定额乘以系数 2.0。

（5）中压螺纹、平焊法兰安装，按相应低压螺纹、平焊法兰项目乘以系数 1.2，螺栓规格数量按实调整。

（6）与设备相连接的法兰或管路末端盲板封闭的法兰安装以“片”为单位计算时，执行相应项目乘以系数0.61，螺栓数量不变，如图7－20所示。

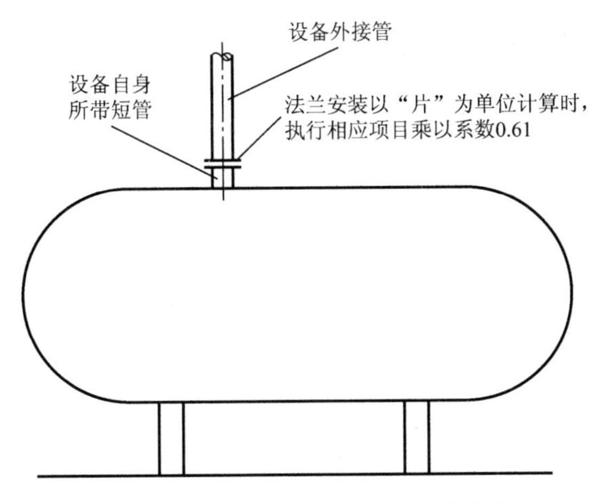

图7－20　与设备相连接的法兰计算

（7）节流装置，执行法兰安装相应项目，定额乘以系数0.7。

（8）焊环活动法兰安装，执行翻边活动法兰安装相应项目，翻边短管更换为焊环。

（9）法兰盲板（即法兰盖）只计算主材，安装已包括在单片法兰安装工作内容中，如图7－21所示。

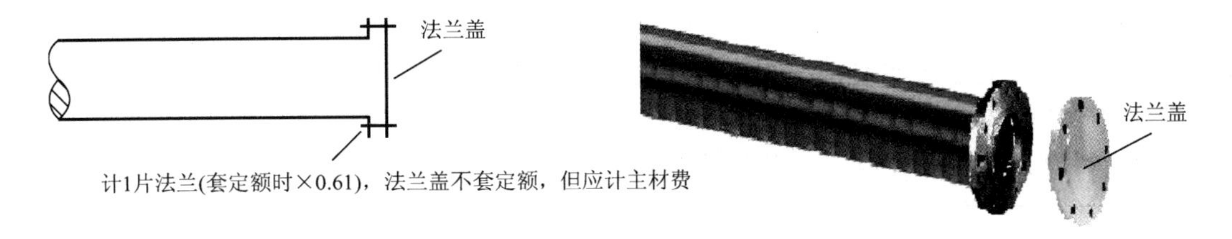

图7－21　关于法兰盖的计算

5. 管道压力试验、吹扫与清洗

1）工程量计算规则

（1）管道压力试验、吹扫与清洗按不同的压力、规格，不分材质以“100m”为计量单位。

（2）泄漏性试验适用于输送剧毒、有毒及可燃介质的管道，按压力、规格，不分材质以“100m”为计量单位。

2）定额应用说明

（1）管道液压试验是按普通水考虑的，如试压介质有特殊要求，介质可按实调整。

（2）定额内均已包括用空压机和水泵作动力进行试压、吹扫、清洗管道时连接的临时管线、盲板、阀门、螺栓等材料摊销；不包括管道之间的串通临时管线及管道排放点的临时管线，其工程量应按施工方案另行计算，计入措施项目费内。

（3）液压试验和气压试验都已分别包括强度试验和严密性试验工作内容。

（4）管道油清洗项目适用于传动设备输送油管道的油冲洗，按系统循环法考虑，包括油冲洗、系统连接和滤油机用橡胶管的摊销。但不包括管内除锈，发生时另行计算。

6. 无损检测与焊口热处理

1）无损检测

（1）工程量计算规则。

① 管材表面磁粉探伤和超声波探伤，不分材质、壁厚，以“10m”为计量单位。

② 焊缝X射线、γ射线探伤，按管壁厚不分规格、材质，以“10张”（胶片）为计量单位。

③ 焊缝超声波、磁粉及渗透探伤，按管道规格不分材质、壁厚，以“10口”为计量单位。

④ 计算X光、γ射线探伤工程量时，按管材的双壁厚执行相应定额项目。

举例说明

无缝钢管 ϕ630×10，需进行X射线无损检验。采用胶片规格为80mm×300mm。选用定额时应按厚度2×10=20(mm)厚，应选定额子目8－6－10；切记不可按壁厚10mm，而选用了8－6－9定额子目。

（2）定额应用说明。

① 探伤项目包括固定探伤仪支架的制作、安装。

② 管材对接焊接过程中的渗透探伤检验，执行管材焊缝渗透探伤项目。

③ 无损探伤定额已综合考虑了高空作业降效因素。无论现场操作高度多高，均不再计超高费。

④ 管道焊缝应按照设计要求的检验方法和数量进行无损探伤。当设计无规定时，管道焊缝的射线探伤检验比例应符合规范规定。管口射线探伤胶片的数量按现场实际拍片张数计算。计算拍片数量应考虑胶片的搭接长度，设计没有明确规定时，一般按每边预留25mm计。

举例说明

按前一例子计算拍片工程量，应为：(630×3.14)÷(300—2×25)=7.91(张)，应采取收尾法，取8张。

注意：一定要以每个焊口计算，不要以全部焊缝的总长度计。

2）预热与热处理、硬度测定

（1）工程量计算规则。

① 焊前预热和焊后热处理，按管道不同材质、规格及施工方法以“10口”为计量单位。

② 硬度测定是以测定点的多少，以“10个点”为计量单位。

（2）定额应用说明。

① 热处理的有效时间是依据《工业金属管道工程施工规范》(GB 50235—2010)所规定的加热速率、恒温时间及冷却速率公式计算的，并考虑了必要的辅助时间、拆除和回收材料等工作内容。

② 电加热片、电阻丝、电感应预热及后热项目，如设计要求焊后立即进行热处理，预热及后热项目定额乘以系数0.87。

③ 用电加热片加热进行焊前预热或焊后局部热处理时，如要求增加一层石棉布保温，石棉布的消耗量与高硅（氧）布相同，人工不再增加。

④ 用电加热片或电感应法加热进行焊前预热或焊后局部热处理的项目中，除石棉布和高硅（氧）布为一次性消耗材料外，其他各种材料均按摊销量计入定额。

⑤ 电加热片是按履带式考虑的，如与实际不符时可按实调整。

⑥ 预热及热处理项目中不包括硬度测定。硬度测定适用于金属管材测定硬度值，它包括硬度测定和技术报告等内容。

7. 其他

本项目定额适用于管道系统中有关附件及部件的安装，包括管道支架制作安装，管口焊接充氩保护及冷排管、蒸汽分汽缸、集气罐、空气分气筒、排水漏斗、套管制作安装、水位计、手摇泵、阀门操纵装置、钢板卷管、管件制作、场外运输等项目。本书在此仅介绍管道支架制作安装和套管制作安装两个项目。

1）管道支架制作安装

（1）工程量计算规则。

管架制作、安装以“100kg”为计量单位，分为“单件重100kg以内”和“100kg＜单件重≤500kg”两种情况。

（2）定额应用说明。

① 一般管架、木垫式管架、弹簧式管架的制作均执行管架制作定额。

② 木垫式管架制作与安装不包括木垫质量，但包括木垫的安装，木垫主材费另计。

③ 弹簧式管架的制作不包括弹簧质量，安装质量包括弹簧质量。

④ 不锈钢管、有色金属管、非金属管的管架制作与安装，按一般管架定额乘以系数1.1。

⑤ 采用成型钢管焊接的管架制作安装，按一般管架定额乘以系数1.3；如材质不同时，电焊条可以替换，消耗量不变。

⑥ 管道支架制作安装不包括除锈与刷漆，如发生时应按设计要求套用消耗量定额第十二册《刷油、防腐蚀、绝热工程》。

2）套管制作安装

（1）工程量计算规则。

套管分一般穿墙套管和柔性、刚性防水套管，如图7－22所示。其中柔性、刚性防水套管分制作、安装分别列项。根据介质管径的规格以“个”为计量单位。

（2）定额应用说明。

① 套管制作所需的钢管和钢板用量已包括在定额内，应按设计及规范要求选用相应项目。套管的除锈和刷防锈漆已包括在定额制作内。

② 套用本定额时特别注意：套管的规格是以套管内穿过的介质管道直径确定的，而不是指现场制作的套管实际直径。

③ 一般穿墙套管适用于各种管道穿墙或穿楼板需用的碳钢保护管。

8. 使用工业管道定额的注意事项

1）本册定额不包括下列内容

（1）单体试运转所需的水、电、蒸汽、气体、油（油脂）燃气等。

(a) 柔性防水套管及其安装

(b) 刚性防水套管及其安装

图 7－22 防水套管

(2) 配合联动试车费。

(3) 管道安装后的充氮、防冻保护。

2) 下列费用可按系数分别计取

(1) 整体封闭式地沟的管道施工，其人工和机械消耗量分别乘以系数 1.2。

(2) 脚手架搭拆费按定额人工费的 10%计算，其费用中的人工费占 35%；单独承担的埋地管道工程不计脚手架搭拆费。

(3) 操作高度增加费：以设计标高正负零平面为基准，安装高度超过 20m 时，超过部分工程量按定额人工、机械乘以表 7－1 中的系数。

表 7－1 操作高度增加费系数表

操作高度(m)	≤30	≤50	>50
系　　数	1.2	1.5	按施工方案确定

3) 有关说明

(1) 生产、生活共用的给水、排水、蒸汽、煤气等输送管道，执行本册定额。生活用的各种管道，执行第十册《给排水、采暖、燃气工程》相应项目。

(2) 随设备供应预制成型的设备本体管道，其安装费包括在设备安装定额内；按材料或半成品供应执行本册定额。

(3) 预应力混凝土管道、管件安装执行《市政工程消耗量定额》相应项目。

(4) 管道预制钢平台的搭拆执行第三册《静置设备与工艺金属结构制作安装工程》相应项目。

(5) 地下管道的管沟、土石方及砌筑工程执行相关定额。

(6) 刷油、绝热、防腐蚀、衬里，执行第十二册《刷油、防腐蚀、绝热工程》相应项目。

(7) 管道安装按设计压力执行相应定额；管件、阀门、法兰按公称压力执行相应定额。

(8) 方形补偿器安装，直管执行本册定额第一章相应项目，弯头执行第二章相应项目。方形补偿器的预拉或预压未包括。

(9) 厂区外 1～10km 以内的管道安装项目，其人工和机械乘以系数 1.1。

(10) 超低碳不锈钢管道、管件、法兰安装执行不锈钢管道、管件、法兰安装项目，其人工和机械乘以系数 1.15，焊材可以替换，消耗量不变。

(11) 高合金钢管道、管件、法兰执行合金钢管道、管件、法兰安装项目，其人工和机械乘以系数 1.15，焊材可以替换，消耗量不变。

(12) 本定额各种材质管道施工使用特殊焊材时，焊材可以替换，消耗量不变。

(13) 本册定额已包括场内水平运输和垂直运输工作内容。

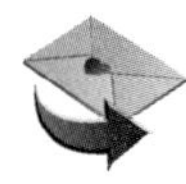

综合小案例

某部分工业管路如图 7－23 所示，管材为无缝钢管，电弧焊连接，P＝1.6MPa，法兰为碳钢平焊法兰，管件采用成品弯头，现场摔制大小头，设备 S04 前的三通为挖眼三通，其余的均为成品三通。系统安装完毕后进行水压试验和压缩空气吹扫，本工程不进行无损探伤。试计算工程量并套定额。

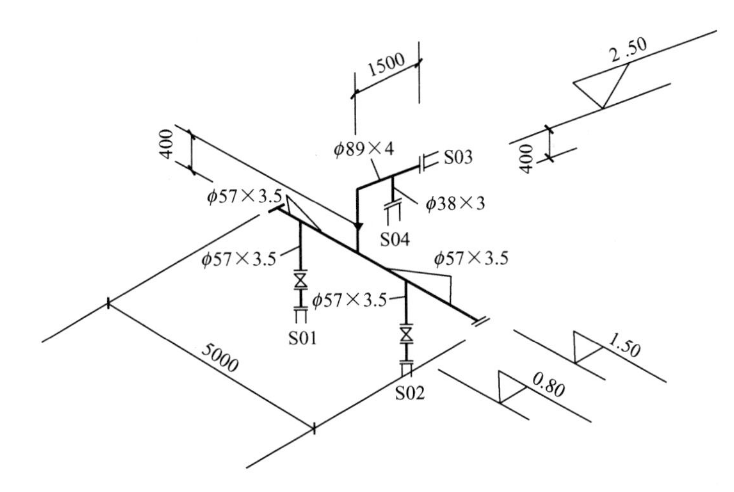

图 7－23 综合小案例图

【解】1. 管道安装

(1) ϕ89×4：1.5＋(2.5－1.5)－0.4＝1.90(m)，套 8－1－23。

(2) ϕ57×3.5：5＋(1.5－0.8)×2＋0.4＝7.10(m)，套 8－1－21。

(3) ϕ38×3：0.4m，套 8－1－19。

2. 管件连接

(1) 成品弯头 ϕ89：1 个，套 8－2－23（计主材）。

(2) 挖眼三通 ϕ89×38：1 个，套 8－2－19（不计主材）。

(3) 现场摔制大小头 ϕ89×57：1 个，套 8－2－23（不计主材）。

(4) 成品三通 ϕ57×57：3 个，套 8－2－21（计主材）。

(5) 焊接盲板 ϕ57：1 个，套（8－2－21）×0.6（计主材）。

3. 阀门安装

法兰连接阀门 DN50：2 个，套 8－3－21。

4. 法兰安装

(1) 碳钢平焊法兰 DN80：1 片，套 8－4－17×0.61。

(2) 碳钢平焊法兰 DN32：1 片，套 8－4－13×0.61。

(3) 碳钢平焊法兰 DN50：2 副，套 8－4－15。

(4) 碳钢平焊法兰 DN50：3 片，套 8－4－15×0.61（法兰盖计主材）。

5. 系统水压试验

（1）公称直径 50mm 以内：7.10＋0.4＝7.5(m)，套 8－5－1。

（2）公称直径 100mm 以内：1.90m，套 8－5－2。

6. 系统压缩空气吹扫

（1）公称直径 50mm 以内：7.1＋0.4＝7.5(m)，套 8－5－72。

（2）公称直径 100mm 以内：1.90m，套 8－5－73。

7.2.2 工程量计算任务实施

下面，我们就对本项目工作任务图纸中的某工厂油泵车间工业管道安装工程，根据所给的平面图、1—1 剖面图和油泵节点大样图，绘制其系统图，如图 7－24 所示；进行工程量计算，其计算书见表 7－2。

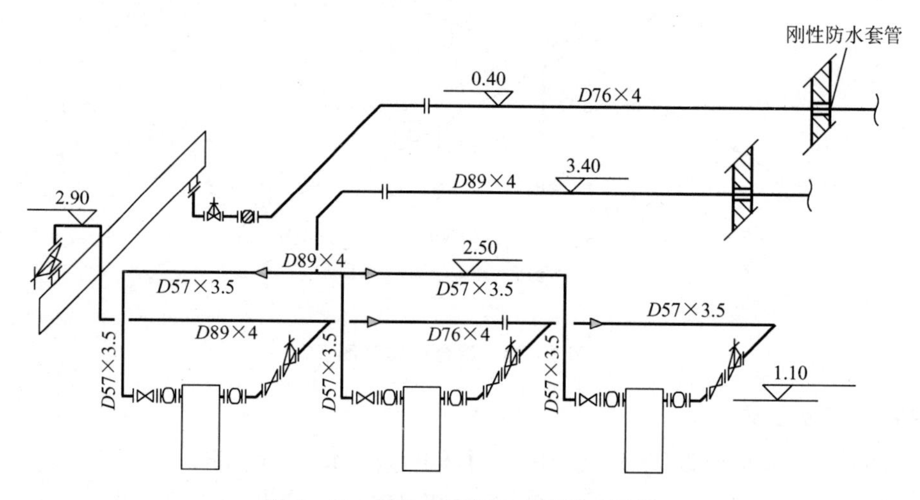

图 7－24　某油泵车间工业管道系统图

表 7－2　工业管道工程量计算书

工程名称：某油泵车间工业管道工程　　　　第 1 页　共 1 页

定额编号	项 目 名 称	单位	数量	计 算 过 程
	一、管道安装			
8－1－21	热轧无缝钢管 D57×3.5（手工电弧焊接）	m	12.33	[0.68＋1.13＋(0.65－0.2)＋0.28＋0.2＋0.2]＋[(2.5－1.1)＋0.28＋0.2＋1.25]×3＝12.33(m)
	主材：热轧无缝钢管 D57×3.5	m	12.09	8.996/10×12.33＝11.09(m)
8－1－22	热轧无缝钢管 D76×4（手工电弧焊接）	m	8.45	[(0.65－0.2)＋0.28＋0.2＋0.2＋0.2]＋[(6.4＋0.52)＋(0.6－0.4)]＝8.45(m)
	主材：热轧无缝钢管 D76×4	m	7.61	8.996/10×8.45＝7.61(m)

(续)

定额编号	项目名称	单位	数量	计算过程
8-1-23	热轧无缝钢管 $D89\times4$（手工电弧焊接）	m	12.84	4.9+0.69+(3.4-2.50)+0.35+0.50+0.2+2.3+(2.9-1.1)+(2.9-1.7)=12.84(m)
	主材：热轧无缝钢管 $D89\times4$	m	11.55	8.996/10×12.84=11.55(m)
	二、管件连接			
8-2-23	成品弯头 $D89$	个	5	
	主材：成品弯头 $D89$	个	5	10.0/10×5=5(个)
8-2-22	成品弯头 $D76$	个	3	
	主材：成品弯头 $D76$	个	3	10.0/10×3=3(个)
8-2-21	成品弯头 $D57$	个	9	
	主材：成品弯头 $D57$	个	9	10.0/10×9=9(个)
8-2-23	成品大小头 $D89\times57$	个	2	
	主材：成品大小头 $D89\times57$	个	2	10.0/10×2=2(个)
8-2-23	成品大小头 $D89\times76$	个	1	
	主材：成品大小头 $D89\times76$	个	1	10.0/10×1=1(个)
8-2-22	成品大小头 $D76\times57$	个	1	
	主材：成品大小头 $D76\times57$	个	1	10.0/10×1=1(个)
8-2-23	主管挖眼三通 $D89\times D89$	个	1	
8-2-23	主管挖眼三通 $D89\times D57$	个	2	
8-2-22	主管挖眼三通 $D76\times D57$	个	1	
	三、阀门安装			
8-3-23	法兰截止阀 $DN80$	个	1	
	主材：法兰截止阀 $DN80$	个	1	1.0×1=1(个)
8-3-22	法兰截止阀 $DN65$	个	1	
	主材：法兰截止阀 $DN65$	个	1	1.0×1=1(个)

（续）

定额编号	项目名称	单位	数量	计算过程
8-3-21	法兰截止阀 DN50	个	6	
	主材： 法兰截止阀 DN50	个	6	1.0×6=6(个)
8-3-21	法兰止回阀 DN50	个	3	
	主材： 法兰止回阀 DN50	个	3	1.0×3=3(个)
8-3-22	法兰过滤器 DN65	个	1	
	主材： 法兰过滤器 DN65	个	1	1.0×1=1(个)
8-3-21	法兰挠性接头 DN50	个	6	
	主材： 法兰挠性接头 DN50	个	6	1.0×6=6(个)
	四、法兰安装			
8-4-17	碳钢平焊法兰 DN80	副	1	
	主材： 碳钢平焊法兰 DN80	片	2	2.0×1=2(片)
8-4-17 (×0.61)	碳钢平焊法兰 DN80	片	1	
	主材： 碳钢平焊法兰 DN80	片	1	
8-4-16	碳钢平焊法兰 DN65	副	4	
	主材： 碳钢平焊法兰 DN65	片	8	2.0×4=8(片)
8-4-16 (×0.61)	碳钢平焊法兰 DN65	片	1	
	主材： 碳钢平焊法兰 DN65	片	1	
8-4-15	碳钢平焊法兰 DN50	副	3	
	主材： 碳钢平焊法兰 DN50	片	6	2.0×3=6(片)
8-4-15 (×0.61)	碳钢平焊法兰 DN50	片	6	
	主材： 碳钢平焊法兰 DN50	片	6	

（续）

定额编号	项 目 名 称	单位	数量	计 算 过 程
	五、低中压管道液压试验			
8-5-1	公称直径 *DN*50 以内	m	12.33	
8-5-2	公称直径 *DN*100 以内	m	21.29	12.84+8.45=21.29(m)
	六、压缩空气吹扫			
8-5-72	公称直径 *DN*50 以内	m	12.33	
8-5-73	公称直径 *DN*100 以内	m	21.29	12.84+8.45=21.29(m)
	七、其他			
8-7-1	管道支吊架制作	kg	86	见工程基本概况
	主材： 型钢(综合)	kg	91.16	106/100×86=91.16(kg)
8-7-3	管道支吊架安装	kg	86	见工程基本概况
8-7-115	刚性防水套管制作 *DN*80 以内	个	2	*D*89：1 个 *D*76：1
	主材： 1. 焊接钢管(综合) 2. 热轧厚钢板 δ10～15 3. 扁钢≤59	 kg kg kg	 8.04 9.90 2.10	 4.02×2=8.04(kg) 4.95×2=9.90(kg) 1.05×2=2.10(kg)
8-7-134	刚性防水套管安装 *DN*100 以内	个	2	
	八、管道人工除微锈			
12-1-1 (×0.2)	管道人工除微锈	m^2	4.74	*D*57： *L*=12.33m，*S*=12.33×(17.90/100)(查定额第十二册后的附录 2)=2.21(m^2) *D*76： *L*=8.45m，*S*=8.45×(23.86/100)(查定额第十二册后的附录 2)=2.02(m^2) *D*89： *L*=12.84m，*S*=12.84×(27.95/100)(查定额第十二册后的附录 2)=0.51(m^2)
	九、管道刷油			
12-2-1	管道刷红丹防锈漆第一遍	m^2	4.74	同定额编号 12-1-1 的计算过程
	主材： 醇酸防锈漆 C53-11	kg	0.70	1.47/10×4.74=0.70(kg)
12-2-2	管道刷红丹防锈漆第二遍	m^2	4.74	同定额编号 12-1-1 的计算过程
	主材： 醇酸防锈漆 C53-11	kg	0.62	1.30/10×4.74=0.62(kg)

（续）

定额编号	项目名称	单位	数量	计算过程
12-2-8	管道刷调和漆第一遍	m^2	4.74	同定额编号12-1-1的计算过程
	主材： 酚醛调和漆(各色)	kg	0.50	1.05/10×4.74=0.50(kg)
12-2-9	管道刷调和漆第二遍	m^2	4.74	同定额编号12-1-1的计算过程
	主材： 酚醛调和漆(各色)	kg	0.44	0.93/10×4.74=0.44(kg)
	十、管道支架除锈、刷漆			
12-1-7 (×0.2)	管道支架人工除微锈	kg	86	见工程基本概况
12-2-55	管道支架刷红丹防锈漆第一遍	kg	86	
	主材： 醇酸防锈漆C53-11	kg	1.00	1.16/100×86=1.00(kg)
12-2-56	管道支架刷红丹防锈漆第二遍	kg	86	见工程基本概况
	主材： 醇酸防锈漆C53-11	kg	0.82	0.95/100×86=0.82(kg)
12-2-64	管道支架刷调和漆第一遍	kg	86	见工程基本概况
	主材： 酚醛调和漆(各色)	kg	0.67	0.80/100×86=0.67(kg)
12-2-65	管道支架刷调和漆第二遍	kg	86	见工程基本概况
	主材： 酚醛调和漆(各色)	kg	0.60	0.70/100×86=0.60(kg)

7.3 工业管道工程分部分项工程量清单编制

7.3.1 分部分项工程量清单项目设置的内容

工业管道工程项目的分部分项工程量清单编制使用《通用安装工程工程量计算规范》(GB 50856—2013)附录H，见表7-3。

表 7-3 工业管道工程工程量清单项目设置内容

项目编码	项目名称	分项工程项目
030801	低压管道	本部分包括低压碳钢管、低压碳钢伴热管、衬里钢管预制安装、低压不锈钢伴热管、低压碳钢板卷管、低压不锈钢管、低压不锈钢板卷管、低压合金钢管、低压钛及钛合金管、低压镍及镍合金管、低压锆及锆合金管、低压铝及铝合金管、低压铝及铝合金板卷管、低压铜及铜合金管、低压铜及铜合金板卷管、低压塑料管、金属骨架复合管、低压玻璃钢管、低压铸铁管、低压预应力混凝土管共20个分项工程项目
030802	中压管道	本部分包括中压碳钢管、中压螺旋卷管、中压不锈钢管、中压合金钢管、中压铜及铜合金管、中压钛及钛合金管、中压锆及锆合金管、中压镍及镍合金管共8个分项工程项目
030803	高压管道	本部分高压碳钢管、高压合金钢管、高压不锈钢管共3个分项
030804	低压管件	本部分包括低压碳钢管件、低压碳钢板卷管件、低压不锈钢管件、低压不锈钢板卷管件、低压合金钢管件、低压加热外套碳钢管件（两半）、低压加热外套不锈钢管件（两半）、低压铝及铝合金管件、低压铝及铝合金板卷管件、低压铜及铜合金管件、低压钛及钛合金管件、低压锆及锆合金管件、低压镍及镍合金管件、低压塑料管件、金属骨架复合管件、低压玻璃钢管件、低压铸铁管件、低压预应力混凝土转换件共18个分项工程项目
030805	中压管件	本部分包括中压碳钢管件、中压螺旋卷管件、中压不锈钢管件、中压合金钢管件、中压铜及铜合金管件、中压钛及钛合金管件、中压锆及锆合金管件、中压镍及镍合金管件共8个分项工程项目
030806	高压管件	本部分包括高压碳钢管件、高压不锈钢管件、高压合金钢管件3个分项工程项目
030807	低压阀门	本部分包括低压螺纹阀门、低压焊接阀门、低压法兰阀门、低压齿轮/液压传动/电动阀门、低压安全阀门、低压调节阀门共6个分项工程项目
030808	中压阀门	本部分包括中压螺纹阀门、中压法兰阀门、中压齿轮/液压传动电动阀门、中压安全阀门、中压焊接阀门、中压调节阀门共6个分项工程项目
030809	高压阀门	本部分包括高压螺纹阀门、高压法兰阀门、高压焊接阀门共3个分项工程项目
030810	低压法兰	本部分包括低压碳钢螺纹法兰、低压碳钢焊接法兰、低压铜及铜合金钢法兰、低压不锈钢法兰、低压合金钢法兰、低压铝及铝合金法兰、低压钛及钛合金法兰、低压锆及锆合金法兰、低压镍及镍合金法兰、钢骨架复合塑料法兰共10个分项工程项目
030811	中压法兰	本部分包括中压碳钢螺纹法兰、中压碳钢焊接法兰、中压铜及铜合金钢法兰、中压不锈钢法兰、中压合金钢法兰、中压钛及钛合金法兰、中压锆及锆合金法兰、中压镍及镍合金法兰共8个分项工程项目

（续）

项目编码	项 目 名 称	分项工程项目
030812	高压法兰	本部分包括高压碳钢螺纹法兰、高压碳钢焊接法兰、高压不锈钢焊接法兰、高压合金钢焊接法兰共4个分项工程项目
030813	板卷管制作	本部分包括碳钢板直管制作、不锈钢板直管制作、铝及铝合金板直管制作共3个分项工程项目
030814	管件制作	本部分包括碳钢板管件制作、不锈钢板管件制作、铝及铝合金板管件制作、碳钢管虾体弯制作、中压螺旋卷管虾体弯制作、不锈钢管虾体弯制作、铝及铝合金管虾体弯制作、铜及铜合金管虾体弯制作、管道机械煨弯、管道中频煨弯、塑料管煨弯共11个分项工程项目
030815	管架制作安装	本部分包括管架制作安装1个分项工程项目
030816	无损探伤与热处理	本部分包括管材表面超声波探伤、管材表面磁粉探伤、焊缝X射线探伤、焊缝γ射线探伤、焊缝超声波探伤、焊缝磁粉探伤、焊缝渗透探伤、焊前预热/后热处理、焊口热处理共9个分项工程项目
030817	其他项目制作安装	本部分包括冷排管制作安装、分/集汽（水）缸制作安装、空气分气筒制作安装、空气调节器喷雾管安装、钢制排水漏斗制作安装、水位计安装、手摇泵安装、套管制作安装共8个分项工程项目

7.3.2 分部分项工程量清单编制任务实施

根据本项目中某工厂油泵车间工业管道安装工程的工程量计算书（表7-2）和《通用安装工程工程量计算规范》，编制该工程分部分项工程量清单，见表7-4。

表7-4 分部分项工程量清单表

工程名称：某油泵车间工业管道工程　　　　标段：　　　　第　页　共　页

序号	项 目 编 码	项 目 名 称	项目特征描述	计量单位	工程数量
1	030801001001	低压碳钢管	1. 材质：无缝钢管（热轧） 2. 规格：*D*57×3.5 3. 焊接方式：手工电弧焊 4. 低中压管道液压验 *DN*50 内 5. 管道空气吹扫 *DN*50 内	m	12.33
2	030801001002	低压碳钢管	1. 材质：无缝钢管（热轧） 2. 规格：*D*76×4 3. 焊接方式：手工电弧焊 4. 低中压管道液压验 *DN*100 内 5. 管道空气吹扫 *DN*100 内	m	8.45

（续）

序号	项目编码	项目名称	项目特征描述	计量单位	工程数量
3	030801001003	低压碳钢管	1. 材质：无缝钢管（热轧） 2. 规格：$D89\times4$ 3. 焊接方式：手工电弧焊 4. 低中压管道液压验 $DN100$ 内 5. 管道空气吹扫 $DN100$ 内	m	12.84
4	030804001001	低压碳钢管件	1. 种类、材质：成品冲压弯头 2. 规格：$D89$ 3. 连接方式：手工电弧焊	个	5.00
5	030804001002	低压碳钢管件	1. 种类、材质：成品冲压弯头 2. 规格：$D76$ 3. 连接方式：手工电弧焊	个	3.00
6	030804001003	低压碳钢管件	1. 种类、材质：成品冲压弯头 2. 规格：$D57$ 3. 连接方式：手工电弧焊	个	9.00
7	030804001004	低压碳钢管件	1. 种类、材质：成品大小头 2. 规格：$D89\times57$ 3. 连接方式：手工电弧焊	个	2.00
8	030804001005	低压碳钢管件	1. 种类、材质：成品大小头 2. 规格：$D89\times76$ 3. 连接方式：手工电弧焊	个	1.00
9	030804001006	低压碳钢管件	1. 种类、材质：成品大小头 2. 规格：$D76\times57$ 3. 连接方式：手工电弧焊	个	1.00
10	030804001007	低压碳钢管件	1. 种类、材质：碳钢挖眼三通 2. 规格：$D89\times D89$ 3. 连接方式：手工电弧焊	个	1.00
11	030804001008	低压碳钢管件	1. 种类、材质：碳钢挖眼三通 2. 规格：$D89\times D57$ 3. 连接方式：手工电弧焊	个	2.00
12	030804001009	低压碳钢管件	1. 种类、材质：碳钢挖眼三通 2. 规格：$D76\times D57$ 3. 连接方式：手工电弧焊	个	1.00
13	030807003001	低压法兰阀门	1. 名称：截止阀 2. 材质：碳钢 3. 型号、规格：J41T－1.6、$DN80$ 4. 连接方式：法兰连接 5. 焊接方法：平焊	个	1.00

（续）

序号	项 目 编 码	项 目 名 称	项目特征描述	计量单位	工程数量
14	030807003002	低压法兰阀门	1. 名称：截止阀 2. 材质：碳钢 3. 型号、规格：J41T－1.6、*DN*65 4. 连接方式：法兰连接 5. 焊接方法：平焊	个	1.00
15	030807003003	低压法兰阀门	1. 名称：截止阀 2. 材质：碳钢 3. 型号、规格：J41T－1.6、*DN*50 4. 连接方式：法兰连接 5. 焊接方法：平焊	个	6.00
16	030807003004	低压法兰阀门	1. 名称：止回阀 2. 材质：碳钢 3. 型号、规格：H44T－1.6、*DN*50 4. 连接方式：法兰连接 5. 焊接方法：平焊	个	3.00
17	030807003005	低压法兰阀门	1. 名称：过滤器 2. 材质：碳钢 3. 型号、规格：Y 型、*DN*65 4. 连接方式：法兰连接 5. 焊接方法：平焊	个	1.00
18	030810002001	低压碳钢焊接法兰	1. 材质：碳钢 2. 类型（副、片或种类）：成副 3. 规格：*DN*80 4. 连接形式：平焊法兰	副	1.00
19	030810002002	低压碳钢焊接法兰	1. 材质：碳钢 2. 类型（副、片或种类）：单片 3. 规格：*DN*80 4. 连接形式：平焊法兰	片	1
20	030810002003	低压碳钢焊接法兰	1. 材质：碳钢 2. 类型（副、片或种类）：成副 3. 规格：*DN*65 4. 连接形式：平焊法兰	副	4.00
21	030810002004	低压碳钢焊接法兰	1. 材质：碳钢 2. 类型（副、片或种类）：单片 3. 规格：*DN*65 4. 连接形式：平焊法兰	片	1

（续）

序号	项目编码	项目名称	项目特征描述	计量单位	工程数量
22	030810002005	低压碳钢焊接法兰	1. 材质：碳钢 2. 类型（副、片或种类）：成副 3. 规格：*DN*50 4. 连接形式：平焊法兰	副	3.00
23	030810002006	低压碳钢焊接法兰	1. 材质：碳钢 2. 类型（副、片或种类）：单片 3. 规格：*DN*50 4. 连接形式：平焊法兰	片	6
24	030804015001	金属骨架复合管件	1. 名称：法兰挠性接头 2. 规格：*DN*50 3. 连接形式：法兰连接	个	6.00
25	030815001001	管架制作安装	1. 单件支架质量：100kg 以下 2. 材质：型钢 3. 管架形式：一般管架	kg	86.00
26	030817008001	套管	1. 类型：刚性防水套管 2. 材质：碳钢 3. 规格：*DN*80 4. 填料材质：油麻	套	2
27	031201001001	管道刷油	1. 除锈级别：人工除微锈 2. 油漆品种：红丹防锈漆 3. 涂刷遍数：二遍	m^2	4.74
28	031201001002	管道刷油	1. 油漆品种：黄色调和漆 2. 涂刷遍数：二遍	m^2	4.74
29	031201003001	金属结构刷油	1. 除锈级别：人工除微锈 2. 油漆品种：红丹防锈漆 3. 涂刷遍数：二遍	kg	86.00
30	031201003002	金属结构刷油	1. 油漆品种：白色调和漆 2. 涂刷遍数：二遍	kg	86.00

小　结

本部分内容以编制某工厂油泵车间工业管道安装工程项目分部分项工程量清单为工作任务，从识读工程图纸入手，详细介绍了工业管道工程的工程量计算规则、相应的消耗量定额使用注意事项，以及《通用安装工程工程量计算规范》中对应的内容。通过学习本项目内容，培养学生独立编制工业管道工程计量文件的能力。

自测练习

一、单项选择题

1. 无缝钢管规格表示方法为（　　）。

A. 公称直径　　B. 管道内径

C. 管道外径　　D. 管道外径×壁厚

2. 低压管道的划分范围是（　　）。

A. 0<P≤1.6MPa　　B. 0<P≤1.2MPa

C. 5<P≤10MPa　　D. 10<P≤42MPa

3. 现场摔制异径管，应按不同压力、材质、规格，以（　　）管径执行管件连接相应项目，（　　）制作工程量和主材用量。

A. 大口，应计　　B. 大口，不计

C. 小口，不计　　D. 小口，应计

4. 与设备相连接的法兰或管路末端盲板封闭的法兰安装以（　　）为单位计算时，执行相应项目乘以系数（　　），螺栓数量不变。

A. 副，0.61　　B. 副，0.50　　C. 片，0.61　　D. 片，0.50

5. 工业管道安装工程以设计标高正负零平面为基准，管道安装高度超过(　　)m 时，超过部分就应计取操作高度增加费。

A. 20　　B. 30　　C. 10　　D. 15

二、判断题

1. 工业管道工程脚手架搭拆费计算时可按定额人工费的10%计算，其中人工工资占35%。（　　）

2. 管件连接已包含在管道安装定额中，不用单独计算工程量。（　　）

3. 在安装现场直接在主管上挖眼接管三通和摔制异径管时，其工程量计算与成品管件的计算方法相同，但此类管件只套用连接定额，不得另计制作费和主材费。（　　）

4. 成品四通的安装，可按相应管件连接定额乘以1.50的系数计算。（　　）

5. 减压阀、疏水阀、除污器、阻火器、窥视镜等的安装，应按阀门项目计算工程量。（　　）

6. 中压螺纹、平焊法兰安装，按相应低压螺纹、平焊法兰项目乘以系数1.2，螺栓规格数量按实调整。（　　）

7. 法兰盲板（即法兰盖）只计算主材，安装已包括在单片法兰安装工作内容中。（ ）

8. 板卷管制作，按不同材质、规格以“t”为计量单位，主材用量包括规定的损耗量。（ ）

9. 管道压力试验、吹扫与清洗按不同的压力、规格，不分材质以“10m”为计量单位。（ ）

10. 套管的规格是以套管内穿过的介质管道直径确定的，而不是指现场制作的套管实际直径。（ ）

三、绘图题

根据图 7－25 中工业管道平面图和立（剖）面图，绘出其系统图（斜轴测图）。

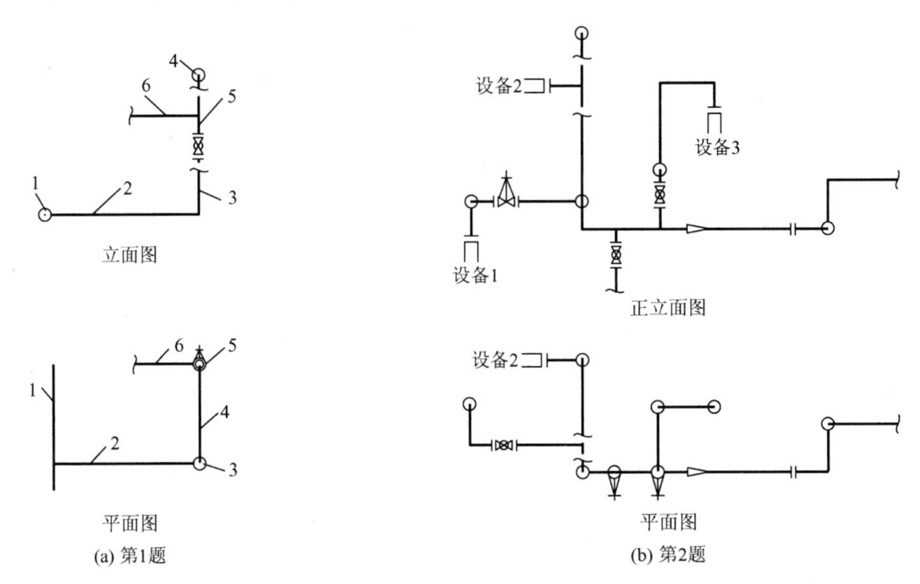

图 7－25 工业管道绘图练习题

四、计算题

图 7－26 和图 7－27 为某工程生产装置的部分工艺管道平面图与 A—A 剖面图。请在认真识读该工程项目图纸的前提下，绘出其系统图（斜轴测图），计算该项目的工程量，编制其分部分项工程量清单。

工程基本概况如下。

（1）管道均采用 20＃碳钢无缝钢管，弯头采用成品压制弯头，三通为现场挖眼连接，管道系统的焊接均为氩电联焊。该管道系统工作压力为 1.6MPa。图中尺寸标高以米计，其余均以毫米计。

（2）所有法兰为碳钢对焊法兰，采用氩电联焊。阀门型号：止回阀为 H41H－16，截止阀为 J41H－16，用对焊法兰连接。

（3）管道支架为普通支架，共耗用钢材 42.4kg，其中施工损耗为 6％。

（4）管道系统安装就位后，对 $\phi 76 \times 4$ 的管线焊缝采用 X 射线探伤，片子规格为 80mm×150mm。

（5）管道安装完毕后，均进行水压试验和压缩空气吹扫。管道、管道支架除轻锈后，刷红丹防锈漆、调和漆各两遍。

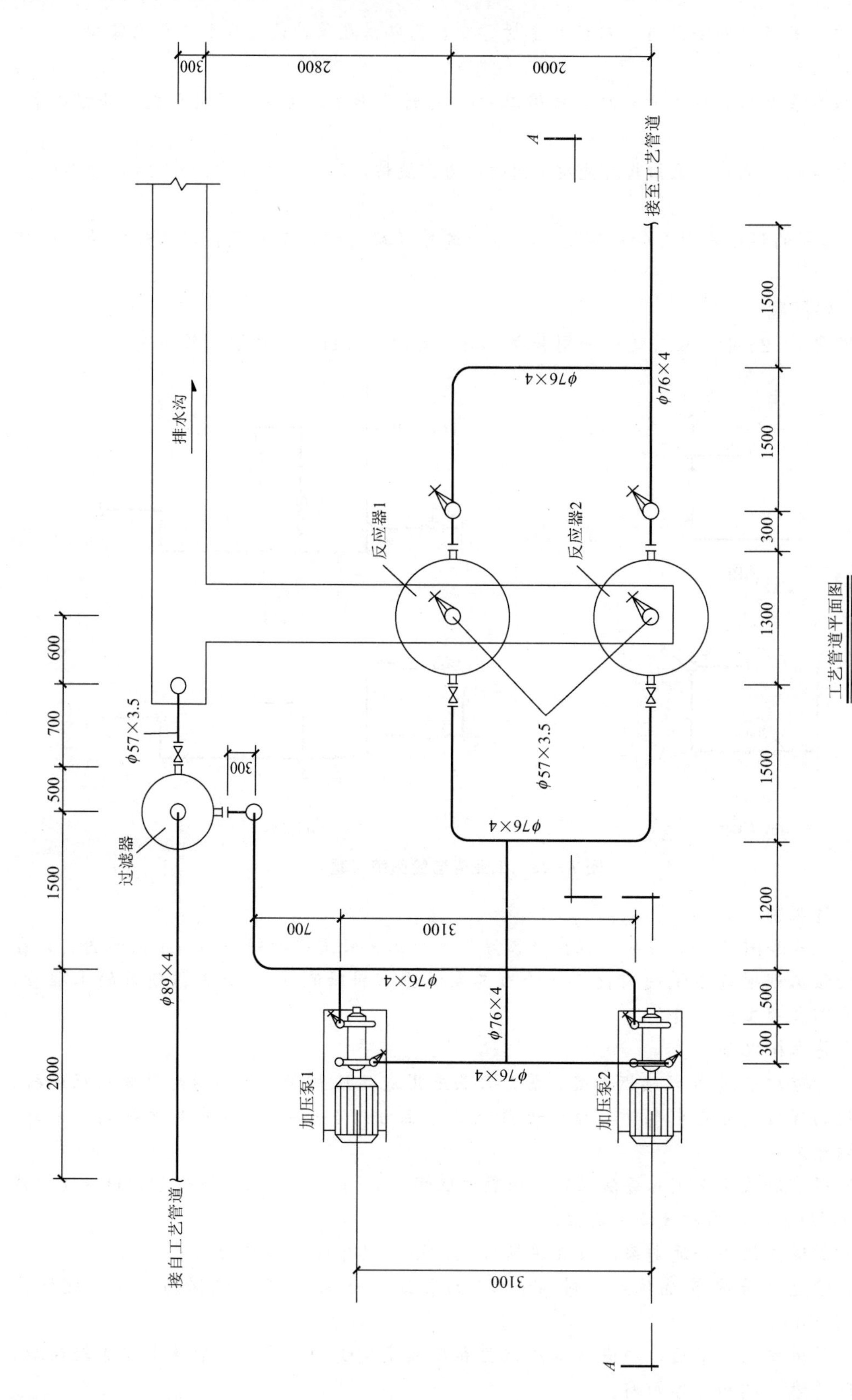

图7-26　工艺管道平面图

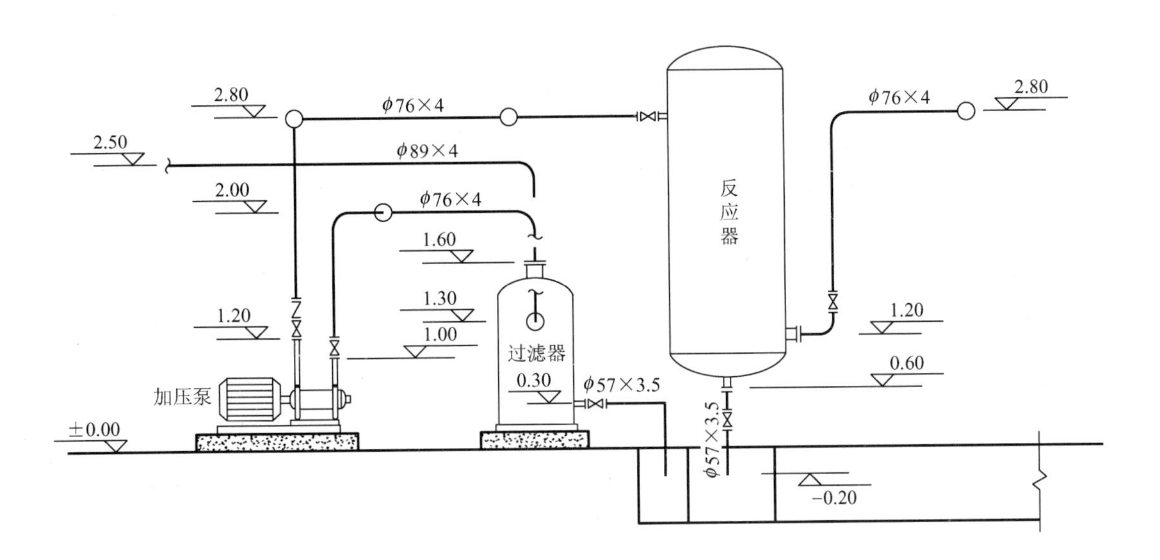

图 7-27　工艺管道 A—A 剖面图

【项目7自测
练习答案】

项目8 安装工程清单计价

学习目标

1. 熟悉安装工程造价费用项目组成及计算规则。
2. 掌握安装工程清单计价的内容及方法。

教学活动设计

以本书项目3中的工程案例计量部分为基础，通过编制该工程案例的分部分项工程费、措施项目费、其他项目费、规费及税金，讲解安装工程造价的组成及计算方法。

工作任务

在本书项目3的某学校办公楼采暖工程计量结果（工程量计算书、分部分项工程量清单）的基础上，根据现行的《山东省建设工程费用项目组成及计算规则》（2017版）和《建设工程工程量清单计价规范》（GB 50500—2013），参照《山东省安装工程价目表》（2017版），编制该工程项目的招标控制价文件。

8.1 安装工程造价组成及计算规则

8.1.1 按费用构成要素划分的费用项目组成

按照我国住建部、财政部印发的《建筑安装工程费用项目组成》（建标〔2013〕44号文）的规定，建设工程费按照费用构成要素划分，由人工费、材料费（设备费）、施工机具使用费、企业管理费、利润、规费和税金组成，如图8-1所示。

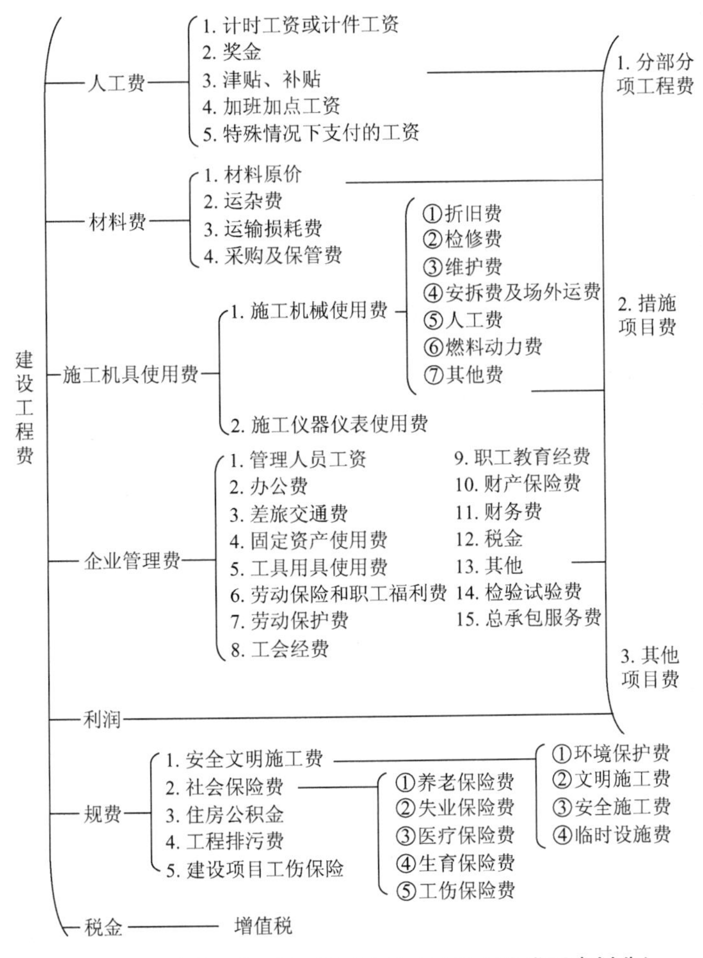

图8-1 建设工程费用项目组成（按费用构成要素划分）

1. 人工费

人工费是指按工资总额构成规定，支付给从事建筑安装工程施工的生产工人和附属生产单位工人的各项费用。内容包括：

（1）计时工资或计件工资：是指按计时工资标准和工作时间或对已做工作按计件单价支付给个人的劳动报酬。

（2）奖金：是指对超额劳动和增收节支支付给个人的劳动报酬，如节约奖、劳动竞赛奖等。

（3）津贴补贴：是指为了补偿职工特殊或额外的劳动消耗和因其他特殊原因支付给个人的津贴，以及为了保证职工工资水平不受物价影响支付给个人的物价补贴，如流动施工津贴、特殊地区施工津贴、高温（寒）作业临时津贴、高空津贴等。

（4）加班加点工资：是指按规定支付的在法定节假日工作的加班工资和在法定日工作时间外延时工作的加点工资。

（5）特殊情况下支付的工资：是指根据国家法律、法规和政策规定，因病、工伤、产假、计划生育假、婚丧假、事假、探亲假、定期休假、停工学习、执行国家或社会义务等原因，按计时工资标准或计时工资标准的一定比例支付的工资。

2. 材料费

材料费是指施工过程中耗费的原材料、辅助材料、构配件、零件、半成品或成品的费用。

设备费：是指构成或计划构成永久工程一部分的机电设备、金属结构设备、仪器装置及其他类似的设备和装置的费用。

1）材料费（设备费）的内容

（1）材料（设备）原价：是指材料、设备的出厂价格或商家供应价格。

（2）运杂费：是指材料、设备自来源地运至工地仓库或指定堆放地点所发生的全部费用。

（3）材料运输损耗费：是指材料在运输装卸过程中不可避免的损耗费用。

（4）采购及保管费：是指采购、供应和保管材料、设备过程中所需要的各项费用，包括采购费、仓储费、工地保管费、仓储损耗。

2）材料（设备）单价的计算

材料（设备）的单价，按下式计算：

材料(设备)单价＝{[材料(设备)原价＋运杂费]×(1＋材料运输损耗率)}×(1＋采购保管费率)

3. 施工机具使用费

施工机具使用费是指施工作业所发生的施工机械、施工仪器仪表的使用费或其租赁费。

1）施工机械台班单价的组成

（1）折旧费：指施工机械在规定的耐用总台班内，陆续收回其原值的费用。

（2）检修费：指施工机械在规定的耐用总台班内，按规定的检修间隔进行必要的检修，以恢复其正常功能所需的费用。

（3）维护费：指施工机械在规定的耐用总台班内，按规定的维护间隔进行各级维护和临时故障排除所需的费用。

维护费包括：保障机械正常运转所需的替换设备与随机配备工具附具的摊销费用，机械运转及日常维护所需润滑与擦拭的材料费用及机械停滞期间的维护费用等。

(4) 安拆费及场外运费：

① 安拆费是指施工机械在现场进行安装与拆卸所需的人工、材料、机械和试运转费用，以及机械辅助设施的折旧、搭设、拆除等费用。

② 场外运费是指施工机械整体或分体自停放地点运至施工现场，或由一施工地点运至另一施工地点的运输、装卸、辅助材料等费用。

(5) 人工费：指机上司机（司炉）和其他操作人员的人工费。

(6) 燃料动力费：指施工机械在运转作业中所耗用的燃料及水、电等费用。

(7) 其他费：指施工机械按照国家规定应缴纳的车船税、保险费及检测费等。

2) 施工仪器仪表台班单价的组成

(1) 折旧费：指施工仪器仪表在耐用总台班内，陆续收回其原值的费用。

(2) 维护费：指施工仪器仪表各级维护、临时故障排除所需的费用及保证仪器仪表正常使用所需备件（备品）的维护费用。

(3) 校验费：指按国家与地方政府规定的标定与检验的费用。

(4) 动力费：指施工仪器仪表在使用过程中所耗用的电费。

4. 企业管理费

企业管理费是指施工企业组织施工生产和经营管理所需的费用，内容包括：

(1) 管理人员工资：是指按规定支付给管理人员的计时工资、奖金、津贴补贴、加班加点工资及特殊情况下支付的工资等。

(2) 办公费：是指企业管理办公用的文具、纸张、账表、印刷、邮电、书报、办公软件、现场监控、会议、水电、烧水和集体取暖降温（包括现场临时宿舍取暖降温）等费用。

(3) 差旅交通费：是指职工因公出差、调动工作的差旅费、住勤补助费，市内交通费和误餐补助费，职工探亲路费，劳动力招募费，职工退休、退职一次性路费，工伤人员就医路费，工地转移费，以及管理部门使用的交通工具的油料、燃料等费用。

(4) 固定资产使用费：是指管理和试验部门及附属生产单位使用的属于固定资产的房屋、设备、仪器等的折旧、大修、维修或租赁费。

(5) 工具用具使用费：是指企业施工生产和管理使用的不属于固定资产的工具、器具、家具、交通工具和检验、试验、测绘、消防用具等的购置、维修和摊销费。

(6) 劳动保险和职工福利费：是指由企业支付的职工退职金、按规定支付给离休干部的经费，集体福利费、夏季防暑降温、冬季取暖补贴、上下班交通补贴等。

(7) 劳动保护费：是企业按规定发放的劳动保护用品的支出，如工作服、手套、防暑降温饮料费用，以及在有碍身体健康的环境中施工的保健费用等。

(8) 工会经费：是指企业按《工会法》规定的全部职工工资总额比例计提的工会经费。

(9) 职工教育经费：是指按职工工资总额的规定比例计提，企业为职工进行专业技术和职业技能培训，专业技术人员继续教育、职工职业技能鉴定、职业资格认定，以及根据需要对职工进行各类文化教育所发生的费用。

(10) 财产保险费：是指施工管理用财产、车辆等的保险费用。

(11) 财务费：是指企业为施工生产筹集资金或提供预付款担保、履约担保、职工工资支付担保等所发生的各种费用。

（12）税金：是指企业按规定缴纳的房产税、车船使用税、土地使用税、印花税、城市维护建设税、教育费附加及地方教育附加、水利建设基金等。

（13）其他：包括技术转让费、技术开发费、投标费、业务招待费、绿化费、广告费、公证费、法律顾问费、审计费、咨询费、保险费等。

（14）检验试验费：是指施工企业按照有关标准规定，对建筑及材料、构件和建筑安装物进行一般鉴定、检查所发生的费用，包括自设试验室进行试验所耗用的材料等费用。

一般鉴定、检查，是指按相应规范所规定的材料品种、材料规格、取样批量、取样数量、取样方法和检测项目等内容所进行的鉴定、检查。例如，砌筑砂浆配合比设计、砌筑砂浆抗压试块、混凝土配合比设计、混凝土抗压试块等施工单位自制或自行加工的材料按规范规定的内容所进行的鉴定、检查。

（15）总承包服务费：是指总承包人为配合、协调发包人根据国家有关规定进行专业工程发包、自行采购材料、设备等现场接收、管理（非指保管），以及施工现场管理、竣工资料汇总整理等服务所需的费用。

5. 利润

利润是指施工企业完成所承包工程获得的盈利。

6. 规费

规费是指按国家法律、法规规定，由省级政府和省级有关权力部门规定必须缴纳或计取的费用，包括：

1）安全文明施工费

（1）环境保护费：是指施工现场达到环保部门要求所需要的各项费用。

（2）文明施工费：是指施工现场文明施工所需要的各项费用。

（3）安全施工费：是指施工现场安全施工所需要的各项费用。

（4）临时设施费：是指施工企业为进行建设工程施工所必须搭设的生活和生产用的临时建筑物、构筑物和其他临时设施费用。

临时设施包括：办公室、加工场（棚）、仓库、堆放场地、宿舍、卫生间、食堂、文化卫生用房与构筑物，以及规定范围内的道路、水、电、管线等临时设施和小型临时设施。

临时设施费，包括临时设施的搭设、维修、拆除、清理费或摊销费等。

2）社会保险费

（1）养老保险费：是指企业按照规定标准为职工缴纳的基本养老保险费。

（2）失业保险费：是指企业按照规定标准为职工缴纳的失业保险费。

（3）医疗保险费：是指企业按照规定标准为职工缴纳的基本医疗保险费。

（4）生育保险费：是指企业按照规定标准为职工缴纳的生育保险费。

（5）工伤保险费：是指企业按照规定标准为职工缴纳的工伤保险费。

（6）住房公积金：是指企业按规定标准为职工缴纳的住房公积金。

（7）工程排污费：是指按规定缴纳的施工现场的工程排污费。

（8）建设项目工伤保险：按鲁人社发〔2015〕15号《关于转发人社部发〔2014〕103号文件明确建筑业参加工伤保险有关问题的通知》，在工程开工前向社会保险经办机构交纳，应在建设项目所在地参保。按建设项目参加工伤保险的，建设项目确定中标企业后，建设单位在项目开工前将工伤保险费一次性拨付给总承包单位，由总承包单位为该建设项目使用的所有职工统一办理工伤保险参保登记和缴费手续。按建设项目参加工伤保险的房屋建筑和市政基础设施工程，建设单位在办理施工许可手续时，应当提交建设项目工伤保险参保证明，作为保证工程安全施工的具体措施之一。安全施工措施未落实的项目，住房和城乡建设主管部门不予核发施工许可证。

7. 税金

税金是指国家税法规定应计入建筑安装工程造价内的增值税。其中甲供材料、甲供设备不作为计税基础。

8.1.2 按工程造价形成划分的费用项目组成

依据《建设工程工程量清单计价规范》(GB 50500—2013)，在清单计价方式下，建设工程费按照工程造价形成由分部分项工程费、措施项目费、其他项目费、规费、税金组成，如图 8－2 所示。

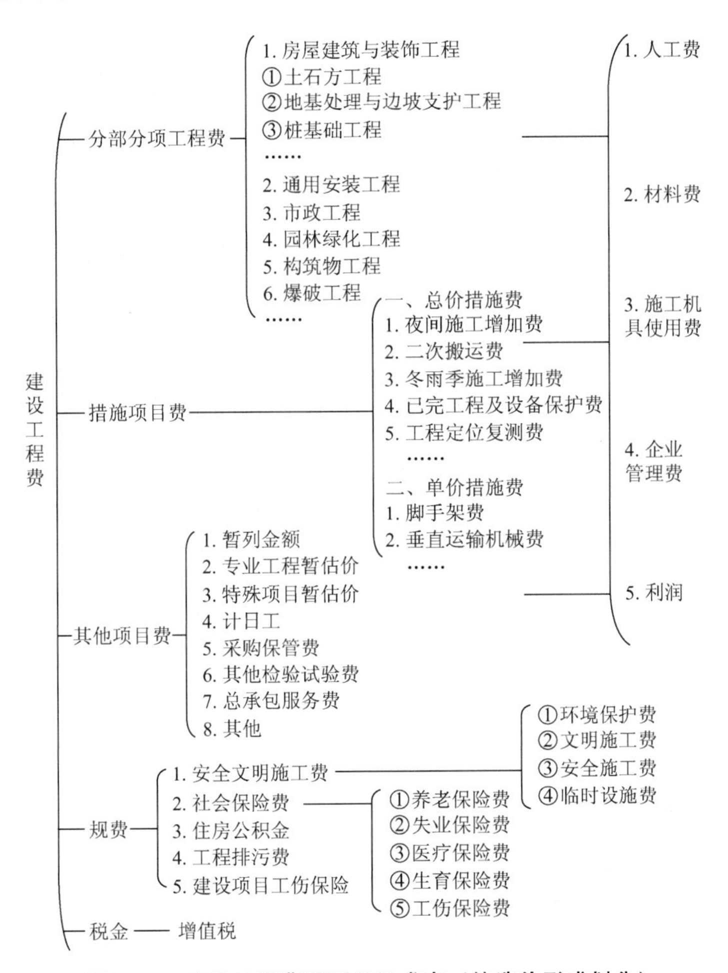

图 8－2 建设工程费用项目组成表（按造价形成划分）

1. 分部分项工程费

分部分项工程费是指各专业工程的分部分项工程应予列支的各项费用。

（1）专业工程：是指按现行国家计量规范划分的房屋建筑与装饰工程、通用安装工程、市政工程、园林绿化工程等各类工程。

（2）分部分项工程：指按现行国家计量规范或现行消耗量定额对各专业工程划分的项目。

如房屋建筑与装饰工程划分的土石方工程、地基处理与边坡支护工程、桩基础工程、砌筑工程、钢筋及混凝土工程等。

2. 措施项目费

措施项目费是指为完成工程项目施工，发生于该工程施工准备和施工过程中的技术、生活、安全、环境保护等方面的项目费用。

1）总价措施费

总价措施费是指省建设行政主管部门根据建筑市场状况、多数企业经营管理情况和技术水平等测算发布了费率的措施项目费用。

总价措施费的主要内容包括：

（1）夜间施工增加费：是指因夜间施工所发生的夜班补助费、夜间施工降效、夜间施工照明设备摊销及照明用电等费用。

（2）二次搬运费：是指因施工场地条件限制而发生的材料、构配件、半成品等一次运输不能到达堆放地点，必须进行二次或多次搬运所发生的费用。

施工现场场地的大小，因工程规模、工程地点、周边情况等因素的不同而各不相同，一般情况下，场地周边围挡范围内的区域为施工现场。

若确因场地狭窄，按经过批准的施工组织设计，必须在施工现场之外存放材料或必须在施工现场采用立体架构形式存放材料时，其由场外到场内的运输费用或立体架构所发生的搭设费用，按实另计。

（3）冬雨季施工增加费：是指在冬季或雨季施工需增加的临时设施、防滑、排除雨雪，人工及施工机械效率降低等费用。

冬雨季施工增加费，不包括混凝土、砂浆的骨料炒拌、提高强度等级，以及掺加于其中的早强、抗冻等外加剂的费用。

（4）已完工程及设备保护费：是指竣工验收前，对已完工程及设备采取的必要保护措施所发生的费用。

（5）工程定位复测费：是指工程施工过程中进行全部施工测量放线和复测工作的费用。

（6）市政工程地下管线交叉处理费：是指施工过程中对现有施工场地内各种地下交叉管线进行加固及处理所发生的费用，不包括地下管线改移发生的费用。

2）单价措施费

单价措施费是指消耗量定额中列有子目并规定了计算方法的措施项目费用。

单价措施项目见表 8－1（本表仅列“安装工程”部分，其他略）。

表 8－1 专业工程措施项目费一览表

序　　号	项目名称（安装工程）
1	吊装加固
2	金属抱杆安装、拆除、移位
3	平台铺设、拆除
4	顶升、提升装置
5	大型设备专用机具
6	焊接工艺评定
7	胎（模）具制作、安装、拆除
8	防护棚制作、安装、拆除
9	特殊地区施工增加
10	安装与生产同时进行施工增加
11	在有害身体健康环境中施工增加
12	工程系统检测、检验
13	设备、管道施工的安全、防冻和焊接保护
14	焦炉烘炉、热态工程
15	管道安装后的充气保护
16	隧道内施工的通风、供水、供气、供电、照明及通信设施费
17	脚手架搭拆
18	非夜间施工增加
19	高层施工增加

3. 其他项目费

(1) 暂列金额：是指建设单位在工程量清单中暂定并包括在工程合同价款中的一笔款项，用于施工合同签订时尚未确定或不可预见的材料、设备、服务的采购，施工中可能发生的工程变更，合同约定调整因素出现时工程价款的调整，以及发生的索赔、现场签证等费用。

暂列金额，包含在投标总价和合同总价中，但只有在施工过程中实际发生了并且符合合同约定的价款支付程序，才能纳入竣工结算价款中。暂列金额扣除实际发生金额后的余额，仍属于建设单位所有。

暂列金额，一般可按分部分项工程费的10%～15%估列。

(2) 专业工程暂估价：是指建设单位根据国家相应规定、预计需由专业承包人另行组织施工、实施单独分包（总承包人仅对其进行总承包服务），但暂时不能确定准确价格的专业工程价款。

专业工程暂估价，应区分不同专业，按有关计价规定估价，并仅作为计取总承包服务费的基础，不计入总承包人的工程总造价。

(3) 特殊项目暂估价，是指未来工程中肯定发生、其他费用项目均未包括，但由于材料、设备或技术工艺的特殊性，没有可参考的计价依据、事先难以准确确定其价格、对造价影响较大的项目费用。

(4) 计日工：是指在施工过程中，承包人完成建设单位提出的工程合同范围以外的、突发性的零星项目或工作，按合同中约定的单价计价的一种方式。

计日工不仅指人工，零星项目或工作使用的材料、机械，均应计列于本项之下。

(5) 采购及保管费：定义同前，此处略。

(6) 其他检验试验费：检验试验费不包括相应规范规定之外要求增加鉴定、检查的费用，新结构、新材料的试验费用，对构件做破坏性试验及其他特殊要求检验试验的费用，建设单位委托检测机构进行检测的费用。此类检测发生的费用，在该项中列支。

建设单位对施工单位提供的、具有出厂合格证明的材料要求进行再检验，经检测不合格的，该检测费用由施工单位支付。

(7) 总承包服务费：定义同前，此处略。

总承包服务费＝专业工程暂估价(不含设备费)×相应费率

(8) 其他：包括工期奖惩、质量奖惩等，均可计列于本项之下。

4. 规费

定义同前，此处略。规费包括：

(1) 安全文明施工费：安全文明施工措施项目清单，详见表 8－2。

(2) 社会保险费：定义同前，此处略。

(3) 住房公积金：定义同前，此处略。

(4) 工程排污费：定义同前，此处略。

(5) 建设项目工伤保险：定义同前，此处略。

5. 税金

定义同前，此处略。

表 8－2　建设工程安全文明施工措施项目清单

<table>
<tr><th>类别</th><th>项目名称</th><th>具体要求</th></tr>
<tr><td rowspan="3">环境保护费</td><td>材料堆放</td><td>(1) 材料、构件、料具等堆放时，悬挂有名称、品种、规格等标牌；
(2) 水泥和其他易飞扬细颗粒建筑材料应密闭存放或采取覆盖等措施；
(3) 易燃、易爆和有毒有害物品分类存放</td></tr>
<tr><td>垃圾清运</td><td>施工现场应设置密闭式垃圾站，施工垃圾、生活垃圾应分类存放。施工垃圾必须采用相应容器或管道运输</td></tr>
<tr><td colspan="2">环保部门要求所需要的其他保护费用</td></tr>
</table>

（续）

<table>
<tr><th>类别</th><th colspan="2">项目名称</th><th>具体要求</th></tr>
<tr><td rowspan="6">文明施工费</td><td colspan="2">施工现场围挡</td><td>（1）现场采用封闭围挡，高度≥1.8m；
（2）围挡材料可采用彩色、定型钢板，砖、混凝土砌块等墙体</td></tr>
<tr><td colspan="2">五板一图</td><td>在进门处悬挂工程概况、管理人员名单及监督电话、安全生产、文明施工、消防保卫五板及施工现场总平面图</td></tr>
<tr><td colspan="2">企业标志</td><td>现场出入的大门应设有本企业标识或企业标识</td></tr>
<tr><td colspan="2">场容场貌</td><td>（1）道路畅通；
（2）排水沟、排水设施通畅；
（3）工地地面硬化处理；
（4）绿化</td></tr>
<tr><td colspan="2">宣传栏等</td><td></td></tr>
<tr><td colspan="3">其他有特殊要求的文明施工做法</td></tr>
<tr><td rowspan="5">临时设施费</td><td colspan="2">现场办公生活设施</td><td>（1）临时宿舍、文化福利及公用事业房屋与构筑物、仓库、办公室、加工厂以及规定范围内道路等临时设施；
（2）施工现场办公、生活区与作业区分开设置，保持安全距离；
（3）工地办公室、现场宿舍、食堂、厕所、饮水设施、休息场所符合卫生和安全要求</td></tr>
<tr><td rowspan="3">施工现场临时用电</td><td>配电线路</td><td>（1）按照 TN－S 系统要求配备五芯电缆、四芯电缆和三芯电缆；
（2）按要求架设临时用电线路的电杆、横担、瓷夹、瓷瓶等，或电缆埋地的地沟；
（3）对靠近施工现场的外电线路，设置木质、塑料等绝缘体的防护设施</td></tr>
<tr><td>配电箱开关箱</td><td>（1）按三级配电要求，配备总配电箱、分配电箱、开关箱三类标准电箱。开关箱应符合一机、一箱、一闸、一漏。三类电箱中的各类电器应是合格品。
（2）按两级保护的要求，选取符合容量要求和质量合格的总配电箱和开关箱中的漏电保护器</td></tr>
<tr><td>接地装置保护</td><td>施工现场保护零线的重复接地应不少于 3 处</td></tr>
<tr><td colspan="2">施工现场临时设施用水</td><td>生活用水、施工用水</td></tr>
<tr><td rowspan="4">安全施工费</td><td colspan="2">接料平台</td><td>（1）在脚手架横向外侧 1～2 处的部位，从底部随脚手架同步搭设，包括架杆、扣件、脚手板、拉结短管、基础垫板和钢底座；
（2）在脚手架横向 1～2 处的部位，在建筑物层间地板处用两根型钢外挑，形成外挑平台，包括两根型钢、预埋件、斜拉钢丝绳、平台底座垫板、平台进（出）料口门及周边两道水平栏杆</td></tr>
<tr><td colspan="2">上下脚手架
人行通道（斜道）</td><td>多层建筑施工随脚手架搭设的上下脚手架的斜道，一般成“之”字形</td></tr>
<tr><td colspan="2">一般防护</td><td>安全网（水平网、密目式立网）、安全帽、安全带</td></tr>
<tr><td colspan="2">通道棚</td><td>包括杆架、扣件、脚手板</td></tr>
</table>

（续）

类别	项目名称		具体要求
安全施工费	防护围栏		建筑物作业周边防护栏杆，施工电梯和物料提升机吊篮升降处防护栏杆，配电箱和固位使用的施工机械周边围栏、防护棚，基坑周边防护栏杆及上下人斜道防护栏杆
	消防安全防护		灭火器、砂箱、消防水桶、消防铁锨（钩）、高层建筑物安装消防水管（钢管、软管）、加压泵等
	临边洞口交叉高处作业防护	楼板、屋面、阳台等临边防护	用密目式安全立网全封闭，作业层另加两边防护栏杆和18cm高的踢脚板
		通道口防护	设防护棚，防护棚应为≥5cm厚的木板或两道相距50cm的竹笆。两侧应沿栏杆架用密目式安全网封闭
		预留洞口防护	用木板全封闭；短边超过1.5m长的洞口，除封闭外四周还应设有防护栏杆
		电梯井口防护	设置定型化、工具化、标准化的防护门；在电梯井内每隔两层（<10m）设置一道安全平网
		楼梯边防护	设1.2m高的定型化、工具化、标准化的防护栏杆，18cm高的踢脚板
		垂直方向交叉作业防护	设置防护隔离棚或其他设施
		高空作业防护	有悬挂安全带的悬索或其他设施；有操作平台；有上下的梯子或其他形式的通道
	安全警示标志牌		危险部位悬挂安全警示牌、各类建筑材料及废弃物堆放标志牌
	其他		各种应急救援预案的编制、培训和有关器材的配置及检修等费用
	其他必要的安全措施		
	危险性较大工程的安全措施费，各市根据实际情况确定		

8.1.3 建设工程费用计算程序

1. 定额计价计算程序（表8-3）

表8-3 定额计价计算程序

序号	费用名称	计算方法
一	分部分项工程费	∑{[定额∑(工日消耗量×人工单价)+∑(材料消耗量×材料单价)+∑(机械台班消耗量×台班单价)]×分部分项工程量}
	计费基础JD1	详见表8-5

（续）

序号	费用名称	计算方法
二	措施项目费	2.1+2.2
	2.1 单价措施费	$\sum${[定额$\sum$(工日消耗量×人工单价)+$\sum$(材料消耗量×材料单价)+$\sum$(机械台班消耗量×台班单价)]×单价措施项目工程量}
	2.2 总价措施费	JD1×相应费率
	计费基础 JD2	详见表 8-5
三	其他项目费	3.1+3.3+…+3.8
	3.1 暂列金额	按本项目 8.1.2 中“其他项目费”规定计算
	3.2 专业工程暂估价	
	3.3 特殊项目暂估价	
	3.4 计日工	
	3.5 采购保管费	
	3.6 其他检验试验费	
	3.7 总承包服务费	
	3.8 其他	
四	企业管理费	(JD1+JD2)×管理费费率
五	利润	(JD1+JD2)×利润率
六	规费	4.1+4.2+4.3+4.4+4.5
	4.1 安全文明施工费	(一+二+三+四+五) ×费率
	4.2 社会保险费	(一+二+三+四+五) ×费率
	4.3 住房公积金	按工程所在地设区市相关规定计算
	4.4 工程排污费	按工程所在地设区市相关规定计算
	4.5 建设项目工伤保险	按工程所在地设区市相关规定计算
七	设备费	$\sum$(设备单价×设备工程量)
八	税金	(一+二+三+四+五+六+七)×税率
九	工程费用合计	一+二+三+四+五+六+七+八

2. 工程量清单计价计算程序（表 8-4）

表 8-4 工程量清单计价计算程序

序号	费用名称	计算方法
一	分部分项工程费	$\sum$(Ji×分部分项工程量)
	分部分项工程综合单价	Ji =1.1+1.2+1.3+1.4+1.5
	1.1 人工费	每计量单位$\sum$(工日消耗量×人工单价)
	1.2 材料费	每计量单位$\sum$(材料消耗量×材料单价)
	1.3 施工机械使用费	每计量单位$\sum$(机械台班消耗量×台班单价)
	1.4 企业管理费	JQ1×管理费费率
	1.5 利润	JQ1×利润率
	计费基础 JQ1	详见表 8-5

（续）

序号	费用名称	计算方法
二	措施项目费	2.1＋2.2
	2.1　单价措施费	$\sum${[每计量单位$\sum$(工日消耗量×人工单价)＋$\sum$(材料消耗量×材料单价)＋$\sum$(机械台班消耗量×台班单价)＋JQ2×(管理费费率＋利润率)]×单价措施项目工程量}
	计费基础 JQ2	详见表 8-5
	2.2　总价措施费	$\sum$[(JQ1×分部分项工程量)×措施费费率＋(JQ1×分部分项工程量)×省发措施费费率×H×(管理费费率＋利润率)]
三	其他项目费	3.1＋3.3＋…＋3.8
	3.1　暂列金额	按本项目 8.1.2 中“其他项目费”规定计算
	3.2　专业工程暂估价	
	3.3　特殊项目暂估价	
	3.4　计日工	
	3.5　采购保管费	
	3.6　其他检验试验费	
	3.7　总承包服务费	
	3.8　其他	
四	规费	4.1＋4.2＋4.3＋4.4＋4.5
	4.1　安全文明施工费	(一＋二＋三)×费率
	4.2　社会保险费	(一＋二＋三)×费率
	4.3　住房公积金	按工程所在地设区市相关规定计算
	4.4　工程排污费	按工程所在地设区市相关规定计算
	4.5　建设项目工伤保险	按工程所在地设区市相关规定计算
五	设备费	$\sum$(设备单价×设备工程量)
六	税金	(一＋二＋三＋四＋五)×税率
七	工程费用合计	一＋二＋三＋四＋五＋六

3. 计费基础说明（表8－5）

表8－5　计费基础一览表

<table>
<tr><th>专业名称</th><th colspan="3">计费基础</th><th>计算方法</th></tr>
<tr><td rowspan="10">建筑装饰安装园林</td><td rowspan="10">人工费</td><td rowspan="5">定额计价</td><td rowspan="2">JD1</td><td>分部分项工程的省价人工费之和</td></tr>
<tr><td>∑[分部分项工程定额∑(工日消耗量×省人工单价)×分部分项工程量]</td></tr>
<tr><td rowspan="2">JD2</td><td>单价措施项目的省价人工费之和＋总价措施费中的省价人工费之和</td></tr>
<tr><td>∑[单价措施项目定额∑(工日消耗量×省人工单价)×单价措施项目工程量]＋∑(JD1×省发措施费费率×H)</td></tr>
<tr><td>H</td><td>总价措施费中人工费含量（%）</td></tr>
<tr><td rowspan="5">工程量清单计价</td><td rowspan="2">JQ1</td><td>分部分项工程每计量单位的省价人工费之和</td></tr>
<tr><td>分部分项工程每计量单位（工日消耗量×省人工单价）</td></tr>
<tr><td rowspan="2">JQ2</td><td>单价措施项目每计量单位的省价人工费之和</td></tr>
<tr><td>单价措施项目每计量单位∑(工日消耗量×省人工单价)</td></tr>
<tr><td>H</td><td>总价措施费中人工费含量（%）</td></tr>
</table>

8.1.4 安装工程费用费率

1. 措施费

1）一般计税法下建设工程措施费费率（表8－6）

表8－6　一般计税法下建设工程措施费费率　　单位：%

专业名称 \ 费用名称		夜间施工费	二次搬运费	冬雨季施工增加费	已完工程及设备保护费
安装工程	民用安装工程	2.50	2.10	2.80	1.20
	工业安装工程	3.10	2.70	3.90	1.70

2）简易计税法下建筑工程措施费费率（表8－7）

表8－7　简易计税法下建设工程措施费费率　　单位：%

专业名称 \ 费用名称		夜间施工费	二次搬运费	冬雨季施工增加费	已完工程及设备保护费
安装工程	民用安装工程	2.66	2.28	3.04	1.32
	工业安装工程	3.30	2.93	4.23	1.87

3）措施费中的人工费含量（表8－8）

表8－8　措施费中的人工费含量　　单位：%

费用名称 专业名称	夜间施工费	二次搬运费	冬雨季施工增加费	已完工程及设备保护费
安装工程	50	40		25

2. 企业管理费、利润

1）一般计税法下安装工程企业管理费、利润费率（表8－9）

表8－9　一般计税法下安装工程企业管理费、利润费率　　单位：%

费用名称 专业名称		企业管理费			利　润		
		Ⅰ	Ⅱ	Ⅲ	Ⅰ	Ⅱ	Ⅲ
安装工程	民用安装工程	55			32		
	工业安装工程	51			32		

注：企业管理费费率中，不包含总承包服务费费率。

2）简易计税法下安装工程企业管理费、利润费率（表8－10）

表8－10　简易计税法下安装工程企业管理费、利润费率　　单位：%

费用名称 专业名称		企业管理费			利　润		
		Ⅰ	Ⅱ	Ⅲ	Ⅰ	Ⅱ	Ⅲ
安装工程	民用安装工程	54.19			32		
	工业安装工程	50.13			32		

注：企业管理费费率中，不包含总承包服务费费率。

3）总承包服务费、采购保管费（表8－11）

表8－11　总承包服务费、采购保管费费率　　单位：%

费用名称	费　率	
总承包服务费	3	
采购保管费	材料	2.5
	设备	1

3. 规费

1）一般计税法下规费费率（表 8－12）

表 8－12 一般计税法下规费费率

单位：%

专业名称 / 费用名称	安装工程	
	民用安装工程	工业安装工程
安全文明施工费	4.98	4.38
其中：1. 安全施工费	2.34	1.74
2. 环境保护费	0.29	
3. 文明施工费	0.59	
4. 临时设施费	1.76	
社会保险费	1.52	
住房公积金	按工程所在地设区市相关规定计算	
工程排污费		
建设项目工伤保险		

2）简易计税法下规费费率（表 8－13）

表 8－13 简易计税法下规费费率

单位：%

专业名称 / 费用名称	安装工程	
	民用安装工程	工业安装工程
安全文明施工费	4.98	4.38
其中：1. 安全施工费	2.34	1.74
2. 环境保护费	0.29	
3. 文明施工费	0.59	
4. 临时设施费	1.76	
社会保险费	1.52	
住房公积金	按工程所在地设区市相关规定计算	
工程排污费		
建设项目工伤保险		

4. 税金（表 8－14）

表 8－14 税率

费用名称	税率
增值税	11
增值税（简易计税）	3

【山东省建设工程费用项目组成及计算规则】

8.1.5 “营改增”简介

根据财政部和国税总局《关于全面推开营业税改征增值税试点的通知》（财税〔2016〕36号）的精神，建筑业自2016年5月1日起纳入营业税改征增值税试点范围。为适应国家税制改革要求，满足建筑业“营改增”后建设工程计价需要，山东省工程建设标准定额站根据《山东省建设工程造价管理办法》（省政府令第252号）的有关规定，对在山东省内销售和使用的工程造价计价软件进行功能调整。具体要求如下。

1. “营改增”的基本概念

“营改增”就是将原来征收的营业税，改为现行的增值税。

1）营业税

营业税是对在中国境内提供应税劳务、转让无形资产或销售不动产的单位和个人，就其所取得的营业额征收的一种税，是一种流转价内税。

营业税的计算方法：应纳税额＝营业额×税率。其中计税范围和税率见表8-15。

营业税的弊病是道道征税、全额征税、重复征税，不利于社会分工。

表8-15　营业税计税范围和税率

税　目	税　率
一、交通运输业	3%
二、建筑业	3%
三、金融保险业	5%
四、邮电通信业	3%
五、文化体育业	3%
六、娱乐业	5%～20%
七、服务业	5%
八、转让无形资产	5%
九、销售不动产	5%

2）增值税

增值税是对销售货物或者提供加工、修理修配劳务以及进口货物的单位和个人就其实现的增值额征收的一个税种，是价外税。

增值税一般计税方法：应纳税额＝当前销项税额－当前进项税额

＝销售额×税率－当前进项税额

增值税简易计税方法：应纳税额＝销售额×征收率

增值税率计税范围和税率见表8-16。

实施增值税的优势：以增加值征税，环环征税、层层抵扣，消除了重复征税，彻底打通全行业抵扣链条，有利于促进专业分工，提高创新能力，促进国家经济转型升级。

表 8-16 增值税率计税范围和税率

一般计税方法		税　率
一	（一）销售或进口货物除（二）以外的货物	17%
	（二）销售或进口下列货物： 1. 粮食、食用植物油； 2. 自来水、暖气、冷气、热水、煤气、石油液化气、天然气、沼气、居民煤炭制品； 3. 图书、报纸、杂志； 4. 饲料、话费、农药、农机、农膜； 5. 国务院规定的其他货物：农产品、音像制品、电子出版物、二甲醚	13%
二	出口货物，国务院另有规定的除外	0
三	提供加工、修理修配劳务	17%
营改增	提供交通运输业、邮政业服务、基础电信服务、建筑服务	11%
	提供有形动产租赁服务	17%
	提供研发和技术服务、信息技术服务、文化创意服务、物流辅助服务、鉴证咨询服务、广播影视服务及增值电信服务	6%

2. 营业税与增值税的差异

关于营业税与增值税的差异，如图 8-3 所示。

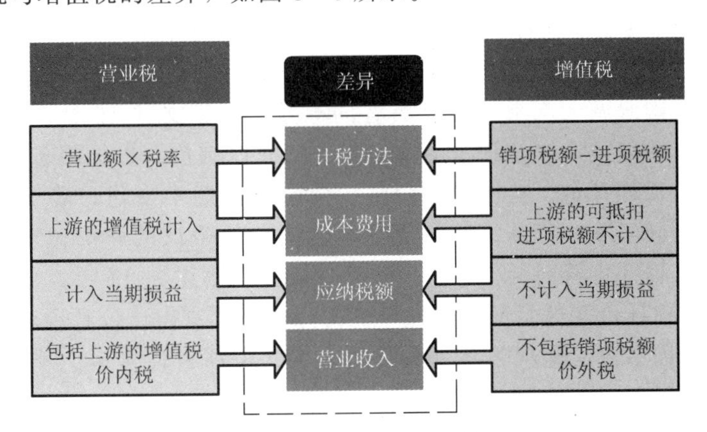

图 8-3 营业税与增值税的差异

举例说明，见表 8-17。

表 8-17 营业税与增值税的差异举例

假设征收营业税（税率 10%）					假设征收增值税（税率 10%）				
环节	进价	销售额	增值额	本环节应纳税额	环节	进价	销售额	增值额	本环节应纳税额
1	0	100	100	10	1	0	100	100	10
2	100	160	60	16	2	100	160	60	6
3	160	300	140	30	3	160	300	140	14
合计	260	560	300	56	合计	260	560	300	30

3. 增值税的简易计税法和一般计税法

具体内容见本书项目1“知识链接——关于增值税的简易计税和一般计税”，此处不再赘述。

8.2 安装工程招标控制价及投标价的编制

8.2.1 工程量清单计价概述

1. 工程量清单计价的概念

工程量清单计价是指完成工程量清单所需的全部费用，包括分部分项工程费、措施项目费、其他项目费、规费和税金。

在建设工程招投标过程中，除投标人根据招标人提供的工程量清单编制的“投标价”进行投标外，招标人还应根据工程量清单编制“招标控制价”。招标控制价是公开的最高限价，体现了公开、公正的原则。投标人的投标报价若高于招标控制价的，其投标应予拒绝。

2. 《建设工程工程量清单计价规范》(GB 50500—2013) 简介

【建设工程工程量清单计价规范】

《建设工程工程量清单计价规范》(GB 50500—2013) 包括正文和附录两大部分，二者具有同等效力。正文共16章，包括总则、术语、一般规定、工程量清单编制、招标控制价、投标报价、合同价款约定、工程计量、合同价款调整、合同价款期中支付、竣工结算与支付、合同解除的价款结算与支付、合同价款争议的解决、工程造价鉴定、工程计价资料与档案、工程计价表格。附录共11项，包括物价变化合同价款调整方法、工程计价文件封面、工程计价文件扉页、工程计价总说明、工程计价汇总表、分部分项工程和单价措施项目清单与计价表、其他项目计价表、规费/税金项目计价表、工程计量申请（核准）表、合同价款支付申请（核准）表、主要材料/工程设备一览表。

8.2.2 安装工程招标控制价的编制

1. 招标控制价的概念与相关规定

招标控制价是指招标人根据国家或省级、行业建设行政主管部门发布的有关计价依据和办法，以及拟定的招标文件和招标工程量清单，结合工程具体情况编制的招标工程的最高投标限价。

国有资金投资的建设工程招标，招标人必须编制招标控制价。

招标控制价应由具有编制能力的招标人或受其委托具有相应资质的工程造价咨询人编制和复核。

招标控制价应在招标时公布，不应上调或下浮，招标人应将招标控制价及有关资料报送工程所在地或有该工程管辖权的行业管理部门工程造价管理机构备查。当招标控制价超过批准的概算时，招标人应将其报原概算审批部门审核。

2. 招标控制价的编制依据

（1）《建设工程工程量清单计价规范》（GB 50500—2013）。

（2）国家或省级、行业建设主管部门颁发的计价定额和计价办法。

（3）建设工程设计文件及相关资料。

（4）拟定的招标文件及招标工程量清单。

（5）与建设项目相关的标准、规范、技术资料。

（6）施工现场情况、工程特点及常规施工方案。

（7）工程造价管理机构发布的工程造价信息，当工程造价信息未发布时，参照市场价。

（8）其他的相关资料。

3. 招标控制价编制用表及相关规定

1）封面

招标控制价封面举例如图 8－4 所示。其中图 8－4（a）为招标人自行编制招标控制价用，图 8－4（b）为招标人委托工程造价咨询人编制招标控制价用。

某大厦建筑、安装 工程

招标控制价

招标控制价(小写)：226255843元

(大写)：贰亿贰仟陆佰贰拾伍万伍仟八佰肆拾叁元

招 标 人：大厦建设单位盖章（单位盖章）

工程造价咨 询 人：（单位资质专用章）

法定代表人或其授权人：大厦建设单位法定代表人（签字或盖章）

法定代表人或其授权人：（签字或盖章）

编 制 人：×××签字 盖造价员专用章（造价人员签字盖专用章）

复 核 人：×××签字 盖造价工程师专用章（造价工程师签字盖专用章）

编制时间：××××年×月×日

复核时间：××××年×月×日

(a) 招标人自行编制招标控制价的封面

某大厦建筑、安装 工程

招标控制价

招标控制价(小写)：226255843元

(大写)：贰亿贰仟陆佰贰拾伍万伍仟八佰肆拾叁元

招 标 人：大厦建设单位盖章（单位盖章）

工程造价咨 询 人：××工程造价咨询企业资质专用章（单位资质专用章）

法定代表人或其授权人：大厦建设单位法定代表人（签字或盖章）

法定代表人或其授权人：××工程造价咨询企业法定代表人（签字或盖章）

编 制 人：×××签字 盖造价员专用章（造价人员签字盖专用章）

复 核 人：×××签字 盖造价工程师专用章（造价工程师签字盖专用章）

编制时间：××××年×月×日

复核时间：××××年×月×日

(b) 招标人委托工程造价咨询人编制招标控制的封面

图 8－4 招标控制价封面

2）总说明

招标控制价总说明的内容应包括：

（1）采用的计价依据；

（2）采用的施工组织设计；

（3）采用的材料价格来源；

（4）综合单价中的风险因素、风险范围（幅度）；

（5）其他。

投标控制价总说明举例见表 8－18。

表 8－18　招标控制价总说明

总　说　明

工程名称：某大厦安装工程　　　　　　　　　　　　第 1 页　共 1 页

1. 工程概况：本工程建设地点位于×市×路 20 号。工程由 30 层高主楼及其南侧 5 层高的裙房组成。主楼与裙房间首层设过街通道作为消防疏散通道。建筑地下部分功能主要为地下车库兼设备用房。建筑面积 73000m^2，主楼地上 30 层、地下 3 层，裙楼地上 5 层、地下 3 层；地下三层层高 3.6m，地下二层层高 4.5m，地下一层层高 4.6m，一、二、四层层高 5.1m，其余楼层层高为 3.9m。建筑檐高：主楼 122.10m，裙楼 23.10m。结构类型：主楼为框架-剪力墙结构，裙楼为框架工程；基础为钢筋混凝土桩基础。

2. 工程招标范围：本次招标范围为施工图（图纸工号：×××××，日期×年×月×日）范围内除消防系统、综合布线系统、门禁等分包项目以外的工程，安装分包项目的主体预埋、预留部分包含在本次招标范围内。

3. 招标控制价的编制依据。

（1）招标文件提供的工程量清单及有关计价要求。

（2）工程施工设计图纸及相关资料。

（3）《山东省安装工程消耗量定额》及相应计算规则、费用定额。

（4）建设项目相关的标准、规范、技术资料。

（5）工程类别判断依据及工程类别：依据建筑项目施工图建筑面积审核表、《山东省建筑安装工程费用项目组成及计算规则》，确定本工程为Ⅱ类。

（6）人工工日单价、施工机械台班单价按照工程造价管理机构现行规定计算。本例中人工工日单价按 103 元/工日计算。材料价格采用 2017 年工程造价信息第 1 季度信息价，对于没有发布信息价格的材料，其价格参照市场价确定。

（7）费用计算中各项费率按工程造价管理机构现行规定计算。

（8）电气安装工程的盘、箱、柜列为设备；给排水安装工程中的成套供水设备、水箱及水箱消毒器、水泵、空调安装工程的泵类、分集水器、水箱、软水器、换热器、水处理器、风机、静压箱、消声弯头、风机盘管、电热空气幕、通风器、空气处理机组、油烟净化器、冷水机组等均列为设备，在投标报价中不计入以上设备的价值。

（9）空气检测费未计入控制价，结算时按实调整。

其他略。

3）汇总表

由于编制招标控制价和投标报价包含的内容相同，只是对价格的处理不同，因此，对招标控制价和投标报价汇总表的设计使用同一表格。在实际工程应用时，对招标控制价和投标报价可分别印制该表格。

汇总表包括工程项目招标控制价/投标报价汇总表（表 8－19）、单项工程招标控制价/投标报价汇总表（表 8－20）、单位工程招标控制价/投标报价汇总表（表 8－21）。

表 8－19 工程项目招标控制价/投标报价汇总表

工程名称： 第 页 共 页

序号	单项工程名称	金额（元）	其中（元）		
			暂估价	安全文明施工费	规费
合计					

注：本表适用于工程项目招标控制价或投标报价的汇总。

表 8－20 单项工程招标控制价/投标报价汇总表

工程名称： 第 页 共 页

序号	单项工程名称	金额（元）	其中（元）		
			暂估价	安全文明施工费	规费
合计					

注：本表适用于单项工程招标控制价或投标报价的汇总。暂估价包括分部分项工程中的暂估价和专业工程暂估价。

表 8－21　单位工程招标控制价/投标报价汇总表

工程名称：　　　　　　　　　　　　　　标段：　　　　　　　　　　　　第　页　共　页

序号	汇总内容	金额（元）	其中：暂估价（元）
1	分部分项工程费		
1.1			
1.2			
1.3			
2	措施项目费		
2.1	其中：安全文明施工费		
3	其他项目		
3.1	其中：暂列金额		
3.2	其中：专业工程暂估价		
3.3	其中：计日工		
3.4	其中：总承包服务费		
4	规费		
5	税金		
	招标控制价合计＝1＋2＋3＋4＋5		

注：本表适用于单位工程招标控制价或投标报价的汇总，如无单位工程划分，单项工程也使用本表汇总。

4）分部分项工程量清单与计价表

本书项目 1 中已经讲到，分部分项工程量清单表和分部分项工程量清单计价表两表合一，采用这一表现形式，大大减少了投标人因两表分设可能带来的出错的概率。

此表是编制招标控制价、投标价、竣工结算的最基本的用表。

招标控制价中的分部分项工程费应根据招标文件中的分部分项工程量清单项目的特征描述及有关规定，按照招标控制价的编制依据，确定综合单价进行计算。招标控制价中的综合单价应包括招标文件中划分的应由投标人承担的风险范围及其费用。招标文件中没有明确的，如果是工程造价咨询人编制，应提请招标人明确；如果是招标人编制，应予明确。

分部分项工程和措施项目中的单价项目，应根据拟定的招标文件和招标工程量清单项目中的特征描述及有关要求确定综合单价计算。招标文件提供了暂估单价的材料，按暂估的单价计入综合单价。

分部分项工程量清单与计价表，见本书项目 1 中表 1－5。

5）工程量清单综合单价分析表

综合单价是指完成一个规定清单项目所需的人工费、材料费和工程设备费、施工机具使用费和企业管理费、利润，以及一定范围内的风险费用。

工程量清单综合单价分析表是评标委员会评审和判断综合单价组成和价格完整性、合理性的主要基础，对因工程变更调整综合单价也是必不可少的基础价格数据来源。采用经评审的最低投标价法评标时，该分析表的重要性更为突出。

该分析表集中反映了构成每一个清单项目综合单价的各个价格要素的价格及主要的“工、料、机”消耗量。编制招标控制价和投标报价时，需要对每一个清单项目进行组价，为了使组价工作具有可追溯性（回复评标质疑时尤其重要），需要标明每一个数据的来源。该分项表实际上是招标人编制招标控制价和投标人投标组价工作的一个阶段性成果文件。

编制招标控制价，使用本表应填写使用的省级或行业建设主管部门发布的计价定额名称。

工程量清单综合单价分析表见表8－22。

表8－22 工程量清单综合单价分析表

工程名称： 标段： 第 页 共 页

<table>
<tr><td colspan="2">项目编码</td><td colspan="2"></td><td colspan="2">项目名称</td><td colspan="2"></td><td colspan="2">计量单位</td><td colspan="2"></td></tr>
<tr><td colspan="12">清单综合单价组成明细</td></tr>
<tr><td rowspan="2">定额编号</td><td rowspan="2">定额名称</td><td rowspan="2">定额单位</td><td rowspan="2">数量</td><td colspan="4">单 价</td><td colspan="4">合 价</td></tr>
<tr><td>人工费</td><td>材料费</td><td>机械费</td><td>管理费和利润</td><td>人工费</td><td>材料费</td><td>机械费</td><td>管理费和利润</td></tr>
<tr><td></td><td></td><td></td><td></td><td></td><td></td><td></td><td></td><td></td><td></td><td></td><td></td></tr>
<tr><td></td><td></td><td></td><td></td><td></td><td></td><td></td><td></td><td></td><td></td><td></td><td></td></tr>
<tr><td></td><td></td><td></td><td></td><td></td><td></td><td></td><td></td><td></td><td></td><td></td><td></td></tr>
<tr><td></td><td></td><td></td><td></td><td></td><td></td><td></td><td></td><td></td><td></td><td></td><td></td></tr>
<tr><td></td><td></td><td></td><td></td><td></td><td></td><td></td><td></td><td></td><td></td><td></td><td></td></tr>
<tr><td colspan="2">人工单价</td><td colspan="6">小 计</td><td colspan="4"></td></tr>
<tr><td colspan="2">元/工日</td><td colspan="6">未计价材料费</td><td colspan="4"></td></tr>
<tr><td colspan="6">清单项目综合单价</td><td colspan="6"></td></tr>
<tr><td rowspan="6">材料费明细</td><td colspan="5">主要材料名称、规格、型号</td><td>单位</td><td>数量</td><td>单价（元）</td><td>合价（元）</td><td>暂估单价（元）</td><td>暂估合计（元）</td></tr>
<tr><td colspan="5"></td><td></td><td></td><td></td><td></td><td></td><td></td></tr>
<tr><td colspan="5"></td><td></td><td></td><td></td><td></td><td></td><td></td></tr>
<tr><td colspan="5"></td><td></td><td></td><td></td><td></td><td></td><td></td></tr>
<tr><td colspan="7">其他材料费</td><td>—</td><td></td><td>—</td><td></td></tr>
<tr><td colspan="7">材料费小计</td><td>—</td><td></td><td>—</td><td></td></tr>
</table>

注：1. 如不使用省级或行业建设主管部门发布的计价依据，可不填定额项目、编号等。
2. 招标文件提供了暂估单价的材料，按暂估的单价填入表内“暂估单价”栏及“暂估合价”栏。

6）招标控制价中的措施项目费

采用单价项目方式计价的措施项目，应按措施项目清单中的工程量，并按照招标控制价的编制依据确定综合单价，填入分部分项工程和单价措施项目清单与计价表，见本书项目1中表1-5。

采用总价项目方式计价的措施项目，应根据拟定的招标文件和常规施工方案，按照招标控制价的编制依据计价，包括除规费、税金以外的全部费用。措施项目清单中的安全文明施工费必须按照国家或省级、行业建设行政主管部门的规定计算，不得作为竞争性费用。总价措施项目清单与计价表见本书项目1中表1-8。

7）招标控制价中的其他项目费计价的相关规定

（1）暂列金额。

为保证工程建设施工的顺利实施，应对施工过程中可能出现的各种不确定因素对工程造价的影响，在招标控制价中估算一笔暂列金额。暂列金额可根据工程的复杂程度、设计深度、工程环境条件（包括地质、水文、气候条件等）进行估算，一般可按分部分项工程费和措施项目费的10%～15%作为参考。

（备注：《山东省建设工程费用项目组成及计算规则》规定，暂列金额可按分部分项工程费的10%～15%作为参考，本书案例以此为准。）

（2）暂估价。

暂估价类似于FIDIC合同条款中的Prime Cost Items，在招标阶段预见肯定发生，只是因为标准不明确或者需要专业承包人完成，暂时无法确定其价格或金额。为方便合同管理和计价，需要纳入工程量清单项目综合单价中的暂估价最好只是材料费，以方便投标人组价。对于专业工程暂估价一般应是综合暂估价，包括除规费、税金以外的管理费、利润等。

（3）计日工。

包括计日工人工、材料和施工机械。在编制招标控制价时，对计日工中的人工单价和施工机械台班单价应按省级、行业建设主管部门或其授权的工程造价管理机构公布的单价计算；材料应按工程造价管理机构发布的工程造价信息中的材料单价计算，工程造价信息未发布的材料单价，其价格应按市场调查确定的单价计算。

（4）总承包服务费。

编制招标控制价时，总承包服务费应按照省级、行业建设主管部门的规定计算，“2013清单计价规范”在条文说明中列出的标准仅供参考：当招标人仅要求总承包人对其发包的专业工程进行施工现场统一管理和协调、对竣工资料进行统一汇总整理等服务时，总承包服务费按发包的专业工程估算造价的1.5%计算；当招标人既要求总承包人对其发包的专业工程进行总承包管理和协调，又要求提供相应配合服务时，总承包服务费根据招标文件列出的配合服务内容，按发包的专业工程估算造价的3%～5%计算；招标人自行供应材料、设备的，按招标人供应材料、设备价值的1%计算。

招标控制价中的其他项目清单与计价表，见本书项目1中表1-9～表1-14。

8）关于规费、税金

“2013清单计价规范”中规定：规费和税金应按照国家或省级、行业建设主管部门的规定计算，不得作为竞争性费用。本规定为强制性条文。

规费、税金项目清单与计价表，见本书项目1中表1-15。

8.2.3 安装工程投标价的编制

1. 投标报价的概念与相关规定

投标报价是指在工程采用招标发包的过程中，投标人或由其委托的具有相应资质的工程造价咨询人按照招标文件的要求，根据工程特点，并结合自身的施工技术、装备和管理水平，依据有关计价规范自主确定的工程造价，是投标人希望达成工程承包交易的期望价格，它不能高于招标人设定的招标控制价，但不得低于成本。

采用工程量清单方式招标的工程，为了使各投标人在投标报价中具有共同的竞争平台，所有投标人必须按照招标人提供的工程量清单填报价格。填写的项目编码、项目名称、项目特征、计量单位、工程量必须与招标人提供的一致。

2. 投标报价的编制依据

(1)《建设工程工程量清单计价规范》(GB 50500—2013)。

(2) 国家或省级、行业建设行政主管部门颁发的计价办法。

(3) 企业定额、国家或省级、行业建设行政主管部门颁发的计价定额和计价办法。

(4) 招标文件、工程量清单及其补充通知、答疑纪要。

(5) 建设工程设计文件及相关资料。

(6) 施工现场情况、工程特点及拟定的投标施工组织设计或施工方案。

(7) 与建设项目相关的标准、规范、技术资料。

(8) 市场价格信息或工程造价管理机构发布的工程造价信息。

(9) 其他的相关资料。

3. 投标报价编制用表及相关规定

1) 封面

投标总价封面举例如图8-5所示。投标人编制投标报价时，由投标人单位注册的造价人员编制。投标人盖单位公章，法定代表人或其授权人签字或盖章；编制的造价人员(造价工程师或造价员)签字盖执业专用章。

投标总价应当与分部分项工程费、措施项目费、其他项目费和规费、税金的合计金额一致。即投标人在进行工程量清单招标的投标报价时，不能进行投标总价优惠(或降价、让利)，投标人对投标报价的任何优惠(或降价、让利)均应反映在相应清单项目的综合单价中。

2) 总说明

投标报价总说明的内容应包括：

(1) 采用的计价依据；

(2) 采用的施工组织设计；

(3) 综合单价中风险因素、风险范围(幅度)；

(4) 措施项目的依据；

(5) 其他相关内容的说明等；

投标报价总说明举例见表8-23。

招标总价	
招　标　人：	大厦建设单位
工 程 名 称：	某大厦建筑、安装工程
招标总价(小写)：	226019715元
(大写)：	贰亿贰仟陆佰零壹万玖仟柒佰壹拾伍元
投　标　人：	××建筑安装公司 单位盖章 (单位盖章)
法定代表人： 或其授权人：	××建筑安装公司 法定代表人 (签字或盖章)
编　制　人：	×××签字 盖造价工程师 或造价员专用章 (造价人员签字盖专用章)
编 制 时 间：	××××年×月×日

图 8-5　投标总价封面

表 8-23　投标报价总说明

总　说　明

工程名称：某大厦安装工程　　　　第1页　共1页

1. 工程概况：本工程建设地点位于×市×路20号。工程由30层高主楼及其南侧5层高的裙房组成。主楼与裙房间首层设过街通道作为消防疏散通道。建筑地下部分功能主要为地下车库兼设备用房。建筑面积73000m^2，主楼地上30层、地下3层，裙楼地上5层、地下3层；地下三层层高3.6m，地下二层层高4.5m，地下一层层高4.6m，一、二、四层层高5.1m，其余楼层层高为3.9m。建筑檐高：主楼122.10m，裙楼23.10m。结构类型：主楼为框架-剪力墙结构，裙楼为框架工程；基础为钢筋混凝土桩基础。

2. 工程招标范围：本次招标范围为施工图（图纸工号：×××××，日期×年×月×日）范围内除消防系统、综合布线系统、门禁等分包项目以外的工程，安装分包项目的主体预埋、预留部分包含在本次招标范围内。

3. 投标报价的编制依据。

(1) 招标文件提供的工程量清单及有关计价要求，招标文件的补充通知和答疑纪要。

(2) 工程施工设计图纸及相关资料、投标施工组织设计。

(3) 建设项目相关的标准、规范、建筑资料。

(4)《山东省安装工程消耗量定额》及相应计算规则、费用定额等。

(5) 本工程类别Ⅱ类。

(6) 人工工日单价按103元/工日报价。材料价格根据本公司掌握的价格情况并参照工程造价管理机构2017年工程造价信息第1季度信息价确定。施工机械台班单价根据本公司掌握的价格情况并参照工程造价管理机构发布价格确定。

(7) 设备费用未计入本投标报价中。

3）汇总表

汇总表包括工程项目投标报价汇总表（表8－19）、单项工程投标报价汇总表（表8－20）、单位工程投标报价汇总表（表8－21）。

4）分部分项工程量清单与计价表

编制投标报价时，分部分项工程量清单应采用综合单价计价。确定综合单价的最重要依据之一是该清单项目的特征描述，投标人投标报价时应依据招标文件中分部分项工程量清单项目的特征描述确定清单的综合单价。在投标过程中，当出现招标文件中分部分项工程量清单特征描述与设计图纸不符时，投标人应以分部分项工程量清单的项目特征描述为准，确定投标报价的综合单价。当施工中施工图纸或设计变更与工程量清单项目特征描述不一致时，发、承包双方应按实际施工的项目特征，依据合同约定重新确定综合单价。

综合单价中应包括招标文件中划分的应由投标人承担的风险范围及其费用，招标文件中没有明确的，应提请招标人明确。

分部分项工程量清单与计价表，见本书项目1中表1－5。投标人对表中的"项目编码""项目名称""项目特征""计量单位""工程量"均不应做改动。"综合单价""合价"自主决定填写，对其中的"暂估价"栏，投标人应将招标文件中提供了暂估材料单价的暂估价计入综合单价，并应计算出暂估单价的材料在"综合单价"及其"合价"中的具体数额，因此，为更详细反映暂估价情况，也可在表中增设一栏"综合单价"其中"暂估价"。

5）工程量清单综合单价分析表

工程量清单综合单价分析表见表8－22。

编制投标报价时，使用本表可填写使用的省级或行业建设行政主管部门发布的计价定额，如不使用，则不填写。

6）投标报价中的措施项目费

由于各投标人拥有的施工装备、技术水平和采用的施工方法有所差异，招标人提出的措施项目清单是根据一般情况确定的，没有考虑不同投标人的"个性"，投标人投标时根据自身编制的投标施工组织设计（或施工方案）确定措施项目，并对招标人提供的措施项目进行调整。投标人根据投标施工组织设计（或施工方案）调整和确定的措施项目应通过评标委员会的评审。

（1）措施项目费的计算包括：

① 措施项目的内容应依据招标人提供的措施项目清单和投标人投标时拟定的施工组织设计或方案；

② 措施项目费的计价方式应根据招标文件的规定，可以计算工程量的措施清单项目，采用综合单价方式报价，其余的措施清单项目采用总价方式报价；

③ 措施项目费由投标人自主确定，但其中的安全文明施工费应按照国家或省级、行业建设行政主管部门的规定计价，不得作为竞争性费用。

（2）投标报价中的总价措施项目费清单与计价表，见本书项目1中表1－8。

7）投标报价中的其他项目费计价的相关规定

（1）暂列金额应按招标工程量清单中列出的金额填写，不得变动。

（2）材料、工程设备暂估价应按招标工程量清单中列出的单价计入综合单价。

（3）专业工程暂估价应按招标工程量清单中列出的金额填写。

（4）计日工按招标工程量清单中列出的项目和数量，自主确定综合单价并计算计日工金额。

（5）总承包服务费应依据招标工程量清单中列出的内容和提出的要求自主报价。

投标报价中的其他项目清单与计价表，见本书项目1中表1-9～表1-14。

8）关于规费、税金

“2013清单计价规范”中规定：规费和税金应按照国家或省级、行业建设行政主管部门的规定计算，不得作为竞争性费用。本规定为强制性条文。

规费、税金项目清单与计价表，见本书项目1中表1-14。

8.3 安装工程清单计价任务实施

下面，我们以本书项目3中的某学校办公楼采暖工程为例，在计算完成其工程量和编制完的分部分项工程量清单的基础上，以编制其招标控制价为工作任务，根据现行的《山东省建设工程费用项目组成及计算规则》（2017版）和《建设工程工程量清单计价规范》（GB 50500—2013），参照《山东省安装工程价目表》（2017版），学习如何进行安装工程工程量清单计价。

8.3.1 分部分项工程费的计算

编制完成的分部分项工程量清单见本书项目3中表3-7，完成综合单价后的分部分项工程清单计价表见表8-24。

表8-24　分部分项工程量清单与计价表

工程名称：某学校办公楼采暖工程　　　　标段：　　　　第　页　共　页

序号	项目编码	项目名称	项目特征描述	计量单位	工程量	金额（元）			
						综合单价	合价	其中：暂估价	其中：人工费（手工计算增加此列）
1	031001001001	镀锌钢管	1. 安装部位：室内 2. 输送介质：热水 3. 材质：镀锌钢管 4. 规格：*DN*50 5. 连接方式：焊接 6. 压力试验及冲洗：按规范要求	m	67.66	67.28	4522.16	—	21.54×67.66=1457.40

（续）

序号	项目编码	项目名称	项目特征描述	计量单位	工程量	金额（元）			
						综合单价	合价	其中：暂估价	其中：人工费（手工计算增加此列）
2	031001001002	镀锌钢管	1. 安装部位：室内 2. 输送介质：热水 3. 材质：镀锌钢管 4. 规格：*DN*40 5. 连接方式：焊接 6. 压力试验及冲洗：按规范要求	m	55.50	54.74	3038.07	—	18.41×55.50=1021.76
3	031001001003	镀锌钢管	1. 安装部位：室内 2. 输送介质：热水 3. 材质：镀锌钢管 4. 规格：*DN*32 5. 连接方式：焊接 6. 压力试验及冲洗：按规范要求	m	49.84	45.93	2289.15	—	15.76×49.84=785.48
4	031001001004	镀锌钢管	1. 安装部位：室内 2. 输送介质：热水 3. 材质：镀锌钢管 4. 规格：*DN*25 5. 连接方式：螺纹连接 6. 压力试验及冲洗：按规范要求	m	197.45	57.27	11307.96	—	21.33×197.45=4211.61
5	031001001005	镀锌钢管	1. 安装部位：室内 2. 输送介质：热水 3. 材质：镀锌钢管 4. 规格：*DN*20 5. 连接方式：螺纹连接 6. 压力试验及冲洗：按规范要求	m	148.20	45.72	6775.70	—	17.81×148.20=2639.44
6	031002001001	管道支架	1. 材质：∟40×4角钢 2. 管架形式：单件质量<5kg的固定支架	kg	28.08	230.21	6464.30	—	89.05×28.08=2500.52
7	031002001002	管道支架	镀锌钢管*DN*25成品管卡	套	47.02	6.48	304.69	—	1.24×47.02=58.30

（续）

序号	项目编码	项目名称	项目特征描述	计量单位	工程量	金额（元）			
						综合单价	合价	其中：暂估价	其中：人工费（手工计算增加此列）
8	031002003001	套管	1. 名称、类型：一般穿墙套管 2. 材质：焊接钢管 3. 规格：*DN*50 以内 4. 填料材质：沥青麻丝	个	19	46.73	887.79	—	14.21×19=269.99
9	031002003002	套管	1. 名称、类型：一般穿墙套管 2. 材质：焊接钢管 3. 规格：*DN*32 以内 4. 填料材质：沥青麻丝	个	60	31.86	1911.48	—	9.99×60=599.40
10	031002003003	套管	1. 名称、类型：一般穿墙套管 2. 材质：焊接钢管 3. 规格：*DN*20 以内 4. 填料材质：沥青麻丝	个	16	25.57	409.12	—	8.76×16=140.16
11	031003001001	螺纹阀门	1. 类型：散热器温控阀 2. 材质：铜质 3. 规格：*DN*20 4. 连接方式：螺纹连接	个	56	42.86	2400.16	—	11.33×56=634.48
12	031003001002	螺纹阀门	1. 类型：Q11F－16T 铜球阀 2. 材质：铜质 3. 规格：*DN*25 4. 连接方式：螺纹连接	个	26	64.16	1668.08	—	11.33×26=294.58
13	031003001003	螺纹阀门	1. 类型：ZP88－1 立式自动排气阀 2. 材质：铜质 3. 规格：*DN*25 4. 连接方式：螺纹连接	个	2	68.55	137.10	—	15.45×2=30.90
14	031003001004	螺纹阀门	1. 类型：手动放风阀 2. 材质：铜质 3. 规格：ϕ10 4. 连接方式：螺纹连接	个	56	8.24	461.44	—	3.09×56=173.04

（续）

序号	项目编码	项目名称	项目特征描述	计量单位	工程量	金额（元）			
						综合单价	合价	其中：暂估价	其中：人工费（手工计算增加此列）
15	031003003001	焊接法兰阀门	1. 类型：Z44T－16闸阀 2. 材质：碳钢 3. 规格：*DN*40 4. 连接方式：法兰连接	个	1	139.86	139.86	—	23.69×1=23.69
16	031003003002	焊接法兰阀门	1. 类型：Z44T－16闸阀 2. 材质：碳钢 3. 规格：*DN*50 4. 连接方式：法兰连接	个	2	155.19	310.38	—	25.75×2=51.50
17	031003011001	法兰	1. 材质：碳钢 2. 规格：*DN*50 3. 连接形式：平焊法兰	副	2	282.49	564.98	—	29.87×2=59.74
18	031003011002	法兰	1. 材质：碳钢 2. 规格：*DN*40 3. 连接形式：平焊法兰	副	1	251.16	251.16	—	22.66×1=22.66
19	031005001001	铸铁散热器	1. 型号、规格：TZY－6－8 2. 安装方式：成组落地安装（20片以内） 3. 托架形式：厂配	组	25	897.91	46691.32	—	62.01×25=1550.25
20	031005001002	铸铁散热器	1. 型号、规格：TZY－6－8 2. 安装方式：成组落地安装（16片以内） 3. 托架形式：厂配	组	31	698.31	21647.61	—	40.89×31=1267.59
21	030601001001	温度仪表	1. 名称：压力式温度计 2. 类型：压力式 3. 规格：毛细管长2m以下	支	2	188.98	377.96	—	65.61×2=131.22
22	030601002001	压力仪表	1. 名称：一般压力表 2. 型号：Y－60 3. 规格：就地安装	块	2	124.46	248.92	—	26.99×2=53.98
23	031201001001	管道刷油	1. 油漆品种：银粉漆 2. 涂刷遍数：二遍	m^2	48.09	9.74	468.40	—	4.22×48.09=202.93

（续）

序号	项目编码	项目名称	项目特征描述	计量单位	工程量	金额（元）			
						综合单价	合价	其中：暂估价	其中：人工费（手工计算增加此列）
24	031201003001	金属结构刷油	1. 除锈级别：人工除微锈 2. 油漆品种：红丹防锈漆 3. 结构类型：管道支架 4. 涂刷遍数：二遍	kg	28.08	1.19	33.42	—	0.39×28.08=10.95
25	031201003002	金属结构刷油	1. 油漆品种：银粉漆 2. 结构类型：管道支架 3 涂刷遍数：二遍	kg	28.08	0.81	22.74	—	0.38×28.08=10.67
26	031201004001	暖气片刷油	1. 油漆品种：银粉漆 3. 涂刷遍数：一遍	m²	366.68	6.39	2343.09	—	2.94×366.68=1078.04
27	031201006001	布面刷油	1. 布面品种：玻璃丝布 2. 油漆品种：沥青漆 3. 涂刷遍数：一遍	m²	31.58	19.09	602.86	—	7.11×31.58=224.53
28	031208002001	管道绝热	1. 绝热材料品种：岩棉管壳 2. 绝热厚度：30mm 3. 管道外径：57mm 以内	m³	0.708	1031.76	730.49	—	490.49×0.708=347.27
29	031208007001	保护层	1. 材料：玻璃丝布 2. 层数：一层 3. 对象：管道	m²	31.58	21.69	684.97	—	3.72×31.58=117.48
30	031009001001	采暖工程系统调整	1. 上供下回低温热水采暖系统 2. 管道工程量：514.41m	系统	1	1844.79	1844.79	—	494.96×1=496.96
本页小计							119195.83	—	20319.80
合　计							119195.83	—	20319.80

表 8-24 中每项的综合单价计算过程，见表 8-25。

说明：表 8-25 中人工费、材料费（辅材）、机械费采用了《山东省安装工程价目表》（2017 版，一般计税单价），其中人工费单价为 103 元/工日。管理费费率和利润率参照本书表 8-9 中的相关费率，分别取 55%和 32%。未计价材料（主材）价格参照了“济南市工程造价网信息网”上的相关价格，仅供参考。另外，为方便后面相关费用的计算，在表 8-24 中增加了“其中：人工费”一列。

表 8－25 工程量清单综合单价分析表

工程名称：某学校办公楼采暖工程　　　　标段：　　　　第 1 页　共 30 页

<table>
<tr><td colspan="2">项 目 编 码</td><td colspan="2">031001001001</td><td colspan="2">项目名称</td><td colspan="4">镀锌钢管</td><td>计量单位</td><td>m</td></tr>
<tr><td colspan="12">清单综合单价组成明细</td></tr>
<tr><td rowspan="2">定额编号</td><td rowspan="2">定额名称</td><td rowspan="2">定额单位</td><td rowspan="2">数量</td><td colspan="4">单　价</td><td colspan="4">合　价</td></tr>
<tr><td>人工费</td><td>材料费</td><td>机械费</td><td>管理费和利润</td><td>人工费</td><td>材料费</td><td>机械费</td><td>管理费和利润</td></tr>
<tr><td>10－2－38</td><td>室内采暖钢管焊接 DN40 内</td><td>10m</td><td>0.1</td><td>215.37</td><td>12.86</td><td>30.44</td><td>187.37</td><td>21.54</td><td>1.29</td><td>3.04</td><td>18.74</td></tr>
<tr><td colspan="2">人工单价</td><td colspan="6">小计</td><td>21.54</td><td>1.29</td><td>3.04</td><td>18.74</td></tr>
<tr><td colspan="2">综合工日（安装）
103 元/工日</td><td colspan="6">未计价材料</td><td colspan="4">22.67</td></tr>
<tr><td colspan="8">清单项目综合单价</td><td colspan="4">67.28</td></tr>
<tr><td rowspan="5">材料费明细</td><td colspan="5">主要材料名称、规格、型号</td><td>单位</td><td>数量</td><td>单价</td><td>合价</td><td>暂估单价</td><td>暂估合价</td></tr>
<tr><td colspan="5">镀锌钢管 DN50</td><td>m</td><td>1.015</td><td>21.47</td><td>21.79</td><td>—</td><td>—</td></tr>
<tr><td colspan="5">采暖室内钢管焊接管件 DN50</td><td>个</td><td>0.13</td><td>6.80</td><td>0.88</td><td>—</td><td>—</td></tr>
<tr><td colspan="7">其他材料费</td><td colspan="4">1.29</td></tr>
<tr><td colspan="7">材料费小计</td><td colspan="4">23.96</td></tr>
</table>

工程名称：某学校办公楼采暖工程　　　　标段：　　　　第 2 页　共 30 页

<table>
<tr><td colspan="2">项 目 编 码</td><td colspan="2">031001001002</td><td colspan="2">项目名称</td><td colspan="4">镀锌钢管</td><td>计量单位</td><td>m</td></tr>
<tr><td colspan="12">清单综合单价组成明细</td></tr>
<tr><td rowspan="2">定额编号</td><td rowspan="2">定额名称</td><td rowspan="2">定额单位</td><td rowspan="2">数量</td><td colspan="4">单　价</td><td colspan="4">合　价</td></tr>
<tr><td>人工费</td><td>材料费</td><td>机械费</td><td>管理费和利润</td><td>人工费</td><td>材料费</td><td>机械费</td><td>管理费和利润</td></tr>
<tr><td>10－2－37</td><td>室内采暖钢管焊接 DN50 内</td><td>10m</td><td>0.1</td><td>184.06</td><td>8.89</td><td>17.53</td><td>160.13</td><td>18.41</td><td>0.89</td><td>1.75</td><td>16.01</td></tr>
<tr><td colspan="2">人工单价</td><td colspan="6">小计</td><td>18.41</td><td>0.89</td><td>1.75</td><td>16.01</td></tr>
<tr><td colspan="2">综合工日（安装）
103 元/工日</td><td colspan="6">未计价材料</td><td colspan="4">17.68</td></tr>
<tr><td colspan="8">清单项目综合单价</td><td colspan="4">67.28</td></tr>
<tr><td rowspan="5">材料费明细</td><td colspan="5">主要材料名称、规格、型号</td><td>单位</td><td>数量</td><td>单价</td><td>合价</td><td>暂估单价</td><td>暂估合价</td></tr>
<tr><td colspan="5">镀锌钢管 DN40</td><td>m</td><td>1.015</td><td>16.90</td><td>17.15</td><td>—</td><td>—</td></tr>
<tr><td colspan="5">采暖室内钢管焊接管件 DN40</td><td>个</td><td>0.085</td><td>6.20</td><td>0.53</td><td>—</td><td>—</td></tr>
<tr><td colspan="7">其他材料费</td><td colspan="4">0.89</td></tr>
<tr><td colspan="7">材料费小计</td><td colspan="4">18.57</td></tr>
</table>

工程名称：某学校办公楼采暖工程　　　　标段：　　　　第 3 页　共 30 页

项目编码		031001001003		项目名称		镀锌钢管				计量单位	m
清单综合单价组成明细											
定额编号	定额名称	定额单位	数量	单价				合价			
				人工费	材料费	机械费	管理费和利润	人工费	材料费	机械费	管理费和利润
10-2-36	室内采暖钢管焊接 DN32 内	10m	0.1	157.59	6.90	13.44	137.10	15.76	0.69	1.34	13.71
人工单价		小计						15.76	0.69	1.34	13.71
综合工日（安装）103 元/工日		未计价材料						14.43			
清单项目综合单价								45.93			
材料费明细	主要材料名称、规格、型号					单位	数量	单价	合价	暂估单价	暂估合价
	镀锌钢管 DN32					m	1.015	13.77	13.98	—	—
	采暖室内钢管焊接管件 DN32					个	0.084	5.30	0.45	—	—
	其他材料费							0.69			
	材料费小计							15.12			

工程名称：某学校办公楼采暖工程　　　　标段：　　　　第 4 页　共 30 页

项目编码		031001001004		项目名称		镀锌钢管				计量单位	m
清单综合单价组成明细											
定额编号	定额名称	定额单位	数量	单价				合价			
				人工费	材料费	机械费	管理费和利润	人工费	材料费	机械费	管理费和利润
10-2-14	室内采暖钢管丝接 DN25 内	10m	0.1	213.31	5.19	5.05	185.58	21.33	0.519	0.505	18.56
人工单价		小计						21.33	0.519	0.505	18.56
综合工日（安装）103 元/工日		未计价材料						16.36			
清单项目综合单价								57.27			
材料费明细	主要材料名称、规格、型号					单位	数量	单价	合价	暂估单价	暂估合价
	镀锌钢管 DN25					m	0.97	10.65	10.33	—	—
	采暖室内镀锌钢管螺纹管件 DN25					个	1.231	4.90	6.03	—	—
	其他材料费							0.519			
	材料费小计							16.88			

工程名称：某学校办公楼采暖工程　　　　标段：　　　　第 5 页　共 30 页

项目编码		031001001005		项目名称	镀锌钢管				计量单位	m	
清单综合单价组成明细											
定额编号	定额名称	定额单位	数量	单价				合价			
				人工费	材料费	机械费	管理费和利润	人工费	材料费	机械费	管理费和利润
10-2-13	室内采暖钢管丝接 *DN*20 内	10m	0.1	178.09	3.77	2.02	154.94	17.81	0.38	0.20	15.49
人工单价		小计						17.81	0.38	0.20	15.49
综合工日（安装）103 元/工日		未计价材料						11.84			
清单项目综合单价								45.72			
材料费明细	主要材料名称、规格、型号					单位	数量	单价	合价	暂估单价	暂估合价
	镀锌钢管 *DN*20					m	0.97	7.17	6.95	—	—
	采暖室内镀锌钢管螺纹管件 *DN*20					个	1.254	3.90	4.89	—	—
	其他材料费							0.38			
	材料费小计							12.22			

工程名称：某学校办公楼采暖工程　　　　标段：　　　　第 6 页　共 30 页

项目编码		031002001001		项目名称	管道支架				计量单位	kg	
清单综合单价组成明细											
定额编号	定额名称	定额单位	数量	单价				合价			
				人工费	材料费	机械费	管理费和利润	人工费	材料费	机械费	管理费和利润
10-11-1	管道支架制作（单件质量 5kg 以内）	100kg	0.01	578.76	59.54	186.18	503.52	57.88	5.95	18.62	50.35
10-11-6	管道支架制作（单件质量 5kg 以内）	100kg	0.01	311.68	134.81	118.36	271.16	31.17	13.48	11.84	27.12
人工单价		小计						89.05	19.43	27.46	77.47
综合工日（安装）103 元/工日		未计价材料						16.80			
清单项目综合单价								230.21			
材料费明细	主要材料名称、规格、型号					单位	数量	单价	合价	暂估单价	暂估合价
	∟40×4 角钢					kg	1.05	16.00	16.80	—	—
	其他材料费							19.43			
	材料费小计							36.23			

工程名称：某学校办公楼采暖工程　　　　标段：　　　　　　　　第 7 页　共 30 页

项目编码		031002001002		项目名称		管道支架				计量单位	个
清单综合单价组成明细											
定额编号	定额名称	定额单位	数量	单价				合价			
				人工费	材料费	机械费	管理费和利润	人工费	材料费	机械费	管理费和利润
10-11-12	成品管卡安装 *DN*32（以内）	个	1	1.24	0.38	—	1.08	1.24	0.38	—	1.08
人工单价		小计						1.24	0.38	—	1.08
综合工日（安装）103 元/工日		未计价材料						3.78			
清单项目综合单价								6.48			
材料费明细	主要材料名称、规格、型号					单位	数量	单价	合价	暂估单价	暂估合价
	镀锌钢管 *DN*25 成品管卡					套	1.05	3.60	3.78	—	—
	其他材料费							0.38			
	材料费小计							4.16			

工程名称：某学校办公楼采暖工程　　　　标段：　　　　　　　　第 8 页　共 30 页

项目编码		031002003001		项目名称		套管				计量单位	个
清单综合单价组成明细											
定额编号	定额名称	定额单位	数量	单价				合价			
				人工费	材料费	机械费	管理费和利润	人工费	材料费	机械费	管理费和利润
10-11-27	一般穿墙套管 *DN*50 制作安装	个	1	14.21	6.01	0.79	12.36	14.21	6.01	0.79	12.36
人工单价		小计						14.21	6.01	0.79	12.36
综合工日（安装）103 元/工日		未计价材料						13.36			
清单项目综合单价						46.73					
材料费明细	主要材料名称、规格、型号					单位	数量	单价	合价	暂估单价	暂估合价
	焊接钢管 *DN*80					m	0.318	42.00	13.36	—	—
	其他材料费							6.01			
	材料费小计							19.37			

工程名称：某学校办公楼采暖工程　　　　标段：　　　　　　　　　　第 9 页　共 30 页

项目编码		031002003002		项目名称		套管				计量单位	个
清单综合单价组成明细											
定额编号	定额名称	定额单位	数量	单价				合价			
				人工费	材料费	机械费	管理费和利润	人工费	材料费	机械费	管理费和利润
10-11-26	一般穿墙套管 *DN*32 制作安装	个	1	9.99	2.58	0.74	8.69	9.99	2.58	0.74	8.69
人工单价		小计						9.99	2.58	0.74	8.69
综合工日（安装）103 元/工日		未计价材料						9.86			
清单项目综合单价								31.86			
材料费明细	主要材料名称、规格、型号					单位	数量	单价	合价	暂估单价	暂估合价
	焊接钢管 *DN*50					m	0.318	31.00	9.86	—	—
	其他材料费							2.58			
	材料费小计							12.44			

工程名称：某学校办公楼采暖工程　　　　标段：　　　　　　　　　　第 10 页　共 30 页

项目编码		031002003003		项目名称		套管				计量单位	个
清单综合单价组成明细											
定额编号	定额名称	定额单位	数量	单价				合价			
				人工费	材料费	机械费	管理费和利润	人工费	材料费	机械费	管理费和利润
10-11-25	一般穿墙套管 *DN*20 制作安装	个	1	8.76	1.86	0.65	7.62	8.76	1.86	0.65	7.62
人工单价		小计						8.76	1.86	0.65	7.62
综合工日（安装）103 元/工日		未计价材料						6.68			
清单项目综合单价								25.57			
材料费明细	主要材料名称、规格、型号					单位	数量	单价	合价	暂估单价	暂估合价
	焊接钢管 *DN*32					m	0.318	21.00	6.68	—	—
	其他材料费							1.86			
	材料费小计							8.54			

工程名称：某学校办公楼采暖工程　　　　标段：　　　　　　　　　　第 11 页　共 30 页

项目编码		031003001001		项目名称		螺纹阀门				计量单位	个
清单综合单价组成明细											
定额编号	定额名称	定额单位	数量	单价				合价			
				人工费	材料费	机械费	管理费和利润	人工费	材料费	机械费	管理费和利润
10-5-33	散热器温控阀安装 DN20 内	个	1	11.33	3.97	0.20	9.86	11.33	3.97	0.20	9.86
人工单价		小计						11.33	3.97	0.20	9.86
综合工日（安装）103 元/工日		未计价材料						17.50			
清单项目综合单价								42.86			
材料费明细	主要材料名称、规格、型号					单位	数量	单价	合价	暂估单价	暂估合价
	散热器温控阀 DN20					个	1	17.50	17.50	—	—
	其他材料费							3.97			
	材料费小计							21.47			

工程名称：某学校办公楼采暖工程　　　　标段：　　　　　　　　　　第 12 页　共 30 页

项目编码		031003001002		项目名称		螺纹阀门				计量单位	个
清单综合单价组成明细											
定额编号	定额名称	定额单位	数量	单价				合价			
				人工费	材料费	机械费	管理费和利润	人工费	材料费	机械费	管理费和利润
10-5-3	螺纹阀安装 DN25 内	个	1	11.33	16.88	1.14	9.86	11.33	16.88	1.14	9.86
人工单价		小计						11.33	16.88	1.14	9.86
综合工日（安装）103 元/工日		未计价材料						24.95			
清单项目综合单价								64.16			
材料费明细	主要材料名称、规格、型号					单位	数量	单价	合价	暂估单价	暂估合价
	丝扣铜球阀 DN25					个	1.01	24.70	24.95	—	—
	其他材料费							16.88			
	材料费小计							41.83			

工程名称：某学校办公楼采暖工程　　　　标段：　　　　第13页　共30页

项目编码		031003001003		项目名称		螺纹阀门				计量单位	个
清单综合单价组成明细											
定额编号	定额名称	定额单位	数量	单价				合价			
				人工费	材料费	机械费	管理费和利润	人工费	材料费	机械费	管理费和利润
10-5-30	自动排气阀安装 *DN*25	个	1	15.45	13.50	0.16	13.44	15.45	13.50	0.16	13.44
人工单价		小计						15.45	13.50	0.16	13.44
综合工日（安装）103元/工日		未计价材料						26.00			
清单项目综合单价								68.55			
材料费明细	主要材料名称、规格、型号					单位	数量	单价	合价	暂估单价	暂估合价
	自动排气阀 *DN*25					个	1	26.00	26.00	—	—
	其他材料费							13.50			
	材料费小计							39.50			

工程名称：某学校办公楼采暖工程　　　　标段：　　　　第14页　共30页

项目编码		031003001004		项目名称		螺纹阀门				计量单位	个
清单综合单价组成明细											
定额编号	定额名称	定额单位	数量	单价				合价			
				人工费	材料费	机械费	管理费和利润	人工费	材料费	机械费	管理费和利润
10-5-31	手动放风阀安装 ϕ10	个	1	3.09	0.64	—	2.69	3.09	0.64	—	2.69
人工单价		小计						3.09	0.64	—	2.69
综合工日（安装）103元/工日		未计价材料						1.82			
清单项目综合单价								8.24			
材料费明细	主要材料名称、规格、型号					单位	数量	单价	合价	暂估单价	暂估合价
	手动放风阀 *DN*10					个	1.01	1.80	1.82	—	—
	其他材料费							0.64			
	材料费小计							2.46			

工程名称：某学校办公楼采暖工程　　　　标段：　　　　　　　　　　第 15 页　共 30 页

项目编码		031003003001		项目名称		焊接法兰阀门				计量单位	个
清单综合单价组成明细											
定额编号	定额名称	定额单位	数量	单价				合价			
				人工费	材料费	机械费	管理费和利润	人工费	材料费	机械费	管理费和利润
10-5-38	焊接法兰阀安装 DN40 内	个	1	23.69	9.48	1.08	20.61	23.69	9.48	1.08	20.61
人工单价		小计						23.69	9.48	1.08	20.61
综合工日（安装）103 元/工日		未计价材料						85.00			
清单项目综合单价								139.86			
材料费明细	主要材料名称、规格、型号					单位	数量	单价	合价	暂估单价	暂估合价
	法兰闸阀 DN40					个	1	85.00	85.00	—	—
	其他材料费							9.48			
	材料费小计							94.48			

工程名称：某学校办公楼采暖工程　　　　标段：　　　　　　　　　　第 16 页　共 30 页

项目编码		031003003002		项目名称		焊接法兰阀门				计量单位	个
清单综合单价组成明细											
定额编号	定额名称	定额单位	数量	单价				合价			
				人工费	材料费	机械费	管理费和利润	人工费	材料费	机械费	管理费和利润
10-5-39	焊接法兰阀安装 DN50 内	个	1	25.75	11.56	1.48	22.40	25.75	11.56	1.48	22.40
人工单价		小计						25.75	11.56	1.48	22.40
综合工日（安装）103 元/工日		未计价材料						94.00			
清单项目综合单价								155.19			
材料费明细	主要材料名称、规格、型号					单位	数量	单价	合价	暂估单价	暂估合价
	法兰阀门 DN50					个	1	94.00	94.00	—	—
	其他材料费							11.56			
	材料费小计							105.56			

工程名称：某学校办公楼采暖工程　　　　标段：　　　　第 17 页　共 30 页

项目编码		031003011001		项目名称		法兰			计量单位		副
清单综合单价组成明细											
定额编号	定额名称	定额单位	数量	单价				合价			
				人工费	材料费	机械费	管理费和利润	人工费	材料费	机械费	管理费和利润
10-5-139	碳钢平焊法兰安装 *DN*50	副	1	29.87	9.25	5.38	25.99	29.87	9.25	5.38	25.99
人工单价		小计						29.87	9.25	5.38	25.99
综合工日（安装）103 元/工日		未计价材料						212.00			
清单项目综合单价								282.49			
材料费明细	主要材料名称、规格、型号				单位	数量		单价	合价	暂估单价	暂估合价
	碳钢平焊法兰 *DN*50				片	2		106.00	212.00	—	—
	其他材料费							9.25			
	材料费小计							221.25			

工程名称：某学校办公楼采暖工程　　　　标段：　　　　第 18 页　共 30 页

项目编码		031003011002		项目名称		法兰			计量单位		副
清单综合单价组成明细											
定额编号	定额名称	定额单位	数量	单价				合价			
				人工费	材料费	机械费	管理费和利润	人工费	材料费	机械费	管理费和利润
10-5-138	碳钢平焊法兰安装 *DN*40	副	1	22.66	8.81	4.43	19.71	22.66	8.81	4.43	19.71
人工单价		小计						22.66	8.81	4.43	19.71
综合工日（安装）103 元/工日		未计价材料						196.00			
清单项目综合单价								251.16			
材料费明细	主要材料名称、规格、型号				单位	数量		单价	合价	暂估单价	暂估合价
	碳钢平焊法兰 *DN*50				片	2		98.00	196	—	—
	其他材料费							8.81			
	材料费小计							204.81			

工程名称：某学校办公楼采暖工程　　　　标段：　　　　　　　　　　第 19 页　共 30 页

项目编码		031005001001	项目名称		铸铁散热器					计量单位	组
清单综合单价组成明细											
定额编号	定额名称	定额单位	数量	单价				合价			
				人工费	材料费	机械费	管理费和利润	人工费	材料费	机械费	管理费和利润
10-7-9	成组铸铁柱翼型散热器落地安装（20片以内）	组	1	62.01	1.76	0.19	53.95	62.01	1.76	0.19	53.95
人工单价		小计						62.01	1.76	0.19	53.95
综合工日（安装）103元/工日		未计价材料						780.00			
清单项目综合单价								897.91			
材料费明细	主要材料名称、规格、型号				单位	数量	单价	合价	暂估单价	暂估合价	
	TZY-6-8铸铁柱翼型散热器				组	1	780.00	780.00	—	—	
	其他材料费						1.76				
	材料费小计						781.76				

工程名称：某学校办公楼采暖工程　　　　标段：　　　　　　　　　　第 20 页　共 30 页

项目编码		031005001002	项目名称		铸铁散热器					计量单位	组
清单综合单价组成明细											
定额编号	定额名称	定额单位	数量	单价				合价			
				人工费	材料费	机械费	管理费和利润	人工费	材料费	机械费	管理费和利润
10-7-8	成组铸铁柱翼型散热器落地安装（16片以内）	组	1	40.89	1.66	0.19	35.57	40.89	1.66	0.19	35.57
人工单价		小计						40.89	1.66	0.19	35.57
综合工日（安装）103元/工日		未计价材料						620.00			
清单项目综合单价								698.31			
材料费明细	主要材料名称、规格、型号				单位	数量	单价	合价	暂估单价	暂估合价	
	TZY-6-8铸铁柱翼型散热器				组	1	620.00	620.00	—	—	
	其他材料费						1.66				
	材料费小计						621.66				

工程名称：某学校办公楼采暖工程　　　　标段：　　　　　　　　　第 21 页　共 30 页

项目编码		030601001001		项目名称		温度仪表			计量单位	支
清单综合单价组成明细										
定额编号	定额名称	定额单位	数量	单价				合价		
				人工费	材料费	机械费	管理费和利润	人工费	材料费	机械费	管理费和利润
6-1-11	压力式温度计（毛细管长 2m 以内）	支	1	65.61	8.54	0.95	57.08	65.61	8.54	0.95	57.08
人工单价		小计						65.61	8.54	0.95	57.08
综合工日（安装）103 元/工日		未计价材料						56.80			
清单项目综合单价								188.98			
材料费明细	主要材料名称、规格、型号				单位	数量		单价	合价	暂估单价	暂估合价
	插座（带丝堵）				套	1		56.80	56.80	—	—
	其他材料费							8.54			
	材料费小计							65.34			

工程名称：某学校办公楼采暖工程　　　　标段：　　　　　　　　　第 22 页　共 30 页

项目编码		030601002001		项目名称		压力仪表			计量单位	块
清单综合单价组成明细										
定额编号	定额名称	定额单位	数量	单价				合价		
				人工费	材料费	机械费	管理费和利润	人工费	材料费	机械费	管理费和利润
6-1-46	压力表（就地安装）	块	1	26.99	4.71	0.68	23.48	26.99	4.71	0.68	23.48
人工单价		小计						26.99	4.71	0.68	23.48
综合工日（安装）103 元/工日		未计价材料						68.60			
清单项目综合单价								124.46			
材料费明细	主要材料名称、规格、型号				单位	数量		单价	合价	暂估单价	暂估合价
	取源部件				套	1		43.20	43.20	—	—
	仪表接头				套	1		25.40	25.40	—	—
	其他材料费							4.71			
	材料费小计							73.31			

工程名称：某学校办公楼采暖　　　　标段：　　　　第23页　　共30页

项目编码		031201001001		项目名称	管道刷油					计量单位	m^2
清单综合单价组成明细											
定额编号	定额名称	定额单位	数量	单价				合价			
				人工费	材料费	机械费	管理费和利润	人工费	材料费	机械费	管理费和利润
12-2-22	管道刷银粉漆第一遍	$10m^2$	0.1	21.53	1.32	—	18.73	2.15	0.13	—	1.87
12-2-23	管道刷银粉漆第二遍	$10m^2$	0.1	20.70	0.88	—	18.00	2.07	0.09	—	1.80
人工单价		小计						4.22	0.22	—	3.67
综合工日（安装）103元/工日		未计价材料						1.63			
清单项目综合单价								9.74			
材料费明细	主要材料名称、规格、型号					单位	数量	单价	合价	暂估单价	暂估合价
	银粉漆					kg	0.067	12.60	0.84	—	—
	银粉漆					kg	0.063	12.60	0.79	—	—
	其他材料费							0.22			
	材料费小计							1.85			

工程名称：某学校办公楼采暖　　　　标段：　　　　第24页　　共30页

项目编码		031201003001		项目名称	金属结构刷油					计量单位	kg
清单综合单价组成明细											
定额编号	定额名称	定额单位	数量	单价				合价			
				人工费	材料费	机械费	管理费和利润	人工费	材料费	机械费	管理费和利润
12-1-7	管道支架人工除微锈	100kg	0.01	31.21×0.2	2.26×0.2	8.59×0.2	5.43	0.062	0.005	0.017	0.054
12-2-55	管道支架刷红丹防锈漆第一遍	100kg	0.01	16.89	0.07	4.29	14.69	0.168	0.0007	0.043	0.147
12-2-56	管道支架刷红丹防锈漆第二遍	100kg	0.01	16.27	0.63	4.29	14.15	0.163	0.0063	0.043	0.143
人工单价		小计						0.39	0.01	0.10	0.34
综合工日（安装）103元/工日		未计价材料						0.35			
清单项目综合单价								1.19			
材料费明细	主要材料名称、规格、型号					单位	数量	单价	合价	暂估单价	暂估合价
	醇酸防锈漆C53-11					kg	0.016	13.50	0.22	—	—
	醇酸防锈漆C53-11					kg	0.0095	13.50	0.13	—	—
	其他材料费							0.01			
	材料费小计							0.36			

工程名称：某学校办公楼采暖　　　　标段：　　　　第 25 页　　共 30 页

项目编码		031201003002		项目名称		金属结构刷油				计量单位	kg
清单综合单价组成明细											
定额编号	定额名称	定额单位	数量	单价				合价			
				人工费	材料费	机械费	管理费和利润	人工费	材料费	机械费	管理费和利润
12-2-60	管道支架刷银粉漆第一遍	100kg	0.01	19.57	1.27	—	17.03	0.1957	0.0127	—	0.1703
12-2-61	管道支架刷银粉漆第二遍	100kg	0.01	18.64	1.14	—	16.22	0.1846	0.0114	—	0.1622
人工单价		小计						0.3803	0.0241	—	0.3325
综合工日（安装）103元/工日		未计价材料						0.07			
清单项目综合单价								0.81			
材料费明细	主要材料名称、规格、型号				单位	数量	单价	合价	暂估单价	暂估合价	
	银粉漆				kg	0.0033	12.60	0.04	—	—	
	银粉漆				kg	0.0029	12.60	0.03	—	—	
	其他材料费						0.0241				
	材料费小计						0.0941				

工程名称：某学校办公楼采暖　　　　标段：　　　　第 26 页　　共 30 页

项目编码		031201004001		项目名称		暖气片刷油				计量单位	m^2
清单综合单价组成明细											
定额编号	定额名称	定额单位	数量	单价				合价			
				人工费	材料费	机械费	管理费和利润	人工费	材料费	机械费	管理费和利润
12-2-132	暖气片刷银粉第一遍	$10m^2$	0.1	29.36	2.19	—	25.54	2.94	0.22	—	2.55
人工单价		小计						2.94	0.22	—	2.55
综合工日（安装）103元/工日		未计价材料						0.68			
清单项目综合单价								6.39			
材料费明细	主要材料名称、规格、型号				单位	数量	单价	合价	暂估单价	暂估合价	
	银粉漆				kg	0.054	12.60	0.68	—	—	
	其他材料费						0.22				
	材料费小计						0.90				

工程名称：某学校办公楼采暖　　　　标段：　　　　第 27 页　　共 30 页

项目编码		031201006001		项目名称		布面刷油				计量单位	m^2
清单综合单价组成明细											
定额编号	定额名称	定额单位	数量	单价				合价			
				人工费	材料费	机械费	管理费和利润	人工费	材料费	机械费	管理费和利润
12-2-168	管道玻璃布刷沥青漆第一遍	$10m^2$	0.1	71.07	2.42	—	61.83	7.11	0.24	—	6.18
人工单价		小计						7.11	0.24	—	6.18
综合工日（安装）103 元/工日		未计价材料						5.56			
清单项目综合单价								19.09			
材料费明细	主要材料名称、规格、型号					单位	数量	单价	合价	暂估单价	暂估合价
	煤焦油沥青漆 L01-17					kg	0.52	10.70	5.56	—	—
	其他材料费							0.24			
	材料费小计							5.80			

工程名称：某学校办公楼采暖　　　　标段：　　　　第 28 页　　共 30 页

项目编码		031208002001		项目名称		管道绝热				计量单位	m^3
清单综合单价组成明细											
定额编号	定额名称	定额单位	数量	单价				合价			
				人工费	材料费	机械费	管理费和利润	人工费	材料费	机械费	管理费和利润
12-4-20	管道纤维类材料绝热 $\phi57$ 以内	m^3	1	490.49	28.02	18.74	426.73	490.49	28.02	18.74	426.73
人工单价		小计						490.49	28.02	18.74	426.73
综合工日（安装）103 元/工日		未计价材料						67.77			
清单项目综合单价								1031.76			
材料费明细	主要材料名称、规格、型号					单位	数量	单价	合价	暂估单价	暂估合价
	岩棉管壳					m^3	1.03	65.80	67.77	—	—
	其他材料费							28.02			
	材料费小计							95.80			

工程名称：某学校办公楼采暖　　　　标段：　　　　第 29 页　共 30 页

项目编码		031208007001		项目名称		保护层				计量单位	m^2
清单综合单价组成明细											
定额编号	定额名称	定额单位	数量	单价				合价			
				人工费	材料费	机械费	管理费和利润	人工费	材料费	机械费	管理费和利润
12-4-135	管道玻璃布保护层	$10m^2$	0.1	37.18	0.26	—	32.35	3.72	0.03	—	3.24
人工单价		小计						3.72	0.03	—	3.24
综合工日（安装）103 元/工日		未计价材料						14.70			
清单项目综合单价								21.69			
材料费明细	主要材料名称、规格、型号					单位	数量	单价	合价	暂估单价	暂估合价
	玻璃丝布 0.5 厚					m^2	1.40	10.50	14.70	—	—
	其他材料费							0.03			
	材料费小计							14.73			

工程名称：某学校办公楼采暖工程　　　　标段：　　　　第 30 页　共 30 页

项目编码		031009001001		项目名称		采暖工程系统调整				计量单位	系统
清单综合单价组成明细											
定额编号	定额名称	定额单位	数量	单价				合价			
				人工费	材料费	机械费	管理费和利润	人工费	材料费	机械费	管理费和利润
	采暖系统调试费	元	1	494.96	919.21		430.62	494.96	919.21		430.62
人工单价		小计						494.96	919.21		430.62
综合工日（安装）76 元/工日		未计价材料						—			
清单项目综合单价								1844.79			
材料费明细	主要材料名称、规格、型号					单位	数量	单价	合价	暂估单价	暂估合价
	其他材料费							—			
	材料费小计							—			

表 8－25 第 30 页中关于采暖工程系统调整费综合单价的计算说明如下。

根据《通用安装工程工程量计算规范》（GB 50586—2013）关于采暖工程系统的备注说明可知，采暖工程系统由采暖管道、阀门及供暖器具组成。《山东省安装工程消耗量定额》（SD 02—31—2016）规定：采暖工程系统调整费按采暖系统工程人工费的 10%计算，其费用中人工费占 35%。

按照上述规定，将表 8－24 中（1～5 项人工费）＋（11～16 项人工费）＋（19～20 项人工费）＝（1457.40＋1021.76＋785.48＋4211.61＋2639.44）＋（634.48＋294.58＋30.90＋173.04＋23.69＋51.50）＋（1550.25＋1267.59）＝14141.72（元）

采暖系统调整费＝14141.72×10%＝1414.17（元）

其中：人工费＝1414.17×35%＝494.96（元）

材料费＋机械费＝1414.17×65%＝919.21（元）

管理费＋利润＝494.96×（55%＋32%）＝430.62（元）

综合单价＝采暖工程系统人工费＋材料费＋机械费＋管理费＋利润＝1844.79（元）

8.3.2 措施项目费的计算

特别说明

本项目仅计算总价措施项目费。

1. 按照费率计取的措施费

按照费率计取的措施费＝(分部分项工程费用合计中的人工费)×措施项目费费率×[1＋措施费中人工费含量×(管理费费率＋利润率)]

如前面计算结果（表 8－24），本案例分部分项工程费用合计中的人工费为 20742.96 元。

（1）夜间施工费：20319.80×2.50%×[1＋50%×(55%＋32%)]＝728.97(元)

（2）二次搬运费：20319.80×2.10%×[1＋40%×(55%＋32%)]＝575.21(元)

（3）冬雨季施工增加费：20319.80×2.80%×[1＋40%×(55%＋32%)]＝766.95(元)

（4）已完工程及设备保护费：20319.80×1.20%×[1＋25%×(55%＋32%)]＝296.87(元)

2. 参照定额计取的措施费

参照定额计取的措施费＝措施费中的人、材、机费之和＋按省价计算的措施项目费中的人工费×（管理费费率＋利润率）

本案例中，参照定额计取的措施费为专项措施费中的脚手架搭拆费计算如下。

（1）措施费（即脚手架搭拆费）中的人、材、机、费

＝$\sum$(第十册人工费)×5%＋$\sum$(第六册人工费)×5%＋$\sum$(第十二册刷油人工费)×7%＋$\sum$(第十二册绝热人工费)×10%

＝(1457.40＋1021.76＋785.48＋4211.61＋2639.44＋2500.52＋58.30＋269.99＋599.40＋140.16＋634.48＋294.58＋30.90＋173.04＋23.69＋51.50＋59.74＋22.66＋1550.25＋1267.59)×5%＋(131.22＋53.98)×5% ＋(202.93＋10.95＋10.67＋1078.04＋224.53)×7%＋(347.27＋117.48)×10%

=17792.49×5% + 185.20×5% + 1527.12×7% + 464.75×10%
=889.62+9.26+106.90+46.48=1052.29(元)

(2) 脚手架搭拆费=措施费中的人、材、机费之和+按省价计算的措施项目费中的人工费×(55%+32%)=1052.29+(1052.29×35%)×(55%+32%)=1345.25(元)

3. 措施项目费

措施项目费=按照费率计取的措施费+参照定额计取的措施费
=(728.97+575.21+766.95+296.87)+1345.25=3713.25(元)

8.3.3 其他项目费的计算

下面，我们以小学办公楼采暖工程为例，学习如何计算其他项目费。

1. 暂列金额

参照“2013清单计价规范”和《山东省建设工程费用项目组成及计算规则》(2017版)的规定，暂列金额可根据工程的复杂程度、设计深度、工程环境条件（包括地质、水文、气候条件等）进行估算，一般可按分部分项工程费的10%~15%作为参考。

本案例中暂列金额取分部分项工程费的10%~15%，具体计算如下：

暂列金额=119195.83×(10%~15%)=(11919.58~17879.37)(元)。

本案例取17000元。

2. 暂估价

本案例中没有必然发生但暂时不能确定价格的材料、工程设备及专业工程等项目，故此，暂估价取0元。

3. 计日工

本案例中没有发生施工过程中承包人完成发包人提出的工程合同范围以外的零星项目或工作，故此，计日工取0元。

4. 总承包服务费

本案例中没有发生总承包人为配合协调发包人进行的专业工程发包，也没有发生对发包人自行采购的材料、工程设备等进行保管以及施工现场管理、竣工资料汇总整理等服务所需的费用，故此，总承包服务费取0元。

8.3.4 规费、税金的组成与计算

下面，我们以小学办公楼采暖工程为例，学习规费、税金的组成与计算。

特别说明

规费、税金按照《山东省建设工程费用项目组成及计算规则》(2017版）计算。

1. 计算规费（表8-13）

(1) 安全文明施工费=(分部分项工程费+措施项目费+其他项目费)×费率

（2）社会保险费＝(分部分项工程费＋措施项目费＋其他项目费)×费率
（3）住房公积金＝按所在地设区市相关规定计算
（4）工程排污费＝按所在地设区市相关规定计算
（5）建设项目工伤保险＝按所在地设区市相关规定计算
按照上述计算公式，本案例计算过程如下：
安全文明施工费＝(119195.83＋3713.25＋17000)×4.98%＝6967.47(元)
社会保险费＝(119195.83＋3713.25＋17000)×1.52%＝2126.62(元)
工程排污费、住房公积金、建设项目工伤保险暂不计取。
规费＝6967.47＋2126.62＝9094.09(元)

2. 计算税金

税金(增值税)＝(分部分项工程费＋措施项目费＋其他项目费＋规费)×费率
按照上述计算公式，本案例计算过程如下：
税金＝(119195.83＋3713.25＋17000＋9094.09)×11%＝16390.35(元)
最终，本案例工程造价＝分部分项工程费＋措施项目费＋其他项目费＋规费＋税金
＝119195.83＋3713.25＋17000＋9094.09＋16390.35
＝148393.52(元)

8.3.5 安装工程清单计价文件的装订顺序

通过上述计算，我们完成了本书项目3中某小学办公楼采暖招标控制价的编制，为了形成一套完整的招标控制价文件，需要按照《建设工程工程量清单计价规范》(GB 50500—2013)的要求，将上述计算结果分别整理填表，并按下列顺序装订成册。

装订顺序，自前而后依次是：

封面→编制总说明→单项工程投标报价汇总表→单位工程投标报价汇总表→分部分项工程量清单与计价表→措施项目清单与计价表→其他项目清单与计价表（包括其他项目清单与计价汇总表、暂列金额明细表、材料暂估单价表、专业工程暂估价表、计日工表和总承包服务费计价表）→规费、税金项目清单与计价表→分部分项工程量清单综合单价分析表→措施项目清单综合单价分析表→分部分项工程量计算表→封底。

本案例整理装订后的文件，见本书附录。

小　结

本部分内容以编制某学校办公楼采暖工程项目招标控制价为线索，介绍了《山东省建设工程费用项目组成及计算规则》和清单计价模式下的分部分项工程费、措施项目费、其他项目费、规费和税金的计算方法。通过学习本项目内容，培养学生独立编制安装工程招标控制价（投标报价）预算文件的能力。

自测练习

一、名词解释

1. 工程量清单计价
2. 招标控制价
3. 综合单价
4. 增值税

二、单项选择题

1. 在清单计价模式下，下列哪项费用不属于其他项目费？(　　)

A. 暂列金额　　B. 暂估价
C. 夜间施工增加费　　D. 总承包服务费

2. 冬雨季施工增加费中的人工费占该费用的（　　）。

A. 25%　　B. 40%　　C. 50%　　D. 70%

3. 安装工程中，脚手架搭拆费属于（　　）。

A. 措施项目费　　B. 其他项目费　　C. 分部分项工程费　　D. 规费

4.《建设工程工程量清单计价规范》(GB 50500—2013) 规定：招标控制价应在招标时公布，（　　）上调或下浮，招标人应将招标控制价及有关资料报送工程所在地或有该工程管辖权的行业管理部门工程造价管理机构备查。

A. 不应　　B. 可以　　C. 必须　　D. 无所谓

5. 暂列金额可根据工程的复杂程度、设计深度、工程环境条件（包括地质、水文、气候条件等）进行估算，一般可按分部分项工程费的（　　）作为参考。

A. 5%～10%　　B. 10%～15%　　C. 20%～30%　　D. 40%～50%

三、判断题

1. 措施项目费是指为完成工程项目施工，发生于该工程施工前和施工全过程中的安全、技术、生活等方面的工程实体项目所需的费用。(　　)

2. “营改增”就是将原来征收的营业税，改为现行的增值税。(　　)

3. 招标控制价是公开的最高限价，投标人的投标报价若高于招标控制价的，其投标应予拒绝。(　　)

4. 暂列金额是将来必然发生但现在暂不发生的一笔费用，暂估价是将来可能发生也可能不发生的一笔费用。(　　)

5. 投标报价不能高于招标人设定的招标控制价，但可以低于成本。(　　)

四、计算题

请同学们参照本项目中案例，选取本书项目 2、项目 4 至项目 7 中的任一任务案例，根据其工程量计算书和分部分项工程量清单，计算每项的综合单价，编制其分部分项工程费，措施项目清单和措施项目费，其他项目清单和其他项目费，规费、税金项目清单和规费、税金。最后按照本书要求的装订顺序，形成一套《××工程招标控制价》(预算) 文件。

【项目八自测练习答案】

附录　某小学办公楼采暖工程招标控制价（预算）文件

某小学办公楼采暖　工程

招标控制价

招标控制价（小写）：　148393.52

（大写）：壹拾肆万捌千叁佰玖拾叁元伍角贰分

班级：××级××班

姓名：×××

编制时间：　　年　　月　　日

【某小学办公楼给排水工程招标控制价(预算)】

总 说 明

工程名称：某小学办公楼采暖工程　　　　第 1 页　共 1 页

1. 工程概况

(1) 某小学办公楼采暖工程，供水温度 95°，回水温度 70°。图中标高尺寸以米计，其余均以毫米计。外墙为 37 墙，内墙为 24 墙。除热力入口外，室内立管上下端安装丝扣铜球阀，规格同管径；散热器进水支管处安装温控阀。

(2) 采暖管道采用镀锌钢管，*DN*<32 为丝接，其余为焊接。全部立管管径均为 *DN*25，散热器支管均为 *DN*20。

(3) 散热器选用 TZY2－6－8 铸铁柱翼型散热器（其主要技术参数见表 3－1），采用成组落地安装。双侧连接的散热器，其中心距离均为 3.6m；单侧连接的散热器，立管至散热器中心距离为 1.8m。每组散热器上均装 ϕ10 手动放风阀一个。

(4) 地沟内供回水干管采用岩棉瓦块保温（厚 30mm），外缠玻璃丝布一层，再刷沥青漆一道。地上管道刷银粉漆两遍。散热器现场刷银粉漆一遍。

(5) 干管坡度 i=0.003。

(6) 管道穿地面和楼板，设一般钢套管。管道穿楼板、穿墙孔洞及管道安装完毕后的堵洞均由土建考虑完成，此项目暂不计算。

(7) 管道支架：供回水干管设置由角钢∟40×4 制作，每个单件平均质量为 1.08kg，共 26 个，支架人工除微锈后刷红丹防锈漆二遍，再刷银粉漆二遍；立支管采用成品管卡。

2. 工程招标范围

本次招标范围为施工图（图纸工号：×××，日期：×年×月×日）范围内除××以外的工程，安装分包项目的主体预埋、预留部分包含在本次招标范围内。

3. 招标控制价编制的依据

(1) 招标文件提供的工程量清单及有关计价要求。

(2) 工程施工设计图纸及相关资料。

(3)《山东省安装工程消耗量定额》及相应计算规则、费用定额。

(4) 建设项目相关的标准、规范、技术资料。

(5) 工程类别判断依据及工程类别：依据建筑项目施工图建筑面积审核表、《山东省建筑安装工程费用项目组成及计算规则》，确定本工程为三类。

(6) 人工工日单价、施工机械台班单价按照工程造价管理机构现行规定计算。本例中人工工日单价按 103 元/工日计算。材料价格采用 2017 年工程造价信息第 1 季度信息价，对于没有发布信息价格的材料，其价格参照市场价确定。

(7) 费用计算中各项费率按工程造价管理机构现行规定计算。

单位工程招标控制价/投标报价汇总表

工程名称：某小学办公楼采暖工程　　　标段：　　　　第　页　共　页

序号	汇总内容	金额（元）	其中：暂估价（元）
1	分部分项工程费	119195.83	
2	措施项目费	3713.25	
3	其他项目	17000	
3.1	其中：暂列金额	17000	
3.2	其中：专业工程暂估价	0	
3.3	其中：计日工	0	
3.4	其中：总承包服务费	0	
4	规费	9094.09	
4.1	其中：安全文明施工费	6967.47	
5	税金	16390.35	
招标控制价合计=1+2+3+4+5		148393.52	

分部分项工程量清单与计价表

工程名称：某学校办公楼采暖工程　　　　标段：　　　　　　　　第　页　共　页

序号	项目编码	项目名称	项目特征描述	计量单位	工程量	金额（元）			
						综合单价	合价	其中：暂估价	其中：人工费（手工计算增加此列）
1	031001001001	镀锌钢管	1. 安装部位：室内 2. 输送介质：热水 3. 材质：镀锌钢管 4. 规格：*DN*50 5. 连接方式：焊接 6. 压力试验及冲洗：按规范要求	m	67.66	67.28	4522.16	—	21.54×67.66=1457.40
2	031001001002	镀锌钢管	1. 安装部位：室内 2. 输送介质：热水 3. 材质：镀锌钢管 4. 规格：*DN*40 5. 连接方式：焊接 6. 压力试验及冲洗：按规范要求	m	55.50	54.74	3038.07	—	18.41×55.50=1021.76
3	031001001003	镀锌钢管	1. 安装部位：室内 2. 输送介质：热水 3. 材质：镀锌钢管 4. 规格：*DN*32 5. 连接方式：焊接 6. 压力试验及冲洗：按规范要求	m	49.84	45.93	2289.15	—	15.76×49.84=785.48
4	031001001004	镀锌钢管	1. 安装部位：室内 2. 输送介质：热水 3. 材质：镀锌钢管 4. 规格：*DN*25 5. 连接方式：螺纹连接 6. 压力试验及冲洗：按规范要求	m	197.45	57.27	11307.96	—	21.33×197.45=4211.61
5	031001001005	镀锌钢管	1. 安装部位：室内 2. 输送介质：热水 3. 材质：镀锌钢管 4. 规格：*DN*20 5. 连接方式：螺纹连接 6. 压力试验及冲洗：按规范要求	m	148.20	45.72	6775.70	—	17.81×148.20=2639.44

(续)

序号	项目编码	项目名称	项目特征描述	计量单位	工程量	金额(元)			
						综合单价	合价	其中:暂估价	其中:人工费(手工计算增加此列)
6	031002001001	管道支架	1. 材质:∟40×4 角钢 2. 管架形式:单件质量<5kg 的固定支架	kg	28.08	230.21	6464.30	—	89.05×28.08=2500.52
7	031002001002	管道支架	镀锌钢管 *DN* 25 成品管卡	套	47.02	6.48	304.69	—	1.24×47.02=58.30
8	031002003001	套管	1. 名称、类型:一般穿墙套管 2. 材质:焊接钢管 3. 规格:*DN*50 以内 4. 填料材质:沥青麻丝	个	19	46.73	887.79	—	14.21×19=269.99
9	031002003002	套管	1. 名称、类型:一般穿墙套管 2. 材质:焊接钢管 3. 规格:*DN*32 以内 4. 填料材质:沥青麻丝	个	60	31.86	1911.48	—	9.99×60=599.40
10	031002003003	套管	1. 名称、类型:一般穿墙套管 2. 材质:焊接钢管 3. 规格:*DN*20 以内 4. 填料材质:沥青麻丝	个	16	25.57	409.12	—	8.76×16=140.16
11	031003001001	螺纹阀门	1. 类型:散热器温控阀 2. 材质:铜质 3. 规格:*DN*20 4. 连接方式:螺纹连接	个	56	42.86	2400.16	—	11.33×56=634.48
12	031003001002	螺纹阀门	1. 类型:Q11F-16T 铜球阀 2. 材质:铜质 3. 规格:*DN*25 4. 连接方式:螺纹连接	个	26	64.16	1668.08	—	11.33×26=294.58
13	031003001003	螺纹阀门	1. 类型:ZP88-1 立式自动排气阀 2. 材质:铜质 3. 规格:*DN*25 4. 连接方式:螺纹连接	个	2	68.55	137.10	—	15.45×2=30.90

（续）

序号	项目编码	项目名称	项目特征描述	计量单位	工程量	金额（元）			
						综合单价	合价	其中：暂估价	其中：人工费（手工计算增加此列）
14	031003001004	螺纹阀门	1. 类型：手动放风阀 2. 材质：铜质 3. 规格：ϕ10 4. 连接方式：螺纹连接	个	56	8.24	461.44	—	3.09×56=173.04
15	031003003001	焊接法兰阀门	1. 类型：Z44T－16 闸阀 2. 材质：碳钢 3. 规格：*DN*40 4. 连接方式：法兰连接	个	1	139.86	139.86	—	23.69×1=23.69
16	031003003002	焊接法兰阀门	1. 类型：Z44T－16 闸阀 2. 材质：碳钢 3. 规格：*DN*50 4. 连接方式：法兰连接	个	2	155.19	310.38	—	25.75×2=51.50
17	031003011001	法兰	1. 材质：碳钢 2. 规格：*DN*50 3. 连接形式：平焊法兰	副	2	282.49	564.98	—	29.87×2=59.74
18	031003011002	法兰	1. 材质：碳钢 2. 规格：*DN*40 3. 连接形式：平焊法兰	副	1	251.16	251.16	—	22.66×1=22.66
19	031005001001	铸铁散热器	1. 型号、规格：TZY－6－8 2. 安装方式：成组落地安装（20 片以内） 3. 托架形式：厂配	组	25	897.91	46691.32	—	62.01×25=1550.25
20	031005001002	铸铁散热器	1. 型号、规格：TZY－6－8 2. 安装方式：成组落地安装（16 片以内） 3. 托架形式：厂配	组	31	698.31	21647.61	—	40.89×31=1267.59
21	030601001001	温度仪表	1. 名称：压力式温度计 2. 类型：压力式 3. 规格：毛细管长 2m 以下	支	2	188.98	377.96	—	65.61×2=131.22

(续)

序号	项目编码	项目名称	项目特征描述	计量单位	工程量	金额(元)			
						综合单价	合价	其中：暂估价	其中：人工费(手工计算增加此列)
22	030601002001	压力仪表	1. 名称：一般压力表 2. 型号：Y-60 3. 规格：就地安装	块	2	124.46	248.92	—	26.99×2=53.98
23	031201001001	管道刷油	1. 油漆品种：银粉漆 2. 涂刷遍数：二遍	m^2	48.09	9.74	468.40	—	4.22×48.09=202.93
24	031201003001	金属结构刷油	1. 除锈级别：人工除微锈 2. 油漆品种：红丹防锈漆 3. 结构类型：管道支架 4. 涂刷遍数：二遍	kg	28.08	1.19	33.42	—	0.39×28.08=10.95
25	031201003002	金属结构刷油	1. 油漆品种：银粉漆 2. 结构类型：管道支架 3. 涂刷遍数：二遍	kg	28.08	0.81	22.74	—	0.38×28.08=10.67
26	031201004001	暖气片刷油	1. 油漆品种：银粉漆 3. 涂刷遍数：一遍	m^2	366.68	6.39	2343.09	—	2.94×366.68=1078.04
27	031201006001	布面刷油	1. 布面品种：玻璃丝布 2. 油漆品种：沥青漆 3. 涂刷遍数：一遍	m^2	31.58	19.09	602.86	—	7.11×31.58=224.53
28	031208002001	管道绝热	1. 绝热材料品种：岩棉管壳 2. 绝热厚度：30mm 3. 管道外径：57mm 以内	m^3	0.708	1031.76	730.49	—	490.49×0.708=347.27
29	031208007001	保护层	1. 材料：玻璃丝布 2. 层数：一层 3. 对象：管道	m^2	31.58	21.69	684.97	—	3.72×31.58=117.48
30	031009001001	采暖工程系统调整	1. 上供下回低温热水采暖系统 2. 管道工程量：514.41m	系统	1	1844.79	1844.79	—	494.86×1=494.96
本页小计							119195.83	—	20319.80
合　计							119195.83	—	20319.80

总价措施项目清单与计价表

工程名称：某小学办公楼采暖工程　　标段：　　第　页　共　页

序号	项目编码	项目名称	计算基础	费率（%）	金额（元）	备注
1	031302002001	夜间施工费	20319.80	2.5	728.97	
2	031302004001	二次搬运费	20319.80	2.1	575.21	
3	031302005001	冬雨季施工增加费	20319.80	2.8	766.95	
4	031302006001	已完工程及设备保护费	20319.80	1.2	296.87	
5	031301017001	有关专业工程的措施项目（脚手架搭拆费）	按省价计算的措施项目费中的人工费		1345.25	
合计					3713.25	

其他项目清单与计价汇总表

工程名称：某小学办公楼采暖工程　　标段：　　第　页　共　页

序号	项目名称	计量单位	金额（元）	备注
1	暂列金额		17000	
2	暂估价		0	
2.1	材料（工程设备）暂估价		0	
2.2	专业工程暂估价		0	
3	计日工		0	
4	总承包服务费		0	
合计			17000	—

暂列金额明细表

工程名称：某小学办公楼采暖工程　　　　标段：　　　　　　　　第　页　共　页

序号	项目名称	计量单位	暂定金额（元）	备注
1	分部分项工程费 ＝119195.83×(10%～15%) ＝(11919.58～17879.37)(元) 本案例取17000元		17000	
合计			17000	—

规费、税金项目清单与计价表

工程名称：某小学办公楼给排水工程　　　　标段：　　　　　　　　第　页　共　页

序号	项目名称	计算基础	计算基数	计算费率（%）	金额（元）
1	规费				
1.1	安全文明施工费	分部分项工程费＋措施项目费＋其他项目费		4.98	6967.47
1.2	社会保险费	分部分项工程费＋措施项目费＋其他项目费		1.52	2126.62
(1)	养老保险费				
(2)	失业保险费				
(3)	医疗保险费				
(4)	工伤保险费				
(5)	生育保险费				
1.3	住房公积金	按所在地设区市相关规定计算			0
1.4	工程排污费	按所在地设区市相关规定计算			0
1.5	建设项目工伤保险	按所在地设区市相关规定计算			0
2	税金	分部分项工程费＋措施项目费＋其他项目费＋规费		11.0	16390.35
合计					25484.44

工程量清单综合单价分析表

工程名称：某学校办公楼采暖工程　　标段：　　第 1 页　共 30 页

项目编码		031001001001		项目名称		镀锌钢管				计量单位	m
清单综合单价组成明细											
定额编号	定额名称	定额单位	数量	单价				合价			
				人工费	材料费	机械费	管理费和利润	人工费	材料费	机械费	管理费和利润
10-2-38	室内采暖钢管焊接 DN50 内	10m	0.1	215.37	12.86	30.44	187.37	21.54	1.29	3.04	18.74
人工单价		小计						21.54	1.29	3.04	18.74
综合工日（安装）103 元/工日		未计价材料						22.67			
清单项目综合单价								67.28			
材料费明细	主要材料名称、规格、型号				单位	数量	单价	合价	暂估单价	暂估合价	
	镀锌钢管 DN50				m	1.015	21.47	21.79	—	—	
	采暖室内钢管焊接管件 DN50				个	0.13	6.80	0.88	—	—	
	其他材料费							1.29			
	材料费小计							23.96			

工程名称：某学校办公楼采暖工程　　标段：　　第 2 页　共 30 页

项目编码		031001001002		项目名称		镀锌钢管				计量单位	m
清单综合单价组成明细											
定额编号	定额名称	定额单位	数量	单价				合价			
				人工费	材料费	机械费	管理费和利润	人工费	材料费	机械费	管理费和利润
10-2-37	室内采暖钢管焊接 DN40 内	10m	0.1	184.06	8.89	17.53	160.13	18.41	0.89	1.75	16.01
人工单价		小计						18.41	0.89	1.75	16.01
综合工日（安装）103 元/工日		未计价材料						17.68			
清单项目综合单价								54.74			
材料费明细	主要材料名称、规格、型号				单位	数量	单价	合价	暂估单价	暂估合价	
	镀锌钢管 DN40				m	1.015	16.90	17.15	—	—	
	采暖室内钢管焊接管件 DN40				个	0.085	6.20	0.53	—	—	
	其他材料费							0.89			
	材料费小计							18.57			

工程名称：某学校办公楼采暖工程　　　　标段：　　　　　　　　第 3 页　共 30 页

项 目 编 码		031001001003		项目名称		镀锌钢管				计量单位	m
清单综合单价组成明细											
定额编号	定额名称	定额单位	数量	单价				合价			
				人工费	材料费	机械费	管理费和利润	人工费	材料费	机械费	管理费和利润
10-2-36	室内采暖钢管焊接 DN32 内	10m	0.1	157.59	6.90	13.44	137.10	15.76	0.69	1.34	13.71
人工单价		小计						15.76	0.69	1.34	13.71
综合工日（安装）103 元/工日		未计价材料						14.43			
清单项目综合单价								45.93			
材料费明细	主要材料名称、规格、型号					单位	数量	单价	合价	暂估单价	暂估合价
	镀锌钢管 DN32					m	1.015	13.77	13.98	—	—
	采暖室内钢管焊接管件 DN32					个	0.084	5.30	0.45	—	—
	其他材料费							0.69			
	材料费小计							15.12			

工程名称：某学校办公楼采暖工程　　　　标段：　　　　　　　　第 4 页　共 30 页

项 目 编 码		031001001004		项目名称		镀锌钢管				计量单位	m
清单综合单价组成明细											
定额编号	定额名称	定额单位	数量	单价				合价			
				人工费	材料费	机械费	管理费和利润	人工费	材料费	机械费	管理费和利润
10-2-14	室内采暖钢管丝接 DN25 内	10m	0.1	213.31	5.19	5.05	185.58	21.33	0.519	0.505	18.56
人工单价		小计						21.33	0.519	0.505	18.56
综合工日（安装）103 元/工日		未计价材料						16.36			
清单项目综合单价								57.27			
材料费明细	主要材料名称、规格、型号					单位	数量	单价	合价	暂估单价	暂估合价
	镀锌钢管 DN25					m	0.97	10.65	10.33	—	—
	采暖室内镀锌钢管螺纹管件 DN25					个	1.231	4.90	6.03	—	—
	其他材料费							0.519			
	材料费小计							16.88			

工程名称：某学校办公楼采暖工程　　　　标段：　　　　　　　　　第 5 页　共 30 页

项目编码		031001001005		项目名称		镀锌钢管				计量单位	m
清单综合单价组成明细											
定额编号	定额名称	定额单位	数量	单价				合价			
				人工费	材料费	机械费	管理费和利润	人工费	材料费	机械费	管理费和利润
10-2-13	室内采暖钢管丝接 DN20 内	10m	0.1	178.09	3.77	2.02	154.94	17.81	0.38	0.20	15.49
人工单价		小计						17.81	0.38	0.20	15.49
综合工日（安装）103 元/工日		未计价材料						11.84			
清单项目综合单价								45.72			
材料费明细	主要材料名称、规格、型号					单位	数量	单价	合价	暂估单价	暂估合价
	镀锌钢管 DN20					m	0.97	7.17	6.95	—	—
	采暖室内镀锌钢管螺纹管件 DN20					个	1.254	3.90	4.89	—	—
	其他材料费							0.38			
	材料费小计							12.22			

工程名称：某学校办公楼采暖工程　　　　标段：　　　　　　　　　第 6 页　共 30 页

项目编码		031002001001		项目名称		管道支架				计量单位	kg
清单综合单价组成明细											
定额编号	定额名称	定额单位	数量	单价				合价			
				人工费	材料费	机械费	管理费和利润	人工费	材料费	机械费	管理费和利润
10-11-1	管道支架制作（单件质量 5kg 以内）	100kg	0.01	578.76	59.54	186.18	503.52	57.88	5.95	18.62	50.35
10-11-6	管道支架安装（单件质量 5kg 以内）	100kg	0.01	311.68	134.81	118.36	271.16	31.17	13.48	11.84	27.12
人工单价		小计						89.05	19.43	27.46	77.47
综合工日（安装）103 元/工日		未计价材料						16.80			
清单项目综合单价								230.21			
材料费明细	主要材料名称、规格、型号					单位	数量	单价	合价	暂估单价	暂估合价
	∟40×4 角钢					kg	1.05	16.00	16.80	—	—
	其他材料费							19.43			
	材料费小计							36.23			

工程名称：某学校办公楼采暖工程　　　　标段：　　　　第 7 页　共 30 页

项目编码		031002001002		项目名称		管道支架				计量单位	个
清单综合单价组成明细											
定额编号	定额名称	定额单位	数量	单价				合价			
				人工费	材料费	机械费	管理费和利润	人工费	材料费	机械费	管理费和利润
10-11-12	成品管卡安装 *DN*32（以内）	个	1	1.24	0.38	—	1.08	1.24	0.38	—	1.08
人工单价		小计						1.24	0.38	—	1.08
综合工日（安装）103 元/工日		未计价材料						3.78			
清单项目综合单价								6.48			
材料费明细	主要材料名称、规格、型号					单位	数量	单价	合价	暂估单价	暂估合价
	镀锌钢管 *DN*25 成品管卡					套	1.05	3.60	3.78	—	—
	其他材料费							0.38			
	材料费小计							4.16			

工程名称：某学校办公楼采暖工程　　　　标段：　　　　第 8 页　共 30 页

项目编码		031002003001		项目名称		套管				计量单位	个
清单综合单价组成明细											
定额编号	定额名称	定额单位	数量	单价				合价			
				人工费	材料费	机械费	管理费和利润	人工费	材料费	机械费	管理费和利润
10-11-27	一般穿墙套管 *DN*50 制作安装	个	1	14.21	6.01	0.79	12.36	14.21	6.01	0.79	12.36
人工单价		小计						14.21	6.01	0.79	12.36
综合工日（安装）103 元/工日		未计价材料						13.36			
清单项目综合单价								46.73			
材料费明细	主要材料名称、规格、型号					单位	数量	单价	合价	暂估单价	暂估合价
	焊接钢管 *DN*80					m	0.318	42.00	13.36	—	—
	其他材料费							6.01			
	材料费小计							19.37			

工程名称：某学校办公楼采暖工程　　　　标段：　　　　第 9 页　共 30 页

<table>
<tr><td colspan="2">项目编码</td><td colspan="2">031002003002</td><td>项目名称</td><td colspan="4">套管</td><td>计量单位</td><td colspan="2">个</td></tr>
<tr><td colspan="12">清单综合单价组成明细</td></tr>
<tr><td rowspan="2">定额编号</td><td rowspan="2">定额名称</td><td rowspan="2">定额单位</td><td rowspan="2">数量</td><td colspan="4">单价</td><td colspan="4">合价</td></tr>
<tr><td>人工费</td><td>材料费</td><td>机械费</td><td>管理费和利润</td><td>人工费</td><td>材料费</td><td>机械费</td><td>管理费和利润</td></tr>
<tr><td>10-11-26</td><td>一般穿墙套管 DN32 制作安装</td><td>个</td><td>1</td><td>9.99</td><td>2.58</td><td>0.74</td><td>8.69</td><td>9.99</td><td>2.58</td><td>0.74</td><td>8.69</td></tr>
<tr><td colspan="2">人工单价</td><td colspan="6">小计</td><td>9.99</td><td>2.58</td><td>0.74</td><td>8.69</td></tr>
<tr><td colspan="2">综合工日（安装）
103 元/工日</td><td colspan="6">未计价材料</td><td colspan="4">9.86</td></tr>
<tr><td colspan="8">清单项目综合单价</td><td colspan="4">31.86</td></tr>
<tr><td rowspan="4">材料费明细</td><td colspan="5">主要材料名称、规格、型号</td><td>单位</td><td>数量</td><td>单价</td><td>合价</td><td>暂估单价</td><td>暂估合价</td></tr>
<tr><td colspan="5">焊接钢管 DN50</td><td>m</td><td>0.318</td><td>31.00</td><td>9.86</td><td>—</td><td>—</td></tr>
<tr><td colspan="7">其他材料费</td><td colspan="4">2.58</td></tr>
<tr><td colspan="7">材料费小计</td><td colspan="4">12.44</td></tr>
</table>

工程名称：某学校办公楼采暖工程　　　　标段：　　　　第 10 页　共 30 页

<table>
<tr><td colspan="2">项目编码</td><td colspan="2">031002003003</td><td>项目名称</td><td colspan="4">套管</td><td>计量单位</td><td colspan="2">个</td></tr>
<tr><td colspan="12">清单综合单价组成明细</td></tr>
<tr><td rowspan="2">定额编号</td><td rowspan="2">定额名称</td><td rowspan="2">定额单位</td><td rowspan="2">数量</td><td colspan="4">单价</td><td colspan="4">合价</td></tr>
<tr><td>人工费</td><td>材料费</td><td>机械费</td><td>管理费和利润</td><td>人工费</td><td>材料费</td><td>机械费</td><td>管理费和利润</td></tr>
<tr><td>10-11-25</td><td>一般穿墙套管 DN20 制作安装</td><td>个</td><td>1</td><td>8.76</td><td>1.86</td><td>0.65</td><td>7.62</td><td>8.76</td><td>1.86</td><td>0.65</td><td>7.62</td></tr>
<tr><td colspan="2">人工单价</td><td colspan="6">小计</td><td>8.76</td><td>1.86</td><td>0.65</td><td>7.62</td></tr>
<tr><td colspan="2">综合工日（安装）
103 元/工日</td><td colspan="6">未计价材料</td><td colspan="4">6.68</td></tr>
<tr><td colspan="8">清单项目综合单价</td><td colspan="4">25.57</td></tr>
<tr><td rowspan="4">材料费明细</td><td colspan="5">主要材料名称、规格、型号</td><td>单位</td><td>数量</td><td>单价</td><td>合价</td><td>暂估单价</td><td>暂估合价</td></tr>
<tr><td colspan="5">焊接钢管 DN32</td><td>m</td><td>0.318</td><td>21.00</td><td>6.68</td><td>—</td><td>—</td></tr>
<tr><td colspan="7">其他材料费</td><td colspan="4">1.86</td></tr>
<tr><td colspan="7">材料费小计</td><td colspan="4">8.54</td></tr>
</table>

工程名称：某学校办公楼采暖工程　　　　标段：　　　　　　　　第 11 页　共 30 页

<table>
<tr><td colspan="2">项 目 编 码</td><td colspan="2">031003001001</td><td>项目名称</td><td colspan="4">螺纹阀门</td><td>计量单位</td><td>个</td></tr>
<tr><td colspan="12">清单综合单价组成明细</td></tr>
<tr><td rowspan="2">定额编号</td><td rowspan="2">定额名称</td><td rowspan="2">定额单位</td><td rowspan="2">数量</td><td colspan="4">单　价</td><td colspan="4">合　价</td></tr>
<tr><td>人工费</td><td>材料费</td><td>机械费</td><td>管理费和利润</td><td>人工费</td><td>材料费</td><td>机械费</td><td>管理费和利润</td></tr>
<tr><td>10-5-33</td><td>散热器温控阀安装 DN20 内</td><td>个</td><td>1</td><td>11.33</td><td>3.97</td><td>0.20</td><td>9.86</td><td>11.33</td><td>3.97</td><td>0.20</td><td>9.86</td></tr>
<tr><td colspan="2">人工单价</td><td colspan="6">小计</td><td>11.33</td><td>3.97</td><td>0.20</td><td>9.86</td></tr>
<tr><td colspan="2">综合工日（安装）
103 元/工日</td><td colspan="6">未计价材料</td><td colspan="4">17.50</td></tr>
<tr><td colspan="8">清单项目综合单价</td><td colspan="4">42.86</td></tr>
<tr><td rowspan="4">材料费明细</td><td colspan="5">主要材料名称、规格、型号</td><td>单位</td><td>数量</td><td>单价</td><td>合价</td><td>暂估单价</td><td>暂估合价</td></tr>
<tr><td colspan="5">散热器温控阀 DN20</td><td>个</td><td>1</td><td>17.50</td><td>17.50</td><td>—</td><td>—</td></tr>
<tr><td colspan="7">其他材料费</td><td colspan="4">3.97</td></tr>
<tr><td colspan="7">材料费小计</td><td colspan="4">21.47</td></tr>
</table>

工程名称：某学校办公楼采暖工程　　　　标段：　　　　　　　　第 12 页　共 30 页

<table>
<tr><td colspan="2">项 目 编 码</td><td colspan="2">031003001002</td><td>项目名称</td><td colspan="4">螺纹阀门</td><td>计量单位</td><td>个</td></tr>
<tr><td colspan="12">清单综合单价组成明细</td></tr>
<tr><td rowspan="2">定额编号</td><td rowspan="2">定额名称</td><td rowspan="2">定额单位</td><td rowspan="2">数量</td><td colspan="4">单　价</td><td colspan="4">合　价</td></tr>
<tr><td>人工费</td><td>材料费</td><td>机械费</td><td>管理费和利润</td><td>人工费</td><td>材料费</td><td>机械费</td><td>管理费和利润</td></tr>
<tr><td>10-5-3</td><td>螺纹阀安装 DN25 内</td><td>个</td><td>1</td><td>11.33</td><td>16.88</td><td>1.14</td><td>9.86</td><td>11.33</td><td>16.88</td><td>1.14</td><td>9.86</td></tr>
<tr><td colspan="2">人工单价</td><td colspan="6">小计</td><td>11.33</td><td>16.88</td><td>1.14</td><td>9.86</td></tr>
<tr><td colspan="2">综合工日（安装）
103 元/工日</td><td colspan="6">未计价材料</td><td colspan="4">24.95</td></tr>
<tr><td colspan="8">清单项目综合单价</td><td colspan="4">64.16</td></tr>
<tr><td rowspan="4">材料费明细</td><td colspan="5">主要材料名称、规格、型号</td><td>单位</td><td>数量</td><td>单价</td><td>合价</td><td>暂估单价</td><td>暂估合价</td></tr>
<tr><td colspan="5">丝扣铜球阀 DN25</td><td>个</td><td>1.01</td><td>24.70</td><td>24.95</td><td>—</td><td>—</td></tr>
<tr><td colspan="7">其他材料费</td><td colspan="4">16.88</td></tr>
<tr><td colspan="7">材料费小计</td><td colspan="4">41.83</td></tr>
</table>

工程名称：某学校办公楼采暖工程　　　　标段：　　　　　　　　第 13 页　共 30 页

项目编码		031003001003		项目名称		螺纹阀门				计量单位	个
清单综合单价组成明细											
定额编号	定额名称	定额单位	数量	单价				合价			
				人工费	材料费	机械费	管理费和利润	人工费	材料费	机械费	管理费和利润
10-5-30	自动排气阀安装 *DN*25	个	1	15.45	13.50	0.16	13.44	15.45	13.50	0.16	13.44
人工单价		小计						15.45	13.50	0.16	13.44
综合工日（安装）103 元/工日		未计价材料						26.00			
清单项目综合单价								68.55			
材料费明细	主要材料名称、规格、型号					单位	数量	单价	合价	暂估单价	暂估合价
	自动排气阀 *DN*25					个	1	26.00	26.00	—	—
	其他材料费							13.50			
	材料费小计							39.50			

工程名称：某学校办公楼采暖工程　　　　标段：　　　　　　　　第 14 页　共 30 页

项目编码		031003001004		项目名称		螺纹阀门				计量单位	个
清单综合单价组成明细											
定额编号	定额名称	定额单位	数量	单价				合价			
				人工费	材料费	机械费	管理费和利润	人工费	材料费	机械费	管理费和利润
10-5-31	手动放风阀安装 ϕ10	个	1	3.09	0.64	—	2.69	3.09	0.64	—	2.69
人工单价		小计						3.09	0.64	—	2.69
综合工日（安装）103 元/工日		未计价材料						1.82			
清单项目综合单价								8.24			
材料费明细	主要材料名称、规格、型号					单位	数量	单价	合价	暂估单价	暂估合价
	手动放风阀 *DN*10					个	1.01	1.80	1.82	—	—
	其他材料费							0.64			
	材料费小计							2.46			

工程名称：某学校办公楼采暖工程　　　　标段：　　　　　　　　第 15 页　共 30 页

<table>
<tr><td colspan="3">项 目 编 码</td><td colspan="2">031003003001</td><td colspan="2">项目名称</td><td colspan="3">焊接法兰阀门</td><td>计量单位</td><td>个</td></tr>
<tr><td colspan="12">清单综合单价组成明细</td></tr>
<tr><td rowspan="2">定额编号</td><td rowspan="2" colspan="2">定额名称</td><td rowspan="2">定额单位</td><td rowspan="2">数量</td><td colspan="4">单　价</td><td colspan="3">合　价</td></tr>
<tr><td>人工费</td><td>材料费</td><td>机械费</td><td>管理费和利润</td><td>人工费</td><td>材料费</td><td>机械费</td><td>管理费和利润</td></tr>
<tr><td>10-5-38</td><td colspan="2">焊接法兰阀安装 DN40 内</td><td>个</td><td>1</td><td>23.69</td><td>9.48</td><td>1.08</td><td>20.61</td><td>23.69</td><td>9.48</td><td>1.08</td><td>20.61</td></tr>
<tr><td colspan="3">人工单价</td><td colspan="6">小计</td><td>23.69</td><td>9.48</td><td>1.08</td><td>20.61</td></tr>
<tr><td colspan="3">综合工日（安装）
103 元/工日</td><td colspan="6">未计价材料</td><td colspan="4">85.00</td></tr>
<tr><td colspan="9">清单项目综合单价</td><td colspan="4">139.86</td></tr>
<tr><td rowspan="4">材料费明细</td><td colspan="5">主要材料名称、规格、型号</td><td>单位</td><td>数量</td><td>单价</td><td>合价</td><td>暂估单价</td><td>暂估合价</td></tr>
<tr><td colspan="5">法兰闸阀 DN40</td><td>个</td><td>1</td><td>85.00</td><td>85.00</td><td>—</td><td>—</td></tr>
<tr><td colspan="7">其他材料费</td><td colspan="4">9.48</td></tr>
<tr><td colspan="7">材料费小计</td><td colspan="4">94.48</td></tr>
</table>

工程名称：某学校办公楼采暖工程　　　　标段：　　　　　　　　第 16 页　共 30 页

<table>
<tr><td colspan="3">项 目 编 码</td><td colspan="2">031003003002</td><td colspan="2">项目名称</td><td colspan="3">焊接法兰阀门</td><td>计量单位</td><td>个</td></tr>
<tr><td colspan="12">清单综合单价组成明细</td></tr>
<tr><td rowspan="2">定额编号</td><td rowspan="2" colspan="2">定额名称</td><td rowspan="2">定额单位</td><td rowspan="2">数量</td><td colspan="4">单　价</td><td colspan="3">合　价</td></tr>
<tr><td>人工费</td><td>材料费</td><td>机械费</td><td>管理费和利润</td><td>人工费</td><td>材料费</td><td>机械费</td><td>管理费和利润</td></tr>
<tr><td>10-5-39</td><td colspan="2">焊接法兰阀安装 DN50 内</td><td>个</td><td>1</td><td>25.75</td><td>11.56</td><td>1.48</td><td>22.40</td><td>25.75</td><td>11.56</td><td>1.48</td><td>22.40</td></tr>
<tr><td colspan="3">人工单价</td><td colspan="6">小计</td><td>25.75</td><td>11.56</td><td>1.48</td><td>22.40</td></tr>
<tr><td colspan="3">综合工日（安装）
103 元/工日</td><td colspan="6">未计价材料</td><td colspan="4">94.00</td></tr>
<tr><td colspan="9">清单项目综合单价</td><td colspan="4">155.19</td></tr>
<tr><td rowspan="4">材料费明细</td><td colspan="5">主要材料名称、规格、型号</td><td>单位</td><td>数量</td><td>单价</td><td>合价</td><td>暂估单价</td><td>暂估合价</td></tr>
<tr><td colspan="5">法兰阀门 DN50</td><td>个</td><td>1</td><td>94.00</td><td>94.00</td><td>—</td><td>—</td></tr>
<tr><td colspan="7">其他材料费</td><td colspan="4">11.56</td></tr>
<tr><td colspan="7">材料费小计</td><td colspan="4">105.56</td></tr>
</table>

工程名称：某学校办公楼采暖工程　　　标段：　　　　第 17 页　共 30 页

<table>
<tr><td colspan="2">项 目 编 码</td><td colspan="2">031003011001</td><td>项目名称</td><td colspan="4">法兰</td><td>计量单位</td><td>副</td></tr>
<tr><td colspan="12">清单综合单价组成明细</td></tr>
<tr><td rowspan="2">定额编号</td><td rowspan="2">定额名称</td><td rowspan="2">定额单位</td><td rowspan="2">数量</td><td colspan="4">单　价</td><td colspan="4">合　价</td></tr>
<tr><td>人工费</td><td>材料费</td><td>机械费</td><td>管理费和利润</td><td>人工费</td><td>材料费</td><td>机械费</td><td>管理费和利润</td></tr>
<tr><td>10-5-139</td><td>碳钢平焊法兰安装 DN50</td><td>副</td><td>1</td><td>29.87</td><td>9.25</td><td>5.38</td><td>25.99</td><td>29.87</td><td>9.25</td><td>5.38</td><td>25.99</td></tr>
<tr><td colspan="2">人工单价</td><td colspan="6">小计</td><td>29.87</td><td>9.25</td><td>5.38</td><td>25.99</td></tr>
<tr><td colspan="2">综合工日（安装）103 元/工日</td><td colspan="6">未计价材料</td><td colspan="4">212.00</td></tr>
<tr><td colspan="8">清单项目综合单价</td><td colspan="4">282.49</td></tr>
<tr><td rowspan="4">材料费明细</td><td colspan="4">主要材料名称、规格、型号</td><td>单位</td><td>数量</td><td>单价</td><td>合价</td><td>暂估单价</td><td>暂估合价</td></tr>
<tr><td colspan="4">碳钢平焊法兰 DN50</td><td>片</td><td>2</td><td>106.00</td><td>212.00</td><td>—</td><td>—</td></tr>
<tr><td colspan="6">其他材料费</td><td colspan="4">9.25</td></tr>
<tr><td colspan="6">材料费小计</td><td colspan="4">221.25</td></tr>
</table>

工程名称：某学校办公楼采暖工程　　　标段：　　　　第 18 页　共 30 页

<table>
<tr><td colspan="2">项 目 编 码</td><td colspan="2">031003011002</td><td>项目名称</td><td colspan="4">法兰</td><td>计量单位</td><td>副</td></tr>
<tr><td colspan="12">清单综合单价组成明细</td></tr>
<tr><td rowspan="2">定额编号</td><td rowspan="2">定额名称</td><td rowspan="2">定额单位</td><td rowspan="2">数量</td><td colspan="4">单　价</td><td colspan="4">合　价</td></tr>
<tr><td>人工费</td><td>材料费</td><td>机械费</td><td>管理费和利润</td><td>人工费</td><td>材料费</td><td>机械费</td><td>管理费和利润</td></tr>
<tr><td>10-5-138</td><td>碳钢平焊法兰安装 DN40</td><td>副</td><td>1</td><td>22.66</td><td>8.81</td><td>4.43</td><td>19.71</td><td>22.66</td><td>8.81</td><td>4.43</td><td>19.71</td></tr>
<tr><td colspan="2">人工单价</td><td colspan="6">小计</td><td>22.66</td><td>8.81</td><td>4.43</td><td>19.71</td></tr>
<tr><td colspan="2">综合工日（安装）103 元/工日</td><td colspan="6">未计价材料</td><td colspan="4">196.00</td></tr>
<tr><td colspan="8">清单项目综合单价</td><td colspan="4">251.16</td></tr>
<tr><td rowspan="4">材料费明细</td><td colspan="4">主要材料名称、规格、型号</td><td>单位</td><td>数量</td><td>单价</td><td>合价</td><td>暂估单价</td><td>暂估合价</td></tr>
<tr><td colspan="4">碳钢平焊法兰 DN50</td><td>片</td><td>2</td><td>98.00</td><td>196</td><td>—</td><td>—</td></tr>
<tr><td colspan="6">其他材料费</td><td colspan="4">8.81</td></tr>
<tr><td colspan="6">材料费小计</td><td colspan="4">204.81</td></tr>
</table>

工程名称：某学校办公楼采暖工程 标段： 第 19 页 共 30 页

项目编码		031005001001		项目名称		铸铁散热器			计量单位	组
清单综合单价组成明细										
定额编号	定额名称	定额单位	数量	单价				合价		
				人工费	材料费	机械费	管理费和利润	人工费	材料费	机械费	管理费和利润
10-7-9	成组铸铁柱翼型散热器落地安装（20片以内）	组	1	62.01	1.76	0.19	53.95	62.01	1.76	0.19	53.95
人工单价		小计						62.01	1.76	0.19	53.95
综合工日（安装）103元/工日		未计价材料						780.00			
清单项目综合单价								897.91			
材料费明细	主要材料名称、规格、型号				单位	数量		单价	合价	暂估单价	暂估合价
	TZY-6-8铸铁柱翼型散热器				组	1		780.00	780.00	—	—
	其他材料费							1.76			
	材料费小计							781.76			

工程名称：某学校办公楼采暖工程 标段： 第 20 页 共 30 页

项目编码		031005001002		项目名称		铸铁散热器			计量单位	组
清单综合单价组成明细										
定额编号	定额名称	定额单位	数量	单价				合价		
				人工费	材料费	机械费	管理费和利润	人工费	材料费	机械费	管理费和利润
10-7-8	成组铸铁柱翼型散热器落地安装（16片以内）	组	1	40.89	1.66	0.19	35.57	40.89	1.66	0.19	35.57
人工单价		小计						40.89	1.66	0.19	35.57
综合工日（安装）103元/工日		未计价材料						620.00			
清单项目综合单价								698.31			
材料费明细	主要材料名称、规格、型号				单位	数量		单价	合价	暂估单价	暂估合价
	TZY-6-8铸铁柱翼型散热器				组	1		620.00	620.00	—	—
	其他材料费							1.66			
	材料费小计							621.66			

工程名称：某学校办公楼采暖工程　　　　标段：　　　　第21页　共30页

项目编码		030601001001		项目名称		温度仪表				计量单位	支
清单综合单价组成明细											
定额编号	定额名称	定额单位	数量	单价				合价			
				人工费	材料费	机械费	管理费和利润	人工费	材料费	机械费	管理费和利润
6-1-11	压力式温度计（毛细管长2m以内）	支	1	65.61	8.54	0.95	57.08	65.61	8.54	0.95	57.08
人工单价		小计						65.61	8.54	0.95	57.08
综合工日（安装）103元/工日		未计价材料						56.80			
清单项目综合单价								188.98			
材料费明细	主要材料名称、规格、型号					单位	数量	单价	合价	暂估单价	暂估合价
	插座（带丝堵）					套	1	56.80	56.80	—	—
	其他材料费							8.54			
	材料费小计							65.34			

工程名称：某学校办公楼采暖工程　　　　标段：　　　　第22页　共30页

项目编码		030601002001		项目名称		压力仪表				计量单位	块
清单综合单价组成明细											
定额编号	定额名称	定额单位	数量	单价				合价			
				人工费	材料费	机械费	管理费和利润	人工费	材料费	机械费	管理费和利润
6-1-46	压力表（就地安装）	块	1	26.99	4.71	0.68	23.48	26.99	4.71	0.68	23.48
人工单价		小计						26.99	4.71	0.68	23.48
综合工日（安装）103元/工日		未计价材料						68.60			
清单项目综合单价								124.46			
材料费明细	主要材料名称、规格、型号					单位	数量	单价	合价	暂估单价	暂估合价
	取源部件					套	1	43.20	43.20	—	—
	仪表接头					套	1	25.40	25.40	—	—
	其他材料费							4.71			
	材料费小计							73.31			

工程名称：某学校办公楼采暖　　　　　　标段：　　　　　　第 23 页　　共 30 页

项目编码		031201001001		项目名称		管道刷油				计量单位	m^2
清单综合单价组成明细											
定额编号	定额名称	定额单位	数量	单价				合价			
				人工费	材料费	机械费	管理费和利润	人工费	材料费	机械费	管理费和利润
12-2-22	管道刷银粉漆第一遍	$10m^2$	0.1	21.53	1.32	—	18.73	2.15	0.13	—	1.87
12-2-23	管道刷银粉漆第二遍	$10m^2$	0.1	20.70	0.88	—	18.00	2.07	0.09	—	1.80
人工单价		小计						4.22	0.22	—	3.67
综合工日（安装）103 元/工日		未计价材料						1.63			
清单项目综合单价								9.74			
材料费明细	主要材料名称、规格、型号					单位	数量	单价	合价	暂估单价	暂估合价
	银粉漆					kg	0.067	12.60	0.84	—	—
	银粉漆					kg	0.063	12.60	0.79	—	—
	其他材料费							0.22			
	材料费小计							1.85			

工程名称：某学校办公楼采暖　　　　　　标段：　　　　　　第 24 页　　共 30 页

项目编码		031201003001		项目名称		金属结构刷油				计量单位	kg
清单综合单价组成明细											
定额编号	定额名称	定额单位	数量	单价				合价			
				人工费	材料费	机械费	管理费和利润	人工费	材料费	机械费	管理费和利润
12-1-7	管道支架人工除微锈	100kg	0.01	31.21×0.2	2.26×0.2	8.59×0.2	5.43	0.062	0.005	0.017	0.054
12-2-55	管道支架刷红丹防锈漆第一遍	100kg	0.01	16.89	0.07	4.29	14.69	0.168	0.0007	0.043	0.147
12-2-56	管道支架刷红丹防锈漆第二遍	100kg	0.01	16.27	0.63	4.29	14.15	0.163	0.0063	0.043	0.143
人工单价		小计						0.39	0.01	0.10	0.34
综合工日（安装）103 元/工日		未计价材料						0.35			
清单项目综合单价								1.19			
材料费明细	主要材料名称、规格、型号					单位	数量	单价	合价	暂估单价	暂估合价
	醇酸防锈漆 C53-11					kg	0.016	13.50	0.22	—	—
	醇酸防锈漆 C53-11					kg	0.0095	13.50	0.13	—	—
	其他材料费							0.01			
	材料费小计							0.36			

工程名称：某学校办公楼采暖　　　　标段：　　　　第 25 页　　共 30 页

项目编码		031201003002		项目名称		金属结构刷油		计量单位	kg
清单综合单价组成明细									
定额编号	定额名称	定额单位	数量	单价				合价			
				人工费	材料费	机械费	管理费和利润	人工费	材料费	机械费	管理费和利润
12-2-60	管道支架刷银粉漆第一遍	100kg	0.01	19.57	1.27	—	17.03	0.1957	0.0127	—	0.1703
12-2-61	管道支架刷银粉漆第二遍	100kg	0.01	18.64	1.14	—	16.22	0.1846	0.0114	—	0.1622
人工单价		小计						0.3803	0.0241	—	0.3325
综合工日（安装）103 元/工日		未计价材料						0.07			
清单项目综合单价								0.81			
材料费明细	主要材料名称、规格、型号				单位	数量		单价	合价	暂估单价	暂估合价
	银粉漆				kg	0.0033		12.60	0.04	—	—
	银粉漆				kg	0.0029		12.60	0.03	—	—
	其他材料费							0.0241			
	材料费小计							0.0941			

工程名称：某学校办公楼采暖　　　　标段：　　　　第 26 页　　共 30 页

项目编码		031201004001		项目名称		暖气片刷油		计量单位	m^2
清单综合单价组成明细									
定额编号	定额名称	定额单位	数量	单价				合价			
				人工费	材料费	机械费	管理费和利润	人工费	材料费	机械费	管理费和利润
12-2-132	暖气片刷银粉漆第一遍	$10m^2$	0.1	29.36	2.19	—	25.54	2.94	0.22	—	2.55
人工单价		小计						2.94	0.22	—	2.55
综合工日（安装）103 元/工日		未计价材料						0.68			
清单项目综合单价								6.39			
材料费明细	主要材料名称、规格、型号				单位	数量		单价	合价	暂估单价	暂估合价
	银粉漆				kg	0.054		12.60	0.68	—	—
	其他材料费							0.22			
	材料费小计							0.90			

工程名称：某学校办公楼采暖　　　　　　标段：　　　　　　　　　第 27 页　共 30 页

项目编码		031201006001		项目名称		布面刷油				计量单位	m^2
清单综合单价组成明细											
定额编号	定额名称	定额单位	数量	单价				合价			
				人工费	材料费	机械费	管理费和利润	人工费	材料费	机械费	管理费和利润
12-2-168	管道玻璃布刷沥青漆第一遍	$10m^2$	0.1	71.07	2.42	—	61.83	7.11	0.24	—	6.18
人工单价		小计						7.11	0.24	—	6.18
综合工日（安装）103 元/工日		未计价材料						5.56			
清单项目综合单价								19.09			
材料费明细	主要材料名称、规格、型号					单位	数量	单价	合价	暂估单价	暂估合价
	煤焦油沥青漆 L01-17					kg	0.52	10.70	5.56	—	—
	其他材料费							0.24			
	材料费小计							5.80			

工程名称：某学校办公楼采暖　　　　　　标段：　　　　　　　　　第 28 页　共 30 页

项目编码		031208002001		项目名称		管道绝热				计量单位	m^3
清单综合单价组成明细											
定额编号	定额名称	定额单位	数量	单价				合价			
				人工费	材料费	机械费	管理费和利润	人工费	材料费	机械费	管理费和利润
12-4-20	管道纤维类材料绝热 $\phi57$ 以内	m^3	1	490.49	28.02	18.74	426.73	490.49	28.02	18.74	426.73
人工单价		小计						490.49	28.02	18.74	426.73
综合工日（安装）103 元/工日		未计价材料						67.77			
清单项目综合单价								1031.76			
材料费明细	主要材料名称、规格、型号					单位	数量	单价	合价	暂估单价	暂估合价
	岩棉管壳					m^3	1.03	65.80	67.77	—	—
	其他材料费							28.02			
	材料费小计							95.80			

工程名称：某学校办公楼采暖　　　　标段：　　　　第 29 页　共 30 页

项目编码		031208007001		项目名称		保护层				计量单位	m^2
清单综合单价组成明细											
定额编号	定额名称	定额单位	数量	单价				合价			
				人工费	材料费	机械费	管理费和利润	人工费	材料费	机械费	管理费和利润
12-4-135	管道玻璃布保护层	$10m^2$	0.1	37.18	0.26	—	32.35	3.72	0.03	—	3.24
人工单价		小计						3.72	0.03	—	3.24
综合工日（安装）103 元/工日		未计价材料						14.70			
清单项目综合单价								21.69			
材料费明细	主要材料名称、规格、型号					单位	数量	单价	合价	暂估单价	暂估合价
	玻璃丝布 0.5 厚					m^2	1.40	10.50	14.70	—	—
	其他材料费							0.03			
	材料费小计							14.73			

工程名称：某学校办公楼采暖工程　　　　标段：　　　　第 30 页　共 30 页

项目编码		031009001001		项目名称		采暖工程系统调整				计量单位	系统
清单综合单价组成明细											
定额编号	定额名称	定额单位	数量	单价				合价			
				人工费	材料费	机械费	管理费和利润	人工费	材料费	机械费	管理费和利润
	采暖系统调试费	元	1	494.96	919.21		430.62	494.96	919.21		430.62
人工单价		小计						494.96	919.21		430.62
综合工日（安装）76 元/工日		未计价材料						—			
清单项目综合单价								1844.79			
材料费明细	主要材料名称、规格、型号					单位	数量	单价	合价	暂估单价	暂估合价
	其他材料费							—			
	材料费小计							—			

采暖工程量计算书

定额编号	项 目 名 称	单位	数 量	计 算 公 式
10-2-38	镀锌钢管 *DN*50 (焊接连接)	m	67.66 其中: 地上 51.50 地沟 16.16	供干:(2.5+1.3)(室外进户管线)(地沟内)+[13(竖向总立管)+(6+2.1+6+1.2+3.6×3+5.7−0.5)(①~⑩轴线之间左右方向管线)+4.9(沿⑥轴线外墙右侧前后管线)+1.1(沿②轴线左侧前后管线)+1.2(沿①轴线外墙右侧前后管线)](地上) 回干:[(3.6×4−0.36)(沿⑩轴线外墙左侧前后管线)+(2.5+0.9)(室内出户管管线)](地沟内)
	主材: 1. 镀锌钢管 *DN*50 2. 采暖室内钢管焊接管件 *DN*50	m 个	68.67 8.79	10.15/10×67.66=68.67(m) 1.30/10×67.66=8.79(个)
10-2-37	镀锌钢管 *DN*40 (焊接连接)	m	55.50 其中: 地上 20.70 地沟 34.80	① 供干:[(1.6+3.6×2−0.5)(沿①轴线外墙右侧前后管线)+(5.2+3.6×2)(沿①轴线外墙内侧左右管线)+0.2×2(供水干管至立管的水平管线)](地上) ② 回干:[(3.6−0.5+3.6×2+1.2+6+2.1+6−0.5)(沿①轴线外墙内侧及卫生间门外左右管线)+(2+3.6)(卫生间左侧墙外前后管线)+3.6(沿⑩轴线外墙左侧前后管线)+0.5(引入口旁通管)](地沟内)
	主材: 1. 镀锌钢管 *DN*40 2. 采暖室内钢管焊接管件 *DN*40	m 个	56.33 4.72	10.15/10×55.50=56.33(m) 0.85/10×55.50=4.72(个)
10-2-36	镀锌钢管 *DN*32 (焊接连接)	m	49.84 其中: 地上 33.84 地沟 16.00	① 供干:[(3.6−0.5+3.6+1.2+6+2.1+6+1.085−0.4+0.75)(沿①轴线外墙左右管线)+(3.6×3−0.8+0.4)(沿⑩轴线外墙内侧前后管线)](地上) ② 回干:[(1.6+3.6+1.8)(沿①轴线外墙内侧前后管线)+(5.7+3.6−0.5+0.2)(沿①轴线外墙内侧左右管线)](地沟内)
	主材: 1. 镀锌钢管 *DN*32 2. 采暖室内钢管焊接管件 *DN*32	m 个	50.59 4.19	10.15/10×49.84=50.59(m) 0.84/10×49.84=4.19(个)

（续）

定额编号	项目名称	单位	数量	计算公式
10-2-14	镀锌钢管 DN25 （螺纹连接）	m	197.45 其中： 地上 171.60 地沟 25.85	① 供干：(3.6+1.2)（沿⑩轴线外墙内侧管线）（地上） ② 回干：[(5.7−0.5+3.6×3+1.2+0.5)（①～⑥轴线之间左右方向管线）+(3.6×2−1)（沿⑥轴线右侧前后管线）]（地沟内） ③ 立管：[(13+0.4)×12+1.2×3(6、7、8 号立管敷设于三层顶板下的水平段)]（地上） ④ 立管至供水干管的水平管线（地上）：0.2×12 ⑤ 立管至回水干管的水平管线（地沟内）：0.2×12
	主材： 1. 镀锌钢管 DN25 2. 采暖室内镀锌钢管螺纹管件 DN25	m 个	191.53 243.06	9.70/10×197.45=191.53(m) 12.31/10×197.45=243.06(个)
10-2-13	镀锌钢管 DN20 （螺纹连接）	m	148.20 （全部地上）	支管： ① 立管双侧连接散热器： 20 片 20 片：[3.6−0.06×(20+20)÷2]×2 18 片 18 片：[3.6−0.06×(18+18)÷2]×2 17 片 17 片：[3.6−0.06×(17+17)÷2]×4 18 片 16 片：[3.6−0.06×(18+16)÷2]×2 16 片 14 片：[3.6−0.06×(16+14)÷2]×2 15 片 13 片：[3.6−0.06×(15+13)÷2]×4 ② 立管单侧连接散热器： 20 片：[1.8−0.06×20÷2]×4 19 片：[1.8−0.06×19÷2]×2 18 片：[1.8−0.06×18÷2]×6 17 片：[1.8−0.06×17÷2]×20 16 片：[1.8−0.06×16÷2]×8 15 片：[1.8−0.06×15÷2]×10 14 片：[1.8−0.06×14÷2]×18 13 片：[1.8−0.06×13÷2]×12
	主材： 1. 镀锌钢管 DN20 2. 采暖室内镀锌钢管螺纹管件 DN20	m 个	143.75 185.84	9.70/10×148.20=143.75(m) 12.54/10×148.20=185.84(个)
10-7-9	成组铸铁柱翼型散热器落地安装（20 片以内）	组	25	20 片 4 组；19 片 1 组；18 片 6 组；17 片 14 组
	主材： 1. 成组铸铁散热器（带足）20 片 2. 成组铸铁散热器（带足）19 片 3. 成组铸铁散热器（带足）18 片 4. 成组铸铁散热器（带足）17 片	组	4 1 6 14	1.00×散热器工程量

(续)

定额编号	项目名称	单位	数量	计算公式
10-7-8	成组铸铁柱翼型散热器落地安装(16片以内)	组	31	16片6组;15片7组;14片10组;13片8组
	主材: 1. 成组铸铁散热器(带足)16片 2. 成组铸铁散热器(带足)15片 3. 成组铸铁散热器(带足)14片 4. 成组铸铁散热器(带足)13片	组	6 7 10 8	1.00×散热器工程量
10-5-39	法兰闸阀 *DN*50	个	2	引入口处
	主材: 法兰闸阀 *DN*50	个	2	1.00×2=2(个)
10-5-38	法兰闸阀 *DN*40	个	1	引入口处
	主材: 法兰闸阀 *DN*40	个	1	1.00×1=1(个)
10-5-3	丝扣铜球阀 *DN*25	个	26	立管上下端处24个;自动排气阀下2个
	主材: 丝扣铜球阀 *DN*25	个	26.26	1.01×26=26.26(个)
10-5-33	散热器温控阀 *DN*20	个	56	散热器进水支管处
	主材: 散热器温控阀 *DN*20	个	56	1.0×56=56(个)
10-5-30	自动排气阀 *DN*25	个	2	供水干管起始端处
	主材: 自动排气阀 *DN*25	个	2	1.0×2=2(个)
10-5-31	手动放风阀 ϕ10	个	56	
	主材: 手动放风阀 ϕ10	个	56.56	1.01×56=56.56(个)
10-5-139	碳钢平焊法兰 *DN*50	副	2	引入口处
	主材: 碳钢平焊法兰 *DN*50	片	4	2×2=4(片)

（续）

定额编号	项目名称	单位	数量	计算公式
10-5-138	碳钢平焊法兰 DN40	副	1	引入口处
	主材： 碳钢平焊法兰 DN40	片	2	2×1=2(片)
6-1-11	压力式温度计 (毛细管长 2m 以内)	支	2	引入口处
	主材： 插座带丝堵	套	2	1.0×2=2(套)
6-1-46	压力表(就地安装)	块	2	引入口处
	主材： 1. 取源部件 2. 仪表接头	套 套	2 2	1.0×2=2(套) 1.0×2=2(套)
10-11-1	管道支架制作 (单件质量 5kg 以内)	kg	28.08	1.08×26=28.08kg(数据来源见工程概况)
	主材： ∟40×4 角钢	kg	29.48	105.0/100×28.08=29.48(kg)
10-11-6	管道支架安装 (单件质量 5kg 以内)	kg	28.08	1.08×26=28.08(kg)(同上)
10-11-12	成品管卡安装 DN32 (以内)	个	47.02	镀锌钢管 DN25(立管)：2.86/10×[(13+0.4)×12+1.2×3(6、7、8 号立管敷设于三层顶板下的水平段)](地上)=47.02(个)
	主材： 镀锌钢管 DN 25 成品管卡	套	49.37	1.05×47.02=49.37(套)
10-11-27	一般穿墙钢套管制作安装 DN50 以内	个	19	① DN50：立管处 4 个，横管处 7 个(供干 4、回干 3) ② DN40：横管处 8 个(供干 4、回干 4)
	主材： 焊接钢管 DN80	m		0.318×19=6.04(m)
10-11-26	一般穿墙钢套管制作安装 DN32 以内	个	60	① DN32：横管处 9 个(供干 6、回干 3) ② DN25：横管处 3 个(供干 1、回干 2)；立管处 4×12=48 个
	主材： 焊接钢管 DN50	m	19.08	0.318×60=19.08(m)

(续)

定额编号	项目名称	单位	数量	计算公式
10-11-25	一般穿墙钢套管制作安装 DN20 以内	个	16	DN20：支管处 8+8=16(个)
	主材： 焊接钢管 DN32	m	5.09	0.318×16=5.09(m)
12-2-22	地上管道刷银粉漆第一遍	m^2	48.09	DN20:L=148.20m,S=148.20×8.45/100=12.52 DN25:L=171.60m,S=171.60×10.59/100=18.17 DN32:L=33.84m,S=33.84×13.32/100=4.51 DN40:L=20.67m,S=20.67×15.17/100=3.14 DN50:L=51.50m,S=51.50×18.94/100=9.75
	主材： 银粉漆	kg	3.22	0.67/10×48.09=3.22(kg)
12-2-23	地上管道刷银粉漆第二遍	m^2	48.09	同定额编号 12-2-22“地上管道银粉漆第一遍”计算公式
	主材： 银粉漆	kg	3.03	0.63/10×48.15=3.03(kg)
12-2-132	散热器刷银粉漆一遍	m^2	366.68	(20×4+19×1+18×6+17×14+16×6+15×7+14×10+13×8)×0.412=890×0.412=366.68
	主材： 银粉漆	kg	19.80	0.54/10×366.68=19.8(kg)
12-4-20	地沟内管道保温岩棉瓦厚 30mm、直径 57mm 以内	m^3	0.687	DN25:L=25.85m,V=25.85×0.627/100=0.162 DN32:L=16.00m,V=16.00×0.712/100=0.114 DN40:L=34.80m,V=34.80×0.769/100=0.268 DN50:L=16.16m,V=16.16×0.885/100=0.143
	主材： 岩棉管壳	m^3	0.708	1.03×0.687=0.708(m^3)
12-4-135	地沟内管道保温层外缠玻璃丝布一道	m^2	31.58	DN25:L=25.85m, S=25.85×30.38/100=7.85 DN32:L=16.00m, S=16.00×33.11/100=5.30 DN40:L=34.80m, S=34.80×34.96/100=12.17 DN50:L=16.16m, S=16.16×38.73/100=6.26
	主材： 玻璃丝布	m^2	44.21	14.0/10×31.58=44.21(m^2)
12-2-180	地沟内管道布面刷沥青漆一遍	m^2	31.58	同定额编号 12-4-135“地沟内管道保温层外缠玻璃丝布一道”计算公式
	主材： 煤焦油沥青漆 L01-17	kg	16.29	5.2/10×31.58=16.29(kg)

（续）

定额编号	项目名称	单位	数 量	计算公式
12-1-7（×0.2）	管道支架人工除微锈	kg	28.08	同定额编号10-11-1“管道专架制作”计算公式
12-2-55	管道支架刷红丹防锈漆第一遍	kg	28.08	同定额编号10-11-1“管道专架制作”计算公式
	主材：醇酸防锈漆C53-11	kg	0.33	1.16/100×28.08=0.33(kg)
12-2-56	管道支架刷红丹防锈漆第二遍	kg	28.08	同定额编号10-11-1“管道专架制作”计算公式
	主材：醇酸防锈漆C53-11	kg	0.27	0.95/100×28.08=0.27(kg)
12-2-60	管道支架刷银粉漆第一遍	kg	28.08	同定额编号10-11-1“管道专架制作”计算公式
	主材：银粉漆	kg	0.09	0.33/100×28.08=0.09(kg)
12-2-61	管道支架刷银粉漆第二遍	kg	28.08	同定额编号10-11-1“管道专架制作”计算公式
	主材：银粉漆	kg	0.08	0.29/100×28.08=0.08(kg)

参考文献

[1] 中华人民共和国住房和城乡建设部，中华人民共和国国家质量监督检验检疫总局．建设工程工程量清单计价规范（GB 50500—2013）[S]．北京：中国计划出版社，2013.

[2] 中华人民共和国住房和城乡建设部，中华人民共和国国家质量监督检验检疫总局．通用安装工程工程量计算规范（GB 50856—2013）[S]．北京：中国计划出版社，2013.

[3] 规范编制组．2013 建设工程计价计量规范辅导 [M]．北京：中国计划出版社，2013.

[4] 山东省住房和城乡建设厅．山东省安装工程消耗量定额（SD 02—31—2016）[S]．北京：中国计划出版社，2017.

[5] 张秀德．安装工程定额与预算 [M]．北京：中国电力出版社，2004.

[6] 黄文艺．安装工程预算知识问答丛书 [M]．北京：机械工业出版社，2007.

[7] 张雪莲．建筑水电安装工程计量与计价 [M]．武汉：武汉大学出版社，2013.

[8] 张敏．建筑设备 [M]．北京：教育科学出版社，2015.